智能制造关键技术
与工业应用丛书

# 复杂生产系统暂态建模与性能评估

Transient Modeling and Performance Evaluation of Complex Production Systems

贾之阳　著

化学工业出版社
·北京·

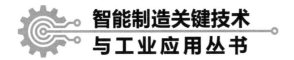

## 内 容 简 介

本书针对多种标准拓扑结构的生产系统，聚焦考虑柔性生产特性的系统暂态建模和性能评估问题，揭示了基于标准拓扑结构的生产系统暂态生产机理。全书共 10 章，包含 4 个部分的内容：第 1 部分（第 1 章和第 2 章）介绍了智能制造及生产系统的研究背景和生产系统的数学建模内容；第 2 部分（第 3 章至第 6 章）针对串行系统、装配系统、闭环系统、返工系统进行具体的暂态性能分析与系统性质讨论；第 3 部分（第 7 章和第 8 章）围绕串行系统，分别讨论了暂态运行中的随机加工质量问题和机器控制问题；第 4 部分（第 9 章和第 10 章）讨论了面向专用缓冲区以及多品种小批量的柔性生产线的暂态过程性能分析问题。

本书可作为系统工程、机械工程、工业工程等专业相关课程的教学参考书，亦可供从事智能制造、生产管理、系统控制等专业领域的技术人员参考使用。

**图书在版编目（CIP）数据**

复杂生产系统暂态建模与性能评估/贾之阳著. —北京：化学工业出版社，2023.11（2025.5重印）
（智能制造关键技术与工业应用丛书）
ISBN 978-7-122-44029-7

Ⅰ. ①复… Ⅱ. ①贾… Ⅲ. ①智能制造系统-系统建模②智能制造系统-性能-评估 Ⅳ. ①TH166

中国国家版本馆 CIP 数据核字（2023）第 154006 号

责任编辑：张海丽　　装帧设计：王晓宇
责任校对：王鹏飞

出版发行：化学工业出版社（北京市东城区青年湖南街 13 号　邮政编码 100011）
印　　装：北京建宏印刷有限公司
710mm×1000mm　1/16　印张 15½　彩插 4　字数 290 千字
2025 年 5 月北京第 1 版第 3 次印刷

购书咨询：010-64518888　　售后服务：010-64518899
网　　址：http://www.cip.com.cn
凡购买本书，如有缺损质量问题，本社销售中心负责调换。

**定　　价：128.00 元**

# 前言

2021 年底，工业和信息化部公布了《“十四五”智能制造发展规划》，提出在“十四五”期间及未来相当长一段时间内，对于智能制造，要立足制造本质，紧扣智能特征，构建虚实融合、知识驱动、动态优化、安全高效、绿色低碳的智能制造系统。数学建模与性能评估是有效分析制造系统的核心环节，是提高效率、增大效益、提升企业竞争力的关键。目前，大规模生产模式下系统稳态建模、性能分析和任务调度，已有广泛研究成果；而在智能制造行业发展趋势中，多品种、小批量柔性生产模式下复杂系统的暂态建模和性能评估愈发具有重要研究意义。

制造业对于国家发展至关重要，中国制造业经济转型关键之一，就是进一步普及多品种、小批量的生产模式，针对性研究也具有重大意义。学术理论层面，暂态分析和稳态分析互为补充，共同构成一套完整的生产系统建模、性能分析、优化调度的理论体系。工程应用层面，制造业在国民经济中发挥着极为重要的作用，多品种、小批量定制化生产模式下基于暂态的系统建模和性能评估，以及分布式调度优化，都对生产过程有效管理以及系统顶层设计起指导性作用。

因此，本书涉及的领域和方向顺应制造业发展趋势，内容源于国家重大需求和经济主战场，针对适应多品种、小批量生产特征的暂态过程，聚焦复杂生产系统暂态建模和性能评估问题，具有鲜明的学科交叉特征。本书内容可支持复杂生产系统暂态性能预测，及其协同调度优化机制相关核心科学问题理论与实践的发展，理论方法能够应用于众多典型离散生产系统实践，能够促进基础研究成果走向应用，对实际生产工程问题具有较高经济价值。

本书所包含的内容是作者以及作者的研究生们多年来科研工作的成果。其中包括（按毕业时间顺序）：陈京川硕士、黄龙珠硕士、倪泽军硕士、马驰野硕士。另外，以下学生也参与了本书的部分工作：王笑涵、王遵君、田秀璇、左冠中、石家伟。这里，对他们的工作表示一并感谢。在本书相关的课题研究过程中，得到了国家自然科学基金提供的资金支持。

此外，还要特别感谢来自世界各地的同事给予我的建议和鼓励。首先，由衷感谢美国康涅狄格大学的张亮教授，他也是我攻读博士学位阶段的导师，是我进入生产系统工程领域研究的指导者和引路人。张亮教授精益求精的科研精神和对学生指导的方式方法，深深地影响着我的职业发展道路，也使得我进入高校成为教职人员之后，能够培养多位研究生获得北京市高校优秀毕业生、北京理工大学优秀硕士毕业生、北京理工大学优秀硕士学位论文等各类荣誉。还要感谢清华大学的王凌教授，他是我北京市青年人才托举工程项目的导师。王凌教授无可挑剔的学术成就和积极热情的工作态度，是我在科研工作中学习的榜样，他对我在各个方面的指导和建议，是我在工作过程中，特别是遇到困难和挫折时的指路明灯。最后，深深感谢我的家人在本书的编写过程中对我的关心和支持！

著者

2023 年 6 月

# 目录

## 第 5 章 闭环系统的暂态性能分析 088



## 第 6 章 返工系统的暂态性能分析 109

# 第 1 章

# 绪论

## 1.1 智能制造

制造是社会创造产品和物质活动的基础，包括设计、加工、装配及服务等整个产品创新链和产业链，是国家综合实力、产业竞争力、安全和可持续发展能力的基石。没有先进的制造技术与强大的制造能力，就没有国民经济的可持续发展，就没有强大的国防。打造具有国际竞争力的制造业，是我国提升综合国力、保障国家安全、建设世界强国的必由之路。

全球制造业格局正处于重大调整阶段，新一代信息技术与制造业交叉融合，引领了以智能化为特征的制造业变革浪潮。发达工业国家纷纷提出了“再工业化”发展战略。在国际制造业新一轮竞争中，我国制造业规模虽然跃居世界第一位，却面临着大而不强的处境，高端装备对外依存度仍然较高，装备核心技术仍然较为匮乏，自主创新能力仍然较弱。

智能制造是当前制造技术的重要发展方向，是先进制造技术与信息技术的深度融合。通过对产品全生命周期中设计、加工、装配及服务等环节的制造活动进行信息感知与分析、性能评估与预测、智能优化与决策、精准控制与执行，实现制造过程的智能化。将制造数字化、自动化扩展到制造柔性化、智能化和集成化，是世界各国抢占新一轮科技发展制高点的重要途径。

在智能制造中，数字制造是基础。数字制造采用数字化的手段对制造过程、制造系统与制造装备中复杂的物理现象和信息演变过程进行定量描述、精确计算、可视模拟与精确控制。而智能制造事实上是数字制造的提升，将数字制造技术与智能技术相结合，通过领域交叉、学科交叉、层次交叉、方法交叉等方式，形成了多样的智能制造技术。智能制造与数字制造的区别主要体现在以下方面：

① 数字制造处理的对象是数据，而智能制造处理的对象是知识；

② 数字制造过程以信息处理为核心，而智能制造过程以智能学习与分析为核心；

③ 数字制造建模的数学方法是经典数学方法，而智能制造建模的数学方法包含了先进的智能计算方法；

④ 数字制造系统在环境异常或出现突发状况时无法正常工作，而智能制造系统则有较好的容错功能和自我优化功能。

智能制造集自动化、柔性化、集成化和智能化于一身，具有实时感知、优化决策、动态执行三个方面的优点。具体来看，智能制造在实际应用中具有以下特征：

① 自组织能力。智能制造中的各组成单元能够根据工作任务需要，集结成一种超柔性最佳结构，并按照最优方式运行。其柔性不仅表现在运行方式上，也表现在结构组成上。

② 自律能力。智能制造具有搜集与理解环境信息及自身信息并进行分析判断和规划自身行为的能力。强有力的知识库和基于知识的模型是自律能力的基础。智能制造系统能监测周围环境和自身作业状况并进行信息处理，根据处理结果自行调整控制策略，以采用最佳运行方案，从而使整个制造系统具备抗干扰、自适应和容错能力。

③ 自学习和自维护能力。智能制造以原有的专家知识为基础，在实践中不断进行学习，完善系统知识库，并剔除其中不适用的知识，使知识库趋于合理化。与此同时，它还能对系统故障进行自我诊断、排除和修复，从而能够自我优化并适应各种复杂环境。

④ 制造环境的智能集成。智能制造在强调各子系统智能化的同时，更注重整个制造环境的智能集成，这是它与面向制造过程中特定应用的“智能化孤岛”的根本区别。智能制造将各个子系统集成为一个整体，实现系统整体的智能化。

⑤ 人机一体化。智能制造不仅强调人工智能，而且是一种人机一体化的智能模式，是一种混合智能。人机一体化一方面突出了人在制造环境中的核心地位，同时在智能机器的配合下，更好地发挥了人的潜能。在智能制造中，高素质、高智能的人将发挥更好的作用，机器智能和人的智能将真正地集成在一起。

⑥ 虚拟现实。虚拟现实是实现高水平人机一体化关键技术之一，人机结合的新一代智能界面，可通过虚拟手段智能地表现现实，是智能制造的一个显著特征。

## 1.2 国内外智能制造的国家战略及应用现状

**（1）德国“工业 4.0”**

德国“工业 4.0”是由德国产、学、研各界共同制定，以提高德国工业竞争力为主要目的的战略。在全球信息技术领域中，德国强大的机械和装备制造业占据了显著地位。为了支持工业领域新一代革命性技术的研发与创新，德国政府在 2013 年 4 月举办的汉诺威工业博览会上正式推出《德国工业 4.0 战略计划实施建议》。该计划对全球工业未来的发展趋势进行了探索性研究和清晰描述，为德国预测未来 10~20 年的工业生产方式提供了依据，因此引起了全世界科学界、产业界和工程界的关注。目前，“工业 4.0”已经上升为德国的国家战略，成为德国面向 2020 年高科技战略的十大目标之一。

德国“工业 4.0”对传统制造业产生了深远的影响。德国“工业 4.0”把信息技术与智慧技术进行结合，比传统制造业多了一些新的能力，它可以扩展到配送物流、售后维修等其他领域。在此基础上，德国“工业 4.0”会给传统制造业带来更多的发展机会，把更具个性化的服务带入市场。德国“工业 4.0”战略，本质就是以机械化、自动化和信息化为基础，建立智能化的新型生产模式与产业结构。德国“工业 4.0”规划可以简单概括为“一个核心”“两重战略”和“三大集成”。

**一个核心。**“工业 4.0”的核心是“智能+网络化”，即通过信息物理融合系统（CPS），构建智能工厂，实现智能制造的目的。CPS 系统建立在信息和通信技术（ICT）高速发展的基础上。

① 通过大量部署各类传感元件实现信息的大量采集；

② 将 IT 控件小型化与自主化，然后将其嵌入各类制造设备中，从而实现设备的智能化；

③ 依托日新月异的通信技术达到数据的高速与无差错传输；

④ 无论后台的控制设备，还是在前端嵌入制造设备的 IT 控件，都可以通过人工开发的软件系统进行数据处理与指令发送，从而达到生产过程的智能化以及方便人工实时控制的目的。

**两重战略。**基于 CPS 系统，“工业 4.0”通过采用双重战略来增强德国制造业的竞争力：一是“领先的供应商战略”，关注生产领域，要求德国的装备制造商必须遵循“工业 4.0”的理念，将先进的技术、完善的解决方案与传统的生产技术相结合，生产出具备“智能”与乐于“交流”的生产设备；二是“领先的市场战略”，强调整个德国国内制造业市场的有效整合，构建遍布德国不同地区，涉及所有行业，涵盖各类大、中、小企业的高速互联网络是实现这一战略的关键。在此基础上，生产工艺可以重新定义与进一步细化，从而实现更为专业化的生产，提高德国制造业的生产效率。

**三大集成。**具体实施中需要三大集成的支撑：

① 关注产品的生产过程，力求在智能工厂内通过联网建成生产的纵向集成；

② 关注产品整个生命周期的不同阶段,包括设计与开发、安排生产计划、管控生产过程以及产品的售后维护等，实现各个阶段之间的信息共享，从而达成工程数字化集成；

③ 关注全社会价值网络的实现，从产品的研究、开发与应用拓展至建立标准化策略、提高社会分工合作的有效性、探索新的商业模式以及考虑社会的可持续发展等，从而达成德国制造业的横向集成。

**（2）美国《先进制造业国家战略计划》**

2012 年 2 月 22 日，美国国家科学技术委员会发布《先进制造业国家战略计划》，该战略计划基于总统科学技术顾问委员会 2011 年 6 月发布的《确保美国先进制造领导地位》白皮书，响应了《美国竞争再授权法案》的相关精神，用于指导联邦政府支持先进制造研究开发的各项计划和行动。在该战略计划中，先进制造是指运用和调度信息、自动装置、计算、软件、传感、网络，以及运用基于物理、化学和生物学等众多学科而实现的新材料和新功能，如纳米技术、化学和生物学的一系列活动，包括制造现有产品的新方法和制造由新型先进技术催生的新产品两个方面。先进制造能够提供高质量的就业岗位，是出口的重要来源和技术创新的关键源泉，也为军方、情报界和国土安全机构提供必需品和装备。

该战略计划分析了美国先进制造业的生产模式和趋势，揭示了联邦政府制定加快先进制造业发展所面临的机遇及维护其健康发展所面临的挑战。通过规划一个强大的创新政策，缩小研发与先进制造业创新应用之间的差距，解决技术全生命周期中的问题。

2014 年 10 月 27 日，美国先进制造业联盟指导委员会发布《振兴美国先进制造业》报告 2.0 版，指出加快创新、保证人才输送管道、改善商业环境是振兴美国制造业的三大支柱。特别是在促进创新方面，将在增加美国竞争力的新型制造技术领域加大投资。国防部、能源部、农业部及国家航空航天局等政府部门在报告所建议的复合材料、生物材料等先进材料、制造业所需先进传感器及数字制造业方面加大投资，总额超过 3 亿美元。以政府提供先进设备，部门与科研机构、高校联动，设立联合技术测试平台等方式促进创新发展。

从 2011 年 6 月至今，在美国政府一系列措施下逐渐振兴了美国的先进制造业，已经建成了 4 个先进制造业的研究所，还有 4 个在筹建中。政府向社区大学投资近 10 亿美元，为先进制造业培养合格的工人；同时也扩大对于新兴、交叉性学科应用性研究的投入。政府还采取新的措施对退伍军人进行更合理的分配，包括向先进制造业分配合格的人才。最近5年，美国制造业已经增加了70万个就业岗位。

**（3）日本物联网升级制造模式**

伴随德国“工业4.0”时代的到来，传统的制造业强国日本也开始发力。日本选择机器人作为突破口。日本机器人的实力因在工业领域的普及而受到全球的认可。目前，日本仍然保持工业机器人产量、安装数量世界第一的地位。2012年，日本机器人产值约为3400亿日元，占全球市场份额的50%，安装数量（存量）约30万台，占全球市场份额的23%。另外，机器人的主要零部件，包括机器人精密减速机、伺服电动机、重力传感器等，占据90%以上的全球市场份额。

日本政府于2015年1月23日公布了《机器人新战略》，首先列举了欧美与中国的技术赶超，互联网企业向传统机器人产业的涉足，给机器人产业环境带来了巨变。这些变化，将使机器人开始应用大数据实现自律化，使机器人之间实现网络化，物联网时代也将随之真正到来。

2015年5月，日本机器人革命促进会正式成立，标志着“日本机器人新战略”迈出了第一步。最初，“日本机器人新战略”主要有两大目的，即“扩大机器人应用领域”与“加快新一代机器人技术研发”。而近年来，德国的“工业4.0”、美国的工业互联网等相继涌现，加速了以新一代信息技术为主线的制造创新趋势。日本政府也积极跟进，决定在日本机器人革命促进会下设“物联网升级制造模式工作组”。2015年7月中旬，“物联网升级制造模式工作组”召开了第一次大会。除了三菱电机、日立制作所等工业控制设备厂商之外，富士通、NEC、三菱重工、川崎重工、IHI、日立造船、丰田汽车、日产汽车、本田等制造业相关的77家代表企业参会。此外，还有15个商协会等社会组织参与了大会。

物联网升级制造模式工作组的目标主要是，跟踪全球制造业发展趋势的科技情报，通过政府与民营企业的同心通力合作，实现物联网技术对日本制造业的变革。具体而言，主要有如下四点：

① 梳理物联网升级新制造模式的示范案例；

② 探讨标准化模式，提供参考信息；

③ 调研物联网和信息物理融合系统在智能工厂中的应用潜力；

④ 在政府与德国、美国等有关国际机构协商合作之际，提供参考决策。

**（4）中国制造2025**

为了实现由制造大国向制造强国转变，国务院于2015年5月8日公布了强化高端制造业的国家战略规划“中国制造2025”。“中国制造2025”要求坚持走中国特色新型工业化道路，以促进制造业创新发展为主题，以提质增效为中心，以加快新一代信息技术与制造业深度融合为主线，以推进智能制造为主攻方向，以满足经济社会发展和国防建设对重大技术装备的需求为目标，强化工业基础能力，提高综合集成水平，完善多层次多类型人才培养体系，促进产业转型升级，培育有中国特色的制造文化，实现制造业由大变强的历史跨越。简言之，“中国制造2025”的核心是智能制造。

“中国制造 2025”的战略目标是立足国情，立足现实，力争通过“三步走”实现制造强国的战略目标。第一步：力争用 10 年时间，迈入制造业强国行列。第二步：到 2035 年，我国制造业整体达到世界制造业强国阵营中等水平。第三步：中华人民共和国成立一百年时，制造业大国地位更加巩固，综合实力进入世界制造业强国前列。制造业主要领域具有创新引领能力和明显竞争优势，建成全球领先的技术体系和产业体系。

“中国制造 2025”将分类开展流程制造、离散制造、智能装备和产品、智能制造新业态新模式、智能化管理、智能服务六大重点行动。

① 针对生产过程（包括流程制造、离散制造）的智能化，特别是生产方式的现代化、智能化。在以智能工厂为代表的流程制造、以数字化车间为代表的离散制造方面分别进行试点示范项目。其中，在流程制造领域，重点推进石化、化工、冶金、建材、纺织等行业，示范推广智能工厂或数字矿山运用；在离散制造领域，重点推进机械、汽车、航空、船舶、轻工、家用电器及电子信息等行业。

② 针对产品的智能化，体现在以信息技术深度嵌入为代表的智能装备和产品试点示范。把芯片、传感器、仪表、软件系统等智能化产品嵌入智能装备中，使产品具备动态存储、感知和通信能力，实现产品的可追溯、可识别、可定位。在包括高端芯片、新型传感器、机器人等在内的行业中，进行智能装备和产品的集成应用项目。

③ 针对制造业中的新业态新模式予以智能化，即工业互联网方向。对以个性化定制、网络协同开发、电子商务为代表的智能制造新业态新模式推行试点示范。例如，在家用电器、汽车等与消费相关的行业，开展个性化定制试点；在钢铁、食品、稀土等行业开展电子商务及产品信息追溯试点示范。

④ 针对管理的智能化。在物流信息化、能源管理智慧化上推进智能化管理试点，从而将信息技术与现代管理理念融入企业管理。

⑤ 针对服务的智能化。以在线监测、远程诊断、云服务为代表的智能服务试点示范。服务的智能化，既体现为企业如何高效、准确、及时挖掘客户的潜在需求并实时响应，也体现为产品交付后对产品实现线上线下（O2O）服务，实现产品的全生命周期管理。

上述五个方面，纵向来看，贯穿于制造业生产的全周期；横向来看，基本囊括了中国制造业中的传统和优势项目；综合来看，重大智能装备以及与新业态新模式相关的偏服务化制造业将是重点。

# 1.3 生产系统

“德国工业4.0”“英国工业2050”“新工业法国”“中国制造2025”等国家科技规划都把生产过程智能化作为战略任务重点。2021年底，工业和信息化部公布了《“十四五”智能制造发展规划》，提出“十四五”及未来相当长一段时间内，对于智能制造，要立足制造本质，紧扣智能特征，构建虚实融合、知识驱动、动态优化、安全高效、绿色低碳的智能制造系统。不论是数字化制造还是智能制造，核心要素之一都是生产系统本身。生产系统可大体分为两类：连续制造和离散制造。连续制造，又称流程工业，通常包括化工、材料、能源等含有不间断连续生产过程的制造系统。除此之外的生产系统均属于离散制造，其中包括汽车、电子产品、电器、航天设备等。生产系统的分析与控制是制造业研究与实践的重大课题，该领域的重点是分析、改进和控制制造过程中产品的流动。

与此同时，当前制造业发展趋势呈现生产组织方式变革、新兴业态高端化、产业融合发展和技术创新方式革新几个主要方面。其中，传统的单品种、大批量生产的产品正在逐渐退出企业，而由于定制生产的需求，多品种、小批量的生产方式将得到快速发展。越来越多的选择和功能迫使生产规划和执行从传统的大批量“按库存”转为小批量“按订单”生产。系统生产方式的灵活性通常会导致生产操作更复杂，并且与企业的成本和投资密切相关。

在过去多年中，对于刚性生产模式下生产系统的建模、分析、改进、设计和控制，已经取得了广泛的研究成果。对于刚性生产来说，其“少品种、大批量”的生产模式，虽然生产效率高，单件产品成本低，但却是以损失产品的多样化、掩盖产品个性为代价的。同时，由于在这种情况下，生产过程的主要部分都可以被视为处于稳定状态，使得已有的生产系统稳态性能分析的大量研究结果可以被直接使用。而基于智能制造的实际生产中，需要依靠高度灵活的制造设备，通过快速调整，实现产线内小批量、个性化、定制化产品的柔性生产，这些生产系统部分（甚至完全）处于暂态状态下运行，传统的稳态分析方法将不再适用于这样的生产系统。

需要再次强调的是，制造业对于国家发展至关重要，中国制造业经济转型关键之一，就是进一步普及多品种、小批量的生产模式，针对性研究也具有重大意义。学术理论层面，暂态分析和稳态分析互为补充，共同构成一套完整的生产系统建模、性能分析、优化调度的理论体系。工程应用层面，制造业在国民经济中发挥着极为重要的作用，多品种、小批量定制化生产模式下基于暂态的系统建模和性能评估，以及分布式调度优化，都对生产过程有效管理以及系统顶层设计起指导性作用。

因此，本书针对适应多品种、小批量柔性生产特征的暂态过程，聚焦多种标准拓扑结构生产系统的随机建模和性能评估问题，揭示基于标准拓扑结构生产线柔性生产机理，研究领域和方向顺应制造业发展趋势，研究科学问题源于国家重大需求和经济主战场，具有鲜明的需求导向、问题导向和目标导向特征，旨在通过解决技术瓶颈背后的核心科学问题，促使基础研究成果走向应用，对实际生产工程问题具有较高的经济价值。

# 第 2 章

# 生产系统的数学建模

## 2.1 生产系统的拓扑结构

生产系统的数学建模过程分为以下五部分：

① 确定生产系统类型，即系统拓扑结构、机器和物料储运设备连接关系以及工件流方向等；

② 确定机器数学模型，即机器的生产力、可靠性的数学描述；

③ 确定物料储运设备数学模型，即物料储运设备的参数及其对系统性能的影响；

④ 确定机器与物料储运设备之间的交互关系，即机器和物料储运设备的交互规则；

⑤ 确定性能指标，即定义评价系统性能的量化指标，以作为系统性能分析、持续改进以及优化决策的基础。

生产实际中，并不存在适用于任何系统的通用模型，但通过一些常见系统结构，能够使得任意复杂生产系统简化为其中一个或几个的组合。因此，基于结构特征和工艺路线，本书考虑四种常见的系统拓扑结构：串行系统，装配系统，闭环系统，返工系统。

### 2.1.1 串行系统

串行系统是将生产单元以串行方式连接起来，并通过物料储运设备将工件从一个生产单元输送到与它相邻的下一个生产单元的生产系统。这里的生产单元可以指代单个机器设备或是一组机器。在一些情况下，一个生产单元也可以表征一个制造车间。例如，可以认为一个典型的汽车装配厂由 3 个生产单元组成：车身车间、喷漆车间和总装车间。而当研究对象是整个供应链时，甚至可以将整个生产厂认为是供应链系统中的一个生产单元。

由于本书讨论的重点是生产系统内的工件流而并非具体的制造加工技术，因此将所有的生产单元统称为机器。

### 2.1.2 装配系统

装配系统是将两条及以上的串行系统通过一个或多个装配操作将各零件组装到一起，并对组装后的产品继续进行一系列后续加工操作的生产系统。装配系统在汽车发动机生产中非常常见，可以使用一个串行系统表征发动机的主装配线，在该线上多个工位处存在装配操作，用来装配主线中的发动机和多个零部件生产线生产加工提供的各种发动机配件。

### 2.1.3 闭环系统

在一些制造环境下，需要将待加工工件放置在专门的承载装置上，如托盘、滑车等，在输入工位装载原始工件，并在输出工位卸载加工完成的工件后重新返回输入工位，有限的承载装置在整个系统中被循环使用，这类生产线称为闭环系统。

在这类系统中，原料进入系统必须有空闲的承载装置供其使用，如果承载装置过少，则第一台机器经常会因为没有可用的承载装置而进入饥饿状态；另一方面，当成品离开生产线时，其使用的承载装置也必须释放到返回缓冲区中，如果承载装置数量过多，则最后一台机器经常会被充满的返回缓冲区阻塞，从而导致成品滞留于系统内。正是这些因承载装置而导致的饥饿和阻塞的存在，使得闭环系统的性能通常差于其对应的开环系统。

### 2.1.4 返工系统

在一些生产系统中，质量不合格产品不会被立即丢弃，而是送到专门的加工单元进行修理，然后再送回原来的生产过程重新加工，这个生产过程称为再加工，整个系统称为返工系统。

在汽车组装厂的喷漆车间中，通常可以看到带有再加工的生产线。另外，再加工生产过程其实可以看作一种可重入生产系统的特例，而可重入生产系统在半导体制造业中十分常见，原因主要有两个方面：半导体制造所用的机器设备比较昂贵；半导体产品通常具有分层结构，使得相同的机器可以在同一产品的不同加工阶段使用。显然，在返工系统内存在更为复杂的饥饿和阻塞现象，使得其生产性能通常也会低于相对应的不带返工环的串行系统。

# 2.2 机器的数学模型

## 2.2.1 加工周期

机器加工一件产品所需的时间称为加工周期。加工周期可以是恒定的，或是变化的，甚至是随机的。在大规模制造产业中，每台机器的加工周期通常是恒定或近似恒定的，而在柔性生产环境或者柔性车间中，加工周期通常可以认为是变化或随机的。

生产系统中的机器可以具有相同或者不同的加工周期。在加工周期相同的情况下，又可以进一步分为分段时间轴和不分段时间轴两种情况。分段时间轴是以一个加工周期为一段，将时间轴进行分段。在这种情况下，可以认为系统中各个部分的状态变化（如机器的故障与修复以及缓冲区内的工件数变化等）都发生在各时间段的开端或末尾，这类生产系统也称为同步系统。

## 2.2.2 伯努利可靠性模型

可靠性模型是指描述机器工作时间和故障时间的概率质量函数或概率密度函数。伯努利可靠性模型是指，在每个时间段的开端，通过参数 $p$ 的伯努利随机实验，确定机器的状态是工作还是故障。换句话说，在每个时间段，该机器处于工作状态的概率为 $p$，处于故障状态的概率为 $1-p$，与该机器之前任何时刻的状态无关。具有伯努利可靠性模型的机器简称为伯努利机器。

伯努利模型是最简单的机器可靠性模型。首先，它是一个静态模型，当前机器状态与过去时刻独立；另外，其概率质量函数也比较简单。尽管如此，伯努利模型仍具有很强的实用性，例如在故障时间较短并与加工周期接近的机器操作中。

## 2.2.3 几何可靠性模型

几何可靠性模型是指机器的工作时间 $t_{\text{up}}$ 和故障时间 $t_{\text{down}}$ 服从几何分布，其概率质量函数为

$$P_{t_{\text{up}}}(t)=P[t_{\text{up}}=t]=P(1-P)^{t-1},\quad t=1,2,\cdots \tag{2-1}$$

$$P_{t_{\text{down}}}(t)=P[t_{\text{down}}=t]=R(1-R)^{t-1},\quad t=1,2,\cdots \tag{2-2}$$

这种可靠性模型假设一台机器的状态与它上一时间段的状态有关。与伯努利机器不同，因为几何可靠性模型需要记住前一时刻的状态，因此它是一个动态系统。

由于几何机器发生故障（或被修复）的可能性与机器持续工作（或持续处于故障状态）的时间长短无关，我们通常认为它是无记忆的。现实系统中的机器并不具备这一特性，但这种理想化模型还是可以提供一定的可用性。与伯努利模型相比，几何可靠性模型为机器可靠性提供了一个更加实际的理论描述，但其分析方法也较伯努利模型更加复杂。

### 2.2.4 机器加工质量模型

在一些制造环境下，机器有可能会生产出质量不合格的产品。在这种情况下，引入机器的加工质量模型，即机器连续生产合格质量产品或不合格质量产品的时间概率质量函数。例如，具有伯努利加工质量模型的机器，每个产出工件的质量合格的概率为$g$，不合格率为$1-g$，与之前生产的工件是否合格无关。伯努利加工质量模型通常适用于产品质量缺陷来源于随机独立事件的情况，如汽车喷漆车间中的粉尘以及剐蹭等。

## 2.3 缓冲区的数学模型及与机器的交互关系

任意时段一个缓冲区内包含的工件数称为该缓冲区在这一时段的占用量。显然，在生产系统中，任意给定时段的缓冲区占用量都取决于之前时段的占用量，因此缓冲区本身就是一个以占用量为状态的动态系统。

### 2.3.1 缓冲区参数辨识

实际生产系统中的缓冲区通常是以搬运箱、传送带以及自动导引车等多种形式存在。多数情况下，缓冲区的容量都比较容易测量。例如，在看板系统内，两台机器之间的缓冲区容量$N$即是它们之间的看板数；对于自动存储设备，其容量可以通过测量其存储空间和工件尺寸来确定。

### 2.3.2 缓冲区与机器的交互

状态变更约定：机器状态的变更发生在每个时段的开端。换句话说，在每个时段的开始，通过一组随机实验来确定各个机器在该时段内的状态。缓冲区的状态变更则发生于每个时段的结束。也就是说，缓冲区的占用量只在一个时段结束时才发生变化。

阻塞和饥饿的约定：考虑加工前阻塞，即在一个时段内，如果一台机器处于工作状态，但下游缓冲区在前一时段结束时已处于充满状态，并且下游机器在该时段开始时无法从该缓冲区提取工件进行加工，则认为该机器在这一时段被阻塞而无法加工工件。换言之，可以认为工件在被机器提取加工时已被置于下游缓冲区内。对于饥饿的约定，假设在一个时段内，一台机器处于工作状态，且其上游缓冲区在前一时段结束时状态为空，则该机器在这一时段处于饥饿状态。

## 2.4　生产系统暂态性能指标

本书中，由于主要针对系统的暂态性能评估，因此，用于评价系统的一些主要的性能指标定义如下：

- 生产率 $PR(n)$：第 $n$ 个加工周期中，最后一台机器 $m_M$ 加工完成工件数的期望。
- 消耗率 $CR(n)$：第 $n$ 个加工周期中，系统首台机器 $m_1$ 消耗工件数的期望。
- 在制品库存水平 $WIP_i(n)$：第 $n$ 个加工周期中，缓冲区 $b_i(i=1,\cdots,M-1)$ 占有量的期望。
- 机器饥饿率 $ST_i(n)$：第 $n$ 个加工周期中，机器 $m_i(i=2,\cdots,M)$ 处于饥饿状态的概率。
- 机器阻塞率 $BL_i(n)$：第 $n$ 个加工周期中，机器 $m_i(i=1,\cdots,M-1)$ 处于阻塞状态的概率。
- 完成时间 $CT$：系统加工完成所有工件的期望时间。

# 第 3 章

# 串行系统的暂态性能分析

## 3.1 小型伯努利可靠性机器串行系统精确性能分析

稳态性能分析一直是生产系统的研究重点，并且已经在过去的几十年里被广泛地研究。从现实情况来看，虽然很难认定生产系统始终处于稳定状态，基于稳定状态的分析方法对于大规模生产系统仍是十分有效和准确的。在大规模生产运行下，和整个生产运行过程相比，暂态过程一般都可以忽略不计，因此稳态分析方法可以被有效地使用。然而，传统的单品种、大批量生产的产品正在逐渐退出企业，由于定制生产的需求，多品种、小批量的生产方式将得到快速发展。越来越多的选择和功能迫使生产规划和执行从传统的大批量“按库存”转为小批量“按订单”生产。在这种情况下，一条生产线通常根据客户的定制化订单，能够生产多种类型终端产品，但由于工艺、设备和产品指标等因素，每次只能加工处理一个类型的终端产品。这就导致了基于有限量生产运行的情况，即一个有限量生产批次含有一定数量的同一类产品。显然，当定制化产品的订单量比较小时，稳态方法将不再能提供一个准确的系统性能分析。

和生产系统稳态分析的大量结果相比，对生产系统基于暂态的研究还未被深入讨论。本节给出了精确的数学模型和解析公式来评估小型伯努利可靠性机器串行系统的暂态性能。**需要注意的是，本节讨论的系统模型和性能评估方法，将会成为本书绝大部分其他章节模型建立和分析的重要基础模块之一。**

### 3.1.1　双机生产线性能分析和系统性质

**（1）数学模型**

如图 3-1 所示的一条小批量生产运行伯努利串行线，一些模型前提假设如下：

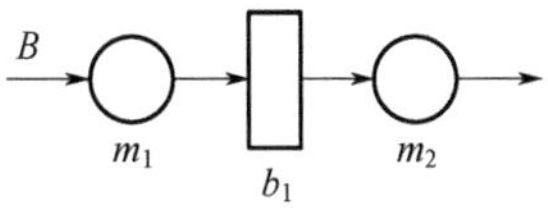


图 3-1　小批量生产运行伯努利串行线

① 系统由 $M$ 台机器（圆圈表示）和 $M-1$ 个在制品缓冲区（矩形表示）组成。

② 机器 $m_i(i=1,2,\cdots,M)$ 具有恒定的相同的周期时间 $\tau$ 。以一个加工周期 $\tau$ 为一段，将时间轴分段。

③ 每一个在制品缓冲区，$b_i(i=1,2,\cdots,M-1)$ 用其容量 $N_i$ 来表征，$0<N_i<\infty$ 。

④ 机器遵循伯努利可靠性模型，即机器 $m_i(i=1,2,\cdots,M)$，如果既没有被阻塞也没有饥饿，在一个时间间隙里加工处理一个工件的概率是 $p_i$，没能加工处理一个工件的概率是 $1-p_i$，参数 $p_i$ 称为机器 $m_i$ 的效率。

⑤ 机器 $m_i(i=2,3,\cdots,M)$，如果在时间间隙 $n$ 内处于工作状态，且缓冲区 $b_{i-1}$ 在时间间隙开始时为空，那么该机器在该时间间隙内处于饥饿状态。

⑥ 机器 $m_i(i=1,2,\cdots,M-1)$，在时间间隙 $n$ 内被阻塞，如果其处于工作状态，缓冲区 $b_i$ 在时间间隙开始时有 $N_i$ 个在制品工件，并且下游机器 $m_{i+1}$ 没能从其中取走一个工件进行处理。同时，假设机器 $m_M$ 任何时候都不会被阻塞。

⑦ 系统基于有限量生产运行，每个生产批次规模为 $B$ 个产品。

**（2）性能分析**

使用 $f_i(n)$ 表示机器 $m_i$ 在时间间隙 $n$ 结束时已经完成生产的工件总数量，用 $h_1(n)$ 表示在时间间隙 $n$ 结束时缓冲区内的在制品工件数量。显而易见，有

$$f_1(n)-f_2(n)=h_1(n) \tag{3-1}$$

那么，系统可以用一个马尔可夫链来表征，状态可以使用 $(h_1(n),f_1(n))$ 或者 $(h_1(n),f_2(n))$ 表示。本节中，因为关注重点在于一个生产批次的完成时间，故使用 $(h_1(n),f_2(n))$ 作为系统状态。因此，系统的状态总数量为

$$Q_{2M}=\begin{cases}\dfrac{(2B-N_1+2)(N_1+1)}{2}, & B>N_1\\ \dfrac{(B+2)(B+1)}{2}, & B\leqslant N_1\end{cases} \tag{3-2}$$

如果 $B\leqslant N_1$，系统状态间的转移概率如下：

$$\begin{aligned}
&P[h_1(n+1)=0,f_2(n+1)=i+1\,|\,h_1(n)=0,f_2(n)=i]=1-p_1,\quad i=0,1,\cdots,B\\
&P[h_1(n+1)=0,f_2(n+1)=i\,|\,h_1(n)=1,f_2(n)=i]=p_1,\quad i=0,1,\cdots,B\\
&P[h_1(n+1)=i,f_2(n+1)=j\,|\,h_1(n)=i,f_2(n)=j]=(1-p_1)(1-p_2),\\
&\quad i=0,1,\cdots,B;j=0,1,\cdots,B-i-1\\
&P[h_1(n+1)=i,f_2(n+1)=j+1\,|\,h_1(n)=i,f_2(n)=j]=p_1p_2,\quad i=0,1,\cdots,B;j=0,1,\cdots,B-i-1\\
&P[h_1(n+1)=i+1,f_2(n+1)=j\,|\,h_1(n)=i,f_2(n)=j]=p_1(1-p_2),\\
&\quad i=0,1,\cdots,B;j=0,1,\cdots,B-i-1\\
&P[h_1(n+1)=i-1,f_2(n+1)=j+1\,|\,h_1(n)=i,f_2(n)=j]=(1-p_1)p_2,\\
&\quad i=0,1,\cdots,B;j=0,1,\cdots,B-i-1\\
&P[h_1(n+1)=i,f_2(n+1)=B-i\,|\,h_1(n)=i,f_2(n)=B-i]=1-p_2,\quad i=0,1,\cdots,B\\
&P[h_1(n+1)=i-1,f_2(n+1)=B-i+1\,|\,h_1(n)=i,f_2(n)=B-i]=p_2,\quad i=0,1,\cdots,B\\
&P[h_1(n+1)=0,f_2(n+1)=B\,|\,h_1(n)=0,f_2(n)=B]=1
\end{aligned} \tag{3-3}$$

此外，如果 $B>N_1$，还将有

$$\begin{aligned}
&P[h_1(n+1)=N_1,f_2(n+1)=j\,|\,h_1(n)=N_1,f_2(n)=j]=1-p_2,\quad j=0,1,\cdots,B-N_1-1\\
&P[h_1(n+1)=N_1,f_2(n+1)=j+1\,|\,h_1(n)=N_1,f_2(n)=j]=p_1p_2,\quad j=0,1,\cdots,B-N_1-1\\
&P[h_1(n+1)=N_1-1,f_2(n+1)=j+1\,|\,h_1(n)=N_1,f_2(n)=j]=(1-p_1)p_2,\quad j=0,1,\cdots,B-N_1-1
\end{aligned} \tag{3-4}$$

除了以上给出的情况，其他状态间的转移概率均为 0。显然，系统可以通过一个吸收马尔可夫链来定义，吸收状态是（0，$B$）。系统状态转移图如图 3-2 所示。

为了分析这个系统，首先线性化系统的状态空间，即对于系统状态 $(h_1=i,f_2=j)$，定义

$$k=\begin{cases}\sum\limits_{l=0}^{j-1}(B+1-j)+(i+1), & B\leqslant N_1\\ \sum\limits_{l=0}^{j-1}[\min(N_1+1,B-l+2)]+(i+1), & B>N_1\end{cases} \tag{3-5}$$

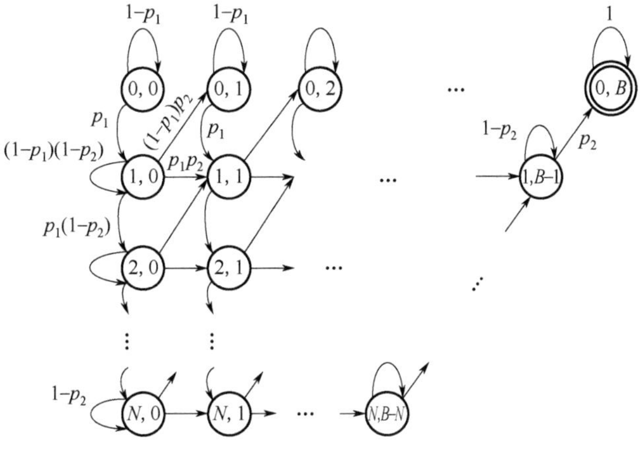


(a) $B>N_1$

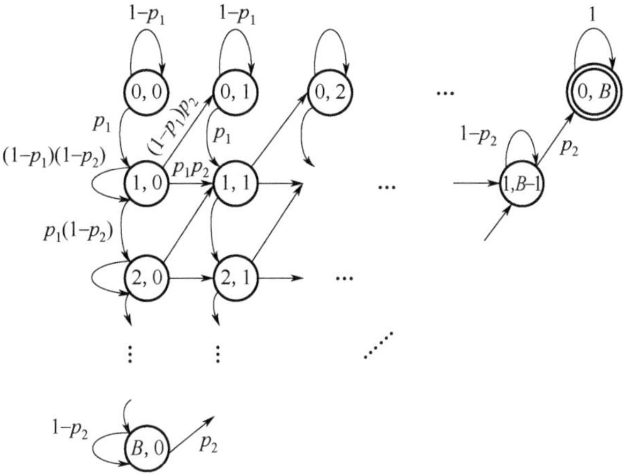


(b) $B\leqslant N_1$

图 3-2　系统状态转移图

因此，系统状态 $(h_1, f_2)$ 变成了马尔可夫链中的第 $k$ 个状态。显然，第一个状态指的是系统的初始状态 $(0,0)$，最后一个状态指的是系统状态 $(0,B)$，这也是系统的吸收状态。在这种排列下，给定 $k\in\{1,2,\cdots,Q_{2M}\}$，相应的系统状态也可以被计算出来。为了方便起见，用 $(h_1^k, f_2^k)$ 来表示。

使用 $\boldsymbol{A}_{2M}$ 来表示吸收马尔可夫链中的转移概率。那么，矩阵 $\boldsymbol{A}_{2M}$ 可以表示为

$$\boldsymbol{A}_{2M}=\begin{bmatrix}\boldsymbol{W} & \boldsymbol{0}\\ \boldsymbol{R} & \boldsymbol{1}\end{bmatrix} \tag{3-6}$$

式中，$\boldsymbol{W}$ 是一个 $(Q_{2M}-1)\times(Q_{2M}-1)$ 的矩阵；$\boldsymbol{R}$ 是一个 $1\times(Q_{2M}-1)$ 的非零矩阵；$\boldsymbol{0}$

是一个 $(Q_{2M}-1)\times 1$ 的零矩阵。换言之，矩阵 $\boldsymbol{W}$ 描述了一个状态到另一个状态的转移概率，而 $\boldsymbol{R}$ 描述了一个状态到吸收状态 $(0,B)$ 的转移概率。用列向量 $\boldsymbol{x}(n)$ 表示马尔可夫链在时间 $n$ 的概率分布。系统演化表示如下：

$$\boldsymbol{x}(n+1)=\boldsymbol{A}_{2M}\boldsymbol{x}(n) \tag{3-7}$$

然后，系统的实时性能计算如下：

$$\begin{cases} PR(n)=\boldsymbol{V}_1^{2M}\boldsymbol{x}(n), & CR(n)=\boldsymbol{V}_2^{2M}\boldsymbol{x}(n), \quad WIP(n)=\boldsymbol{V}_3^{2M}\boldsymbol{x}(n) \\ BL_1(n)=\boldsymbol{V}_4^{2M}\boldsymbol{x}(n), & ST_2(n)=\boldsymbol{V}_5^{2M}\boldsymbol{x}(n) \end{cases} \tag{3-8}$$

其中

$$\begin{cases} \boldsymbol{V}_1^{2M}=\begin{bmatrix} v_{11} & v_{12} & \cdots & v_{1Q_{2M}} \end{bmatrix} \\ \boldsymbol{V}_2^{2M}=\begin{bmatrix} v_{21} & v_{22} & \cdots & v_{2Q_{2M}} \end{bmatrix} \\ \boldsymbol{V}_3^{2M}=\begin{bmatrix} v_{31} & v_{32} & \cdots & v_{3Q_{2M}} \end{bmatrix} \\ \boldsymbol{V}_4^{2M}=\begin{bmatrix} v_{41} & v_{42} & \cdots & v_{4Q_{2M}} \end{bmatrix} \\ \boldsymbol{V}_5^{2M}=\begin{bmatrix} v_{51} & v_{52} & \cdots & v_{5Q_{2M}} \end{bmatrix} \\ v_{1k}=\begin{cases} p_2, & h_1^k>0 \text{ 且 } k<Q_{2M} \\ 0, & \text{其他} \end{cases} \\ v_{2k}=\begin{cases} p_1, & h_1^k<N_1 \text{ 且 } h_1^k+f_2^k<B \\ p_1p_2, & h_1^k=N_1 \text{ 且 } h_1^k+f_2^k<B \\ 0, & \text{其他} \end{cases} \\ v_{3k}=h^k \\ v_{4k}=p_1(1-p_2), \quad h_1^k=N_1 \text{ 且 } h_1^k+f_2^k<B \\ v_{5k}=p_2, \quad h_1^k=0 \text{ 且 } k<Q_{2M} \end{cases} \tag{3-9}$$

为了计算批次完成事件 $CT$，注意批次的完成时间事实上是马尔可夫链的吸收时间，首先计算其基本矩阵:

$$\boldsymbol{F}=(\mathbf{I}-\boldsymbol{W})^{-1} \tag{3-10}$$

然后，从状态 $i$ 开始到被吸收的时间期望是以下向量中的第 $i$ 个元素：

$$\boldsymbol{t}=\mathbf{1}\cdot\boldsymbol{F} \tag{3-11}$$

式中，$\mathbf{1}$ 是一个所有元素均为 1 的行向量。

此外，从状态 $i$ 开始到被吸收的时间的方差是以下向量中的第 $i$ 个元素：

$$\boldsymbol{v}=\boldsymbol{t}(2\boldsymbol{F}-\mathbf{I})-\boldsymbol{t}_{\text{sq}} \tag{3-12}$$

式中，$\boldsymbol{t}_{\mathrm{sq}}$ 表示 $\boldsymbol{t}$ 和其自身的 Hadamard 乘积。

由于系统初始状态所有缓冲区全为空，完成时间 $CT$ 的期望和标准差分别由向量 $\boldsymbol{t}$ 及向量 $\boldsymbol{v}$ 中的第一个元素及其平方根给出，即

$$E(CT)=\boldsymbol{t}_1,\quad \sigma(CT)=\sqrt{\boldsymbol{v}_1} \tag{3-13}$$

一个小批量生产运行下双机伯努利串行线性能分析的示例在图 3-3 中给出。可以清晰地看出，所有的系统性能全部都停留在暂态中。批次期望完成时间为 $CT$=29.6（由图中的垂直虚线标示出）。

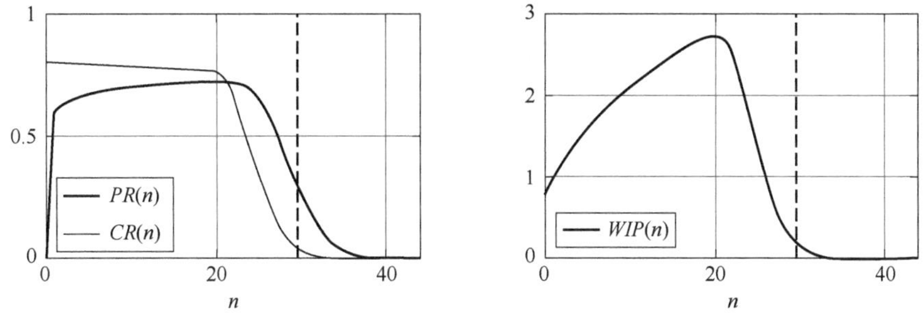


(a) 生产率$PR(n)$和消耗率$CR(n)$　　(b) 在制品平均库存水平$WIP(n)$

图 3-3　系统参数为 $p_1=0.8$，$p_2=0.75$，$N=5$，$B=20$ 的双机生产线实时性能分析

（3）**系统性质**

① **可逆性**：考虑一条在本章模型假设定义下的双机伯努利串行生产线及其逆系统，如图 3-4 所示。

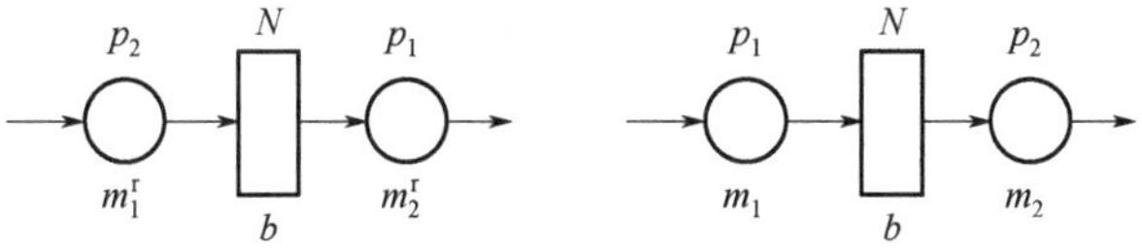


(a) 原生产线　　(b) 逆系统

图 3-4　有限量生产运行下双机伯努利串行生产线及其逆系统

那么，可以得到以下结论：

$$\begin{aligned}&CT=CT_{\mathrm{r}}\\&PR(n)=PR_{\mathrm{r}}(n),\qquad n=1,2,\cdots\end{aligned} \tag{3-14}$$

现实意义：通过系统的可逆性，可以很直观地得到，从最终产品产出的角度来看，原生产线及其逆生产线拥有相同的性能，既体现在系统的生产率上，也体

现在完成时间上。另外，原材料的消耗率以及在制品库存量依赖于机器的顺序位置。这一现象通过图 3-5 展示出来。如图所示，当拥有更高效率的机器被放在生产线下游（如逆生产线），在制品库存量被降低了，与此同时，上游机器处理加工整个批次的时间也略微地延长了。

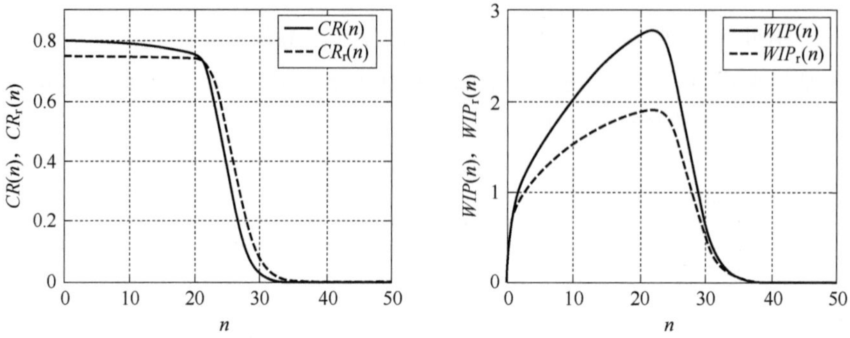


(a) 消耗率$CR(n)$　　(b) 在制品平均库存水平$WIP(n)$

图 3-5　参数为 $p_1=0.8$，$p_2=0.75$，$N=5$，$B=20$ 的生产系统及其逆系统的实时性能

② **单调性**：考虑一条根据本章模型假设定义的双机伯努利串行生产线。那么，$CT$ 随系统参数 $p_1$、$p_2$ 和 $N$ 单调递减。

现实意义：单调性的含义是显而易见的，提高机器效率和/或扩大缓冲区容量总是会导致更短的批次平均完成时间。

注意，以上给出的系统性质是通过 100000 条小批量生产运行伯努利串行线的数值实验研究结果得出的，其中每一条生产线的系统参数都是从预先设定的集合和区间中随机生成的。

## 3.1.2　三机生产线性能分析和系统性质

**（1）性能分析**

考虑一条根据本章模型假设定义下的三机伯努利串行线，用 $h_i(n)(i=0,1,2)$ 表示在时间间隔 $n$ 结束时，缓冲区 $b_i$ 中的在制品数量，用 $f_i(n)(i=0,1,2)$ 表示机器 $m_i$ 在时间间隔 $n$ 结束时已经生产的工件总数量。显然

$$\begin{aligned}f_2(n)-f_3(n)&=h_2(n)\\f_1(n)-f_2(n)&=h_1(n)\end{aligned}\tag{3-15}$$

那么，可以表征系统的马尔可夫链的状态为

$$\begin{aligned}&(h_1(n),h_2(n),f_3(n))\\&h_i(n)\in\{0,1,\cdots,N_i\},\quad i=1,2\\&f_3(n)\in\{0,1,\cdots,B\}\end{aligned}\tag{3-16}$$

用 $s_i(n)=0$（故障），1（工作）表示机器 $m_i$ 在时间间隔 $n$ 中的机器状态。根据模型假设定义下的生产系统的运行机制，此生产系统的动态性为

$$\begin{aligned} f_3(n+1) &= f_3(n)+s_3(n+1)\times\min\{h_2(n),1\} \\ h_2(n+1) &= h_2'(n+1)+s_3(n+1)\times\min\{h_1(n),N_2-h_2'(n+1),1\} \\ h_1(n+1) &= h_1(n+1)'+s_1(n+1)\times\min\{N_1-h_1'(n+1),1\} \end{aligned} \tag{3-17}$$

其中

$$\begin{aligned} h_2'(n+1) &= h_2(n)-s_3(n+1)\times\min\{h_2(n),1\} \\ h_1'(n+1) &= h_1(n)-s_2(n+1)\times\min\{h_1(n),N_2-h_2'(n+1),1\} \end{aligned}$$

显然，用以表征系统状态的马尔可夫链的最大状态数量为 $Q_{3M}=(N_1+1)\times(N_2+1)\times(B+1)$。需要注意的是，其中的一部分系统状态是不会达到的，如 $(1,1,B)$，因为机器 $m_1$ 和 $m_2$ 在加工完 $B$ 个工件后就立刻停止了运作。换句话说，在每一个时间间隙里，以下不等式都需要成立：

$$h_1+h_2+f_3\leqslant B \tag{3-18}$$

为了计算这一马尔可夫链的转移概率，首先以表 3-1 来顺序排列系统状态。

**表 3-1　三机伯努利生产线的系统状态排序**

| 系统状态 | $h_1$ | $h_2$ | $f_3$ |
|---|---|---|---|
| 1 | 0 | 0 | 0 |
| 2 | 0 | 0 | 1 |
| … | … | … | … |
| $B+1$ | 0 | 0 | $B$ |
| $B+2$ | 0 | 1 | 0 |
| $B+3$ | 0 | 1 | 1 |
| … | … | … | … |
| $Q_{3M}-1$ | $N_1$ | $N_2$ | $B-1$ |
| $Q_{3M}$ | $N_1$ | $N_2$ | $B$ |

那么，如果给定任意系统状态 $\boldsymbol{S}=(h_1,h_2,f_3)$，其根据上述排序情况下的状态编号为

$$\alpha(\boldsymbol{S})=h_1(N_2+1)(B+1)+h_2(B+1)+f_3+1 \tag{3-19}$$

我们也将这一系统状态表示为 $\boldsymbol{S}_\alpha=(h_1^\alpha,h_2^\alpha,f_3^\alpha)$。在计算系统状态之间的转移概率时，考虑到在每个时间间隙里，样本空间由三台机器总共 $2^3$ 种不同机器状态组成，

那么，有

$$P[s_1=\eta_1,s_2=\eta_2,s_3=\eta_3]=\prod_{i=1}^{M}p_i^{\eta_i}(1-p_i)^{1-\eta_i},\ \ \eta_i\in\{0,1\} \tag{3-20}$$

因此，在每一个时间间隙开始时，对于系统的每一个可达状态 $i,i\in\{1,2,\cdots,Q_{3M}\}$，如果 $h_1^\alpha+h_2^\alpha+f_3^\alpha<B$，可以枚举所有的 $2^3$=8 种机器状态的组合，根据系统动态性式（3-17）来确定相应的在这一时间间隙结束时的结果状态。通过确定得到相同结果状态 $j,j\in\{1,2,\cdots,Q_{3M}\}$ 的不同机器状态组合，并且使用式（3-20）计算相应的转移概率，最终将这些概率之和相加，得到一个时间间隙中，从起始的系统状态 $i$ 到结果状态 $j$ 的转移概率。对于所有符合条件的系统状态重复这一步骤。

对于可达状态 $i,i\in\{1,2,\cdots,Q_{3M}\}$，如果 $h_1^\alpha+h_2^\alpha+f_3^\alpha=B$，则系统状态间转移概率为

$$\begin{aligned}
&P[h_1(n+1)=0,h_2(n+1)=j-1,f_3(n+1)=k+1\mid h_1(n)=0,h_2(n)=j,f_3(n)=k]=p_3,\\
&\quad j\in\{1,2,\cdots,N_2\},k\in\{0,1,\cdots,B-1\}，且\ j+k=B\\
&P[h_1(n+1)=0,h_2(n+1)=j,f_3(n+1)=k\mid h_1(n)=0,h_2(n)=j,f_3(n)=k]=1-p_3,\\
&\quad j\in\{1,2,\cdots,N_2\},k\in\{0,1,\cdots,B-1\}，且\ j+k=B\\
&P[h_1(n+1)=i-1,h_2(n+1)=j+1,f_3(n+1)=k\mid h_1(n)=i,h_2(n)=j,f_3(n)=k]=p_2(1-p_3),\\
&\quad i\in\{1,2,\cdots,N_1\},j\in\{1,2,\cdots,N_2\},k\in\{0,1,\cdots,B-1\}，且\ i+j+k=B\\
&P[h_1(n+1)=i-1,h_2(n+1)=j,f_3(n+1)=k+1\mid h_1(n)=i,h_2(n)=j,f_3(n)=k]=p_2p_3,\\
&\quad i\in\{1,2,\cdots,N_1\},j\in\{1,2,\cdots,N_2\},k\in\{0,1,\cdots,B-1\}，且\ i+j+k=B\\
&P[h_1(n+1)=i,h_2(n+1)=j-1,f_3(n+1)=k+1\mid h_1(n)=i,h_2(n)=j,f_3(n)=k]=(1-p_2)p_3,\\
&\quad i\in\{1,2,\cdots,N_1\},j\in\{1,2,\cdots,N_2\},k\in\{0,1,\cdots,B-1\}，且\ i+j+k=B\\
&P[h_1(n+1)=i,h_2(n+1)=j,f_3(n+1)=k\mid h_1(n)=i,h_2(n)=j,f_3(n)=k]=(1-p_2)(1-p_3),\\
&\quad i\in\{1,2,\cdots,N_1\},j\in\{1,2,\cdots,N_2\},k\in\{0,1,\cdots,B-1\}，且\ i+j+k=B\\
&P[h_1(n+1)=0,h_2(n+1)=0,f_3(n+1)=B\mid h_1(n)=0,h_2(n)=0,f_3(n)=B]=1
\end{aligned} \tag{3-21}$$

注意，除了以上给出的情况以外，其他系统状态间的转移概率均为 0，那么所有状态间的转移概率以及马尔可夫链的转移矩阵就可以推导得出。用 $\boldsymbol{x}=[x_1(n)\ \ \cdots\ \ x_{Q_{3M}}(n)]^{\mathrm{T}}$ 表示系统的状态概率分布，其中，$x_i(n)$表示系统在状态 $i$ 的概率，并且使用 $\boldsymbol{A}_{3M}$ 表示马尔可夫链的转移矩阵。那么，系统状态的演变可以表示为

$$\boldsymbol{x}(n+1)=\boldsymbol{A}_{3M}\boldsymbol{x}(n),\quad \boldsymbol{x}(0)=[1\ \ 0\ \ \cdots\ \ 0] \tag{3-22}$$

系统的实时性能指标计算如下：

$$PR(n)=\boldsymbol{V}_1^{3M}\boldsymbol{x}(n)$$

$$CR(n)=\boldsymbol{V}_2^{3M}\boldsymbol{x}(n)$$

$$WIP_i(n) = \boldsymbol{V}_3^{3M}\boldsymbol{x}(n), \quad i = 1,2$$

$$BL_i(n) = \boldsymbol{V}_{4,i}^{3M}\boldsymbol{x}(n), \quad i = 1,2$$

$$ST_i(n) = \boldsymbol{V}_{5,i}^{3M}\boldsymbol{x}(n), \quad i = 2,3$$

其中

$$\begin{aligned}
\boldsymbol{V}_1^{3M} &= [\mathbf{0}_{1,B+1} \quad [p_3\mathbf{J}_{1,B} \quad 0] \cdot \boldsymbol{C}_{(B+1)\times N_2(B+1)}] \cdot \boldsymbol{C}_{(N_2+1)(B+1)\times Q} \\
\boldsymbol{V}_2^{3M} &= [p_1\mathbf{J}_{1,N_1(N_2+1)(B+1)} \quad p_1p_2\mathbf{J}_{1,N_2(B+1)} \quad p_1p_2p_3\mathbf{J}_{1,B+1}] \\
\boldsymbol{V}_{3,1}^{3M} &= [\mathbf{0}_{1,B+1} \quad 1\times\mathbf{J}_{1,B+1} \quad \cdots \quad N_2\times\mathbf{J}_{1,B+1}] \cdot \boldsymbol{C}_{(N_2+1)(B+1)\times Q} \\
\boldsymbol{V}_{3,2}^{3M} &= [\mathbf{0}_{1,(N_2+1)(B+1)} \quad 1\times\mathbf{J}_{1,(N_2+1)(B+1)} \quad N_1\times\mathbf{J}_{1,(N_2+1)(B+1)}] \\
\boldsymbol{V}_{4,1}^{3M} &= [\mathbf{0}_{1,N_1(N_2+1)(B+1)} \quad p_1(1-p_2)\mathbf{J}_{1,N_2(B+1)} \quad p_1(1-p_1p_2)\mathbf{J}_{1,B+1}] \\
\boldsymbol{V}_{4,2}^{3M} &= [\mathbf{0}_{1,N_2(B+1)} \quad p_2(1-p_3)\mathbf{J}_{1,B+1}] \cdot \boldsymbol{C}_{(N_2+1)(B+1)\times Q} \\
\boldsymbol{V}_{5,2}^{3M} &= [p_2\mathbf{J}_{1,(N_2+1)(B+1)} \quad \mathbf{0}_{1,N_1(N_2+1)(B+1)}] \\
\boldsymbol{V}_{5,3}^{3M} &= [p_3\mathbf{J}_{1,B+1} \quad \mathbf{0}_{1,N_2(B+1)}] \cdot \boldsymbol{C}_{(N_2+1)(B+1)\times Q}
\end{aligned} \tag{3-23}$$

矩阵 $\boldsymbol{C}_{i\times j} = [\mathbf{I}_i \ \cdots \ \mathbf{I}_i]$ 由 $j/i$ 个单位矩阵组成。

同时，对于批次完成时间，可以使用与双机生产线类似的吸收马尔可夫链的分析方法。其中，吸收状态为 $(0,0,B)$，即缓冲区 $b_1$ 和 $b_2$ 均为空，第三台机器 $m_3$ 亦完成生产全部 $B$ 个工件。这里，我们给出另一种计算方法，即通过推导计算一个批次在时间间隙 $n$ 结束时被完成的概率，从而进一步得出平均完成时间。

$$\begin{cases}
P_{CT}(n) = P[\{h_1(n)=0, h_2(n)=1, f_3(n)=B-1\} \cap \\
\qquad \{m_3\text{在时间间隙}n\text{中处于工作状态}\}] = \boldsymbol{V}_6^{3M}\boldsymbol{x}(n-1) \\
CT = \sum_{n=1}^{\infty} nP_{CT}(n)
\end{cases} \tag{3-24}$$

其中

$$\boldsymbol{V}_6^{3M} = [\mathbf{0}_{1,2B} \quad p_3 \quad 0 \quad \cdots \quad 0]$$

作为例证，考虑如图 3-6 所示的一条三机伯努利串行生产线。有限量定制化生产批次生产量为 $B=50$。系统参数（机器效率及缓冲区容量）均显示在图中（圆圈上方及矩形内）。

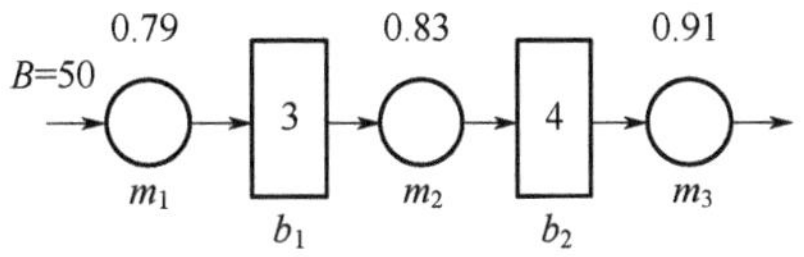


图 3-6　有限量生产运行下三机伯努利串行生产线

使用本节描述的分析方法对系统性能进行分析，结果如图 3-7 所示。从图中可以清晰地看出，虽然各个性能指标并不再完全停留在暂态中，暂态在这一生产过程中仍然占据了不可忽略的一部分，并且是不应该也不能被忽视的。

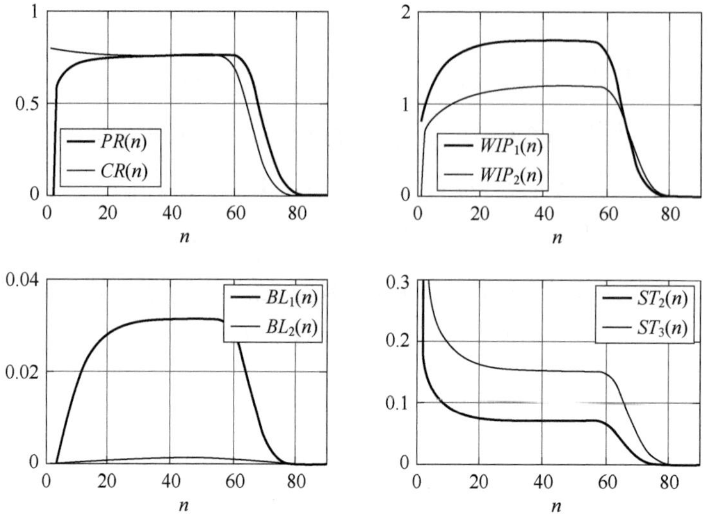


图 3-7　三机生产线实时性能指标

（2）系统性质

① **可逆性**。考虑一条根据本章模型假设定义的三机伯努利串行生产线及其逆系统（图 3-8）。同样得到式（3-14）所给出的结果。

和双机生产线类似，原生产线及其逆生产线拥有相同的性能，既体现在系统的生产率上，也体现在完成时间上。同时，原材料的消耗率以及在制品库存量仍依赖于机器的顺序位置。

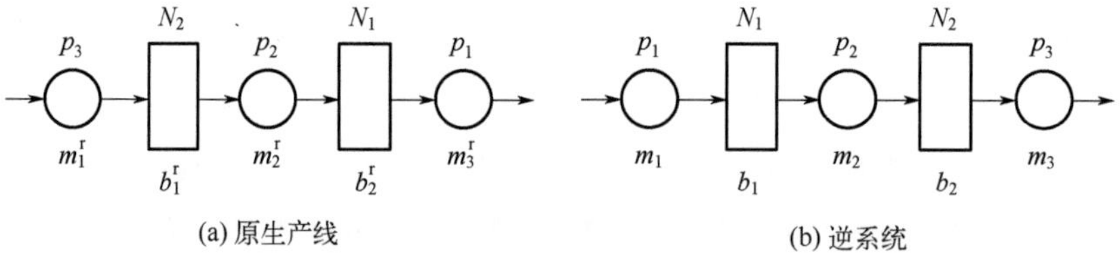


图 3-8　有限量生产运行下三机伯努利串行生产线及其逆系统

② **单调性**。考虑一条根据本章模型假设定义的三机伯努利串行线。那么，$CT$ 随系统参数 $p_1$、$p_2$、$p_3$ 和 $N_1$、$N_2$ 单调递减。和双机线一样，三机生产线系统单调性的含义同样显而易见：提高机器效率和/或扩大缓冲容量总是会导致更短的批次期望完成时间。

# 3.2 复杂伯努利可靠性机器串行系统近似性能分析

尽管无论系统中机器的数量如何，都可以使用马尔可夫链来表征根据本章模型假设所定义的生产系统，然而系统的状态数量却会随着 $M$、$N_i$ 和 $B$ 的增加而迅速增加。例如，一条 5 台机器的生产线，所有缓冲区的容量为 4，在 50 个零件的生产运行中，总共有 31875 个状态。如果机器的数量增加到 10 台，并具有相同的缓冲器容量和生产运行规模，那么马尔可夫链将具有总共 99609375 个状态。显然，直接的马尔可夫分析方法对于较大的系统来说可能并不实用。本节提出一种基于聚合的计算效率高的方法，以高精确度对系统性能进行近似分析。

## 3.2.1 双机生产线近似分析

### （1）构建辅助线

由于同时考虑缓冲状态和工件完成状态是双机马尔可夫生产线分析的主要复杂因素，因此，本节提出了一种解耦 $h(n)$ 和 $f_i(n)$ 的方法，即构建一条辅助双机线和两条辅助单机线来近似原始系统的生产过程。具体来说，辅助双机线包含与原始系统相同的机器和缓冲区，但生产运行的零件数量是无限的[图 3-9（a）]。两条辅助单机生产线都是效率随时间变化的机器，表示为 $\hat{p}_1(n)$ 和 $\hat{p}_2(n)$[图 3-9（b）和（c）]。

分析辅助双机线的方法已被广泛使用。另外，一旦知道 $\hat{p}_1(n)$ 和 $\hat{p}_2(n)$，辅助单机线的分析也会变得非常简单。接下来，将提出一种方法来计算使用辅助双机线的 $\hat{p}_1(n)$ 和 $\hat{p}_2(n)$ 的值，并基于所有三条辅助线，近似计算原始系统的性能指标。

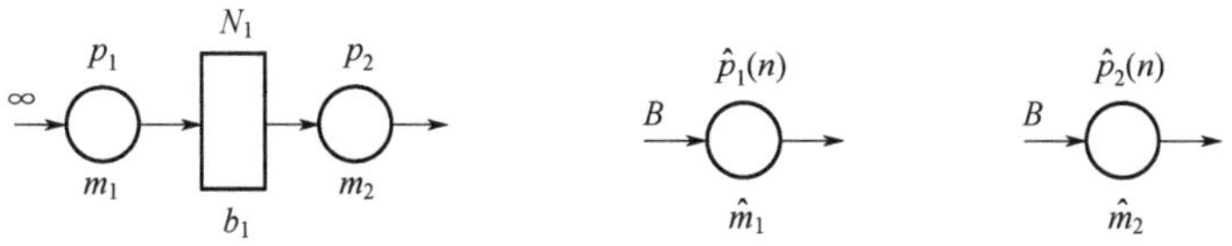

(a) 辅助双机线　(b) 辅助单机线1　(c) 辅助单机线2

图 3-9　双机生产系统的辅助生产线构建

令 $\hat{x}_{h,i}(n)$ 表示双机辅助线的缓冲器在时间间隙 $n$ 结束时有 $i$ 个工件的概率，

$\hat{\boldsymbol{x}}_h(n)=\left[\hat{x}_{h,0}(n)\quad \hat{x}_{h,1}(n)\quad \cdots \quad \hat{x}_{h,N_1}(n)\right]^{\mathrm{T}}$。$\hat{\boldsymbol{x}}_h$ 的演化由以下公式给出：

$$\begin{aligned}&\hat{\boldsymbol{x}}_h(n+1)=\boldsymbol{A}_2(n)\hat{\boldsymbol{x}}_h(n),\quad \sum_{i=0}^{N_1}x_{h,i}(n)=1\\&\hat{x}_{h,i}(0)=\begin{cases}1, & i=0\\0, & 其他\end{cases}\end{aligned}\tag{3-25}$$

其中，$\boldsymbol{A}_2$ 的定义如下：

$$\boldsymbol{A}_2=\begin{bmatrix}1-p_1 & p_2(1-p_1) & 0 & \cdots & 0\\ p_1 & 1-p_1-p_2+2p_1p_2 & p_2(1-p_1) & \cdots & 0\\ 0 & p_1(1-p_2) & \ddots & \ddots & \vdots\\ \vdots & \vdots & \ddots & 1-p_1-p_2+2p_1p_2 & p_2(1-p_1)\\ 0 & 0 & \cdots & p_1(1-p_2) & p_1p_2+1-p_2\end{bmatrix}\tag{3-26}$$

当且仅当 $m_1$ 处于工作状态且没有被阻塞时，能够生产一个零件；类似地，当且仅当 $m_2$ 处于工作状态且不会因没有可加工的工件而产生饥饿，其才能够完成一次加工操作。因此，定义辅助单机线的时变效率如下：

$$\begin{aligned}\hat{p}_1(n)&=p_1[1-\hat{x}_{h,N_1}(n-1)(1-p_2)]\\ \hat{p}_2(n)&=p_2[1-\hat{x}_{h,0}(n-1)]\end{aligned}\tag{3-27}$$

换句话说，当且仅当原来的机器 $m_1$ 处于工作状态，并且辅助双机线的第一台机器在同一时间间隙内没有被阻塞时，辅助单机线 1 中的机器 $(\hat{m}_1)$ 才能处于工作状态。同样，当且仅当原始机器 $m_2$ 处于工作状态且辅助双机线中的第二台机器不会处于饥饿状态时，辅助单机线 2 中的机器 $(\hat{m}_2)$ 才会处于工作状态。现在，让 $\hat{x}_{f,j}^{(i)}(n)$ 表示辅助单机线 $i(i=1,2)$ 中的机器完成第 $j$ 部分的概率。在时间间隙 $n$ 结束时完成生产运行的第 $j$ 部分，$\hat{\boldsymbol{x}}_f^{(i)}(n)=\left[\hat{x}_{f,0}^{(i)}(n)\quad \hat{x}_{f,1}^{(i)}(n)\quad \cdots \quad \hat{x}_{f,B}^{(i)}(n)\right]^{\mathrm{T}}$。$\hat{\boldsymbol{x}}_f^{(i)}(n)$ 的演化由以下公式给出：

$$\begin{aligned}&\hat{\boldsymbol{x}}_f^{(i)}(n+1)=\hat{\boldsymbol{A}}_f^{(i)}(n)\hat{\boldsymbol{x}}_f^{(i)}(n),\quad \sum_{j=0}^{B}\hat{x}_{f,j}^{(i)}(n)=1\\&\hat{x}_{f,j}^{(i)}(0)=\begin{cases}1, & j=0\\0, & 其他\end{cases}\quad i=1,2\end{aligned}\tag{3-28}$$

其中，转移概率矩阵 $\hat{\boldsymbol{A}}_f^{(i)}(n)$ 容易通过单机工作时的系统动态特性得到。此外，应该指出的是，这种方法是基于三个较小的马尔可夫链实现的，一个有 $N_1$+1 个状态，两个有 $B$+1 个状态，而在精确分析方法中使用的是一个较大的有 $Q_{3M}$ 个状态的马尔可夫链。这种状态空间维度的降低能减少计算工作量。

**（2）性能评估公式**

基于上面构建的辅助线，提出以下公式来近似原始系统性能指标。首先，原始系统中机器的生产完成时间通过两条辅助单机生产线的生产完成时间来近似。设 $\hat{P}_{CT_i}(n)$ 表示原始系统中 $m_i$ 在时间 $n$ 结束时完成生产运行的近似概率，那么

$$\hat{P}_{CT_i}(n)=\hat{p}_i(n)\hat{x}^{(i)}_{f,B-1}(n-1) \tag{3-29}$$

接下来，原始系统消耗率与辅助单机线 1 的生产率近似，而原始系统的生产率由辅助单机器线 2 近似，即

$$\begin{aligned}\widehat{PR}(n)&=[\hat{p}_2(n)\mathbf{J}_B\quad 0]\hat{\boldsymbol{x}}_f^{(2)}(n-1)\\ \widehat{CR}(n)&=[\hat{p}_1(n)\mathbf{J}_B\quad 0]\hat{\boldsymbol{x}}_f^{(1)}(n-1)\end{aligned} \tag{3-30}$$

为了近似 $WIP(n)$、$BL_1(n)$ 和 $ST_2(n)$，需要同时使用两种类型的辅助线。具体而言，这些性能指标是使用辅助双机线中的对应指标来近似的，并通过辅助单机线完成生产运行的概率来进行适当的“折算”：

$$\begin{aligned}\widehat{WIP}(n)&=[0\quad 1\quad \cdots\quad N]\hat{\boldsymbol{x}}_h(n)[1-\hat{x}^{(2)}_{f,B}(n-1)]\\ \widehat{ST}_2(n)&=[p_2\quad 0\mathbf{J}_N]\hat{\boldsymbol{x}}_h(n-1)[1-\hat{x}^{(1)}_{f,B}(n-1)]\\ \widehat{BL}_1(n)&=[0\mathbf{J}_N\quad p_1(1-p_2)]\hat{\boldsymbol{x}}_h(n-1)[1-\hat{x}^{(1)}_{f,B}(n-1)]\end{aligned} \tag{3-31}$$

最后，完成时间的平均值和标准差近似为

$$\begin{aligned}E(\widehat{CT}_i)&=\sum_{n=1}^{\infty}n\hat{P}_{CT_i}(n),\quad i=1,2\\ \sigma(\widehat{CT}_i)&=\sqrt{\sum_{n=1}^{\infty}[n-E(\widehat{CT}_i)]^2\hat{P}_{CT_i}(n)},\quad i=1,2\end{aligned} \tag{3-32}$$

## 3.2.2　多机生产线近似分析

**（1）辅助线路的构造**

分析 $M>2$ 机生产线的方法类似于双机的情况。首先，引入了一条辅助 $M$ 机生产线，该生产线具有原始系统中相同的机器和缓冲器，但假设具有无限的生产运行规模[图 3-10（a）]。然后，总共引入 $M$ 条辅助单机生产线，每条生产线都有一台机器，其效率随时间变化，$\hat{p}_i(n)(i=1,2,\cdots,M)$ 有限生产运行规模等于 $B$[图 3-10（b）]。我们提出一种基于递归聚合的迭代程序，以近似系统的暂态性能。其思想是通过一组具有时变效率的机器的双机生产线来表征多机串行系统的工件流（图 3-11）。这里，$p_i^{\mathrm{f}}(n)$ 用于近似缓冲区 $b_i$ 上游所有机器和缓冲区的工件生产能力。类似地，$p_{i+1}^{\mathrm{b}}(n)$ 用于近似缓冲区 $b_i$ 所有下游机器和缓冲区的工件生产加工能力。提出一种算法来计算辅助单机系统的参数。该过程以及 $p_i^{\mathrm{b}}(n)$ 和 $p_i^{\mathrm{f}}(n)$ 的计

算程序总结如下：

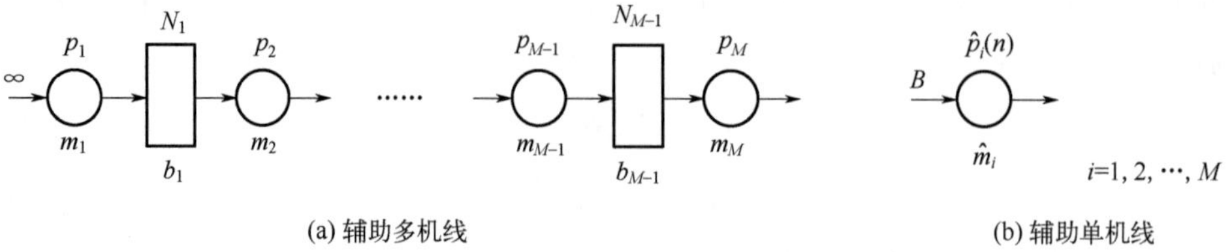


图 3-10　多机生产系统的辅助生产线构建

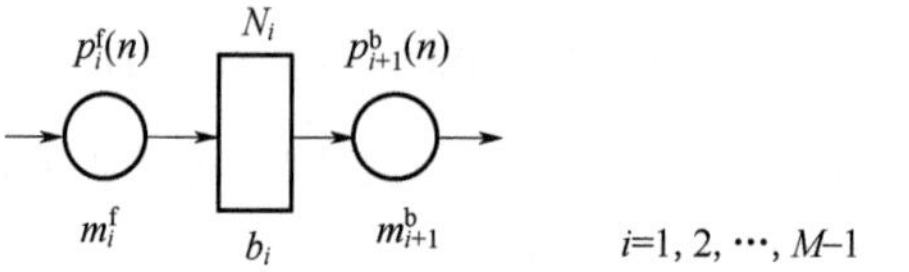


图 3-11　多机生产系统的双机表达

**计算程序：**

**步骤 1：** 设 $\hat{x}_{h,j}^{(i)}(n)$ 表示图 3-11 所示的双机生产线在时间间隙 $n$ 结束时在缓冲器中有 $j$ 个工件的概率 $\hat{\boldsymbol{x}}_h^{(i)}(n)=[\hat{x}_{h,0}^{(i)}(n)\quad \hat{x}_{h,1}^{(i)}(n)\quad \cdots\quad \hat{x}_{h,N_i}^{(i)}(n)]^{\mathrm{T}}$。设 $\hat{x}_{f,j}^{(i)}(n)$ 表示辅助单机线在时间间隙 $n$ 结束时完成生产 $j$ 个工件的概率，并且 $\hat{\boldsymbol{x}}_f^{(i)}(n)=[\hat{x}_{f,0}^{(i)}(n)\quad \hat{x}_{f,1}^{(i)}(n)\quad \cdots\quad \hat{x}_{f,B}^{(i)}(n)]^{\mathrm{T}}$。

初始条件由下式给出：

$$x_{h,j}^{(i)}(0)=\begin{cases}1, & j=0,\\ 0, & \text{其他}\end{cases}\quad i=1,2,\cdots,M-1$$

$$x_{f,j}^{(i)}(0)=\begin{cases}1, & j=0,\\ 0, & \text{其他}\end{cases}\quad i=1,2,\cdots,M$$

**步骤 2：** 使 $n=1$。

**步骤 3：** 计算 $p_i^{\mathrm{f}}(n)$，对于所有 $i=2,3,\cdots,M$，有

$$p_i^{\mathrm{f}}(n)=p_i[1-\hat{x}_{h,0}^{(i-1)}(n-1)]$$

**步骤 4：** 使 $p_M^{\mathrm{b}}(n)=p_M$。然后，对于所有的 $i=1,2,\cdots,M-1$，随 $i$ 降序计算 $p_i^{\mathrm{b}}(n)$，即首先计算 $p_{M-1}^{\mathrm{b}}(n)$，最后计算 $p_1^{\mathrm{b}}(n)$：

$$p_i^{\mathrm{b}}(n)=p_i[1-(1-p_{i+1}^{\mathrm{b}}(n))\hat{x}_{h,N_i}^{(i)}(n-1)]$$

**步骤 5：** 计算辅助单机线的参数：

$$\hat{p}_i(n)=p_i^{\mathrm{b}}(n)[1-\hat{x}_{h,0}^{(i-1)}(n-1)],\quad i=2,3,\cdots,M$$
$$\hat{p}_1(n)=p_1^{\mathrm{b}}(n)$$

**步骤 6：** 计算 $\hat{\boldsymbol{x}}_h^{(i)}(n+1)$，$i$=1,2,···,$M$−1：

$$\hat{\boldsymbol{x}}_h^{(i)}(n+1)=\boldsymbol{A}_2(p_i^{\mathrm{f}}(n),p_{i+1}^{\mathrm{b}}(n),N_i)\hat{\boldsymbol{x}}_h^{(i)}(n)$$

其中，$\boldsymbol{A}_2(p_i^{\mathrm{f}}(n),p_{i+1}^{\mathrm{b}}(n),N_i)$ 是双机伯努利线在时间间隙 $n$ 期间的一步转移概率矩阵。

**步骤 7：** 计算 $\hat{\boldsymbol{x}}_f^{(i)}(n+1)$，$i=1,2,\cdots,M$：

$$\hat{\boldsymbol{x}}_f^{(i)}(n+1)=\hat{\boldsymbol{A}}_f^{(i)}(n)\hat{\boldsymbol{x}}_f^{(i)}(n)$$

其中，转移概率矩阵 $\hat{\boldsymbol{A}}_f^{(i)}(n)$ 为单机系统运行时的状态转移矩阵。

**步骤 8：** 使 $n=n+1$，然后返回步骤 3。

注意，在步骤 5 中，考虑到可能的饥饿和堵塞，计算 $\hat{p}_i(n)$ 也可以用 $p_i^{\mathrm{f}}(n)$ 来表示：

$$\hat{p}_i(n)=p_i^{\mathrm{f}}(n)[1-(1-p_{i+1}^{\mathrm{b}}(n))\hat{x}_{h,N_i}^{(i)}(n-1)],\quad i=1,2,\cdots,M-1$$

$$\hat{p}_M(n)=p_M^{\mathrm{f}}(n)$$

**（2）性能近似公式**

使用与双机分析时类似的思想，定义以下性能近似公式：

$$\widehat{PR}(n)=\left[\hat{p}_M(n)\mathbf{J}_B\quad 0\right]\hat{\boldsymbol{x}}_f^{(M)}(n-1) \tag{3-33}$$

$$\widehat{CR}(n)=\left[\hat{p}_1(n)\mathbf{J}_B\quad 0\right]\hat{\boldsymbol{x}}_f^{(1)}(n-1) \tag{3-34}$$

$$\widehat{WIP}(n)=[0\quad 1\quad \cdots\quad N_i]\hat{\boldsymbol{x}}_h^{(i)}(n)\left(1-\hat{x}_{f,B}^{(i+1)}(n-1)\right),\quad i=1,2,\cdots,M-1 \tag{3-35}$$

$$\widehat{ST}_i(n)=[p_i\quad \mathbf{0}_{N_{i-1}}]\hat{\boldsymbol{x}}_h^{(i-1)}(n-1)(1-\hat{x}_{f,B}^{(i-1)}(n-1)),\quad i=2,3,\cdots,M \tag{3-36}$$

$$\widehat{BL}_i(n)=[\mathbf{0}_{N_i}\quad p_i(1-p_{i+1}^{\mathrm{b}}(n))]\hat{\boldsymbol{x}}_h^{(i)}(n-1)(1-\hat{x}_{f,B}^{(i)}(n-1)),\quad i=1,2,\cdots,M-1 \tag{3-37}$$

$$\hat{P}_{CT_i}(n)=\hat{p}_i(n)\hat{x}_{f,B-1}^{(i)}(n-1),\quad i=1,2,\cdots,M \tag{3-38}$$

此外

$$E(\widehat{CT}_i)=\sum_{n=1}^{\infty}n\hat{P}_{CT_i}(n),\quad i=1,2,\cdots,M \tag{3-39}$$

$$\sigma(\widehat{CT}_i)=\sqrt{\sum_{n=1}^{\infty}\left[n-E(\widehat{CT}_i)\right]^2\hat{P}_{CT_i}(n)},\quad i=1,2,\cdots,M \tag{3-40}$$

**（3）近似方法精确性**

为了研究上述性能近似方法的准确性，进行了数值实验。具体而言，考虑了具有属于以下集合的机器数量的伯努利生产线：

$$M \in \{2, 3, 5, 10, 15, 20\}$$

然后，对于每一个 $M$，生成 100000 条生产线，其中，系统的参数随机且等概率地从下选取：

$$p_i \in (0.7,1), \quad N_i \in \{1, 2, 3, 4, 5, 6\}, \quad B \in [5, 105]$$

因此，总共研究了 60 万条生产线。对于如此构建的每条线，使用所提出的评估方法计算其性能指标近似值。为了进行比较，已经使用 C++创建了一个仿真程序来估计性能度量的真实值，并且为上面生成的每一行运行了 10000 次仿真。这导致 $PR(n)$ 和 $CR(n)$ 的 95%置信区间小于 0.001，$WIP_i(n)$ 的 95%置信区间小于 0.05，$ST_i(n)$ 和 $BL_i(n)$ 的 95%置信区间小于 0.01，$CT_i$ 的 95%置信区间小于 0.01。根据下式定量评估暂态性能测量近似值的准确性：

$$\begin{aligned}
\delta_{PR} &= \frac{1}{T}\sum_{n=1}^{T}\frac{\left|\widehat{PR}(n) - PR_{\text{sim}}(n)\right|}{PR_{\text{ss}}}\times 100\% \\
\delta_{CR} &= \frac{1}{T}\sum_{n=1}^{T}\frac{\left|\widehat{CR}(n) - CR_{\text{sim}}(n)\right|}{PR_{\text{ss}}}\times 100\% \\
\delta_{WIP} &= \frac{\sum_{i=1}^{M-1}\sum_{n=1}^{T}\frac{\left|\widehat{WIP}_i(n) - WIP_i^{\text{sim}}(n)\right|}{N_i}\times 100\%}{(M-1)T} \\
\delta_{ST} &= \frac{1}{(M-1)T}\sum_{i=2}^{M}\sum_{n=1}^{T}\left|\widehat{ST}_i(n) - ST_i^{\text{sim}}(n)\right| \\
\delta_{BL} &= \frac{1}{(M-1)T}\sum_{i=1}^{M-1}\sum_{n=1}^{T}\left|\widehat{BL}_i(n) - BL_i^{\text{sim}}(n)\right|
\end{aligned} \tag{3-41}$$

式中，$PR_{\text{ss}}$ 是使用 95%置信区间小于 0.001 的仿真代码获得的；$T$ 是对于这条线观察到使得以下不等式成立的最小时刻：

$$\min\left\{\sum_{n=1}^{T}\hat{P}_{CT,M}(n), \sum_{n=1}^{T}P_{CT,M}^{\text{sim}}(n)\right\} \geqslant 0.999 \tag{3-42}$$

图 3-12 的箱线图总结了机器数量 $M$ 不同值时的精确性分析结果。注意，在箱线图中，方框的底部和顶部表示第一个和第三个四分位数，方框内的横线表示中位数。正如所看到的，$PR(n)$、$CR(n)$、$WIP(n)$ 的近似误差通常低于3%，对于较小的 $M$ 值，很少有异常值达到 10%。对于 $ST(n)$ 和 $BL(n)$，平均近似误差通常小于 0.01。应该注意的是，在分析过程中观察到的异常值大多来自生产运行批量非常小的情况。这些情况下产生的短生产完成时间可能只在几个瞬间较大地“放大”了误差。

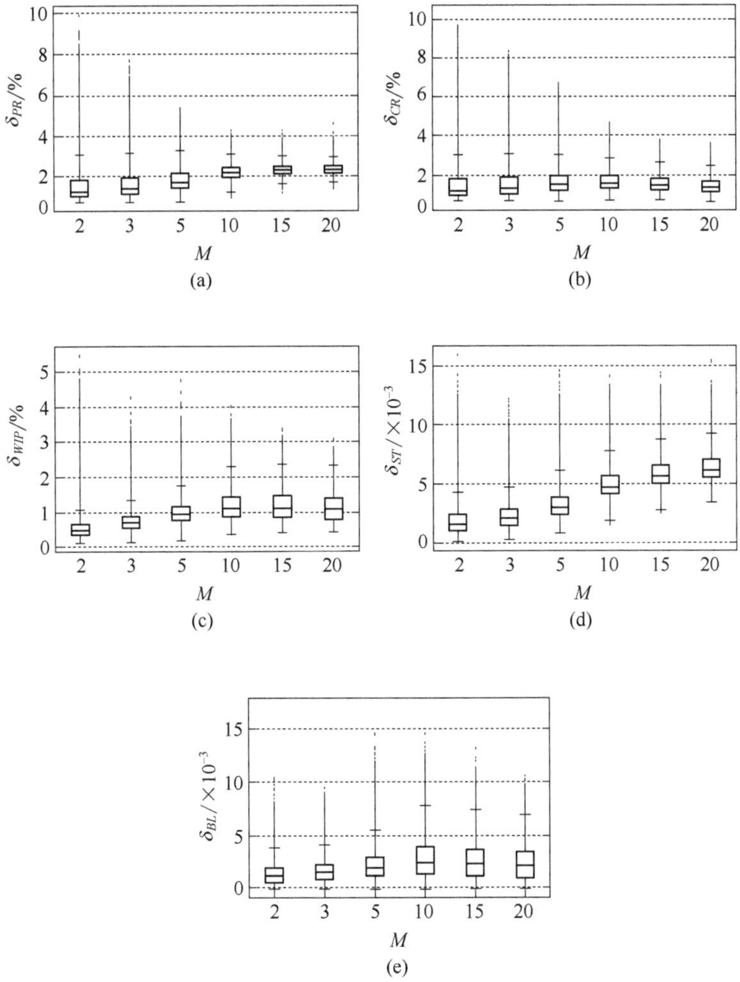


图 3-12　箱线图

平均完成时间的近似精度基于下式分析得到：

$$\delta_{E(CT_i)}=\frac{1}{M}\sum_{i=1}^{M}\frac{\left|E(\widehat{CT}_i)-E(CT_i^{\text{sim}})\right|}{E(CT_i^{\text{sim}})}\times 100\% \tag{3-43}$$

结果如图 3-13（a）所示。从箱线图中可以观察到，完成时间的中值近似误差低于 0.7%，而在几乎所有考虑的情况下，误差都低于 2%。此外，近似误差似乎随着机器数量的增加而增加。如图 3-14 所示，当生产运行规模非常小或非常大时，近似误差往往更大。图 3-15 给出了上面研究的所有 20 条机器线在每台机器上完成时间的平均近似误差。图中，从左到右的 20 个框分别对应该生产线中 $m_1$～$m_{20}$ 这 20 台机器，在生产线中间附近的机器，生产完成时间的近似值往往不太准确，在生产线两端机器完成时间近似误差较小。与仿真相比，计算过程通常快 7～10 倍。例如，对于所研究的 20 条机器线，在拥有 2.3GHz 英特尔酷睿 i7 和 16GB 内存的 Macbook Pro 上，计算程序的平均计算时间约为 0.07s，而平均仿真时间约为 0.6s。可以很容易地想象，在搜索最佳系统参数等任务时，计算效率的提高将会非常显著。

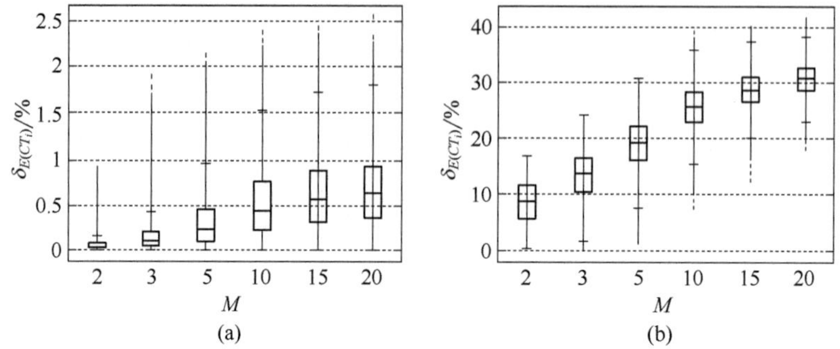


图 3-13 完成时间评估精确性

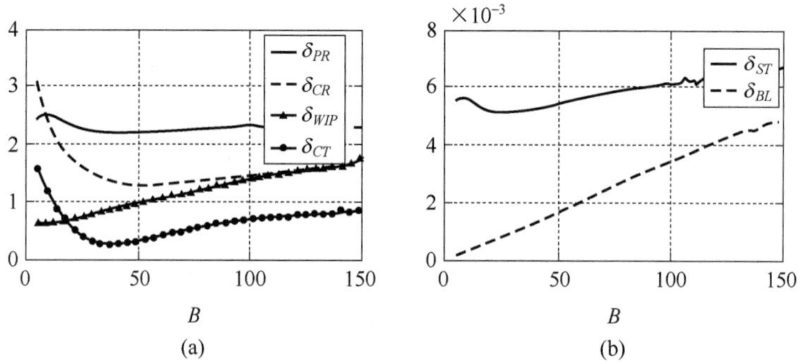


图 3-14 一条 15 机生产线随加工数量变化的性能评估准确性

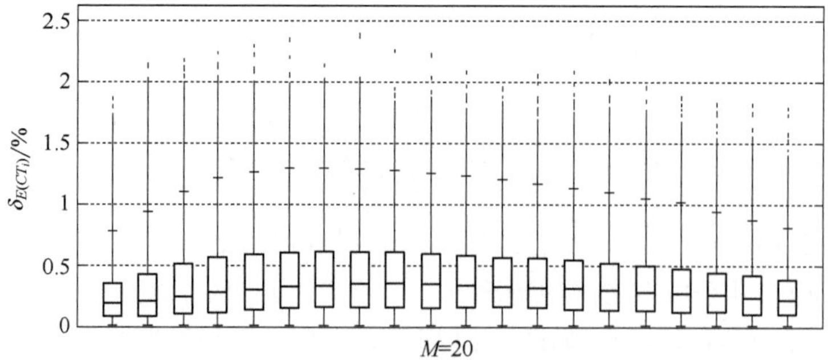


图 3-15 一条 20 机生产线中每台机器的完成时间评估准确性

作为一个数值实例，考虑表 3-2 中随机生成的机器效率和缓冲容量的 5 台机器生产线。同样，随机生成的生产运行规模为 $B=55$。使用仿真和计算程序获得的该系统的暂态性能指标如图 3-16 所示。从图中可以看出，计算程序提供的近似值可以在几乎整个生产周期内高精度地跟踪系统的暂态性能指标。最大的近似误差通常发生在机器的批次完成时间附近。在所研究的系统中也广泛观察到了类似的现象。表 3-3 列出了通过仿真和计算获得的每台机器的生产完成时间。对于这条生产线，平均完成时间的近似误差均小于 0.3%。

**表 3-2　系统中机器和缓冲区的参数**

| 参数 | $p_1$ | $p_2$ | $p_3$ | $p_4$ | $p_5$ |
|---|---|---|---|---|---|
| 数值 | 0.9167 | 0.8089 | 0.7717 | 0.8284 | 0.7774 |
| 参数 | $N_1$ | $N_2$ | $N_3$ | $N_4$ | — |
| 数值 | 4 | 4 | 5 | 2 | — |

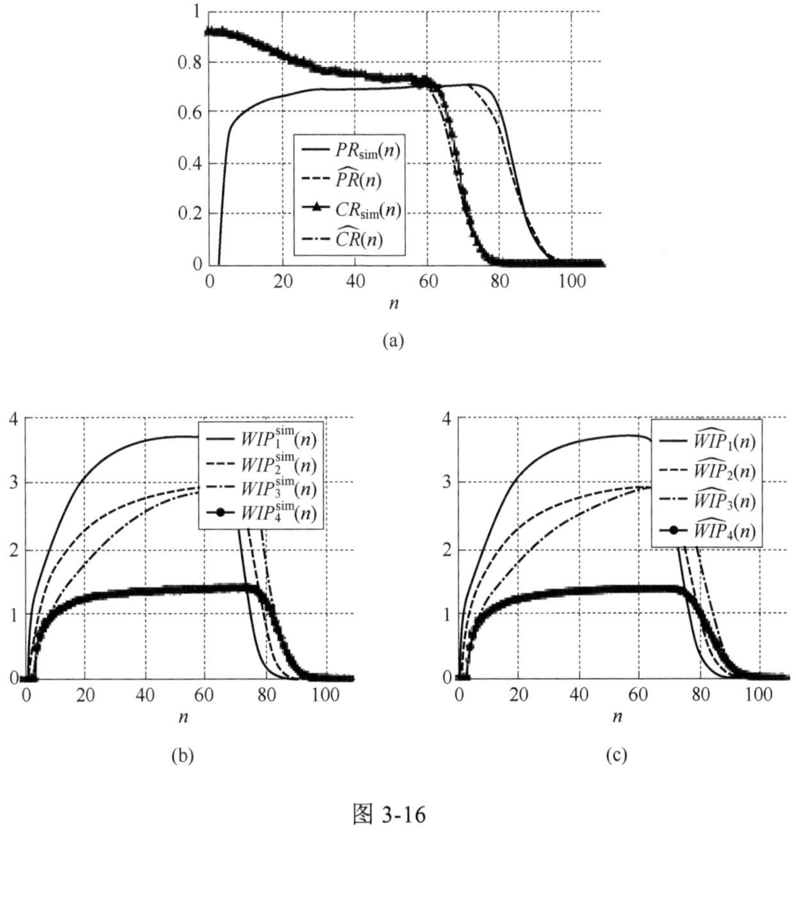


图 3-16

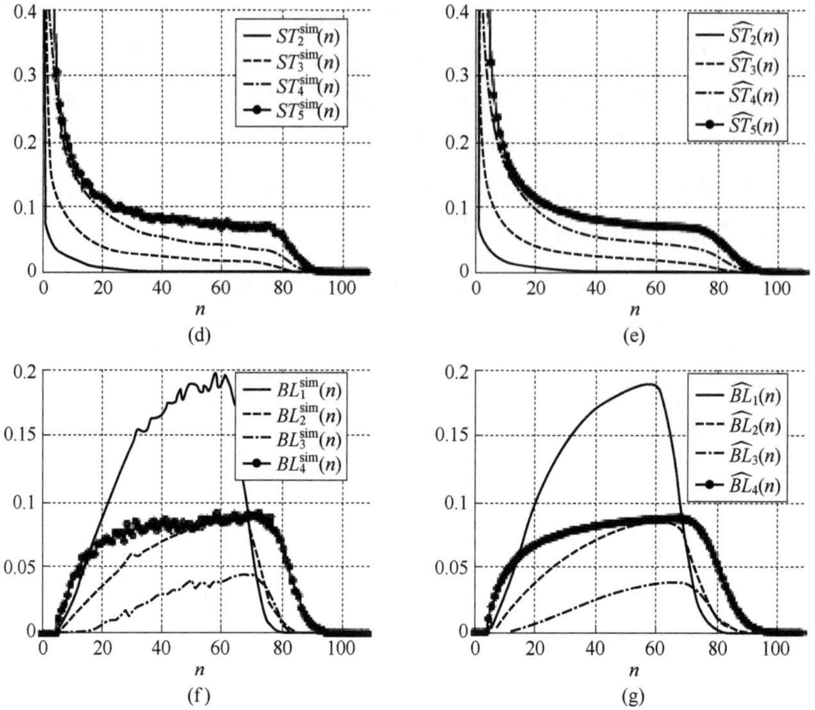


图 3-16 性能评估示例

**表 3-3 完成时间对比**

| 参数 | $m_1$ | $m_2$ | $m_3$ | $m_4$ | $m_5$ |
|---|---|---|---|---|---|
| $E(\widehat{CT_i})$ | 69.82 | 75.00 | 79.11 | 83.31 | 85.24 |
| $E(CT_i^{sim})$ | 69.67 | 74.84 | 79.03 | 83.33 | 85.30 |

# 3.3 小型几何可靠性机器串行系统

本节将分析伯努利系统算法的思想扩展到具有几何可靠性模型的机器的串行生产线。值得注意的是，与伯努利系统分析相比，本节所讨论的系统具有更大的状态空间，这是研究基于几何可靠性机器模型生产系统的主要挑战。

## 3.3.1 单机生产线性能分析和系统性质

与伯努利机器系统数学模型中的大多数假设类似，不同之处在于这里考虑机器遵循几何可靠性模型，即，使 $s_i(n) \in \{0=\text{故障}, 1=\text{工作}\}$ 表示机器 $m_i$ 在时间间隙 $n$ 的状态，则转移概率为

$$\begin{aligned}
&\text{Prob}[s_i(n+1)=0 \mid s_i(n)=1]=P_i \\
&\text{Prob}[s_i(n+1)=1 \mid s_i(n)=1]=1-P_i \\
&\text{Prob}[s_i(n+1)=1 \mid s_i(n)=0]=R_i \\
&\text{Prob}[s_i(n+1)=0 \mid s_i(n)=0]=1-R_i
\end{aligned} \tag{3-44}$$

式中，$P_i$ 和 $R_i$ 为相应机器的故障概率和修复概率。

首先研究最简单的单机生产系统。使用马尔可夫链描述具有几何可靠性机器的生产系统。由于单机系统没有缓冲区，系统在时间间隙 $n$ 时的状态可以通过该时间段内机器状态（$s(n) \in \{0=\text{故障}, 1=\text{工作}\}$）以及该时段开始时已完成的产品数量（$f(n) \in \{0,1,\cdots,B\}$）的组合来定义。因此，整个系统状态可以用一个数对（$s(n), f(n)$）来表示。显然，系统状态总数为 $2\times(B+1)$。

另外，由于系统一旦完成 $B$ 个产品就停止运行，因此在这个时间段的开始，它必须处于（1，$B$-1）状态。这意味着两个系统状态（0，$B$）和（1，$B$）都表示生产运行已完成。换句话说，可以将两种状态合并成一种状态，并将这种合并状态视为马尔可夫链的吸收状态。不失一般性，让这个吸收状态为（1，$B$）。该马尔可夫链的转移概率为

$$\begin{aligned}
&\text{Prob}[s(n+1)=0, f(n+1)=a \mid s(n)=0, f(n)=a]=1-R_1, \quad a=0,1,\cdots,B-1 \\
&\text{Prob}[s(n+1)=1, f(n+1)=a \mid s(n)=0, f(n)=a]=R_1, \quad a=0,1,\cdots,B-1 \\
&\text{Prob}[s(n+1)=0, f(n+1)=a+1 \mid s(n)=1, f(n)=a]=P_1, \quad a=0,1,\cdots,B-2 \\
&\text{Prob}[s(n+1)=1, f(n+1)=a+1 \mid s(n)=1, f(n)=a]=1-P_1, \quad a=0,1,\cdots,B-2 \\
&\text{Prob}[s(n+1)=1, f(n+1)=B \mid s(n)=1, f(n)=B-1]=1 \\
&\text{Prob}[s(n+1)=1, f(n+1)=B \mid s(n)=1, f(n)=B]=1
\end{aligned} \tag{3-45}$$

其他状态对之间的转移概率都等于零。显然，生产运行完成时间 $CT_1$ 的分布与系统状态有关，如下所示:

$$P_{CT_1}(n)=P[s(n)=1, f(n)=B-1] \tag{3-46}$$

换句话说，生产运行的完成时间也是马尔可夫链吸收的时间。因此，可以利用吸收马尔可夫链的性质计算生产完成时间的平均值和标准差。具体地说，根据以下的系统状态排序，将马尔可夫链的状态从 1 排列到 2$B$+1：

$$(s,f)\text{状态序号}=s\times B+f+1 \tag{3-47}$$

因此，系统的初始状态要么是状态 1（如果机器初始状态是停机），要么是状态 $B+1$（如果机器初始状态为工作），而吸收状态是状态 $2B+1$。让 $\boldsymbol{A}$ 表示马尔可夫链的转移概率矩阵，$\boldsymbol{A}$ 可以表示为

$$A=\begin{bmatrix} Q & \mathbf{0}_{2B,1} \\ V & 1 \end{bmatrix} \tag{3-48}$$

其中

$$Q=\begin{bmatrix} (1-R_1)\mathbf{I}_B & \mathbf{0}_{1,B-1} & 0 \\ & P_1\mathbf{I}_{B-1} & \mathbf{0}_{B-1,1} \\ R_1\mathbf{I}_B & \mathbf{0}_{1,B-1} & 0 \\ & (1-P_1)\mathbf{I}_{B-1} & \mathbf{0}_{B-1,1} \end{bmatrix},\quad V=\begin{bmatrix} 0 & 0 & \cdots & 1 \end{bmatrix} \tag{3-49}$$

式中，$\mathbf{I}_k$ 为 $k\times k$ 的单位矩阵；$\mathbf{0}_{k,l}$ 为 $k\times l$ 的零矩阵。

为了计算该系统在生产运行期间的暂态性能指标，采用以下计算方法：使 $\boldsymbol{w}(n)=[w_1(n)\cdots w_S(n)]^{\mathrm{T}}$ 其中，$w_i(n)=\mathrm{Prob}[$ 系统在时间间隙 $n$ 内处于状态 $i]$，并且 $S=2B+1$。那么，系统状态 $\boldsymbol{w}(n)$ 的进化可以表示为

$$\boldsymbol{w}(n+1)=\boldsymbol{A}\boldsymbol{w}(n) \tag{3-50}$$

初始状态为

$$w_1(0)=\begin{cases} 1, & s(0)=0 \\ 0, & \text{其他} \end{cases}$$

$$w_{B+1}(0)=\begin{cases} 1, & s(0)=1 \\ 0, & \text{其他} \end{cases}$$

$$w_i(0)=0,\quad \forall i\neq 1,B+1$$

然后，根据状态编号的分配，单机系统的暂态性能指标可计算为

$$\begin{aligned} PR(n)=CR(n)&=\mathrm{Prob}[\text{机器处于工作状态同时该批次还未被完成}] \\ &=\Big[\underbrace{0\cdots0}_{B\text{个}0}\quad \underbrace{1\cdots1}_{B\text{个}1}\quad 0\Big]\boldsymbol{w}(n) \end{aligned} \tag{3-51}$$

批次完成时间的期望可以通过系统状态的概率分布计算：

$$\mu_{CT_1}=\sum_{n=B}^{\infty} n w_{2B}(n) \tag{3-52}$$

最后，如果机器的故障和维修概率是时变的（表示为 $P_1(n)$ 和 $R_1(n)$），则系统仍具有马尔可夫链的特征，但是时变的。在这种情况下，机器的状态和成品的数量仍然是马尔可夫链的状态，而状态转移概率矩阵 $\boldsymbol{A}$ 变为时变的 $\boldsymbol{A}(n)$。

## 3.3.2 双机生产线性能分析和系统性质

在双机生产线的分析中，基于马尔可夫方法的精确分析仍然是可行的。对于该系统，马尔可夫链的状态以 $(h,f,s_1,s_2)$ 表征，其中 $h$ 表示缓冲区中的零件数，$f$ 表示已完成的产品数，$s_i(i=1,2)$ 表示机器的状态 $m_i$。

显然，系统的最终状态为 $(0,B,0,0)$，$(0,B,0,1)$，$(0,B,1,0)$，$(0,B,1,1)$。它们意味着系统已经生产了 $B$ 个产品，缓冲区占用为 0，机器状态在完成后可以是 0（故障）或 1（工作）。为了简化分析，将这四种状态合并为一种吸收状态 $(0,B,-,-)$。此外，由于机器在完成 $B$ 个工件后停止工作，$h$ 和 $f$ 必须满足 $h+f\leqslant B$ 的要求。因此，系统的状态总数量为

$$S=\begin{cases}\sum_{i=0}^{B-N_1}4(N_1+1)+\sum_{i=B-N_1+1}^{B-1}4(B-i+1)+1, & B>N_1\\ \sum_{i=0}^{B-1}4(B-i+1)+1, & B\leqslant N_1\end{cases} \tag{3-53}$$

为了分析这个马尔可夫链，定义以下映射，将一个唯一的状态编号从 1 到 $s$ 分配给每个系统状态：

$$\alpha(h,f,s_1,s_2)=\begin{cases}\sum_{i=0}^{f-1}4\times(N_1+1)+(N_1+1)\times(s_1\times 2^{s_1}+s_2)+h+1, & f\leqslant B-N_1\text{ 且 }B>N_1\\ \sum_{i=0}^{B-N_1}4\times(N_1+1)+\sum_{i=B-N_1+1}^{f-1}4\times(B-i+1)+(B-f+1)\times(s_1\times 2^{s_1}+s_2)+ & \\ \quad h+1, & B-N_1<f<B\text{ 且 }B>N_1\\ \sum_{i=0}^{B-N_1}4\times(N_1+1)+\sum_{i=B-N_1+1}^{B-1}4\times(B-i+1)+1, & f=B\text{ 且 }B>N_1\\ \sum_{i=0}^{f-1}4\times(B-i+1)+(B-f+1)\times(s_1\times 2^{s_1}+s_2)+h+1, & f<B\text{ 且 }B\leqslant N_1\\ \sum_{i=0}^{B-1}4\times(B-i+1)+1, & f=B\text{ 且 }B\leqslant N_1\end{cases} \tag{3-54}$$

为了计算该系统在生产运行期间的暂态性能，采用以下程序使 $\boldsymbol{w}_2(n)=[w_{2,1}(n),\cdots,w_{2,S}(n)]^{\mathrm{T}}$，其中，$w_{2,i}(n)$=Prob[系统在时间间隙 $n$ 内处于状态 $i$]。那么，系统状态 $\boldsymbol{w}_2(n)$ 的进化可以表示为

$$\boldsymbol{w}_2(n+1)=\boldsymbol{A}_2\boldsymbol{w}_2(n) \tag{3-55}$$

式中，$\boldsymbol{A}_2$ 是系统状态转移概率矩阵。

双机系统的暂态性能指标计算如下：

$$PR(n+1)=\mathrm{Prob}[\cup\{w_{2,\alpha(a,b,s_1,1)}(n)\}],\quad a>0,b<B,s_1\in\{0,1\}$$

$$CR(n+1)=\mathrm{Prob}[\cup\{w_{2,\alpha(a,b,1,0)}(n)\}]+\mathrm{Prob}[\cup\{w_{2,\alpha(c,d,1,1)}(n)\}],\quad a<N_1,a+b<B,c+d<B$$

$$WIP(n+1)=\sum_{i=0}^{N_1}i\mathrm{Prob}[\cup\{w_{2,\alpha(a,b,s_1,s_2)}(n)\}],\quad a=i,\ s_1,s_2\in\{0,1\}$$

$$P_{CT_1}(n)=\text{Prob}[\cup\{w_{2,\alpha(a,b,1,1)}(n)\}]+\text{Prob}[\cup\{w_{2,\alpha(c,d,1,0)}(n)\}],$$
$$a+b=B-1,a\leqslant N_1,c+d=B-1,c<N_1 \tag{3-56}$$
$$P_{CT_2}(n)=\text{Prob}[\cup\{w_{2,\alpha(1,B-1,s_1,1)}(n)\}],\quad s_1\in\{0,1\}$$

每台机器的批次完成时间为

$$\mu_{CT_1}=\sum_{n=B}^{\infty}nP_{CT_1}(n),\quad \mu_{CT_2}=\sum_{n=B}^{\infty}nP_{CT_2}(n) \tag{3-57}$$

# 3.4 复杂几何可靠性机器串行系统

我们推导了两条生产线性能评价的精确公式，这种方法的复杂性比单机情况要大得多。例如，考虑一个缓冲区容量 $N_1=15$ 和生产批次规模 $B$=80 的双几何可靠性机器串行系统。根据式（3-53），潜在的马尔可夫链的状态总数为 4701。另外，生产 $B$=80 的单机生产线只有 161 个状态。本节采用一种计算要求明显较低的近似方法，这种方法的核心称为等价聚合，目的是用一台等效单机辅助系统表示两台机器的动态特性。具体来说，考虑如图 3-17（a）所示的具有大批量生产运行（即 $B=\infty$）的双机生产线，定义了两种类型的聚合：反向聚合和正向聚合。前者中，在制品缓冲区 $b_1$ 和下游机器 $m_2$ 分别以从后向前的方向与 $m_1$ 聚合，形成具有时变故障概率 $\hat{P}_1(n)$ 和修复概率 $\hat{R}_1(n)$ 的虚拟几何机器 $\hat{m}_1$ [图 3-17（b）]。在后一种情况下，缓冲区和上游机器在向前方向上与 $m_2$ 聚合，形成虚拟几何机器 $\hat{m}_2$ 及其随时间变化的故障和修复概率 $\hat{P}_2(n)$ 和 $\hat{R}_2(n)$ [图 3-17（c）]。生产线输入处的原材料消耗以虚拟机器 $\hat{m}_1$ 表征，而成品生产则以虚拟机 $\hat{m}_2$ 表征。计算虚拟机参数 $\hat{P}_1(n)$、$\hat{R}_1(n)$、$\hat{P}_2(n)$ 和 $\hat{R}_2(n)$。

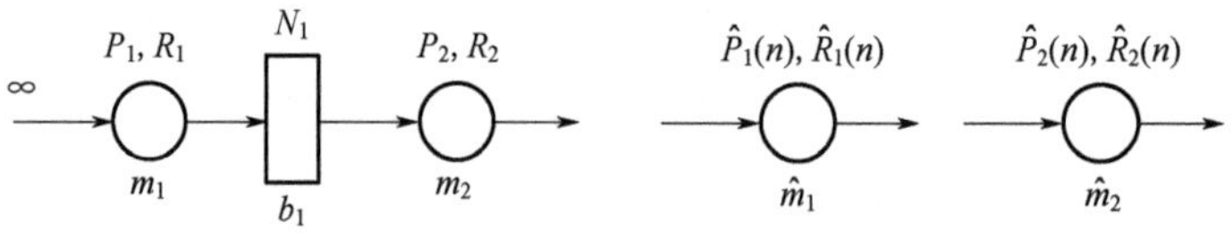


图 3-17 双机线及其单机等效表达

现在考虑得到的两个虚拟单机系统 $\hat{m}_1$ 和 $\hat{m}_2$。假设每台机器都是独立运行的，每台机器的生产批次规模为 $B$。显然，之前的结果是适用的。让 $\hat{\boldsymbol{w}}^{(i)}=\left[w_1^{(i)}\ \cdots\ w_S^{(i)}\right]^{\mathrm{T}}, i=1,2$。其中，$S=2B+1$ 和 $w_j^{(i)}$ 表示 $\hat{m}_1$（如果 $i=1$）或者 $\hat{m}_2$（如果 $i=2$）处于其相应马尔可夫链的 $j$ 状态。请注意，由于故障概率和修复概率 $\hat{m}_1$ 和 $\hat{m}_2$ 都是时变的，两个转移概率矩阵也都是时变的。让 $\widehat{\boldsymbol{A}}^{(1)}(n)$ 和 $\widehat{\boldsymbol{A}}^{(2)}(n)$ 分别

表示 $\hat{m}_1$ 和 $\hat{m}_2$ 处理 $B$ 个产品的马尔可夫链的转移概率矩阵，有

$$\hat{\boldsymbol{w}}^{(1)}(n+1)=\widehat{\boldsymbol{A}}^{(1)}(n)\hat{\boldsymbol{w}}^{(1)}(n),\quad \hat{\boldsymbol{w}}^{(2)}(n+1)=\widehat{\boldsymbol{A}}^{(2)}(n)\hat{\boldsymbol{w}}^{(2)}(n) \tag{3-58}$$

为了近似原始系统的性能指标，提出如下近似分析公式：

$$\widehat{PR}(n)=\left[\underbrace{0\cdots0}_{B个0}\quad\underbrace{1\cdots1}_{B个1}\quad 0\right]\hat{\boldsymbol{w}}^{(2)}(n) \tag{3-59}$$

$$\widehat{CR}(n)=\left[\underbrace{0\cdots0}_{B个0}\quad\underbrace{1\cdots1}_{B个1}\quad 0\right]\hat{\boldsymbol{w}}^{(1)}(n) \tag{3-60}$$

$$\hat{P}_{CT_i}(n)=\hat{w}_{2B}^{(i)}(n) \tag{3-61}$$

$$\hat{\mu}_{CT_i}=\sum_{n=B}^{\infty}n\,\hat{w}_{2B}^{(i)}(n) \tag{3-62}$$

此外，用 $\widehat{WIP}_1(n)$ 表示图 3-17（a）（即 $B=\infty$）所示的双机生产线在时间间隙 $n$ 结束时的在制品工件数量的期望。我们提出如下方法来近似原始系统（即生产有限 $B$ 个产品）在时间间隙 $n$ 结束时的在制品工件数量的期望：

$$\widehat{WIP}_1(n)=WIP_1^{(\infty)}(n)\left(1-\sum_{j=1}^{n}\hat{P}_{CT_2}(j)\right) \tag{3-63}$$

可以看出，$\widehat{WIP}_1(n)$ 是通过 $WIP_1^{(\infty)}(n)$ 乘以一个生产运行仍在未完成的概率的权重来计算的。

和精确分析方法相比，基于聚合的方法需要对三个较小的马尔可夫链（而不是一个较大的马尔可夫链）进行计算。再考虑一个具有缓冲容量 15 和生产运行规模 $B$=80 的双机生产线。基于聚合的方法只需要处理一个状态为 388 的马尔可夫链（对于无限生产运行的双机线）和两个状态为 161 的马尔可夫链（对于单机线）。另外，精确的分析方法则需处理包含 4701 个状态马尔可夫链。

## 3.4.1　多机生产线暂态性能近似评估

对于 $M>2$ 机器的生产线，虽然基于马尔可夫分析的精确方法在理论上仍然适用，但马尔可夫链中的状态数呈指数增长，所需的计算资源远不能满足实际计算需求。因此，必须寻求一种计算效率高的方法。请注意，基于聚合的计算过程中，$M$ 机器串行生产线由 $M-1$ 个以每个缓冲区为中心而构建的虚拟双机生产线表示（图 3-18）。具体来说，在缓冲区 $b_i$ 处，虚拟机 $m_i^{\mathrm{f}}$ 和 $m_{i+1}^{\mathrm{b}}$ 分别被引入作为 $b_i$ 上下游所有机器和缓冲区的“聚合”表示，它们的故障和修复概率为时变的 $P_i^{\mathrm{f}}(n)$、$R_i^{\mathrm{f}}(n)$、$P_{i+1}^{\mathrm{b}}(n)$、$R_{i+1}^{\mathrm{b}}(n)$，以获取系统的动态特性。

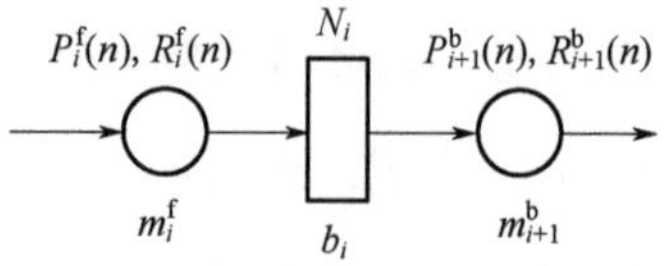


图 3-18　在缓冲区 $b_i$ 处的双机表达

至此，我们可以将所提出的等效聚合技术应用到这两条虚拟机线路中的每一条，这将导致上面的 $M-1$ 个虚拟双机器行中再产生两个虚拟单机器系统（图 3-19）。这些机器（$\hat{m}_i^f$ 和 $\hat{m}_{i+1}^b$）考虑了上游和下游机器的饥饿和阻塞的影响，并代表了串行线中每台机器上的工件流向。让 $P_i^f(n)$、$R_i^f(n)$、$P_{i+1}^b(n)$ 和 $R_{i+1}^b(n)$ 表示单机系统的故障概率和修复概率，那么聚合表示为

$$\hat{P}_i^f(n)=\hat{P}_i^b(n),\quad \hat{R}_i^f(n)=\hat{R}_i^b(n),\quad i=2,3,\cdots,M-1 \tag{3-64}$$

换句话说，虚拟机器 $\hat{m}_i^f$ 和 $\hat{m}_i^b(i=2,3,\cdots,M-1)$ 是等价的。为了避免混淆，使用 $\hat{m}_i$ 表示任一情况，并将其参数表示为 $\hat{P}_i(n)$ 和 $\hat{R}_i(n)(i=2,3,\cdots,M-1)$。对于 $m_1$ 和 $m_M$ 而言，等效聚合中仅存在 $\hat{m}_1^b$ 和 $\hat{m}_M^f$。为了保持一个一致的符号系统，这两个虚拟机分别表示为 $\hat{m}_1$ 和 $\hat{m}_M$，同时，相应的系统参数为 $\hat{P}_1(n)$、$\hat{R}_1(n)$、$\hat{P}_M(n)$ 和 $\hat{R}_M(n)$。

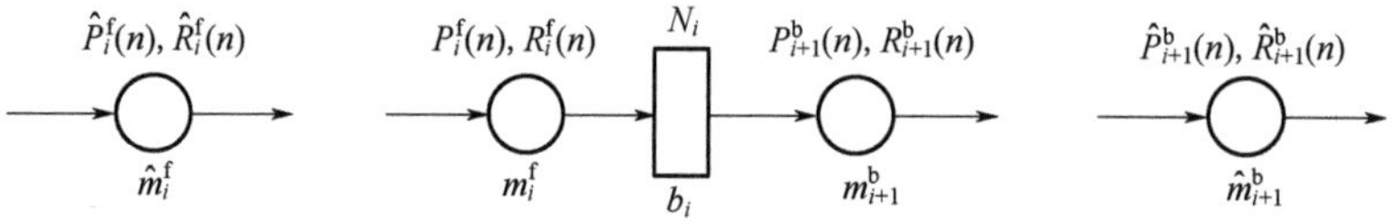


图 3-19　虚拟双机生产线的等效聚合

现在考虑产生的 $M$ 条虚拟单机器系统 $\hat{m}_i$。假设每个系统独立运行生产 $B$ 个产品。另外，让 $\hat{\boldsymbol{w}}^{(i)}=\left[w_1^{(i)},\cdots,w_S^{(i)}\right]^{\mathrm{T}},i=1,2,\cdots,M$。其中，$S=2B+1$，$w_j^{(i)}$ 表示 $\hat{m}_i$ 的马尔可夫链处于状态 $j$ 的概率。此外，使 $\hat{\boldsymbol{A}}^{(i)}(n)$ 为相应的转移概率矩。那么

$$\hat{\boldsymbol{w}}^{(i)}(n+1)=\hat{\boldsymbol{A}}^{(i)}(n)\hat{\boldsymbol{w}}^{(i)}(n),\quad i=1,2,\cdots,M \tag{3-65}$$

为了评估原始系统的暂态性能指标，提出如下近似分析公式：

$$\widehat{PR}(n)=\Big[\underbrace{0\cdots0}_{B个0}\quad \underbrace{1\cdots1}_{B个1}\quad 0\Big]\hat{\boldsymbol{w}}^{(M)}(n) \tag{3-66}$$

$$\widehat{CR}(n)=\Big[\underbrace{0\cdots0}_{B个0}\quad \underbrace{1\cdots1}_{B个1}\quad 0\Big]\hat{\boldsymbol{w}}^{(1)}(n) \tag{3-67}$$

$$\hat{P}_{CT_i}(n)=\hat{w}_{2B}^{(i)}(n),\quad i=1,2,\cdots,M \tag{3-68}$$

$$\hat{\mu}_{CT_i}=\sum_{n=1}^{\infty}n\,\hat{w}_{2B}^{(i)}(n),\quad i=1,2,\cdots,M \tag{3-69}$$

此外，使 $WIP_i^{(\infty)}(n)$ 表示如图 3-19 所示的虚拟双机系统的在制品数量的期望。类似于双机近似分析，提出以下公式近似分析原始系统的在制品数量期望的计算：

$$\widehat{WIP}_i(n) = WIP_i^{(\infty)}(n)\left(1-\sum_{j=1}^{n}\hat{P}_{CT_{i+1}}(j)\right),\quad i=1,2,\cdots,M-1 \tag{3-70}$$

使用基于蒙特卡洛仿真实验来证明性能近似法的准确性。具体来说，使用 MATLAB 创建了一个仿真程序来估计性能指标的真实值。对于每个 $M$，$M\in\{3,5,10,15,20\}$，随机生成 100000 条线，参数从如下的区间中选取：

$$R_i\in(0.05,0.5),\quad e_i\in(0.6,0.99) \tag{3-71}$$

即机器的平均停机时间从 2～20 的产品生产间隔时间随机选择，每个间隔时间的效率从 60%～90%随机选择，参数选择范围主要是考虑到实际生产过程的典型生产情况。机器的故障概率则可以通过 $P_i = R_i(1/e_i - 1)$ 计算，而缓冲区的容量从如下的范围随机选择：

$$N_i\in\left\{\lceil T_{\text{down},i}\rceil,\lceil T_{\text{down},i}\rceil+1,2,\cdots,5\lceil T_{\text{down},i}\rceil\right\} \tag{3-72}$$

每台机器的初始状态选择为工作和故障概率均为 0.5。生产批次的规模从以下集合中选取：

$$B\in\{20,\cdots,120\}$$

对于每条生产线进行 10000 次重复模拟实验，结果使得 $PR(n)$ 和 $CR(n)$、$WIP_i(n)$ 以及 $CT$ 在 95%的置信区间内分别小于 0.005、0.05 和 0.01。然后，用本节提出的基于分解的近似方法来评估每条生产线的性能指标，并将其与基于蒙特卡洛仿真得到的结果做比较，部分结果如表 3-4～表 3-7 所示。

**表 3-4　几何机器多机串行线 $\mu_{CT_i}$ 的近似分析误差**

| $M$ | 均值 | 中位数 | 标准差 | 90th 分位数 | 99th 分位数 |
|---|---|---|---|---|---|
| 3 | 0.91% | 0.44% | 1.33% | 2.27% | 6.66% |
| 5 | 1.88% | 1.18% | 2.06% | 4.52% | 9.72% |
| 10 | 3.11% | 2.45% | 2.63% | 6.75% | 11.55% |
| 15 | 3.86% | 3.32% | 2.80% | 7.72% | 12.23% |
| 20 | 4.45% | 4.01% | 2.85% | 8.33% | 12.64% |

表 3-5 几何机器多机串行线 $PR(n)$ 的近似分析误差

| $M$ | 均值 | 中位数 | 标准差 | 90th 分位数 | 99th 分位数 |
|---|---|---|---|---|---|
| 3 | 1.44% | 1.07% | 1.15% | 2.80% | 6.00% |
| 5 | 2.32% | 1.77% | 1.73% | 4.55% | 8.77% |
| 10 | 3.87% | 3.18% | 2.10% | 6.96% | 9.79% |
| 15 | 4.30% | 3.93% | 2.16% | 7.28% | 10.63% |
| 20 | 5.14% | 4.82% | 2.30% | 8.28% | 11.65% |

表 3-6 几何机器多机串行线 $CR(n)$ 的近似分析误差

| $M$ | 均值 | 中位数 | 标准差 | 90th 分位数 | 99th 分位数 |
|---|---|---|---|---|---|
| 3 | 1.16% | 0.85% | 1.04% | 2.27% | 5.32% |
| 5 | 1.64% | 1.23% | 1.43% | 3.28% | 7.35% |
| 10 | 1.76% | 1.29% | 1.58% | 3.66% | 7.88% |
| 15 | 1.40% | 1.04% | 1.24% | 2.90% | 6.17% |
| 20 | 1.30% | 0.96% | 1.16% | 2.70% | 5.75% |

表 3-7 几何机器多机串行线 $WIP_i(n)$ 的近似分析误差

| $M$ | 均值 | 中位数 | 标准差 | 90th 分位数 | 99th 分位数 |
|---|---|---|---|---|---|
| 3 | 1.44% | 1.11% | 1.08% | 2.90% | 5.16% |
| 5 | 1.71% | 1.50% | 0.97% | 2.98% | 4.97% |
| 10 | 1.87% | 1.68% | 0.92% | 3.08% | 4.84% |
| 15 | 1.60% | 1.49% | 0.74% | 2.61% | 3.80% |
| 20 | 1.57% | 1.48% | 0.71% | 2.52% | 3.53% |

为了说明近似法的精度，考虑随机生成的机器和缓冲区参数的 10 条机器线，如图 3-20 所示。矩形中的数字表示缓冲容量，圆圈上方的数字对表示机器的故障率和维修率。

生产批次规模为 80 个零件，通过仿真得到的每台机器的完成时间和近似方法以及它们之间的相对误差在表 3-8 中给出。通过仿真和近似方法获得的 $PR(n)$、$CR(n)$ 和 $WIP_i(n)$ 如图 3-21 所示。可以看出，该方法能较准确地近似消耗率的瞬变过程。一个可能的原因是生产运行开始时缓冲区是空的，导致进入系统的零件的可变性较小。此外，在生产运行结束时，$PR(n)$ 的近似精度较低，在许多研究案例中也观察到这一点。

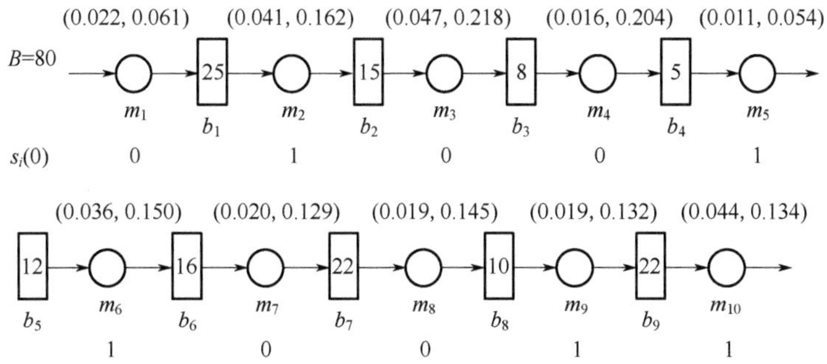


图 3-20　10 台几何机器串行线近似分析方法例证

**表 3-8　10 台几何机器串行线有限量生产下批次完成时间近似分析误差**

| $i$ | 1 | 2 | 3 | 4 | 5 | 6 | 7 | 8 | 9 | 10 |
|---|---|---|---|---|---|---|---|---|---|---|
| $\mu_{CT_i}^{sim}$ | 127.51 | 145.62 | 156.85 | 161.81 | 165.02 | 174.97 | 180.36 | 186.48 | 190.97 | 201.53 |
| $\hat{\mu}_{CT_i}$ | 127.07 | 141.36 | 148.26 | 151.69 | 161.12 | 170.34 | 175.47 | 181.35 | 185.60 | 195.42 |
| $\Delta_{CT_i}$ | 0.35% | 2.93% | 5.48% | 6.26% | 2.36% | 2.64% | 2.71% | 2.75% | 2.81% | 3.03% |

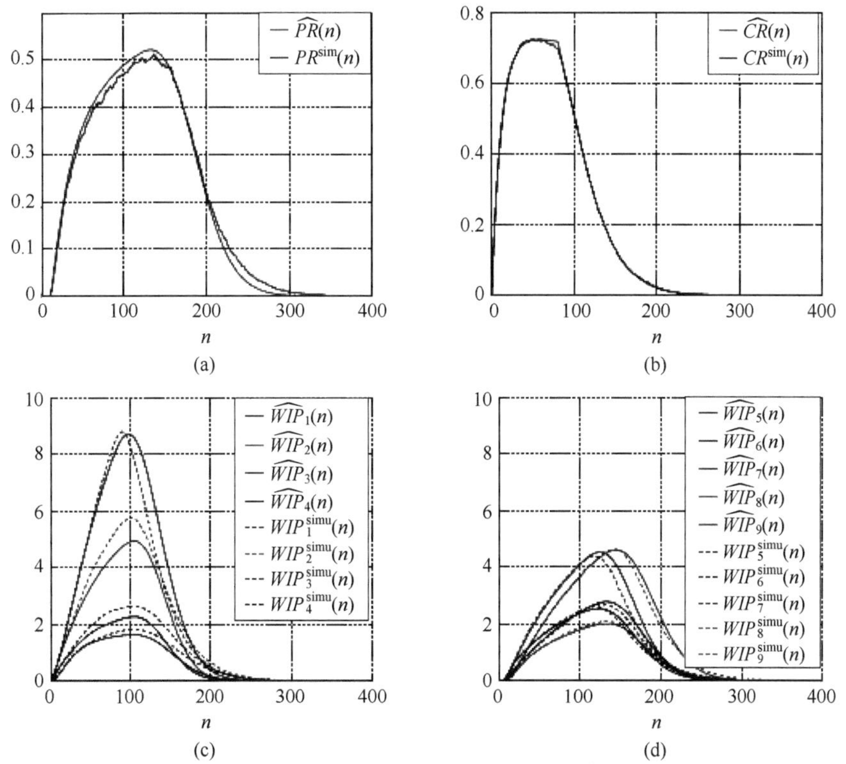


图 3-21　10 台几何机器串行线在有限量生产（$B$=80）下的实时性能分析（见书后彩插）

## 3.4.2 多机生产线暂态运行系统性质

虽然对稳态时几何机器串行生产线的性质已有研究，但其暂态性质还没有被系统地讨论。本节将研究关于有限量生产完成时间的几何串行线框架中的一些最重要的系统特性。

**（1）平稳完成时间、可逆性及单调性**

**① 平稳完成时间**。几何机器的串行线的暂态可归因于三个来源：来自初始状态的单个机器的状态、来自初始缓冲器占用量的状态以及它们的耦合相互作用。在处理有限量批次生产时，所有缓冲区的初始占用是固定的（空的），但机器的初始状态仍然是变量。为了“过滤掉”机器初始状态对生产运行完成的影响，并且只关注机器故障和维修概率以及缓冲容量造成的影响，下面将介绍“平稳完成时间”的定义。具体来说，使用 $\mu_{CT_i}(s(0))$ 表示系统在机器初始状态为 $\boldsymbol{s}(0)=[s_1(0) \quad s_2(0) \quad \cdots \quad s_M(0)]$ 下的批次完成时间。对于几何可靠性机器 $m_i$，如果它处于稳定状态，那么有

$$P[s_i(0)=\xi_i]=e_i^{\xi_i}(1-e_i)^{1-\xi_i}, \quad \xi_i \in \{0,1\} \tag{3-73}$$

所以，有 $\boldsymbol{\xi}=[\xi_1 \quad \xi_2 \quad \cdots \quad \xi_M]$，$\xi_i \in \{0,1\}$，

$$P[\boldsymbol{s}(0)=\boldsymbol{\xi}]=\prod_{i=1}^{M} e_i^{\xi_i}(1-e_i)^{1-\xi_i} \tag{3-74}$$

接下来，定义平稳完成时间如下：

$$\bar{\mu}_{CT_i}=\sum_{\boldsymbol{\xi}\in\{0,1\}^M}\mu_{CT_i}(\boldsymbol{s}(0)=\boldsymbol{\xi})P[\boldsymbol{s}(0)=\boldsymbol{\xi}] \tag{3-75}$$

式中，$\bar{\mu}_{CT_i}$ 可以被看作在所有可能的机器初始条件组合之下的批次完成平均时间。

**② 可逆性**。考虑一个如本章定义的几何机器串行线及其逆生产线（图 3-22）。那么，原始生产线和逆生产线的平稳完成时间几乎总是相等的，即

$$\bar{\mu}_{CT_M}^{L} \approx \bar{\mu}_{CT_M}^{L_r} \tag{3-76}$$

验证：关于可逆性的验证是通过之前使用的相同的 500000 条生产线进行分析得来的。每条生产线及其逆系统的平稳完成时间分别被计算得出。$\bar{\mu}_{CT_M}^{L}$ 和 $\bar{\mu}_{CT_M}^{L_r}$ 的平均相对误差小于 0.15%，并且 90% 分位点的误差小于 0.5%。因此，称可逆性成立。注意，由于使用数值实验而不是分析证明验证属性是合理的，因此，在此处和所有后续研究性质的陈述中，使用术语“几乎总是”。

现实意义：可逆性意味着，在相同批次的生产运行中，从原始生产线和逆生产线的最后一台机器上完成所有产品平均需要相同的时间。同时，当生产线反转

时，其他性能指标（如平均在制品和其他机器的生产完成时间）可能不同。一般来说，当更好（如更可靠）的机器在生产线上游放置时，由于可变性较小，可以缩短除最后一台机器以外的其他机器的完成时间，从而为实际的下一次生产运行留出更长的准备时间。然而，在生产过程中，这种布置可能会导致较大的在制产品量。

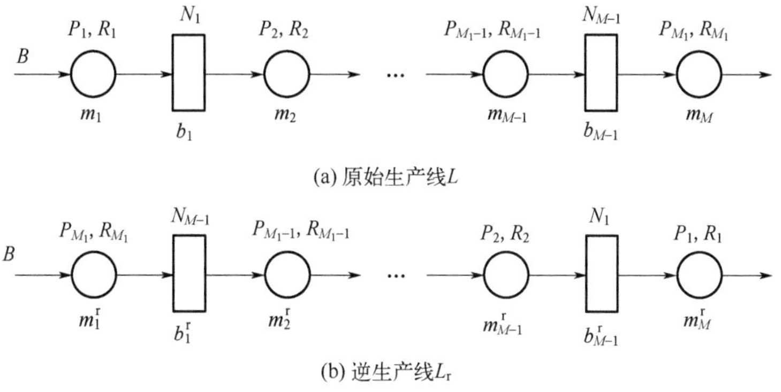


图 3-22　几何机器串行线及其逆生产线

③ **单调性。** 考虑一个本章定义的几何机器串行线及其逆生产线。那么，它的平稳完成时间 $\bar{\mu}_{CT_i}(i=1,2,\cdots,M)$ 几乎总是：

- 随 $N_j$ 和 $R_j(j=1,2,\cdots,M)$ 单调递减；
- 随 $P_j(j=1,2,\cdots,M)$ 单调递增。

验证：关于单调性的验证是通过之前使用的相同的 500000 条生产线进行分析得来的。通过一次一台机器或缓冲器参数的变化，对每条生产线的平稳完成时间进行评估，没有找到反例。因此，认为单调性是成立的。

现实意义：上述特性表明，增加机器的正常运行时间、扩大缓冲容量和/或减少机器的停机时间总是导致生产线中每台机器的平均完成时间缩短。另外需要注意的是，上述结果并不能说明完成时间 $\bar{\mu}_{CT_i}$ 关于机器效率 $e_i$ 的单调性。实际上，由于 $e_i$ 同时依赖于 $P_i$ 和 $R_i$，即 $e_i = T_{\text{up},i}/(T_{\text{up},i}+T_{\text{down},i}) = R_i/(R_i+P_i)$，因此更改 $e_i$ 不能唯一地确定 $P_i$ 和 $R_i$ 中相应的更改。事实上，即使对于固定的 $e_i$，$P_i$ 和 $R_i$ 的不同组合也可能导致不同的系统性能，这将在下面讨论。

**（2）工作时间和故障时间的影响**

考虑本章定义的 M 机器串行线。假设修改其中一台机器的参数 $m_{i0}$，在使机器的效率保持不变的同时，用相同的系数 $k>0$ 同时修改其故障和修复概率（表 3-9）。显然，机器的效率保持不变，而机器的平均工作和停机时间将增加（如果 $k<1$）或减少（如果 $k>1$）。

表 3-9 机器 $m_{i_0}$ 的参数

| 状态 | 故障概率 | 修复概率 | 平均工作时间 | 平均故障时间 | 效率 |
|---|---|---|---|---|---|
| 变化前 | $P_{i_0}$ | $R_{i_0}$ | $1/P_{i_0}$ | $1/R_{i_0}$ | $\dfrac{R_{i_0}}{P_{i_0}+R_{i_0}}$ |
| 变化后 | $kP_{i_0}$ | $kR_{i_0}$ | $1/(kP_{i_0})$ | $1/(kR_{i_0})$ | $\dfrac{kR_{i_0}}{kP_{i_0}+kR_{i_0}}$ |

**性质**：使 $\overline{\mu}_{CT_M}^{\text{before}}$ 和 $\overline{\mu}_{CT_M}^{\text{after}}$ 表示串行线参数修改之前和之后（表 3-9）的系统平稳完成时间，那么

- $\overline{\mu}_{CT_M}^{\text{before}} > \overline{\mu}_{CT_M}^{\text{after}}$，$k>1$；
- $\overline{\mu}_{CT_M}^{\text{before}} < \overline{\mu}_{CT_M}^{\text{after}}$，$k<1$。

验证：使用前一节中生成的相同 500000 行对该属性进行了论证。不失一般性，通过随机选择 $k\in(0,1)$ 来检查该性质。评估得出的平稳完成时间，并与原生产线进行比较，结果没有找到此属性的反例。

现实意义：此属性意味着，当机器的效率固定时，更短的工作和故障时间的机器具有更短的批次完成时间。在稳态运行中也观察到这一特性，因为更短的开机和故障时间可能导致更大的稳态生产率 $PR_{\text{ss}}$。这主要是由于缓冲区提供的“保护”能力有限，因为较长的停机时间需要较大的缓冲区以避免机器饥饿和阻塞。

**定义**：考虑本章假设下 $M$ 台几何机器串行线 $L_1$ 和 $L_2$。用 $P_{i,L_j}$、$R_{i,L_j}$ 表示 $L_j$ 线中第 $i$ 台机器的故障和修复概率，$N_{i,L_j}$ 表示 $L_j$ 线中第 $i$ 个缓冲区的容量。那么，串行线 $L_1$ 和 $L_2$ 称为稳态相似（SSS），如果满足以下条件：

$$\frac{P_{i,L_1}}{P_{i,L_2}}=\frac{R_{j,L_1}}{R_{j,L_2}}=\frac{N_{l,L_2}}{N_{l,L_1}}=k,\quad \forall i,j\in\{1,2,\cdots,M\};\ \ l\in\{1,2,\cdots,M-1\} \tag{3-77}$$

换句话说，一条生产线中机器的工作和故障时间与另一条线中相应的时间成比例。此外，可以看出，两条 SSS 生产线 $L_1$ 和 $L_2$ 具有相同的稳定状态生产率，即 $PR_{\text{ss}}^{L_1}=PR_{\text{ss}}^{L_2}$。设 $\mu_{CT_M}^{L_j}$ 表示生产线 $L_j(j=1,2)$ 第 $M$ 台机器的平稳完成时间。

**性质**：考虑两条 SSS 的几何机器串行线，那么

- $\overline{\mu}_{CT_M}^{L_1} < \overline{\mu}_{CT_M}^{L_2}$，$k>1$；
- $\overline{\mu}_{CT_M}^{L_1} > \overline{\mu}_{CT_M}^{L_2}$，$k<1$。

验证：使用前一节中生成的相同 500000 条线作为 $L_1$，不失一般性，通过随机选择 $k\in(0,1)$ 来生成相应的 $L_2$。评估得出的平稳完成时间，并与 $L_1$ 生产线进行比较，结果没有找到此属性的反例。

现实意义：这一特性意味着，即使使用较大的缓冲区来适应较长的停机时间，并在稳定状态下保持相同的性能水平，但使用较短的停机时间的缓冲区仍然是减少生产运行完成时间的首选。这是因为生产运行开始时，所有缓冲区都是空的，并且具有较短工作和故障时间的机器以及较小缓冲区的系统，从空缓冲区达到稳定状态的速度，比具有较长工作和故障时间的机器以及较大缓冲区的系统快。

# 第4章

# 装配系统的暂态性能分析

## 4.1 小型伯努利可靠性机器装配系统性能分析

装配系统是生产实践中最基本的生产系统结构之一，系统中最终的产品通常由两个或两个以上组件装配构成（如汽车、家电、电子）。相比在稳态分析研究方面取得的大量成果，装配系统的暂态过程仍然未被深入研究。这主要是由于不同零件生产线的相互作用导致了对装配系统的分析要比传统的串行线复杂得多。

值得关注的是，近年来智能制造技术的发展对生产系统的暂态和动态特性研究提出了更高的要求，这对于研究相应的实时生产控制算法也至关重要。因此，本节研究有限小批量定制化生产运行下，具有有限缓冲区容量的三机装配系统的基于暂态的性能评价。

### 4.1.1 三机装配系统精确建模分析

考虑如图 4-1 所示的一个三机装配系统，其中圆形表示机器，矩形表示缓冲区。系统根据以下假设来进行定义：

① 系统的最终产品 ($F_0$) 需要两个零件。一个零件 ($R_1$) 由机器 $m_1$ 处理，我们称系统这一部分（从机器 $m_1$ 到 $b_1$）为零件生产线 1。类似地，另一个零件 ($R_2$) 由机器 $m_2$ 处理。零件生产线 1 和零件生产线 2 各取一个完成的零件装配组成一个成品。

② 机器 $m_i(i=0,1,2)$ 拥有恒定且相同的周期时间 $\tau$ 。以一个加工周期 $\tau$ 为一段，将时间轴分段。所有机器在一个新的生产批次开始时运行。小批量定制生产下的每个批次具有有限的产量，每个生产批次的规模为 $B$ 。每台机器在加工完规定数量的工件后立即停止工作。

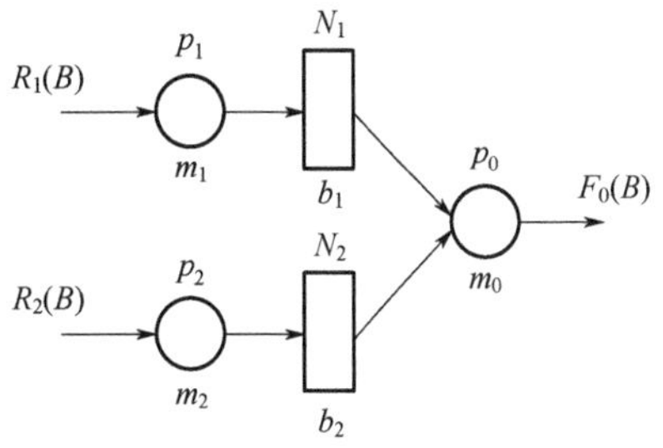


图 4-1　三机装配系统

③ 机器遵循伯努利可靠性模型，即机器 $m_i(i=0,1,2)$ ，如果既没有被阻塞也没有饥饿，在一个时间间隙（即加工周期）里加工处理一个工件的概率是 $p_i$ ，未能加工处理一个工件的概率是 $1-p_i$ 。参数 $p_i \in (0,1)$ 称为机器 $m_i$ 的效率。

④ 每一个在制品缓冲区 $b_i(i=1,2)$ ，可以用其容量 $N_i$ 来表征， $0<N_i<\infty$ 。

⑤ 如果机器 $m_0$ 在时间间隙 $n$ 内处于工作状态，缓冲区 $b_1$ 或者 $b_2$ 在时间间隙开始时为空，则机器 $m_0$ 在时间间隙 $n$ 内会饥饿。机器 $m_1$ 和 $m_2$ 在一个批次生产结束前不会出现饥饿的情况。

⑥ 如果机器 $m_i(i=1,2)$ 在时间间隙 $n$ 内处于工作状态，缓冲区 $b_i$ 在时间间隙开始时有 $N_i$ 个在制品工件，并且装配机器 $m_0$ 没能从其中取走一个工件进行处理（由于故障或源自另一条零件生产线的饥饿情况），则机器 $m_i(i=1,2)$ 在时间间隙 $n$ 内被阻塞，即加工前阻塞机制。同时，假设机器 $m_0$ 任何时候都不会被阻塞。

在上述定义的模型框架下，我们感兴趣的性能指标与串行线中定义的类似。

用 $f_i(n)$ 表示机器 $m_i$ 在时间间隙 $n$ 结束时已经生产的工件总数量，用 $h_i(n)$ 表示在时间间隙 $n$ 结束时缓冲区内的在制品工件数量。显而易见，有

$$f_1(n)-f_0(n)=h_1(n)$$
$$f_2(n)-f_0(n)=h_2(n)$$

不失一般性，系统可用一个状态为 $(h_1(n),h_2(n),f_0(n))$ 的马尔可夫链来表征，其中

$$h_i(n)\in\{0,1,\cdots,N_i\},i=1,2$$
$$f_0(n)\in\{0,1,\cdots,B\}$$

显然，此马尔可夫链的最大系统状态数为

$$Q=(N_1+1)\times(N_2+1)\times(B+1) \tag{4-1}$$

需要注意，有一些系统状态是不可达到的，如 $(1,1,B)$ ，因为机器 $m_1$ 和 $m_2$ 在加工好 $B$ 个工件后立刻停止了运作。换句话说，在任意一个时间间隙里， $h_1+f_0 \leqslant B$ ，并且 $h_2+f_0 \leqslant B$ 。

为了计算这一马尔可夫链中的状态间转移概率，首先按表 4-1 排列系统的状态。因此，如果给定任何系统状态 $\boldsymbol{S}=(h_1,h_2,f_0)$ ，这一状态的序号为

$$\alpha(\boldsymbol{S}) = h_1(N_2+1)(B+1) + h_2(B+1) + f_0 + 1 \tag{4-2}$$

我们也将状态表示为 $S_\alpha = (h_1^\alpha, h_2^\alpha, f_0^\alpha)$。使 $s_i(n) = 0$（故障），1（正常），表示机器 $m_i$ 在时间间隙 $n$ 中的状态。根据本章模型假设，系统的动态特性可以表示为

$$\begin{aligned} f_0(n+1) &= f_0(n) + s_0(n+1)\times\min\{h_1(n), h_2(n), 1\} \\ h_2(n+1) &= h_2'(n+1) + s_2(n+1)\times\min\{N_2 - h_2'(n+1), 1\} \\ h_1(n+1) &= h_1'(n+1) + s_1(n+1)\times\min\{N_1 - h_1'(n+1), 1\} \end{aligned} \tag{4-3}$$

其中

$$h_2'(n+1) = h_2(n) - s_0(n+1)\times\min\{h_1(n), h_2(n), 1\}$$

$$h_1'(n+1) = h_1(n) - s_0(n+1)\times\min\{h_1(n), h_2(n), 1\}$$

**表 4-1　伯努利机器装配系统状态排序**

| 状态 | $h_1$ | $h_2$ | $f_0$ |
|---|---|---|---|
| 1 | 0 | 0 | 0 |
| 2 | 0 | 0 | 1 |
| … | … | … | … |
| $B$+1 | 0 | 0 | $B$ |
| $B$+2 | 0 | 1 | 0 |
| $B$+3 | 0 | 1 | 1 |
| … | … | … | … |
| $Q$−1 | $N_1$ | $N_2$ | $B$−1 |
| $Q$ | $N_1$ | $N_2$ | $B$ |

同时也需要注意，在每个时间间隙中，系统状态的样本空间是由机器的 $2^3$ 种工作状态所组成的。那么

$$P[s_1 = \eta_1, s_2 = \eta_2, s_0 = \eta_0] = \prod_{i=0}^{2} p_i^{\eta_i}(1-p_i)^{1-\eta_i},\ \eta_i \in \{0,1\} \tag{4-4}$$

因此，在每一个时间间隔开始时，对系统的每一个可达状态 $i$，$i \in \{1,\cdots,Q\}$，如果 $h_1^i + f_0^i < B$，并且 $h_2^i + f_0^i < B$，可以枚举所有的 $2^3$ 种机器状态的组合，根据系统动态性式(4-3)确定相应的在这一时间间隔结束时的结果状态 $j$，$j \in \{1,\cdots,Q\}$。然后，对于得到相同结果状态的机器状态组合情况，使用式（4-4）计算相应的转移概率，并将这些概率相加，最终得到一个时间间隔里，从起始的系统状态 $i$ 到结果状态 $j$ 的转移概率。对于所有符合条件的系统状态重复这一步骤。

然后，对于 $h_1^i + f_0^i = B$ 或者 $h_2^i + f_0^i = B$，系统状态之间的转移概率如下：

$$
\begin{aligned}
&P[h_1(n+1)=i-1, h_2(n+1)=j-1, f_0(n+1)=k+1 \mid h_1(n)=i, h_2(n)=j, f_0(n)=k] \\
&\quad =(1-p_1)p_0, \quad i\in\{1,\cdots,N_1\}, j\in\{1,\cdots,N_2\}, k\in\{0,\cdots,B-1\}, i+k<B, j+k=B \\
&P[h_1(n+1)=i, h_2(n+1)=j-1, f_0(n+1)=k+1 \mid h_1(n)=i, h_2(n)=j, f_0(n)=k]=p_1p_0, \\
&\quad i\in\{1,\cdots,N_1\}, j\in\{1,\cdots,N_2\}, k\in\{0,\cdots,B-1\}, i+k<B, j+k=B \\
&P[h_1(n+1)=i-1, h_2(n+1)=j-1, f_0(n+1)=k+1 \mid h_1(n)=i, h_2(n)=j, f_0(n)=k] \\
&\quad =(1-p_2)p_0, i\in\{1,\cdots,N_1\}, j\in\{1,\cdots,N_2\}, k\in\{0,\cdots,B-1\}, i+k=B, j+k<B \\
&P[h_1(n+1)=i-1, h_2(n+1)=j, f_0(n+1)=k+1 \mid h_1(n)=i, h_2(n)=j, f_0(n)=k]=p_2p_0, \\
&\quad i\in\{1,\cdots,N_1\}, j\in\{1,\cdots,N_2\}, k\in\{0,\cdots,B-1\}, i+k=B, j+k<B \\
&P[h_1(n+1)=i, h_2(n+1)=j, f_0(n+1)=k \mid h_1(n)=i, h_2(n)=j, f_0(n)=k] \\
&\quad =(1-p_1)(1-p_2)(1-p_0), \quad i\in\{1,\cdots,N_1\}, j\in\{1,\cdots,N_2\}, \\
&\quad k\in\{0,\cdots,B-1\}, i+k=B, j+k<B \\
&P[h_1(n+1)=i, h_2(n+1)=j, f_0(n+1)=k \mid h_1(n)=i, h_2(n)=j, f_0(n)=k] \\
&\quad =(1-p_1)(1-p_2)(1-p_0), \quad i\in\{1,\cdots,N_1\}, j\in\{1,\cdots,N_2\}, \\
&\quad k\in\{0,\cdots,B-1\}, i+k<B, j+k=B \\
&P[h_1(n+1)=i, h_2(n+1)=j, f_0(n+1)=k \mid h_1(n)=i, h_2(n)=j, f_0(n)=k]=p_1p_2p_0, \\
&\quad i\in\{1,\cdots,N_1\}, j\in\{1,\cdots,N_2\}, k\in\{0,\cdots,B-1\}, i+k=B, j+k<B \\
&P[h_1(n+1)=i, h_2(n+1)=j, f_0(n+1)=k+1 \mid h_1(n)=i, h_2(n)=j, f_0(n)=k]=p_1p_2p_0, \\
&\quad i\in\{1,\cdots,N_1\}, j\in\{1,\cdots,N_2\}, k\in\{0,\cdots,B-1\}, i+k<B, j+k=B \\
&P[h_1(n+1)=i-1, h_2(n+1)=j-1, f_0(n+1)=k+1 \mid h_1(n)=i, h_2(n)=j, f_0(n)=k]=p_0, \\
&\quad i\in\{1,\cdots,N_1\}, j\in\{1,\cdots,N_2\}, k\in\{0,\cdots,B-1\}, i+k=B, j+k=B \\
&P[h_1(n+1)=i, h_2(n+1)=j, f_0(n+1)=k \mid h_1(n)=i, h_2(n)=j, f_0(n)=k]=1-p_0, \\
&\quad i\in\{1,\cdots,N_1\}, j\in\{1,\cdots,N_2\}, k\in\{0,\cdots,B-1\}, i+k=B, j+k=B \\
&P[h_1(n+1)=0, h_2(n+1)=0, f_0(n+1)=B \mid h_1(n)=0, h_2(n)=0, f_0(n)=B]=1
\end{aligned}
\tag{4-5}
$$

用 $\boldsymbol{x}(n)=\left[x_1(n) \quad \cdots \quad x_Q(n)\right]^{\mathrm{T}}$，其中 $x_i(n)$ 表示系统在状态 $i$ 的概率，并且用 $\boldsymbol{A}$ 表示转移状态矩阵。那么，系统状态进化可表示为

$$
\boldsymbol{x}(n+1)=\boldsymbol{A}\boldsymbol{x}(n), \quad \boldsymbol{x}(0)=[1 \quad 0 \quad \cdots \quad 0]^{\mathrm{T}} \tag{4-6}
$$

系统的实时暂态性能可以计算如下：

$$
\begin{aligned}
&PR(n)=\boldsymbol{V}_1\boldsymbol{x}(n), \\
&CR_i(n)=\boldsymbol{V}_{2,i}\boldsymbol{x}(n), \quad i=1,2 \\
&WIP_i(n)=\boldsymbol{V}_{3,i}\boldsymbol{x}(n), \quad i=1,2 \\
&BL_i(n)=\boldsymbol{V}_{4,i}\boldsymbol{x}(n), \quad i=1,2 \\
&ST_{0,i}(n)=\boldsymbol{V}_{5,i}\boldsymbol{x}(n), \quad i=1,2 \\
&CT=\boldsymbol{V}_6\boldsymbol{x}(n)
\end{aligned}
\tag{4-7}
$$

其中

$$\boldsymbol{V}_1=\left[\boldsymbol{0}_{1,(N_2+1)(B+1)}\ \left[\boldsymbol{0}_{1,B+1}\quad\left[p_0\boldsymbol{J}_{1,B}\quad 0\right]\boldsymbol{C}_{(B+1)\times N_2(B+1)}\right]\boldsymbol{C}_{(N_2+1)(B+1)\times N_1(N_2+1)(B+1)}\right]$$

$$\boldsymbol{V}_{2,1}=\left[p_1\boldsymbol{J}_{1,N_1(N_2+1)(B+1)}\quad\boldsymbol{0}_{1,B+1}\quad p_1p_0\boldsymbol{J}_{1,N_2(B+1)}\right]$$

$$\boldsymbol{V}_{2,2}=\left[p_1\boldsymbol{J}_{1,N_2(B+1)}\quad\boldsymbol{0}_{1,B+1}\quad\left[p_2\boldsymbol{J}_{1,N_2(B+1)}\quad p_2p_0p_1\boldsymbol{J}_{1,B+1}\right]\boldsymbol{C}_{(N_2+1)(B+1)\times N_1(N_2+1)(B+1)}\right]$$

$$\boldsymbol{V}_{3,1}=\left[\boldsymbol{0}_{1,B+1}\quad 1\times\boldsymbol{J}_{1,B+1}\quad\cdots\quad N_2\times\boldsymbol{J}_{1,B+1}\right]\boldsymbol{C}_{(N_2+1)(B+1)\times Q}$$

$$\boldsymbol{V}_{3,2}=\left[\boldsymbol{0}_{1,(N_2+1)(B+1)}\quad 1\times\boldsymbol{J}_{1,(N_2+1)(B+1)}\quad N_1\times\boldsymbol{J}_{1,(N_2+1)(B+1)}\right]$$

$$\boldsymbol{V}_{4,1}=\left[\boldsymbol{0}_{1,N_1(N_2+1)(B+1)}\quad p_1\boldsymbol{J}_{1,B+1}\quad p_1\left(1-p_0\right)\boldsymbol{J}_{1,N_2(B+1)}\right]$$

$$\boldsymbol{V}_{4,2}=\left[\boldsymbol{0}_{1,N_2(B+1)}\quad p_2\boldsymbol{J}_{1,B+1}\quad\left[\boldsymbol{0}_{1,N_2(B+1)}\quad p_2\left(1-p_0\right)\boldsymbol{J}_{1,B+1}\right]\boldsymbol{C}_{(N_2+1)(B+1)\times N_1(N_2+1)(B+1)}\right]$$

$$\boldsymbol{V}_{5,1}=\left[p_0\boldsymbol{J}_{1,(N_2+1)(B+1)}\quad\boldsymbol{0}_{1,N_1(N_2+1)(B+1)}\right]$$

$$\boldsymbol{V}_{5,2}=\left[p_0\boldsymbol{J}_{1,B+1}\quad\boldsymbol{0}_{1,N_2(B+1)}\right]\boldsymbol{C}_{(N_2+1)(B+1)\times Q}$$

$$\boldsymbol{V}_6=\left[\boldsymbol{0}_{1,(N_2+1)(B+1)+2B}\quad p_0\quad 0\quad\cdots\quad 0\right]$$

式中，$\boldsymbol{0}_{1,k}$ 和 $\boldsymbol{J}_{1,k}$ 分别代表 $1\times k$ 的零矩阵和元素全为 1 的矩阵。同时，$i\times j$ 维矩阵 $\boldsymbol{C}_{i\times j}=\left[I_i\quad\cdots\quad I_i\right]$ 表示由 $j/i$ 个单位矩阵 $I_i$ 组成的矩阵。

## 4.1.2 三机装配系统近似性能评估

上面描述的精确分析可以扩展到更大的系统，即每个零件生产线中有多台机器的系统。然而，随着机器数量 $M$、缓冲区容量 $N_i's$ 和生产规模 $B$ 的增长，马尔可夫链状态的数量呈指数型增长，这将导致对大型复杂装配系统的分析变得不可能。因此，本节提出了一种基于分解的算法，并将其应用于三机伯努利小型装配系统。相应的研究结果将在未来的工作中扩展到更通用的大型系统中。

我们提出一种分解方法，将原始系统分解为一对串行线：上生产线和下生产线，前面章节的工作解决了这类系统的暂态性能研究的问题。本节将基于有限量生产运行下系统的暂态性能分析扩展到三台机器的装配系统性能分析研究中。

具体而言，引入三种辅助系统/生产线来分析此类系统。首先引入辅助装配系统（图 4-2），这一辅助装配系统具有所有原始的机器和缓冲区，但假设具有无限的原材料供应。

为了研究这一辅助装配系统的暂态性能，分析方法可以参考之前章节的工作。具体而言，使用辅助双机串行线（图 4-3）来近似分析。上生产线通过移除辅助装配系统中的机器 $m_2$ 和缓冲区 $b_2$ 来构造。考虑到这种修改，组装机器 $m_0$ 由效率 $p_0^{\mathrm{u}}(n)$ 随时间变化的虚拟机器 $m_0^{\mathrm{u}}$ [图 4-3（a）]来代替。同样，下生产线可以通过移除机器 $m_1$ 和缓冲区 $b_1$，同时使用效率 $p_0^{\mathrm{l}}(n)$ 随时间变化的虚拟机器 $m_0^{\mathrm{l}}$ 来构造[图 4-3（b）]。

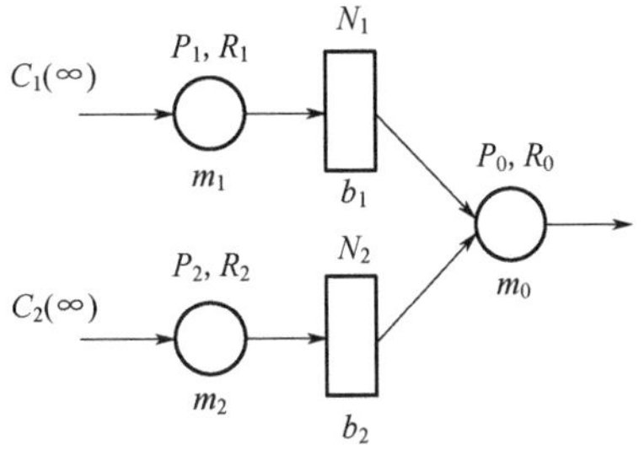


图 4-2　辅助装配系统

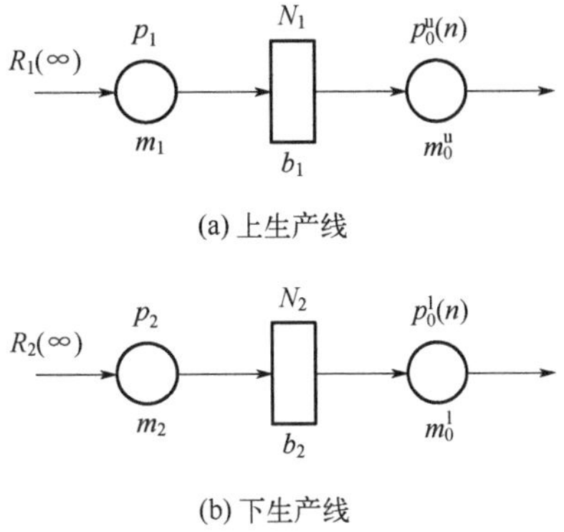


图 4-3　辅助双机串行线

为了获得 $p_0^{\mathrm{u}}(n)$ 和 $p_0^{\mathrm{l}}(n)$，注意，上生产线中的虚拟机器 $m_0^{\mathrm{u}}$，只有原来的装配操作中装配机器 $m_0$ 处于工作状态并且缓冲区 $b_2$ 非空的情况下，才可能处于工作状态。同样，下生产线中的虚拟机器 $m_0^{\mathrm{l}}$，只有原来的装配操作中装配机器 $m_0$ 处于工作状态并且缓冲区 $b_1$ 非空的情况下，才可能处于工作状态。因此，让 $h_i(n)$ 表示在时间间隙 $n$ 结束时缓冲区 $b_i$ 中的在制品零件数，$p_0^{\mathrm{u}}(n)$ 和 $p_0^{\mathrm{l}}(n)$ 可以通过以下公式估算：

$$
\begin{aligned}
p_0^{\mathrm{u}}(n) &\approx p_0(1-P[h_2(n-1)=0]) \\
p_0^{\mathrm{l}}(n) &\approx p_0(1-P[h_1(n-1)=0])
\end{aligned}
\tag{4-8}
$$

用 $x_{h,i}^{\mathrm{u}}(n)$ 和 $x_{h,i}^{\mathrm{l}}(n)$ 分别表示辅助双机生产线中 $b_1$ 和 $b_2$ 在时间间隙 $n$ 结束时，有 $i$ 个工件的概率。令 $\boldsymbol{x}_h^{\mathrm{u}}(n)=\left[x_{h,0}^{\mathrm{u}}(n) \quad \cdots \quad x_{h,N_1}^{\mathrm{u}}(n)\right]^{\mathrm{T}}, \boldsymbol{x}_h^{\mathrm{l}}(n)=\left[x_{h,0}^{\mathrm{l}}(n) \quad \cdots \quad x_{h,N_2}^{\mathrm{l}}(n)\right]^{\mathrm{T}}$。$\boldsymbol{x}_h^{\mathrm{u}}(n)$ 的演化可表示为

$$
\begin{aligned}
&\boldsymbol{x}_h^{\mathrm{u}}(n+1)=\boldsymbol{A}_2^{\mathrm{u}}(n)\boldsymbol{x}_h^{\mathrm{u}}(n), \quad \sum_{i=0}^{N_1} x_{h,i}^{\mathrm{u}}(n)=1 \\
&x_{h,i}^{\mathrm{u}}(0)=\begin{cases}1, & i=0 \\ 0, & \text{其他}\end{cases}
\end{aligned}
\tag{4-9}
$$

其中，$\boldsymbol{A}_2^{\mathrm{u}}(n)$ 在式（4-10）中定义。同时，$\boldsymbol{x}_h^{\mathrm{l}}(n)$ 和 $\boldsymbol{A}_2^{\mathrm{l}}(n)$ 可以通过同样的方法推导出来。

$$A_2^{\mathrm{u}}(n)=\begin{bmatrix} 1-p_1 & p_0^{\mathrm{u}}(1-p_1) & 0 & \cdots & 0 \\ p_1 & 1-p_1-p_0^{\mathrm{u}}+2p_1p_0^{\mathrm{u}} & p_0^{\mathrm{u}}(1-p_1) & \cdots & 0 \\ 0 & p_1(1-p_0^{\mathrm{u}}) & \ddots & \ddots & \vdots \\ \vdots & \vdots & \ddots & 1-p_1-p_0^{\mathrm{u}}+2p_1p_0^{\mathrm{u}} & p_0^{\mathrm{u}}(1-p_1) \\ 0 & 0 & \cdots & p_1(1-p_0^{\mathrm{u}}) & p_1p_0^{\mathrm{u}}+1-p_0^{\mathrm{u}} \end{bmatrix} \tag{4-10}$$

最后，引入有限量生产运行下的辅助单机生产线（图 4-4）。

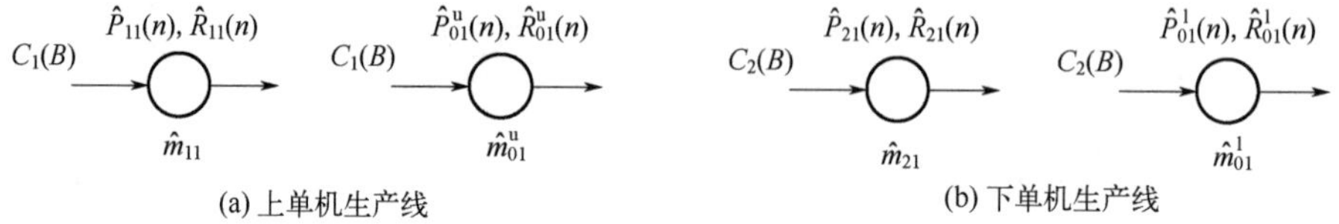


图 4-4　辅助单机生产线

无论是 $m_1$ 还是 $m_2$，能够生产一个工件的前提条件都是当且仅当其处于工作状态且不被阻塞，同时无论 $m_0^{\mathrm{u}}$ 或者是 $m_0^{\mathrm{l}}$，能够生产的条件是当且仅当其处于工作状态且不会饥饿，定义随时间变化的辅助单机机器效率如下：

$$\begin{aligned} \hat{p}_1(n)&=p_1\left[1-x_{h,N_1}^{\mathrm{u}}(n-1)(1-p_0^{\mathrm{u}}(n))\right] \\ \hat{p}_2(n)&=p_2\left[1-x_{h,N_2}^{\mathrm{l}}(n-1)(1-p_0^{\mathrm{l}}(n))\right] \\ \hat{p}_0^{\mathrm{u}}(n)&=p_0^{\mathrm{u}}(n)\left[1-x_{h,0}^{\mathrm{u}}(n-1)\right] \\ \hat{p}_0(n)&=p_0^{\mathrm{l}}(n)\left[1-x_{h,0}^{\mathrm{l}}(n-1)\right] \end{aligned} \tag{4-11}$$

换句话说，辅助单机生产线中的机器 $\hat{m}_1$ 和 $\hat{m}_2$，当且仅当机器 $m_1$ 和 $m_2$ 处于工作状态，并且辅助双机生产线上的第一台机器在同一时间间隙期间不会被阻塞的情况下，才可以处理工件。同样，辅助单机生产线中的机器 $\hat{m}_0^{\mathrm{u}}$ 和 $\hat{m}_0^{\mathrm{l}}$，当且仅当机器 $m_0^{\mathrm{u}}$ 和 $m_0^{\mathrm{l}}$ 处于工作状态，并且辅助双机生产线上的第二台机器在同一时间间隙期间不会被饥饿的情况下，才可以处理工件。

为了分析辅助单机生产线，注意，它们每个都可由一个马尔可夫链来表征，其中，系统状态为已被这台机器加工过的工件数量。让 $\boldsymbol{x}_f^{(i)}(n)=\left[x_{f,0}^{(i)}(n)\quad x_{f,1}^{(i)}(n)\quad\cdots\quad x_{f,B}^{(i)}(n)\right]^{\mathrm{T}}$，其中，$x_{f,j}^{(i)}(n)$ 表示 $\hat{m}_i(i=1,2)$，在时间间隙 $n$ 结束时已经加工了 $j$ 个工件的概率。$\boldsymbol{x}_f^{(i)}(n)$ 的演化可以通过以下线性时变方程给出：

$$\boldsymbol{x}_f^{(i)}(n+1)=\boldsymbol{A}_f^{(i)}(n)\boldsymbol{x}_f^{(i)}(n) \tag{4-12}$$

其中，初始状态是

$$\boldsymbol{x}_f^{(i)}(0)=[1\quad 0\quad\cdots\quad 0\quad 0]^{\mathrm{T}}$$

时变的转移矩阵 $\boldsymbol{A}_f^{(i)}(n)$ 可以通过下式计算：

$$\boldsymbol{A}_f^{(i)}(n)=\begin{bmatrix}1-\hat{p}_i(n) & & & \\ \hat{p}_i(n) & \ddots & & \\ & \ddots & 1-\hat{p}_i(n) & \\ & & \hat{p}_i(n) & 1\end{bmatrix} \tag{4-13}$$

式中，$\hat{p}_i(n)$ 通过式（4-11）计算。

此外，为了分析虚拟机器 $\hat{m}_0^{\mathrm{u}}$ 和 $\hat{m}_0^{\mathrm{l}}$，使 $\boldsymbol{x}_f^{(0,\mathrm{u})}(n)=\left[x_{f,0}^{(0,\mathrm{u})}(n) \quad \cdots \quad x_{f,B}^{(0,\mathrm{u})}(n)\right]^{\mathrm{T}}$，并且 $\boldsymbol{x}_f^{(0,\mathrm{l})}(n)=\left[x_{f,0}^{(0,\mathrm{l})}(n) \quad x_{f,1}^{(0,\mathrm{l})}(n) \quad \cdots \quad x_{f,B}^{(0,\mathrm{l})}(n)\right]^{\mathrm{T}}$，其中，$x_{f,j}^{(0,\mathrm{u})}(n)$ 和 $x_{f,j}^{(0,\mathrm{l})}(n)$ 分别表示机器 $\hat{m}_0^{\mathrm{u}}$ 和 $\hat{m}_0^{\mathrm{l}}$ 在时间间隙 $n$ 结束时已经生产加工 $j$ 个工件的概率。类似的分析同样适用，$x_f^{(0,\mathrm{u})}(n)$ 和 $x_f^{(0,\mathrm{l})}(n)$ 的演化由以下线性时变方程给出：

$$\begin{cases}\boldsymbol{x}_f^{(0,\mathrm{u})}(n+1)=\boldsymbol{A}_f^{(0,\mathrm{u})}(n)\boldsymbol{x}_f^{(0,\mathrm{u})}(n)\\ \boldsymbol{x}_f^{(0,\mathrm{l})}(n+1)=\boldsymbol{A}_f^{(0,\mathrm{l})}(n)\boldsymbol{x}_f^{(0,\mathrm{l})}(n)\end{cases} \tag{4-14}$$

其中，初始状态是

$$\boldsymbol{x}_f^{(0,\mathrm{u})}(0)=[1 \quad 0 \quad \cdots \quad 0]^{\mathrm{T}}, \quad \boldsymbol{x}_f^{(0,\mathrm{l})}(0)=[1 \quad 0 \quad \cdots \quad 0]^{\mathrm{T}}$$

时变转移状态矩阵 $\boldsymbol{A}_f^{(0,\mathrm{u})}(n)$ 可以通过下式计算：

$$\boldsymbol{A}_f^{(0,\mathrm{u})}(n)=\begin{bmatrix}1-\hat{p}_0^{\mathrm{u}}(n) & & & \\ \hat{p}_0^{\mathrm{u}}(n) & \ddots & & \\ & \ddots & 1-\hat{p}_0^{\mathrm{u}}(n) & \\ & & \hat{p}_0^{\mathrm{u}}(n) & 1\end{bmatrix} \tag{4-15}$$

式中，$\hat{p}_0^{\mathrm{u}}(n)$ 通过式（4-11）计算。$\boldsymbol{A}_f^{(0,\mathrm{l})}(n)$ 可以通过相同的方法进行推导，并把所有式（4-15）中的 $\hat{p}_0^{\mathrm{u}}$ 用通过式（4-11）计算得到的 $p_0$ 来替代。

综上，为了分析图 4-1 中有限量运行下的三机装配线的暂态性能，我们将原始系统的动态特性进行分解和简化，通过分析一系列分解后相互影响的动态特性更加简单的系统，来近似评估原始系统的实时性能。具体来说，对于原始系统（图 4-1），其动态特性包括两方面：缓冲区中在制品数量的演化和在每台机器上已完成加工处理的工件数量。首先引入使用原始系统机器和缓冲区参数的辅助装配系统，同时假设无限原材料（图 4-2）。在这个系统中，我们只关注系统中的缓冲区在制品数量的演化。为了分析图 4-2 所示系统，进一步引入辅助双机串行线（图 4-3），其中，为了考虑移除相应机器和缓冲区带来的影响，上生产线和下生产线中装配机器所在位置分别使用相应的参数时变的虚拟机器来替代。因此，通过分析辅助双机串行线（图 4-3），事实上可以得到辅助装配系统（图 4-2）中系统状态（缓冲区在制品数量）的实时分布情况。最后，引入辅助单机生产线（图 4-4）来分析在相应机器上完成加工处理工件数量的动态特性。而每台单机生产线的时变参数都是在考虑了辅助双机串行线中的系统状态的影响下近似推导得出的。

基于上述构造的辅助生产线或生产系统，我们提出了近似原始系统性能指标的计算公式。首先，有限量生产运行下一个批次的生产完成时间通过使用辅助虚拟单机线 $\hat{m}_0^{\mathrm{u}}$ 或 $\hat{m}_0^{\mathrm{l}}$ 中的任意一个来近似估算。不失一般性，使用 $\hat{m}_0^{\mathrm{u}}$，同时令 $\hat{P}_{CT}(n)$ 表示原始系统中机器 $m_0$ 在时间间隙 $n$ 结束时处理加工完整个批次所有工件的近似概率。那么

$$\begin{aligned}\hat{P}_{CT}(n) &= P\left[\{\hat{m}_0^{\mathrm{u}}\ \text{在时间间隙}\ n\ \text{处于工作状态}\}\cap\{\text{已加工处理完}\ B-1\ \text{个工件}\}\right] \\ &= \hat{p}_0^{\mathrm{u}}(n)x_{f,B-1}^{(0,\mathrm{u})}(n-1)\end{aligned} \tag{4-16}$$

其次，原始系统生产率和各个零件生产线的消耗率可由辅助单机生产线的生产率来近似：

$$\begin{aligned}\widehat{PR}(n) &= \left[\hat{p}_0^{\mathrm{u}}(n)J_{1,B} \quad 0\right]\boldsymbol{x}_f^{(0,\mathrm{u})}(n-1) \\ \widehat{CR}_1(n) &= \left[\hat{p}_1(n)J_{1,B} \quad 0\right]\boldsymbol{x}_f^{(1)}(n-1) \\ \widehat{CR}_2(n) &= \left[\hat{p}_2(n)J_{1,B} \quad 0\right]\boldsymbol{x}_f^{(2)}(n-1)\end{aligned} \tag{4-17}$$

为了估算 $WIP_i(n)$、$BL_i(n)$ 和 $ST_{0,i}(n)$，两种辅助生产线需要结合起来。具体来说，这些性能评估使用相应的辅助双机生产线来近似估算，同时考虑相对应的机器在辅助单机生产线上还没有完成加工整个批次所有产品的概率：

$$\begin{aligned}\widehat{WIP}_1(n) &= \left[0 \quad 1 \quad \cdots \quad N_1\right]x_h^{\mathrm{u}}(n)\left[1-x_{f,B}^{(0,\mathrm{u})}(n-1)\right] \\ \widehat{WIP}_2(n) &= \left[0 \quad 1 \quad \cdots \quad N_2\right]x_h^{\mathrm{l}}(n)\left[1-x_{f,B}^{(0,\mathrm{l})}(n-1)\right] \\ \widehat{ST}_{0,1}(n) &= \left[p_0 \quad \mathbf{0}_{1,N_1}\right]x_h^{\mathrm{u}}(n-1)\left[1-x_{f,B}^{(0,\mathrm{u})}(n-1)\right] \\ \widehat{ST}_{0,2}(n) &= \left[p_0 \quad \mathbf{0}_{1,N_2}\right]x_h^{\mathrm{l}}(n-1)\left[1-x_{f,B}^{(0,\mathrm{l})}(n-1)\right] \\ \widehat{BL}_1(n) &= \left[\mathbf{0}_{1,N_1} \quad p_1(1-p_2)\right]x_h^{\mathrm{u}}(n-1)\times\left[1-x_{f,B}^{(1)}(n-1)\right] \\ \widehat{BL}_2(n) &= \left[0_{1,N_2} \quad p_2(1-p_2)\right]x_h^{\mathrm{l}}(n-1)\times\left[1-x_{f,B}^{(2)}(n-1)\right]\end{aligned} \tag{4-18}$$

最后，一个批次的完成时间期望可以近似为

$$\widehat{CT} = \sum_{n=1}^{T} n\hat{P}_{CT}(n) \tag{4-19}$$

其中，$T$ 满足以下条件：

$$\sum_{n=1}^{T}\hat{P}_{CT}(n)\geqslant 0.999$$

综上，基于分解的计算方法流程如图 4-5 所示。

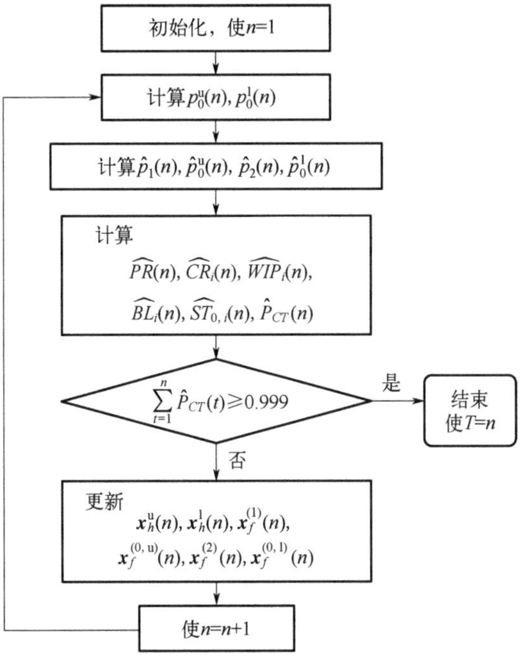


图 4-5 分解计算方法流程

对于所提出的性能近似方法的精确程度，通过对 10000 条参数随机而均匀地从式（4-20）所示的集合或者区间中选取的三机伯努利装配系统，进行基于精确解析和基于分解的近似性能评估分析，来验证所提近似方法的精确性。

$$B\in\{20,21,\cdots,100\},\quad p_i\in(0.7,1), i=0,1,2\,,\quad N_i\in\{2,3,4,5\},\quad i=1,2 \tag{4-20}$$

对于每条参数随机产生的装配系统，分别通过精确分析公式和基于分解的近似分析公式来计算其各项性能指标。结果显示，对于这 10000 条装配系统的各项性能指标的平均相对误差，它们的中值都在 1% 以下。

作为一个例子，考虑如图 4-6 所示的装配系统。每个机器（圆形表示）上的数字表示其效率，每个缓冲区（矩形）中的数字表示其容量，这些参数都是随机生成的。在本例中，所有缓冲区都被假设在起始状态时是空的。首先需要注意的是，使用精确分析方法，系统的状态数量为 1620；而经过分解后，我们只需要分析 6 个相对较小但相互影响的系统：一条双机上生产线，一条双机下生产线，两

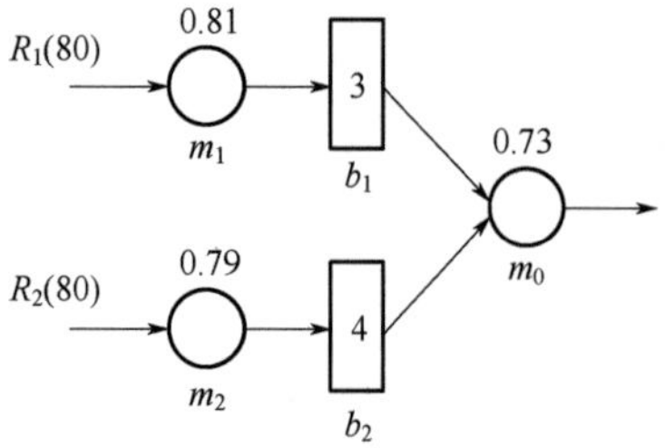


图 4-6 三机伯努利装配系统的数值实例

条上单机生产线，两条下单机生产线。六个较小的马尔可夫链的总状态数为 333。在保证精确度的基础上，相较精确分析，基于分解的近似分析使系统状态数量有了极大的降低。同时，从计算时间的角度来看，使用 MATLAB 软件在同一台配置为英特尔酷睿 i7-6700 的 CPU 和 16GB 的 RAM 上，基于精确分析和基于分解的近似分析，所需要的运算时间分别为 13.35s 和 0.11s，近似算法在计算高效性上也显示出了极大的优势。系统的暂态实时性能如图 4-7 所示，从图中可以看出，整个生

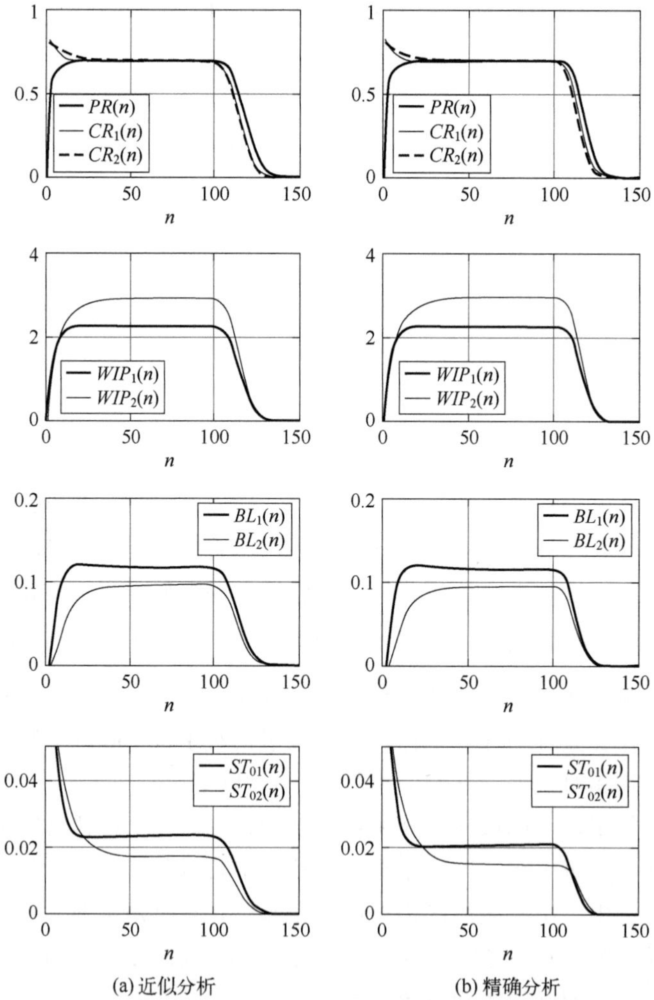


图 4-7 近似分析与精确分析的三机伯努利装配系统暂态实时性能评估对比

产运行过程分为三个阶段。在第一阶段，产品开始进入空系统。在此期间，生产率和在制品数量都从 0 上升到稳态值。同时，由于更多的工件进入系统，零件生产线 1（或者零件生产线 2）的消耗率从 $p_1$（或者 $p_2$）开始逐渐减小。在第二阶段中，系统运行接近稳定状态，所有暂态性能指标都或多或少地处于平稳状态。最后，当生产运行接近完成时，所有性能指标都开始下降，最终达到 0。基于该分解算法的高精度也可以从图中清晰地看到。需要注意的是，虽然精确的分析在这种小型装配系统中仍然可以被推导出来，然而随着系统参数（$M, N_i's, B$）的增长，精确分析也变得越来越不可能实现。基于分解思想的性能近似评估方法的计算高效性将在这样的大型装配系统中体现出来。

# 4.2 复杂伯努利装配系统性能分析

为了研究更大型的装配系统，如图 4-8 所示，虽然仍然可以使用马尔可夫方法得到精确的分析，但系统状态的数量可能会超出计算资源的处理能力。因此，本节将讨论基于分解的大型装配系统性能分析。

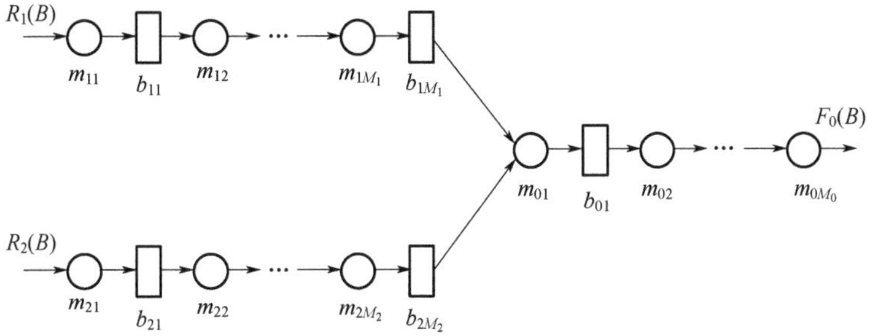


图 4-8　大型装配系统

## 4.2.1 复杂装配系统动态解耦分析

### （1）分解过程与数学计算

具体来说，为了分析这些系统，再次引入了辅助系统/生产线。首先引入辅助大型装配系统（图 4-9），该装配系统具有所有原始机器和缓冲器参数，但假定原材料是无限的。

为了研究辅助装配系统的实时性能，还需要引入辅助多机串行线（图 4-10）。注意，周围的括号中的符号代表在相应的辅助多机串行线中的机器、缓冲区以及它们各自的参数。

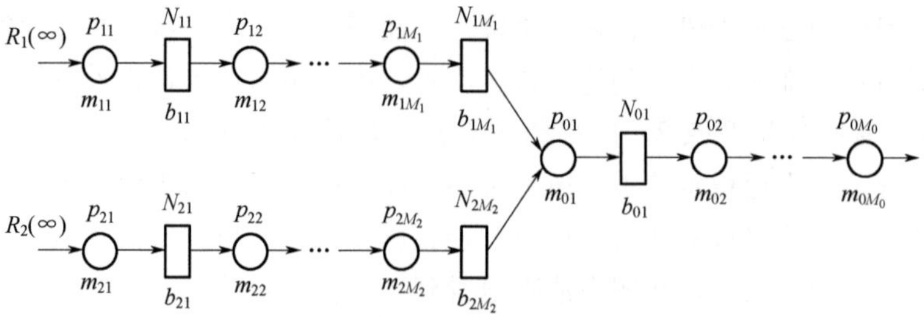

图 4-9　辅助大型装配系统

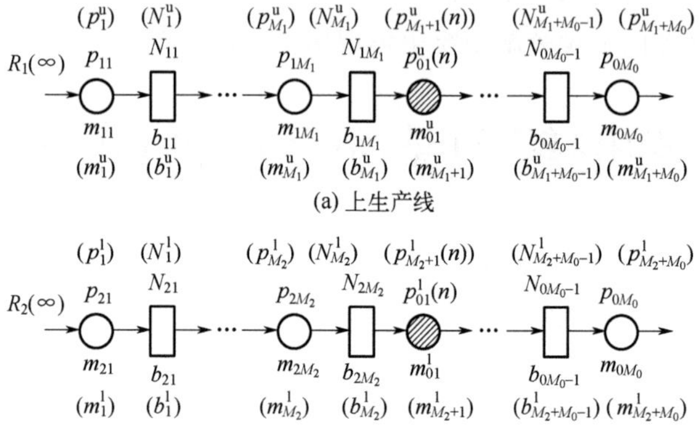

(a) 上生产线

(b) 下生产线

图 4-10　辅助多机串行线

为了分析辅助多机生产线，提出一种基于聚合的算法。聚合方法的思想是将伯努利串行生产线[图 4-11（a）]表示为一组双机单缓冲线的简单生产系统[图 4-11（b）]。因此，我们将此方法应用于上下生产线。

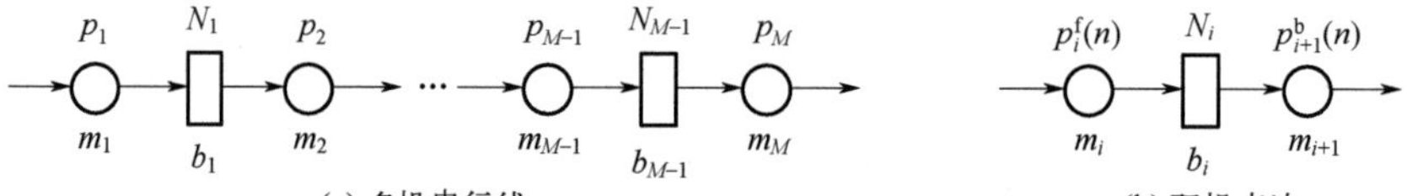

(a) 多机串行线　　(b) 双机表达

图 4-11　基于聚合的双机表达

最后，在每个双机单缓冲系统中，引入具有有限原材料的辅助单机生产线（图 4-12），并且可以按照之前讨论的相同方式进行分析。

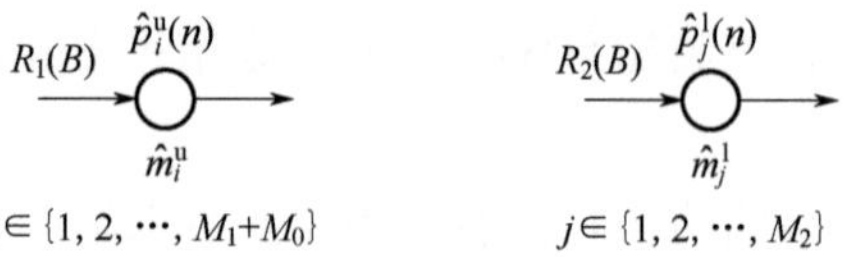

(a) 上单机生产线　　(b) 下单机生产线

图 4-12　辅助单机生产线

基于如上所述的思想，计算过程如下：

**步骤 0**：使 $n=1$。定义

$$
\begin{cases}
p_i^{\mathrm{u}}=\begin{cases} p_{1i}, & 1\leqslant i\leqslant M_1 \\ p_{01}, & i=M_1+1 \\ p_{0i-M_1}, & M_1+2\leqslant i\leqslant M_1+M_0 \end{cases} \\
N_i^{\mathrm{u}}=\begin{cases} N_{1i}, & 1\leqslant i\leqslant M_1 \\ N_{0(i-M_1)}, & M_1+1\leqslant i\leqslant M_1+M_0-1 \end{cases} \\
p_i^{\mathrm{l}}=\begin{cases} p_{2i}, & 1\leqslant i\leqslant M_2 \\ p_{01}, & i=M_2+1 \end{cases} \\
N_i^{\mathrm{l}}=N_{2i}
\end{cases}
\tag{4-21}
$$

考虑如图 4-13 所示的双机生产线。

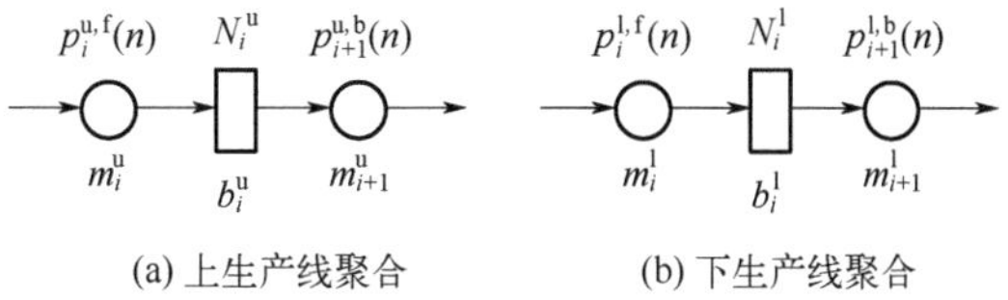


图 4-13　辅助双机生产线

使 $\boldsymbol{x}_h^{(\mathrm{u},i)}=\left[x_{h,0}^{(\mathrm{u},i)}(n) \quad \cdots \quad x_{h,N_i^{\mathrm{u}}}^{(\mathrm{u},i)}(n)\right]^{\mathrm{T}}$，并且 $\boldsymbol{x}_h^{(\mathrm{l},i)}=\left[x_{h,0}^{(\mathrm{l},i)}(n) \quad \cdots \quad x_{h,N_i^{\mathrm{l}}}^{(\mathrm{l},i)}(n)\right]^{\mathrm{T}}$。其中，$x_{h,k}^{(\mathrm{u},i)}(n)$ 和 $x_{h,k}^{(\mathrm{l},i)}(n)$ 分别表示缓冲区双机生产线中 $b_i^{\mathrm{u}}$ 和 $b_i^{\mathrm{l}}$ 在时间间隙 $n$ 结束时有 $k$ 个在制品的概率。

初始条件是

$$
\begin{cases}
x_{h,k}^{(\mathrm{u},i)}(0)=\begin{cases} 1, & k=0 \\ 0, & \text{其他} \end{cases} \quad i=1,2,\cdots,M_1+M_0-1 \\
x_{h,k}^{(\mathrm{l},i)}(0)=\begin{cases} 1, & k=0 \\ 0, & \text{其他} \end{cases} \quad i=1,2,\cdots,M_2
\end{cases}
\tag{4-22}
$$

定义

$$
\begin{cases}
\hat{p}_i^{\mathrm{u}}=\begin{cases} p_{1i}, & 1\leqslant i\leqslant M_1 \\ p_{01}, & i=M_1+1 \\ p_{0i-M_1}, & M_1+2\leqslant i\leqslant M_1+M_0 \end{cases} \\
\hat{p}_i^{\mathrm{l}}=\begin{cases} p_{2i}, & 1\leqslant i\leqslant M_2 \\ p_{01}, & i=M_2+1 \end{cases}
\end{cases}
\tag{4-23}
$$

考虑图 4-12 的单机生产线，使 $\boldsymbol{x}_f^{(\mathrm{u},i)}=\left[x_{f,0}^{(\mathrm{u},i)}(n) \quad \cdots \quad x_{f,B}^{(\mathrm{u},i)}(n)\right]^{\mathrm{T}}$，并且 $\boldsymbol{x}_f^{(\mathrm{l},i)}=$

$\left[x_{f,0}^{(\mathrm{l},i)}(n)\ \cdots\ x_{f,B}^{(\mathrm{l},i)}(n)\right]^{\mathrm{T}}$。其中，$x_{f,k}^{(\mathrm{u},i)}(n)$ 和 $x_{f,k}^{(\mathrm{l},i)}(n)$ 分别表示机器 $\hat{m}_i^{\mathrm{u}}$ 和 $\hat{m}_i^{\mathrm{l}}$ 在时间间隙 $n$ 结束时已经生产了 $k$ 个工件的概率。

初始条件是

$$\begin{cases} x_{f,k}^{(\mathrm{u},i)}(0)=\begin{cases}1, & k=0\\ 0, & 其他\end{cases} & i=1,\cdots,M_1+M_0 \\ x_{f,k}^{(\mathrm{l},i)}(0)=\begin{cases}1, & k=0\\ 0, & 其他\end{cases} & i=1,\cdots,M_2+1 \end{cases} \tag{4-24}$$

**步骤 1：** 计算参数值 $p_i^{\mathrm{u,f}}(n)$和$p_i^{\mathrm{l,f}}(n)$

$$p_i^{\mathrm{u,f}}(n)=\begin{cases} p_i^{\mathrm{u}}, & i=1,\\ p_i^{\mathrm{u}}\left[1-x_{h,0}^{(\mathrm{u},i-1)}(n-1)\right], & i\neq 1 且 i\neq M_1+1\\ p_i^{\mathrm{u}}\left[1-x_{h,0}^{(\mathrm{u},i-1)}(n-1)\right]\left[1-x_{h,0}^{(\mathrm{l},M_2)}(n-1)\right], & i=M_1+1 \end{cases} \tag{4-25}$$

$$p_i^{\mathrm{l,f}}(n)=\begin{cases} p_i^{\mathrm{l}}, & i=1\\ p_i^{\mathrm{l}}\left[1-x_{h,0}^{(\mathrm{l},i-1)}(n-1)\right], & i\neq 1 且\ i\neq M_2+1\\ p_i^{\mathrm{l}}\left[1-x_{h,0}^{(\mathrm{l},i-1)}(n-1)\right]\left[1-x_{h,0}^{(\mathrm{l},M_1)}(n-1)\right], & i=M_2+1 \end{cases} \tag{4-26}$$

**步骤 2：** 按 $i$ 倒序计算 $p_i^{\mathrm{u,b}}(n)$，即首先计算 $p_{M_1+M_0}^{\mathrm{u,b}}(n)$，最后计算 $p_1^{\mathrm{u,b}}$。

$$p_i^{\mathrm{u,b}}(n)=\begin{cases} p_i^{\mathrm{u}},\ i=M_1+M_0 且 M_0>1\\ p_i^{\mathrm{u}}\left[1-x_{h,0}^{(\mathrm{l},M_2)}(n-1)\right],\ i=M_1+M_0 且 M_0=1\\ p_i^{\mathrm{u}}\left[1-(1-p_{i+1}^{\mathrm{u,b}}(n))x_{h,N_i^{\mathrm{u}}}^{(\mathrm{u},i)}(n-1)\right]\left[1-x_{h,0}^{(\mathrm{l},M_2)}(n-1)\right],\ i=M_1+1,M_0>1\\ p_i^{\mathrm{u}}\left[1-(1-p_{i+1}^{\mathrm{u,b}}(n))x_{h,N_i^{\mathrm{u}}}^{(\mathrm{u},i)}(n-1)\right], 其他 \end{cases} \tag{4-27}$$

按 $i$ 倒序计算 $p_i^{\mathrm{l,b}}(n)$，即首先计算 $p_{M_2+1}^{\mathrm{l,b}}(n)$，最后计算 $p_1^{\mathrm{l,b}}$。

$$p_i^{\mathrm{l,b}}(n)=\begin{cases} p_i^{\mathrm{l}}\left[1-x_{h,0}^{(\mathrm{u},M_1)}(n-1)\right], & i=M_2+1 且 M_0=1\\ p_i^{\mathrm{l}}\left[1-(1-p_{i+1}^{\mathrm{u,b}}(n))x_{h,N_i^{\mathrm{u}}}^{(\mathrm{u},i)}(n-1)\right]\left[1-x_{h,0}^{(\mathrm{u},M_1)}(n-1)\right], & i=M_2+1 且 M_0>1\\ p_i^{\mathrm{l}}\left[1-(1-p_{i+1}^{\mathrm{l,b}}(n))x_{h,N_i^{\mathrm{l}}}^{(\mathrm{u},i)}(n-1)\right], & i\leqslant M_2 \end{cases} \tag{4-28}$$

**步骤 3：** 计算 $\boldsymbol{x}_h^{(\mathrm{u},i)}(n)$ 和 $\boldsymbol{x}_h^{(\mathrm{l},i)}(n)$。

$$\begin{cases}\boldsymbol{x}_h^{(\mathrm{u},i)}(n)=\boldsymbol{A}_2^{\mathrm{u}}\left(p_i^{\mathrm{u,f}}(n),p_{i+1}^{\mathrm{u,b}}(n),N_i^{\mathrm{u}}\right)\boldsymbol{x}_h^{(\mathrm{u},i)}(n-1)\\ \boldsymbol{x}_h^{(\mathrm{l},i)}(n)=\boldsymbol{A}_2^{\mathrm{l}}(p_i^{\mathrm{l,f}}(n),p_{i+1}^{\mathrm{l,b}}(n),N_i^{\mathrm{l}})\boldsymbol{x}_h^{(\mathrm{l},i)}(n-1)\end{cases} \tag{4-29}$$

式中，$\boldsymbol{A}_2^{\mathrm{u}}(p_i^{\mathrm{u,f}}(n),p_{i+1}^{\mathrm{u,b}}(n),N_i^{\mathrm{u}}),\boldsymbol{A}_2^{\mathrm{l}}(p_i^{\mathrm{l,f}}(n),p_{i+1}^{\mathrm{l,b}}(n),N_i^{\mathrm{l}})$是双机伯努利生产线在时间间隙$n$期间的一步转移概率矩阵。此外，$\boldsymbol{A}_2^{\mathrm{u}}(p_i^{\mathrm{u,f}}(n),p_{i+1}^{\mathrm{u,b}}(n),N_i^{\mathrm{u}})$的形式和之前的相同，仅将$p_{11}$和$p_{01}^{\mathrm{u}}$用$p_i^{\mathrm{u,f}}(n)$和$p_{i+1}^{\mathrm{u,b}}(n)$代替。可以类似地推导得出$\boldsymbol{A}_2^{\mathrm{l}}(p_i^{\mathrm{l,f}}(n),p_{i+1}^{\mathrm{l,b}}(n),N_i^{\mathrm{l}})$。

**步骤 4：** 计算$\hat{p}_i^{\mathrm{u,f}}(n)$和$\hat{p}_i^{\mathrm{l,f}}(n)$。

$$\hat{p}_i^{\mathrm{u,f}}(n)=\begin{cases}p_i^{\mathrm{u,f}}(n), & i=1\\ p_i^{\mathrm{u,f}}\left[1-x_{h,0}^{(\mathrm{u},i-1)}(n-1)\right], & 其他\end{cases} \tag{4-30}$$

$$\hat{p}_i^{\mathrm{l,f}}(n)=\begin{cases}p_i^{\mathrm{l,f}}, & i=1\\ p_i^{\mathrm{l,f}}\left[1-x_{h,0}^{(\mathrm{l},i-1)}(n-1)\right], & 其他\end{cases} \tag{4-31}$$

**步骤 5：** 计算$\boldsymbol{x}_f^{(\mathrm{u},i)}(n)$和$\boldsymbol{x}_f^{(\mathrm{l},i)}(n)$。

$$\boldsymbol{x}_f^{(\mathrm{u},i)}(n)=\boldsymbol{A}_f^{(\mathrm{u},i)}(n)\boldsymbol{x}_f^{(\mathrm{u},i)}(n-1)$$
$$\boldsymbol{x}_f^{(\mathrm{l},i)}(n)=\boldsymbol{A}_f^{(\mathrm{l},i)}(n)\boldsymbol{x}_f^{(\mathrm{l},i)}(n-1)$$

式中，$\boldsymbol{A}_f^{(\mathrm{u},i)}(n)$和$\boldsymbol{A}_f^{(\mathrm{l},i)}(n)$是单机伯努利生产线在时间间隙$n$期间的一步转移概率矩阵。此外，$\boldsymbol{A}_f^{(\mathrm{u},i)}(n)$的形式和之前相同，仅将$\hat{p}_{i1}(n)$用$\hat{p}_i^{\mathrm{u},f}(n)$代替。$\boldsymbol{A}_f^{(\mathrm{l},i)}(n)$可以被类似推导得出。

**步骤 6：** 将原始装配系统的实时性能近似如下：

$$\widehat{PR}(n)=p_{M_1+M_0}^{\mathrm{u,f}}(n)\left[1-x_{f,B}^{(\mathrm{u},M_1+M_0)}(n-1)\right]$$

$$\widehat{CR}_1(n)=p_1^{\mathrm{u,b}}(n)\left[1-x_{f,B}^{(\mathrm{u},1)}(n-1)\right]$$

$$\widehat{CR}_2(n)=p_1^{\mathrm{l,b}}(n)\left[1-x_{f,B}^{(\mathrm{l},1)}(n-1)\right]$$

$$\widehat{ST}_{ij}(n)=\begin{cases}p_{ij}x_{h,0}^{(\mathrm{u},M_1+j-1)}\left[1-x_{f,B}^{(\mathrm{u},M_1+j)}(n-1)\right], & i=0 且 2\leqslant j\leqslant M_0\\ p_{ij}x_{h,0}^{(\mathrm{u},j-1)}\left[1-x_{f,B}^{(\mathrm{u},j)}(n-1)\right], & \\ p_{ij}x_{h,0}^{(\mathrm{l},j-1)}\left[1-x_{f,B}^{(\mathrm{l},j)}(n-1)\right], & i=1,2,M_1\geqslant 2 且 2\leqslant j\leqslant M_2\end{cases}$$

$$\widehat{ST}_{01,1}(n)=p_{01}x_{h,0}^{(\mathrm{u},M_1)}(n)\left[1-x_{f,B}^{(\mathrm{u},M_1+1)}(n-1)\right]$$

$$\widehat{ST}_{01,2}(n)=p_{01}x_{h,0}^{(\mathrm{l},M_2)}(n)\left[1-x_{f,B}^{(\mathrm{l},M_2+1)}(n-1)\right]$$

$$\widehat{WIP}_{ij}(n)=\begin{cases}\sum_{k=1}^{N_{0j}}\left[kx_{h,k}^{(\mathrm{u},M_1+j)}(n)\right]\left[1-x_{f,B}^{(\mathrm{u},M_1+j+1)}(n-1)\right], \\ \quad i=0, M_0>1 \text{ 且 } 1\leqslant j\leqslant M_0-1 \\ \sum_{k=1}^{N_{1j}}\left[kx_{h,k}^{(\mathrm{u},j)}(n)\right]\left[1-x_{f,B}^{(\mathrm{u},j+1)}(n-1)\right], & i=1 \text{ 且 } 1\leqslant j\leqslant M_1 \\ \sum_{k=1}^{N_{2j}}\left[kx_{h,k}^{(\mathrm{l},j)}(n)\right]\left[1-x_{f,B}^{(\mathrm{l},j+1)}(n-1)\right], & i=2 \text{ 且 } 1\leqslant j\leqslant M_2\end{cases}$$

$$\hat{P}_{c_{ij}}(n)=\begin{cases}\hat{p}_{M_1+j}^{\mathrm{u,f}}(n)x_{f,B-1}^{(\mathrm{u},M_1+j)}(n-1), & i=0 \text{ 且 } 1\leqslant j\leqslant M_0 \\ \hat{p}_j^{\mathrm{u,f}}(n)x_{f,B-1}^{(\mathrm{u},j)}(n-1), & i=1 \text{ 且 } 1\leqslant j\leqslant M_1 \\ \hat{p}_j^{\mathrm{l,f}}(n)x_{f,B-1}^{(\mathrm{l},j)}(n-1), & i=2 \text{ 且 } 1\leqslant j\leqslant M_2\end{cases}$$

$$\widehat{BL}_{ij}(n)=\begin{cases}p_{ij}x_{h,N_{ij}}^{(\mathrm{u},M_1+j)}\left[1-p_{M_1+j+1}^{(\mathrm{u,b})}(n)\right]\left[1-x_{f,B}^{(\mathrm{u},M_1+j)}(n-1)\right], \\ \quad i=0 \text{ 且 } 1\leqslant j\leqslant M_0-1 \\ p_{ij}x_{h,N_{ij}}^{(\mathrm{u},j)}\left[1-p_{j+1}^{(\mathrm{u,b})}(n)\right]\left[1-x_{f,B}^{(\mathrm{u},j)}(n-1)\right], \\ \quad i=1 \text{ 且 } 1\leqslant j\leqslant M_1 \\ p_{ij}x_{h,N_{ij}}^{(\mathrm{l},j)}\left[1-p_{j+1}^{(\mathrm{l,b})}(n)\right]\left[1-x_{f,B}^{(\mathrm{l},j)}(n-1)\right], \\ \quad i=2 \text{ 且 } 1\leqslant j\leqslant M_2\end{cases} \tag{4-32}$$

**步骤 7**：如果 $\left(1-\sum_{i=0}^{n}P_{CT_0M_0}(n)\right)<10^{-6}$，结束计算并使 $T=n$，计算完成时间 $\widehat{CT}_{ij}=\sum_{n=1}^{T}n\hat{P}_{CT_{ij}}(n)$；否则，使 $n=n+1$ 并且回到步骤 1。

**（2）近似方法精确性**

使用式（4-33）来评估近似方法的准确性。$PR_{\mathrm{ss}}$ 和 $CR_{\mathrm{ss}}$ 分别是通过蒙特卡洛仿真得到的系统的稳态生产率和消耗率。$T$ 满足如下条件：

$$\min\left\{\sum_{n=1}^{T}\hat{P}_{CT_{0M_0}}(n),\sum_{n=1}^{T}P_{CT_{0M_0}}^{\mathrm{sim}}(n)\right\}\geqslant 0.999$$

$$\delta_{PR}=\frac{1}{T}\sum_{n=1}^{T}\frac{\left|\widehat{PR}(n)-PR_{\mathrm{sim}}(n)\right|}{PR_{\mathrm{ss}}}\times 100\%$$

$$\delta_{CR_i}=\frac{1}{T}\sum_{n=1}^{T}\frac{\left|\widehat{CR}_i(n)-CR_{i,\mathrm{sim}}(n)\right|}{CR_{\mathrm{ss}}}\times 100\%$$

$$\delta_{WIP}=\left[\sum_{i=1}^{M_0-1}\sum_{n=1}^{T}\frac{\left|WIP_{0i}(n)-\widehat{WIP}_{0i}(n)\right|}{N_{0i}}+\sum_{i=1}^{M_1}\sum_{n=1}^{T}\frac{\left|WIP_{1i}(n)-\widehat{WIP}_{1i}(n)\right|}{N_{1i}}\right.$$
$$\left.+\sum_{i=2}^{M_2}\sum_{n=1}^{T}\frac{\left|WIP_{2i}(n)-\widehat{WIP}_{2i}(n)\right|}{N_{2i}}\right]\Big/(M_0+M_1+M_2-1)\times 100\% \tag{4-33}$$

$$\delta_{BL}=\left[\sum_{i=1}^{M_0-1}\sum_{n=1}^{T}\left|BL_{0i}(n)-\widehat{BL}_{0i}(n)\right|+\sum_{i=1}^{M_1}\sum_{n=1}^{T}\left|BL_{1i}(n)-\widehat{BL}_{1i}(n)\right|\right.$$
$$\left.+\sum_{i=2}^{M_2}\sum_{n=1}^{T}\left|BL_{2i}(n)-\widehat{BL}_{2i}(n)\right|\right]\Big/(M_0+M_1+M_2-1)\times 100\%$$

$$\delta_{ST}=\left[\sum_{i=1}^{2}\sum_{n=1}^{T}\left|ST_{01,i}(n)-\widehat{ST}_{01,i}(n)\right|+\sum_{i=2}^{M_0}\sum_{n=1}^{T}\left|ST_{0i}(n)-\widehat{ST}_{0i}(n)\right|\right.$$
$$\left.+\sum_{i=2}^{M_1}\sum_{n=1}^{T}\left|ST_{1i}(n)-\widehat{ST}_{1i}(n)\right|+\sum_{i=2}^{M_2}\sum_{n=1}^{T}\left|ST_{2i}(n)-\widehat{ST}_{2i}(n)\right|\right]\Big/(M_0+M_1+M_2-1)\times 100\%$$

$$\delta_{CT}=\frac{1}{M_1+M_2+M_0}\left[\sum_{i=1}^{M_0}\frac{\left|\widehat{CT}_{0i}-CT_{0i}^{\text{sim}}\right|}{CT_{0i}^{\text{sim}}}+\sum_{i=1}^{M_1}\frac{\left|\widehat{CT}_{1i}-CT_{1i}^{\text{sim}}\right|}{CT_{1i}^{\text{sim}}}+\sum_{i=1}^{M_2}\frac{\left|\widehat{CT}_{2i}-CT_{2i}^{\text{sim}}\right|}{CT_{2i}^{\text{sim}}}\right]\times 100\%$$

总共分析了 10000 个装配系统，其中，$M_0,M_1,M_2$ 从 $\{1,2,\cdots,10\}$ 中随机生成。此外，机器效率、缓冲区容量以及批量大小分别随机且等概率地从如下集合中生成：

$$p_{ij}\in(0.7,1),\quad N_{ij}\in\{1,2,\cdots,6\},\quad B\in\{40,80,120,160\}$$

对每一个生成的装配系统，其实时性能指标由提出的方法计算得出。作为比较，使用一个离散事件仿真程序来估计该系统的性能指标真实值。对于每一个系统，运行 10000 次仿真程序，使 $PR_{\text{ss}}$ 和 $CR_{\text{ss}}$ 95% 的置信区间小于 0.001; $PR(n)$ 和 $CR_i(n)$95% 的置信区间小于 0.005; $WIP_{ij}(n)$95% 的置信区间小于 0.05; $ST_{ij}$ 、$BL_{ij}(n)$ 和 $CT_{ij}$ 的置信区间小于 0.01。

使用所提出的方法对系统进行性能近似分析的误差如图4-14 所示。可以看出，$\delta_{PR}$、$\delta_{CR_i}$ 和 $\delta_{CT}$ 的中位数都在 1%～3%。需要注意的是，当生产批量相对较小时，如 $B=40$，$CT$ 的近似误差相对较大。这是由于 $CT_{ij}$ 的值过小从而增大了计算相对误差 $\delta_{CT}$ 的值。$\delta_{WIP_{ij}}$、$\delta_{BL_{ij}}$ 以及 $\delta_{ST_{ij}}$ 的分析结果同样验证了近似方法的高精确性。值得注意的是，在实际生产中，生产线的机器和缓冲器模型的参数一般都存在 5%～10%的辨识误差，因此，所提出的近似方法可以为此类系统提供准确的性能评估。

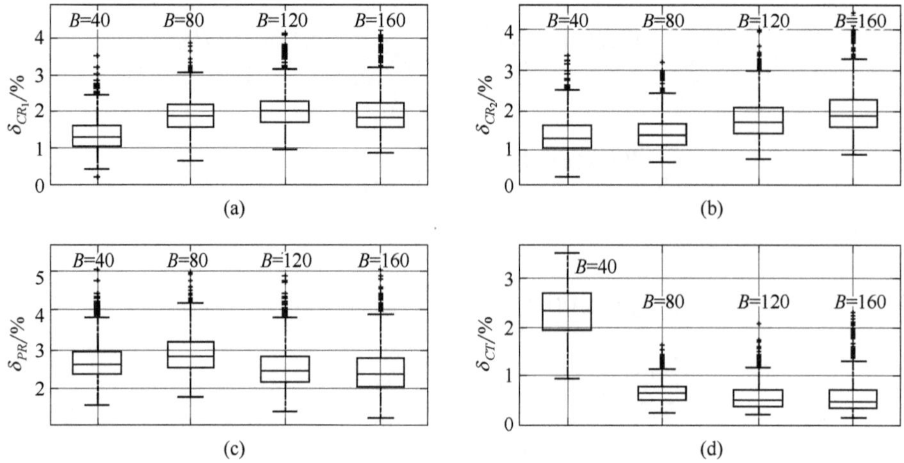


图 4-14　近似分析方法的精确性

作为一个例证，考虑如图 4-15 所示的一个装配系统。每台机器（圆形）上方的数字表示其效率，而每个缓冲区（矩形）内的数字表示其容量。我们同时给出了仿真和近似方法对该系统实时性能的评价结果（图 4-16）。每台机器对该批次产品的完成时间在表 4-2 中给出。结果表明，该近似方法能够很好地评价伯努利装配系统的实时性能指标。注意，就计算时间而言，在一台具有英特尔酷睿 i7-6700CPU，16GB RAM 的计算机上使用 MATLAB 需要 2.2s 和 145.7s 才能获得仿真结果所示的结果，而该近似方法在同一台计算机上只需 0.18s。

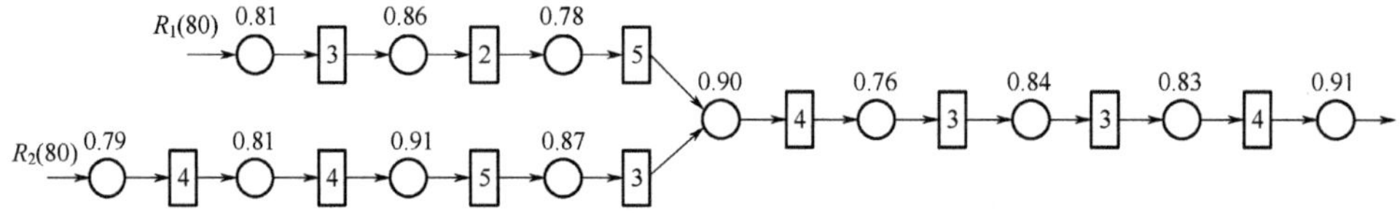


图 4-15　例证装配系统

**表 4-2　复杂伯努利装配系统有限量生产下每台机器的批次产品完成时间**（单位：加工周期 $\tau$）

| 方法 | $CT_{11}$ | $CT_{12}$ | $CT_{13}$ | $CT_{21}$ | $CT_{22}$ | $CT_{23}$ |
|---|---|---|---|---|---|---|
| 仿真（短） | 110.71 | 113.73 | 115.74 | 105.20 | 108.52 | 110.95 |
| 仿真（长） | 110.51 | 113.63 | 115.79 | 105.11 | 108.40 | 111.04 |
| 近似分析 | 110.53 | 112.39 | 114.59 | 105.57 | 107.54 | 109.60 |
| 方法 | $CT_{24}$ | $CT_{01}$ | $CT_{02}$ | $CT_{03}$ | $CT_{04}$ | $CT_{05}$ |
| 仿真（短） | 115.64 | 118.99 | 122.78 | 124.89 | 126.92 | 128.43 |
| 仿真（长） | 115.88 | 119.12 | 122.98 | 124.99 | 126.94 | 128.35 |
| 近似分析 | 114.11 | 118.51 | 121.55 | 123.65 | 125.66 | 127.11 |

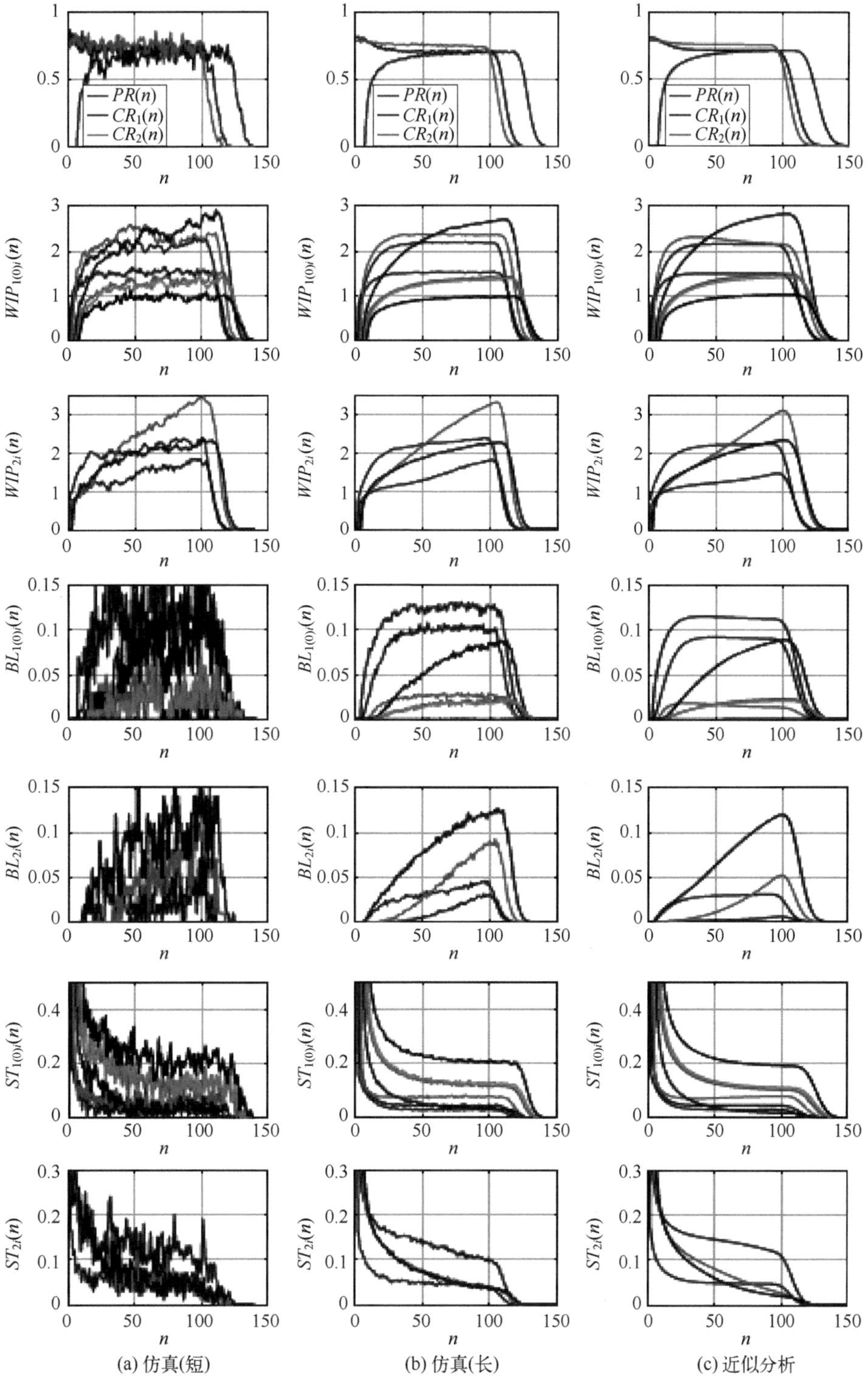


图 4-16　基于近似分析方法和蒙特卡洛仿真分析的性能评估对比

### 4.2.2 暂态运行中的瓶颈机器识别

为了提高生产线的性能，在稳态下，识别出对系统生产率影响最大的瓶颈具有重要意义。具体来说，装配系统在稳态下的瓶颈定义如下。

**定义 1**：考虑本章假设定义的装配系统。机器 $m_{ij}$ 是系统的稳态生产率瓶颈机器（ssPRBN），如果

$$\left|\frac{\partial PR_{ss}}{\partial p_{ij}}\right| > \left|\frac{\partial PR_{ss}}{\partial p_{kl}}\right|, \quad \forall kl \neq ij \tag{4-34}$$

对于在有限生产运行条件下运行的系统，由于生产运行的完成通常是生产活动的目标，因此我们对装配系统的瓶颈机器引入了一个新的定义。

**定义 2**：考虑本章假设定义的装配系统。机器 $m_{ij}$ 是系统的完成时间瓶颈机器（CTBN），如果

$$\left|\frac{\partial CT_{0M_0}}{\partial p_{ij}}\right| > \left|\frac{\partial CT_{0M_0}}{\partial p_{kl}}\right|, \ \forall kl \neq ij \tag{4-35}$$

尽管定义 1 和定义 2 从系统层面给出了稳态生产率瓶颈和完成时间瓶颈机器，需要注意的是，计算相关性能指标的偏导数包含了大量的计算要求。同时，这些涉及偏导数的计算也是从测量车间数据中无法获得结果的。

研究表明，机器阻塞和饥饿的概率是识别装配系统中稳态生产率瓶颈机器的可靠指标。我们将这一思想扩展到具有有限生产运行的装配系统，以识别完成时间瓶颈机器。具体来说，让 $BL_{ij}$ 和 $ST_{ij}$ 表示稳定状态下机器 $m_{ij}$ 的阻塞率和饥饿率。在实际生产中，这些数据可以从日常生产中测量和记录的数据中找到或很容易地计算出来。然后，我们给出了下面的箭头分配规则，再给出完成时间瓶颈指标。

**箭头分配规则**：如果 $BL_{ij} > ST_{ij+1}, i = 0,1,2$，箭头从机器 $m_{ij}$ 指向 $m_{ij+1}$，否则，箭头从机器 $m_{ij+1}$ 指向 $m_{ij}$；如果 $BL_{1M_1} > ST_{01,1}$，箭头从机器 $m_{1M_1}$ 指向 $m_{01}$，否则，箭头从机器 $m_{01}$ 指向 $m_{1M_1}$；如果 $BL_{2M_2} > ST_{01,2}$，箭头从机器 $m_{2M_2}$ 指向 $m_{01}$，否则，箭头从机器 $m_{01}$ 指向 $m_{2M_2}$。

**完成时间瓶颈机器指示器**：伯努利装配系统的完成时间瓶颈机器可通过以下情况识别：

① 如果存在一台机器没有指向其他机器的箭头，那么它就是 CTBN-m。

② 如果有若干台机器没有指向其他机器的箭头，程度最严重的一台机器就是第一 CTBN-m（PCTBN-m），其中每台局部 CTBN 的严重程度定义如下：

$$
\begin{aligned}
&I_{i1}=\left|ST_{i2}-BL_{i1}\right|,\quad i=1,2\\
&I_{iM_i}=\left|BL_{iM_i-1}+ST_{01,i}\right|-\left|BL_{iM_i}+ST_{iM_i}\right|,\quad i=1,2\\
&I_{01}=\left|BL_{1M_1}+BL_{2M_2}+ST_{02}\right|-\left|BL_{01}+ST_{01,1}+ST_{01,2}\right|\\
&I_{0M_0}=\left|BL_{0M_0-1}-ST_{0M_0}\right|\\
&I_{ij}=\left|BL_{ij-1}+ST_{ij+1}\right|-\left|BL_{ij}+ST_{ij}\right|,\quad ij\neq 11,21,1M_1,2M_2,01,0M_0
\end{aligned}
\tag{4-36}
$$

**数值验证：**通过计算进行验证。计算过程包括计算稳态性能 $ST_{ij}$ 和 $BL_{ij}$，通过完成时间瓶颈机器指示器识别 CTBN-m，然后通过计算 $\Delta\widehat{CT}_{0M_0}/\Delta p_{ij}$ 和定义 2 来验证结论。注意，选择 $\Delta p_{ij}=0.03$，并且 $\dfrac{\Delta\widehat{CT}_{0M_0}}{\Delta p_{ij}}$ 通过下式来计算：

$$
\frac{\Delta\widehat{CT}_{0M_0}}{\Delta p_{ij}}=\frac{\widehat{CT}_{0M_0}(p_{11},\cdots,p_{1M_1},p_{21},\cdots,p_{2M_2},p_{01},\cdots,p_{0M_0})-\widehat{CT}_{0M_0}(p_{11},\cdots,p_{ij}+\Delta p_{ij},\cdots,p_{0M_0})}{\Delta p_{ij}}
\tag{4-37}
$$

再次使用在前一小节中生成的相同的 10000 个装配系统，分析结果在表 4-3 中给出。在所有被分析的案例中，大约有 47% 的系统具有单一 CTBN-m。其中，超过 70% 可以通过完成时间瓶颈机器指示器正确识别出 CTBN-m，并且准确性随着批次规模的增加而增加。注意，仅仅通过分析系统的阻塞率和饥饿率，所有研究的案例中有 73% 左右的 CTBN-m 可以被正确识别。此外，虽然最差的机器有时被简单地认为是系统中的瓶颈机器，但所有的研究案例中，只有大约 50% 的情况下，最差的机器确实被确定为 CTBN-m。由于 CTBN 指示器是从 ssPRBN 指示器扩展而来的，实验结果表明，该 CTBN-m 实际上就是 ssPRBN-M 的比例，也是随着批次规模的增加而增加的。这是由于随着批次规模的增大，生产过程更可能在系统稳定状态下运行。

**表 4-3　瓶颈机器指示器数据分析**

| 批次大小 | $B$=40 | $B$=80 | $B$=120 | $B$=160 |
|---|---|---|---|---|
| 单 CTBN-m （Cases 1）比例 | 47.1% | 47.7% | 46.0% | 46.9% |
| 指示器识别准确率（Case 1） | 71.7% | 77.1% | 78.5% | 80.7% |
| 多 CTBN-m（Cases 2）比例 | 52.9% | 52.3% | 54.0% | 53.1% |
| 指示器识别准确率（Case 2） | 62.5% | 69.1% | 70.7% | 70.8% |
| CTBN-m 是效率最低机器的比例 | 46.4% | 51.9% | 52.9% | 54.7% |
| CTBN-m 也是 ssPRBN-m 的比例 | 61.3% | 69.4% | 71.8% | 74.0% |

作为一个例证，考虑如图4-17所示的一个装配系统。每台机器（圆圈）上方的数字表示其效率，而每个缓冲区（矩形）内的数字表示其容量。从图中可以看出，通过使用完成时间瓶颈机器指示器，有两台机器($m_{01}$，$m_{03}$)没有指向其他机器的箭头。局部 CTBN 的严重程度可通过式（4-36）计算，所以 $m_{01}$ 被识别为第一CTBN-m，$m_{03}$ 是局部 CTBN-m。同时，通过偏导数的计算，机器 $m_{01}$ 和 $m_{03}$ 同样被识别为系统的第一和第二 CTBN。还需要注意的是，第一 CTBN-m 并不是效率最低的机器，不过，它却同时也是系统的 ssPRBN 。

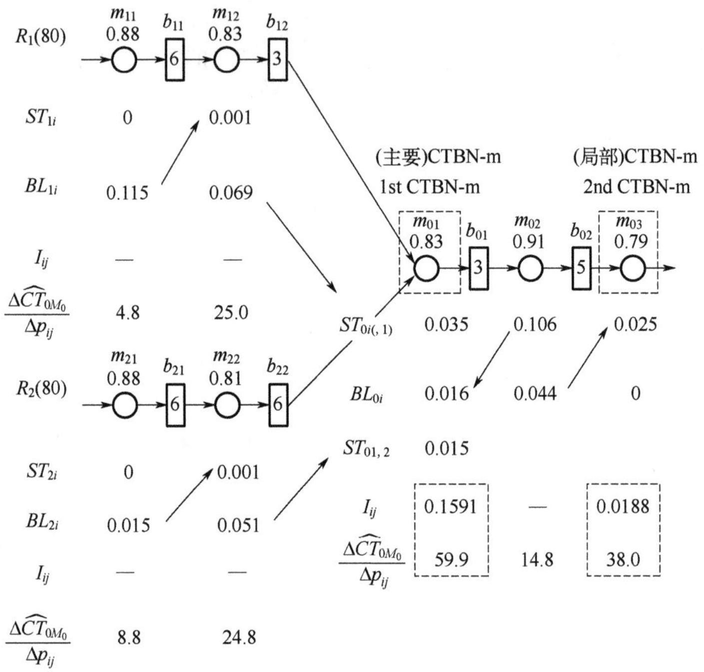


图 4-17　完成时间瓶颈机器指示器使用例证

# 4.3　小型几何可靠性机器装配系统性能分析

## 4.3.1　三机系统精确建模分析

考虑如图4-18所示的三机几何可靠性机器装配系统，其中圆形表示机器，矩形表示缓冲区。系统根据以下假设定义。

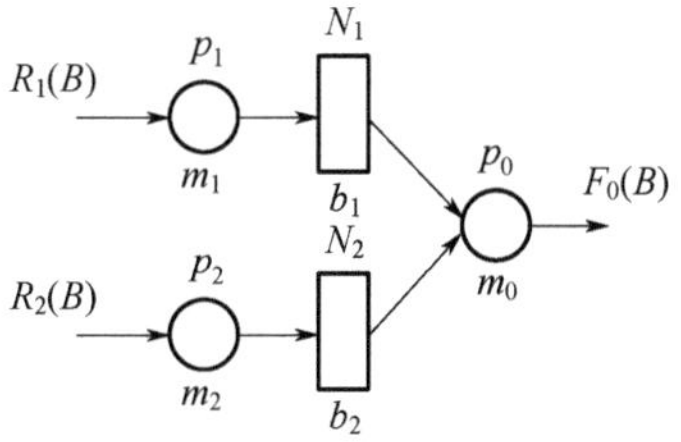


图 4-18 三机几何可靠性机器装配系统

① 系统的最终产品（$F_0$）需要两个组件。一个组件（$C_1$）由机器 $m_1$ 处理，我们称系统的这一部分（从机器 $m_1$ 到 $b_1$）为零件生产线 1。类似地，另一个组件（$C_2$）由机器 $m_2$ 处理。系统的这一部分（从机器 $m_2$ 到 $b_2$）称为零件生产线 2。

② 机器 $m_0$ 从零件生产线 1 和零件生产线 2 各取一个完成的零件装配组成一个成品。

③ 机器 $m_i (i=0,1,2)$ 拥有恒定且相同的周期时间 $\tau$。以一个加工周期 $\tau$ 为一段，将时间轴分段。所有机器在一个新的生产批次开始时运行。小批量定制生产每个批次具有有限的产量，每个生产批次的规模为 $B$。每台机器在加工完规定数量的工件后立即停止工作。

④ 机器遵循几何可靠性模型，即，使 $s_i(n)\in\{0=故障，1=工作\}$ 表示机器 $m_i$ 在时间间隙 $n$ 的状态，则转移概率为

$$
\begin{aligned}
&\text{Prob}\left[s_i(n+1)=0 \mid s_i(n)=1\right]=P_i \\
&\text{Prob}\left[s_i(n+1)=1 \mid s_i(n)=1\right]=1-P_i \\
&\text{Prob}\left[s_i(n+1)=1 \mid s_i(n)=0\right]=R_i \\
&\text{Prob}\left[s_i(n+1)=0 \mid s_i(n)=0\right]=1-R_i
\end{aligned}
\tag{4-38}
$$

式中，$P_i$ 和 $R_i$ 为相应机器的故障概率和修复概率。

⑤ 每一个在制品缓冲区 $b_i (i=1,2)$ 可以用其容量来表征，$0<N_i<\infty$。

⑥ 如果机器 $m_0$ 在时间间隙 $n$ 内处于工作状态，并且缓冲区 $b_1$ 或者 $b_2$ 在时间间隙开始时为空，那么机器 $m_0$ 在该时间间隙中处于饥饿状态。$m_1$ 和 $m_2$ 在一个批次生产结束前不会出现饥饿的情况。

⑦ 如果机器 $m_i (i=1,2)$ 在时间间隙 $n$ 内处于工作状态，缓冲区 $b_i$ 在时间间隙开始时有 $N_i$ 个在制品工件，并且装配机器 $m_0$ 没能从其中取走一个工件进行处理（由于故障或源自另一条零件生产线的饥饿情况），那么该机器在时间间隙 $n$ 中处于阻塞状态。同时，假设机器 $m_0$ 任何时候都不会被阻塞。

用 $f_i(n)$ 表示机器 $m_i$ 在时间间隙 $n$ 结束时已经生产的工件总数量，用 $h_i(n)$ 表示在时间间隙 $n$ 结束时缓冲区 $b_i$ 内的在制品工件数量。显而易见，有

$$f_1(n)-f_0(n)=h_1(n),\ \ f_2(n)-f_0(n)=h_2(n) \tag{4-39}$$

该生产过程的数学模型可用具有马尔可夫性质的离散事件随机过程表达。即该过程中，在给定当前系统信息的情况下，过去对于预测将来是无关的。那么，不失一般性，系统可以用一个状态为 $(h_1(n),h_2(n),f_0(n),s_0(n),s_1(n),s_2(n))$ 的马尔可夫链来表征，即

$$\begin{aligned}&h_i(n)\in\{0,1,\cdots,N_i\},\ \ i=1,2\\&f_0(n)\in\{0,1,\cdots,B\},\ \ s_i(n)\in\{0,1\},\ \ i=0,1,2\end{aligned} \tag{4-40}$$

显然，此马尔可夫链的最大系统状态数为

$$Q=(N_1+1)\times(N_2+1)\times(B+1)\times 2^3 \tag{4-41}$$

在马尔可夫链的每一步，转移概率反映了不同的状态之间改变的概率。为了计算这一马尔可夫链中的状态间转移概率，首先排列系统的状态，如表 4-4 所示。

**表 4-4　三台几何机器装配系统的状态及其排序**

| 状态 | $h_1$ | $h_2$ | $f_0$ | $s_0$ | $s_1$ | $s_2$ |
|---|---|---|---|---|---|---|
| 1 | 0 | 0 | 0 | 0 | 0 | 0 |
| 2 | 0 | 0 | 0 | 0 | 0 | 1 |
| 3 | 0 | 0 | 0 | 0 | 1 | 0 |
| … | … | … | … | … | … | … |
| 9 | 0 | 0 | 1 | 0 | 0 | 0 |
| … | … | … | … | … | … | … |
| $8B+1$ | 0 | 0 | $B$ | 0 | 0 | 0 |
| $8B+2$ | 0 | 0 | $B$ | 0 | 0 | 1 |
| … | … | … | … | … | … | … |
| $Q-1$ | $N_1$ | $N_2$ | $B$ | 1 | 1 | 0 |
| $Q$ | $N_1$ | $N_2$ | $B$ | 1 | 1 | 1 |

需要注意的是，在时间间隙 $n$ 内，系统状态 $h_1(n)$、$h_2(n)$、$f_0(n)$ 的变化由机器的工作状态 $s_1(n)$、$s_2(n)$、$s_0(n)$ 决定，并且系统的动态特性可以表示为

$$\begin{aligned}&f_0(n+1)=f_0(n)+s_0(n+1)\times\min\{h_1(n),h_2(n),1\}\\&h_2(n+1)=h_2'(n+1)+s_2(n+1)\times\min\{N_2-h_2'(n+1),1\}\\&h_1(n+1)=h_1(n+1)'+s_1(n+1)\times\min\{N_1-h_1'(n+1),1\}\end{aligned} \tag{4-42}$$

其中

$$h_2'(n+1)=h_2(n)-s_0(n+1)\times\min\{h_1(n),h_2(n),1\}$$
$$h_1'(n+1)=h_1(n)-s_0(n+1)\times\min\{h_1(n),h_2(n),1\}$$

因此，对于系统的每一个状态，通过式（4-42）所示的动态特性确定对应的结果状态，再利用式（4-38）可以推导得出相应状态的转移概率。用 $\boldsymbol{A}$ 来表示状态转移概率矩阵，用 $x_i(n), i\in\{1,2,\cdots,Q\}$ 表示系统在时间间隙 $n$ 内处于状态 $i$ 的概率。那么，系统状态 $\boldsymbol{x}(n)=\begin{bmatrix}x_1(n) & \cdots & x_Q(n)\end{bmatrix}^{\mathrm{T}}$ 演化可以表示为

$$\boldsymbol{x}(n+1)=\boldsymbol{A}\boldsymbol{x}(n),\quad \sum_{i=1}^{Q}x_i(n)=1 \tag{4-43}$$

因此，拥有三台几何机器的装配系统的实时性能指标可以通过下面公式计算：

$$\begin{aligned}
PR(n)&=\mathrm{Prob}\left[\text{在时间间隙}n\text{里，}m_0\text{工作，缓冲区}b_1\text{，}b_2\text{非空}\right]\\
&=\boldsymbol{V}_1\boldsymbol{x}(n)=\left[v_{1,0}v_{1,1}\cdots v_{1,Q}\right]\boldsymbol{x}(n)\\
CR_i(n)&=\mathrm{Prob}\left[\text{在时间间隙}n\text{里，}m_i\text{工作并且不会被阻塞}\right]\\
&=\boldsymbol{V}_{2,i}\boldsymbol{x}(n)=\left[v_{2,i,0}v_{2,i,1}\cdots v_{2,i,Q}\right]\boldsymbol{x}(n)\\
WIP_i(n)&=\sum_{j=1}^{N_i}j\times\mathrm{Prob}\left[\text{在时间间隙}n\text{里，缓冲区}b_i\text{有}j\text{个工件}\right]\\
&=\boldsymbol{V}_{3,i}\boldsymbol{x}(n)=\left[v_{3,i,0}v_{3,i,1}\cdots v_{3,i,Q}\right]\boldsymbol{x}(n)
\end{aligned} \tag{4-44}$$

其中，

$$v_{1,k}=\begin{cases}1, & h_1[k]>0,\ \ h_2[k]>0,\ \text{且}\ s_0[k]=1\\ 0, & \text{其他}\end{cases}$$

$$v_{2,i,k}=\begin{cases}1, & h_i[k]<N_i,\ \ h_i[k]+f_0[k]<B,\ \ \text{且}\ s_i[k]=1,\quad i\in\{1,2\}\\ 1, & h_i[k]=N_i,\ \ h_i[k]+f_0[k]<B,\ \ h_j[k]>0,\ \ h_j[k]+f_0[k]\leqslant B,\\ & \text{且}\ s_i[k]=1,\ \ s_0[k]=1,\quad i,j\in\{1,2\},\ \ i\neq j\\ 0, & \text{其他}\end{cases}$$

$$v_{3,i,k}=h_i[k]$$

## 4.3.2　三机系统性能近似分析

**（1）基于分解的性能近似评估**

考虑到计算资源的有限性，上述精确分析在计算方面效率很低。尤其当扩展到零件生产线具有多台机器的复杂装配系统时，用于系统分析的马尔可夫链的状态数量会随着机器数目 $M$、在制品缓冲区容量 $N_i$ 及生产批次 $B$ 的增加呈指数型增长，这无疑会导致对大型复杂装配系统的精确分析变得不可能。

本节将对基于有限量生产运行下的系统实时性能评估问题扩展到了拥有三台

几何机器的装配系统，并提出一种针对此类系统的基于分解的实时性能评估算法。具体而言，本节通过引入三种类型的辅助系统/生产线来进行近似估计原始系统的实时性能。如图 4-19 所示辅助装配系统，假设系统的机器和缓冲区均具有它们原始的系统参数，但具有无限原材料供应量。

为了研究上述辅助装配系统的暂态性能，引进如图 4-20 所示的辅助双机生产线进行分析。图 4-20（a）所示的生产线移除了辅助装配系统中的机器 $m_2$ 和缓冲区 $b_2$，考虑到这种变化，用具有时变参数 $P_0^{\mathrm{u}}(n)$，$R_0^{\mathrm{u}}(n)$ 的虚拟机器 $m_0^{\mathrm{u}}$ 代替装配机器 $m_0$，并且将 $(m_1,b_1,m_0^{\mathrm{u}})$ 称为上生产线。类似地，下生产线 $(m_2,b_2,m_0^{\mathrm{l}})$ 则是通过移除机器 $m_1$ 和缓冲区 $b_1$，并用时变参数为 $P_0^{\mathrm{l}}(n)$，$R_0^{\mathrm{l}}(n)$ 的虚拟机器 $m_0^{\mathrm{l}}$ 代替装配机器 $m_0$ 得到的。

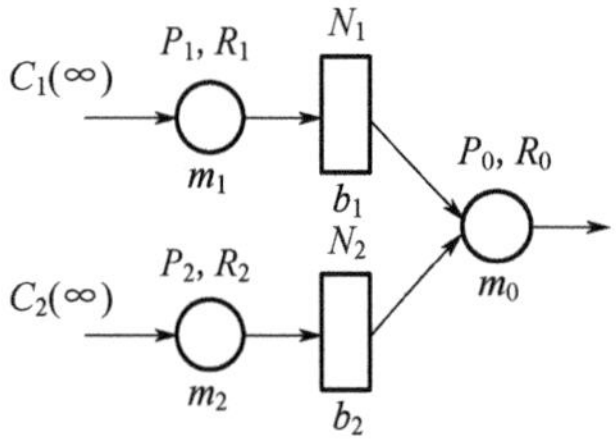


图 4-19　辅助装配系统

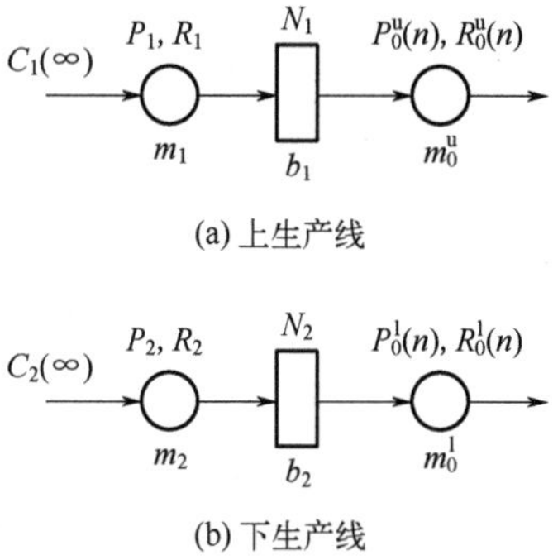


图 4-20　辅助双机生产线

上生产线中的虚拟机器 $m_0^{\mathrm{u}}$ 当且仅当原始装配系统中的装配机器 $m_0$ 处于工作状态且缓冲区 $b_2$ 处于非空状态时才处于工作状态。同样，下生产线中的虚拟机器 $m_0^{\mathrm{l}}$ 当且仅当原始装配系统中的装配机器 $m_0$ 处于工作状态且缓冲区 $b_1$ 处于非空状态时才处于工作状态。换句话说，$P_0^{\mathrm{u}}(n)$、$R_0^{\mathrm{u}}(n)$ 和 $P_0^{\mathrm{l}}(n)$、$R_0^{\mathrm{l}}(n)$ 可以分别通过估计两条相互独立的子生产串行线 $(m_1,b_1,m_0)$ 和 $(m_2,b_2,m_0)$ 的状态近似得到。令 $h_i(n)$ 表示在时间间隙 $n$ 结束时缓冲区 $b_i$ 中的在制品零件数，则 $P_0^{\mathrm{u}}(n)$、$R_0^{\mathrm{u}}(n)$ 和 $P_0^{\mathrm{l}}(n)$、$R_0^{\mathrm{l}}(n)$ 可以根据下式近似估计：

$$
\begin{aligned}
P_0^{\mathrm{u}}(n) \approx &\ \mathrm{Prob}[\text{在时间间隙 } n+1 \text{ 里，} m_0^{\mathrm{u}} \text{ 故障} | \text{在时间间隙 } n \text{ 里，} m_0^{\mathrm{u}} \text{ 工作}] \\
&= \mathrm{Prob}[\text{在时间间隙 } n+1 \text{ 里，系统 } (m_2,b_2,m_0) \text{ 不生产} | \text{在时间间隙 } n \text{ 里，} \\
&\quad \text{系统 } (m_2,b_2,m_0) \text{ 生产}] \\
R_0^{\mathrm{u}}(n) \approx &\ \mathrm{Prob}[\text{在时间间隙 } n+1 \text{ 里，} m_0^{\mathrm{u}} \text{ 工作} | \text{在时间间隙 } n \text{ 里，} m_0^{\mathrm{u}} \text{ 故障}] \\
&= \mathrm{Prob}[\text{在时间间隙 } n+1 \text{ 里，系统 } (m_2,b_2,m_0) \text{ 生产} | \text{在时间间隙 } n \text{ 里，} \\
&\quad \text{系统 } (m_2,b_2,m_0) \text{ 不生产}]
\end{aligned}
\tag{4-45}
$$

$P_0^1(n) \approx \text{Prob}[$在时间间隙 $n+1$ 里，$m_0^1$ 故障|在时间间隙 $n$ 里，$m_0^1$ 工作]

=Prob[在时间间隙 $n+1$ 里，系统 $(m_1,b_1,m_0)$ 不生产|在时间间隙 $n$ 里，系统 $(m_1,b_1,m_0)$ 生产]

$R_0^1(n) \approx \text{Prob}[$在时间间隙 $n+1$ 里，$m_0^1$ 工作|在时间间隙 $n$ 里，$m_0^1$ 故障]

=Prob[在时间间隙 $n+1$ 里，系统 $(m_1,b_1,m_0)$ 生产|在时间间隙 $n$ 里，系统 $(m_1,b_1,m_0)$ 不生产]

上述用于近似时变参数的核心技术称为前向聚合方法。具体来说，考虑到上生产线移除原始装配系统的零件生产线 2 的这种改变，缓冲区 $b_2$ 和它上游的生产机器 $m_2$ 与装配机器 $m_0$ 在前向方向聚合形成虚拟机器，且其具有时变的故障概率 $P_0^{\text{u}}(n)$ 和修复概率 $R_0^{\text{u}}(n)$。同样，下生产线是通过移除原始装配系统的零件生产线 1 得到的，而缓冲区 $b_1$ 和它上游的生产机器 $m_1$ 与装配机器 $m_0$ 在前向方向聚合形成具有时变的故障概率 $P_0^1(n)$ 和修复概率 $R_0^1(n)$ 的虚拟机器。

现在考虑一条辅助双机生产线，以图 4-20（a）上生产线为例。用 $s_1(n)$和$s_0^{\text{u}}(n)$ 分别表示机器 $m_1$ 和上虚拟机器 $m_0^{\text{u}}$ 在时间间隙 $n$ 的状态，用 $h_i(n)$ 表示在时间间隙 $n$ 开始时缓冲区 $b_i$ 的在制品零件数量，则可用马尔可夫链来分析上生产线。其中，系统状态为 $(h_1(n),s_1(n),s_0^{\text{u}}(n)),h_1(n)\in\{0,1,\cdots,N_1\}$，并且 $s_1(n),s_0^{\text{u}}(n)\in\{0,1\}$。系统一共有 $4\times(N_1+1)$ 个状态。为了计算系统状态的转移概率，首先按表 4-5 排列系统所有状态。

**表 4-5　分解后辅助双机串行线的系统状态及其排序($k=0,1,\cdots,N_1$)**

| 状态 | $h_1$ | $s_1$ | $s_0^{\text{u}}$ |
|---|---|---|---|
| $4k+1$ | $k$ | 0 | 0 |
| $4k+2$ | $k$ | 0 | 1 |
| $4k+3$ | $k$ | 1 | 0 |
| $4k+4$ | $k$ | 1 | 1 |

对于任意系统状态 $\boldsymbol{S}=(h_1,s_1,s_0^{\text{u}})$，其对应的状态序号为

$$\alpha(\boldsymbol{S})=4h_1+2s_1+s_0^{\text{u}}+1 \tag{4-46}$$

注意，上生产线的在制品零件数量 $h_1(n)$ 的变化由 $s_1(n)$ 和 $s_0^{\text{u}}(n)$ 确定，系统的动态特性为

$$h_1(n+1)=h_1'(n+1)+s_1(n)\times\min\{N_1-h_1'(n+1),1\} \tag{4-47}$$

其中

$$h_1'(n+1)=h_1(n)-s_0^{\mathrm{u}}(n)\times\min\{h_1(n),1\}$$

$s_1(n)$ 和 $s_0^{\mathrm{u}}(n)$ 取不同状态（工作/故障）的概率可以根据式（4-38）计算，并将其中的 $P_0$ 和 $R_0$ 用式（4-45）计算得到的 $P_0^{\mathrm{u}}(n)$ 和 $R_0^{\mathrm{u}}(n)$ 替换。至此，对于该系统的每一个状态，可以根据式（4-47）和式（4-38）分别确定系统的结果状态及其转移概率。用 $\boldsymbol{A}_2^{\mathrm{u}}(n)$ 表示求得的时变转移矩阵，用 $y_i^{\mathrm{u}}(n), i\in\{1,2,\cdots,4(N_1+1)\}$ 表示系统在时间间隙 $n$ 时处于状态 $i$ 的概率。系统状态 $\boldsymbol{y}^{\mathrm{u}}(n)=\left[y_1^{\mathrm{u}}(n)\ \ \cdots\ \ y_{4(N_1+1)}^{\mathrm{u}}(n)\right]^{\mathrm{T}}$ 的演化如下：

$$\boldsymbol{y}^{\mathrm{u}}(n+1)=\boldsymbol{A}_2^{\mathrm{u}}(n)\boldsymbol{y}^{\mathrm{u}}(n),\quad \sum_{i=1}^{4(N_1+1)}y_i^{\mathrm{u}}(n)=1 \tag{4-48}$$

其中，初始状态为

$$\begin{cases} y_{\alpha(\boldsymbol{S}_0)}^{\mathrm{u}}(0)=1, & \boldsymbol{S}_0=(h_1(0),s_1(0),s_0^{\mathrm{u}}(0)) \\ y_i^{\mathrm{u}}(0)=0, & \forall i\neq\alpha(\boldsymbol{S}_0) \end{cases} \tag{4-49}$$

进而，上生产线的暂态性能指标计算如下：

$$\begin{aligned} PR^{\mathrm{u}}(n)&=\mathrm{Prob}[\text{在时间间隙 } n \text{ 里，} m_0^{\mathrm{u}} \text{ 工作，并且缓冲区 } b_1 \text{ 非空}] \\ &=\boldsymbol{W}_1\boldsymbol{y}^{\mathrm{u}}(n)=\left[\boldsymbol{W}_{1,0}\ \ \boldsymbol{W}_{1,1}\ \ \cdots\ \ \boldsymbol{W}_{1,N_1}\right]\boldsymbol{y}^{\mathrm{u}}(n) \\ CR^{\mathrm{u}}(n)&=\mathrm{Prob}[\text{在时间间隙 } n \text{ 里，} m_1 \text{ 工作，并且不被阻塞}] \\ &=\boldsymbol{W}_2\boldsymbol{y}^{\mathrm{u}}(n)=\left[\boldsymbol{W}_{2,0}\ \ \boldsymbol{W}_{2,1}\ \ \cdots\ \ \boldsymbol{W}_{2,N_1}\right]\boldsymbol{y}^{\mathrm{u}}(n) \\ WIP_1^{\mathrm{u}}(n)&=\sum_{i=1}^{N_1}i\times\mathrm{Prob}[\text{在时间间隙 } n \text{ 里，缓冲区 } b_1 \text{ 有 } i \text{ 个在制品}] \\ &=\boldsymbol{W}_3\boldsymbol{y}^{\mathrm{u}}(n)=\left[\boldsymbol{W}_{3,0}\ \ \boldsymbol{W}_{3,1}\ \ \cdots\ \ \boldsymbol{W}_{3,N_1}\right]\boldsymbol{y}^{\mathrm{u}}(n) \end{aligned} \tag{4-50}$$

其中

$$\begin{aligned} &\boldsymbol{W}_{1,0}=[0\ \ 0\ \ 0\ \ 0],\ \boldsymbol{W}_{2,N_1}=[0\ \ 0\ \ 0\ \ 1] \\ &\boldsymbol{W}_{1,i}=[0\ \ 0\ \ 0\ \ 0],\ \ i=1,2,\cdots,N_1 \\ &\boldsymbol{W}_{2,i}=[0\ \ 0\ \ 1\ \ 1],\ \ i=0,1,\cdots,N_1-1 \\ &\boldsymbol{W}_{3,i}=[i\ \ i\ \ i\ \ i],\ \ i=0,1,\cdots,N_1 \end{aligned}$$

类似地，下生产线可以采用相同的方式进行分析。通过将具有两台机器的辅助装配系统分解成为上下生产线分别进行处理，可以实现对整个系统的实时性能的分析。

针对每个生产批次具有有限生产量的原始装配系统，本书最后引入了如图 4-21 所示的具有有限生产原材料的单机辅助生产线来分析双机辅助生产线的实时性能。

考虑图 4-20（a）所示的上生产线，有反向聚合和前向聚合两种。反向聚合是指在制品缓冲区 $b_1$ 和下游虚拟机器 $m_0^{\mathrm{u}}$ 在反向与机器 $m_1$ 聚合形成几何可靠性虚拟机器 $\hat{m}_1$ [图 4-21（a）]，且此机器具有时变的故障概率 $\hat{P}_1(n)$ 和修复概率 $\hat{R}_1(n)$。前向聚合则是指缓冲区 $b_1$ 和上游机器 $m_1$ 在前向上与 $m_0^{\mathrm{u}}$ 聚合形成几何可靠性虚拟机器[图 4-21（a）]，其故障概率和修复概率分别为 $\hat{P}_0^{\mathrm{u}}(n)$ 和 $\hat{R}_0^{\mathrm{u}}(n)$。因此，上生产线输入的原材料消耗可以用虚拟机器 $\hat{m}_1$ 表征，而最终产品的产量可以用虚拟机器 $\hat{m}_0^{\mathrm{u}}$ 表征。

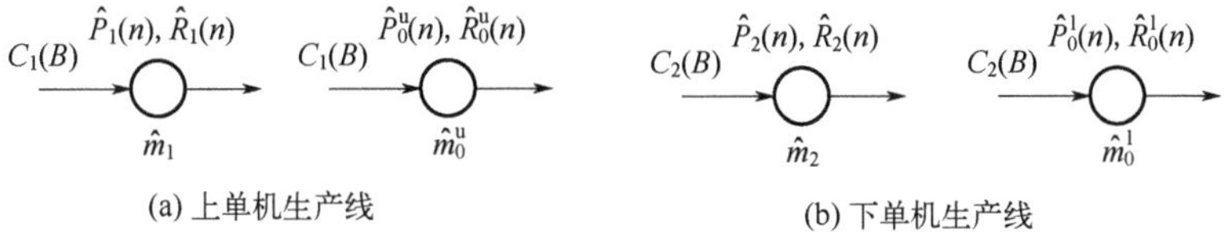


图 4-21　单机辅助生产线

假设系统生产批次加工的零件数目是有限的，下面以如图 4-21（a）所示的单机上生产线 $(\hat{m}_0^{\mathrm{u}})$ 为例，对辅助单机生产线进行分析。由于单机生产系统没有缓冲区，在 $n$ 时刻的系统状态可以用机器在该时间间隙内的状态 $\hat{s}_0^{\mathrm{u}}(n) \in \{0=故障, 1=工作\}$ 与该时间间隙开始时已生产的产品数量 $\hat{f}_0(n) \in \{0,1,\cdots,B\}$ 联合表示，即系统状态为 $(\hat{s}_0^{\mathrm{u}}(n), \hat{f}_0(n))$ 的马尔可夫链来表征，且状态总数为 $2\times(B+1)$。此马尔可夫链的状态转移概率为

$$
\begin{aligned}
&\mathrm{Prob}\left[\hat{s}_0^{\mathrm{u}}(n+1)=0, \hat{f}_0(n+1)=a \mid \hat{s}_0^{\mathrm{u}}(n)=0, \hat{f}_0(n)=a\right]=1-\hat{R}_0^{\mathrm{u}}(n), \quad a=0,1,\cdots,B-1 \\
&\mathrm{Prob}\left[\hat{s}_0^{\mathrm{u}}(n+1)=1, \hat{f}_0(n+1)=a \mid \hat{s}_0^{\mathrm{u}}(n)=0, \hat{f}_0(n)=a\right]=\hat{R}_0^{\mathrm{u}}(n), \quad a=0,1,\cdots,B-1 \\
&\mathrm{Prob}\left[\hat{s}_0^{\mathrm{u}}(n+1)=0, \hat{f}_0(n+1)=a+1 \mid \hat{s}_0^{\mathrm{u}}(n)=1, \hat{f}_0(n)=a\right]=\hat{P}_0^{\mathrm{u}}(n), \quad a=0,1,\cdots,B-2 \\
&\mathrm{Prob}\left[\hat{s}_0^{\mathrm{u}}(n+1)=1, \hat{f}_0(n+1)=a+1 \mid \hat{s}_0^{\mathrm{u}}(n)=1, \hat{f}_0(n)=a\right]=1-\hat{P}_0^{\mathrm{u}}(n), \quad a=0,1,\cdots,B-2 \\
&\mathrm{Prob}\left[\hat{s}_0^{\mathrm{u}}(n+1)=1, \hat{f}_0(n+1)=B \mid \hat{s}_0^{\mathrm{u}}(n)=1, \hat{f}_0(n)=B-1\right]=1 \\
&\mathrm{Prob}\left[\hat{s}_0^{\mathrm{u}}(n+1)=1, \hat{f}_0(n+1)=B \mid \hat{s}_0^{\mathrm{u}}(n)=1, \hat{f}_0(n)=B\right]=1
\end{aligned}
\tag{4-51}
$$

系统其他状态间的转移概率均为零。显然，系统一个批次的完成时间 $CT$ 的分布与系统的状态有关，即

$$
P_{CT}(n)=P\left[\hat{s}_0^{\mathrm{u}}(n)=1, \hat{f}_0(n)=B-1\right] \tag{4-52}
$$

该马尔可夫链的所有状态可以根据下式进行编号排列：

$$
\left(\hat{s}_0^{\mathrm{u}}, \hat{f}_0\right)的状态序号=\hat{s}_0^{\mathrm{u}}\times B+\hat{f}_0+1 \tag{4-53}
$$

由于机器初始状态为故障状态或工作状态，系统的初始状态对应地也只会处

于状态 1 或者状态 $B$+1。用 $\boldsymbol{A}_1^{(0,\mathrm{u})}(n)$ 来表示马尔可夫链的转移概率矩阵，即

$$\boldsymbol{A}_1^{(0,\mathrm{u})}(n)=\begin{bmatrix}\boldsymbol{Q}^{(0,\mathrm{u})}(n) & \boldsymbol{0}_{2B,1}\\ \boldsymbol{H} & 1\end{bmatrix} \tag{4-54}$$

其中

$$\boldsymbol{Q}^{(0,\mathrm{u})}(n)=\begin{bmatrix}(1-\hat{R}_0^{\mathrm{u}}(n))\boldsymbol{I}_B & \hat{\boldsymbol{0}}_{1,B-1} & 0\\ & \hat{P}_0^{\mathrm{u}}(n)\boldsymbol{I}_{B-1} & \boldsymbol{0}_{B-1,1}\\ \hat{R}_0^{\mathrm{u}}(n)\boldsymbol{I}_B & \boldsymbol{0}_{1,B-1} & 0\\ & (1-\hat{P}_0^{\mathrm{u}}(n))\boldsymbol{I}_{B-1} & \boldsymbol{0}_{B-1,1}\end{bmatrix}$$

$$\boldsymbol{H}=\begin{bmatrix}0 & 0 & \cdots & 1\end{bmatrix} \tag{4-55}$$

式中，$\boldsymbol{I}_k$ 为 $k\times k$ 的单位矩阵；$\boldsymbol{0}_{k,l}$ 为 $k\times l$ 的零矩阵。

系统在有限量生产运行下的实时性能的计算过程如下：令 $\boldsymbol{z}^{(0,\mathrm{u})}(n)=\begin{bmatrix}z_1^{(0,\mathrm{u})}(n) & \cdots & z_L^{(0,\mathrm{u})}(n)\end{bmatrix}^{\mathrm{T}}$，其中，$z_i^{(0,\mathrm{u})}(n)$ 表示在时间间隙 $n$ 内系统在状态 $i$ 的概率，并且 $L=2B+1$，则 $\boldsymbol{z}^{(0,\mathrm{u})}(n)$ 的演化可以通过下面的线性方程给出：

$$\boldsymbol{z}^{(0,\mathrm{u})}(n+1)=\boldsymbol{A}_1^{(0,\mathrm{u})}(n)\boldsymbol{z}^{(0,\mathrm{u})}(n) \tag{4-56}$$

其中，初始状态为

$$\begin{gathered}z_1^{(0,\mathrm{u})}(0)=\begin{cases}1, & \hat{s}_0^{\mathrm{u}}(0)=0\\ 0, & \text{其他}\end{cases}\\ z_{B+1}^{(0,\mathrm{u})}(0)=\begin{cases}1, & \hat{s}_0^{\mathrm{u}}(0)=1\\ 0, & \text{其他}\end{cases}\\ z_i^{(0,\mathrm{u})}(0)=0,\quad \forall i\neq 1,B+1\end{gathered} \tag{4-57}$$

然后根据系统状态编号的排列，单机上生产线 $(\hat{m}_0^{\mathrm{u}})$ 的实时性能指标可计算如下：

$$\begin{aligned}PR^{(0,\mathrm{u})}(n)=CR^{(0,\mathrm{u})}(n)&=\mathrm{Prob}\left[\hat{m}_0^{\mathrm{u}}\text{工作,并且当前批次还未完成}\right]\\ &=\Big[\underbrace{0\cdots0}_{B\text{个}0}\ \underbrace{1\cdots1}_{B\text{个}1}\ 0\Big]\boldsymbol{z}^{(0,\mathrm{u})}(n)\end{aligned} \tag{4-58}$$

此外，当前批次的平均完成时间可以根据下式计算：

$$CT^{(0,\mathrm{u})}=\sum_{n=B}^{\infty}nz_{2B}^{(0,\mathrm{u})}(n) \tag{4-59}$$

式（4-59）可以近似为

$$CT^{(0,\mathrm{u})}\approx\sum_{n=B}^{D_0}nz_{2B}^{(0,\mathrm{u})}(n) \tag{4-60}$$

其中

$$1-\sum_{n=1}^{D_0} z_{2B}^{(0,\mathrm{u})}(n) < \epsilon \ll 1 \tag{4-61}$$

其余的单机生产线 $(\hat{m}_1),(\hat{m}_2),(\hat{m}_0^{\mathrm{l}})$ 可以用同样的方法分析。对于图 4-18 所示的原始装配系统的性能评估，前面介绍的基于马尔可夫链 $(h_1(n),h_2(n),f_0(n)$，$s_0(n),s_1(n),s_2(n))$ 的精确分析已经不再适用，因此采用基于分解的方法来分析系统暂态性能。首先将原始系统分解成 4 个具有有限原材料供应的双机单缓冲区生产线 $(m_1,b_1,m_0)$，$(m_2,b_2,m_0)$，$(m_1,b_1,m_0^{\mathrm{u}})$，$(m_2,b_2,m_0^{\mathrm{l}})$，和 4 个具有有限生产批次的单机生产线 $(\hat{m}_1)$，$(\hat{m}_2)$，$(\hat{m}_0^{\mathrm{u}})$，$(\hat{m}_0^{\mathrm{l}})$。其中，生产线 $(m_1,b_1,m_0)$，$(m_2,b_2,m_0)$ 的机器和缓冲区的参数与原始系统的时不变参数一致，并且其实时行为被用来计算生产线 $(m_1,b_1,m_0^{\mathrm{u}})$ 和 $(m_2,b_2,m_0^{\mathrm{l}})$ 中的虚拟机器 $m_0^{\mathrm{u}}$ 和 $m_0^{\mathrm{l}}$ 的时变参数。进而，利用 $(m_1,b_1,m_0^{\mathrm{u}})$和 $(m_2,b_2,m_0^{\mathrm{l}})$ 的暂态行为计算辅助单机生产线中虚拟机器 $\hat{m}_1$、$\hat{m}_2$、$\hat{m}_0^{\mathrm{u}}$ 以及 $\hat{m}_0^{\mathrm{l}}$ 的时变参数。最终，通过不断迭代计算子系统的实时行为，原始装配系统的暂态性能就可以用辅助单机器生产线来近似估计

$$\begin{aligned}\widehat{PR}(n) &= \Big[\underbrace{0\cdots0}_{B\text{个}0}\ \underbrace{1\cdots1}_{B\text{个}1}\ 0\Big]\boldsymbol{z}^{(0,u(l))}(n)\\ \widehat{CR}_i(n) &= \Big[\underbrace{0\cdots0}_{B\text{个}0}\ \underbrace{1\cdots1}_{B\text{个}1}\ 0\Big]\boldsymbol{z}^{(i,u(l))}(n),\quad i=1,2\end{aligned} \tag{4-62}$$

$$\begin{aligned}\hat{P}_{CT}(n) &= z_{2B}^{(0,u(l))}(n)\\ \widehat{CT} &= \sum_{n=B}^{\infty} n z_{2B}^{(0,u(l))}(n)\end{aligned} \tag{4-63}$$

同时，系统的在制品数量近似估计为

$$\begin{aligned}\widehat{WIP}_1(n) &= WIP_1^{\mathrm{u}}(n)\times\left(1-\sum_{i=B}^{n}\hat{P}_{CT}(i)\right)\\ \widehat{WIP}_2(n) &= WIP_1^{\mathrm{l}}(n)\times\left(1-\sum_{i=B}^{n}\hat{P}_{CT}(i)\right)\end{aligned} \tag{4-64}$$

**（2）近似方法精确度分析**

本书用数值实验的方式对所提出的暂态性能近似估计方法的准确性进行验证。用 MATLAB 软件编写仿真程序来对装配系统的性能指标的真实值进行估计。程序生成了 10000 条生产线，并对参数进行随机均匀选取：

$$R_i \in (0.05, 0.5),\quad e_i \in (0.6, 0.99) \tag{4-65}$$

即机器的平均停机时间从 2～20 的产品生产间隔时间随机选择，每个间隔时间的效率从 60%～90% 随机选择，参数选择范围主要是考虑到实际生产过程的典型生产情况。机器的故障概率则可以通过 $P_i = R_i(1/e_i - 1)$ 计算，而缓冲区的容量在如下范围随机选择：

$$N_i \in \left\{\left\lceil T_{\text{down},i} \right\rceil, \left\lceil T_{\text{down},i} \right\rceil + 1, \cdots, 5\left\lceil T_{\text{down},i} \right\rceil\right\} \tag{4-66}$$

对于每一条生产线进行 10000 次重复模拟实验，结果使得 $PR(n)$ 和 $CR_i(n)$ 在 95%的置信区间内均小于 0.005，$WIP_i(n)$ 以及 $CT$ 在 95% 的置信区间内分别小于 0.05 和 0.01。然后，我们用本节提出的基于分解的近似方法来评估每一条生产线的性能指标，并将其与基于蒙特卡洛仿真得到的结果做比较。两种方法的相对误差计算如下：

$$\begin{aligned}
\delta_{PR} &= \frac{1}{T}\sum_{n=1}^{T}\frac{\left|\widehat{PR}(n) - PR_{\text{sim}}(n)\right|}{PR_{\text{ss}}} \times 100\% \\
\delta_{CR_i} &= \frac{1}{T}\sum_{n=1}^{T}\frac{\left|\widehat{CR}_i(n) - CR_{i,\text{sim}}(n)\right|}{PR_{\text{ss}}} \times 100\% \\
\delta_{WIP_i} &= \frac{1}{T}\sum_{n=1}^{T}\frac{\left|\widehat{WIP}(n) - WIP_i^{\text{sim}}(n)\right|}{N_i} \times 100\% \\
\delta_{CT} &= \frac{\left|\widehat{CT} - CT^{\text{sim}}\right|}{CT^{\text{sim}}} \times 100\%
\end{aligned} \tag{4-67}$$

式中，$PR_{\text{ss}}$ 是通过仿真得到的生产线的稳态生产效率；$T$ 是使得下式成立的时间常数：

$$\min\left\{\sum_{n=1}^{T}\hat{P}_{CT}(n), \sum_{n=1}^{T}P_{CT}^{\text{sim}}(n)\right\} \geqslant 0.999 \tag{4-68}$$

本书提出算法的近似误差结果表明，相对误差 $\delta_{PR}$、$\delta_{CR_i}$、$\delta_{WIP_i}$ 和 $\delta_{CT}$ 都明显小于1%。考虑到生产线中机器和缓冲区的实际参数精度一般在 5%~10%，我们认为这种近似方法可以为此类系统提供准确的性能评价。以具有图 4-22 所示参数的装配系统为例，对算法的准确性进行验证。其中，圆形代表机器，圆形上方的二元数对是机器的故障概率和修复概率；矩形代表缓冲区，矩形里的数值则是缓冲区的容量。

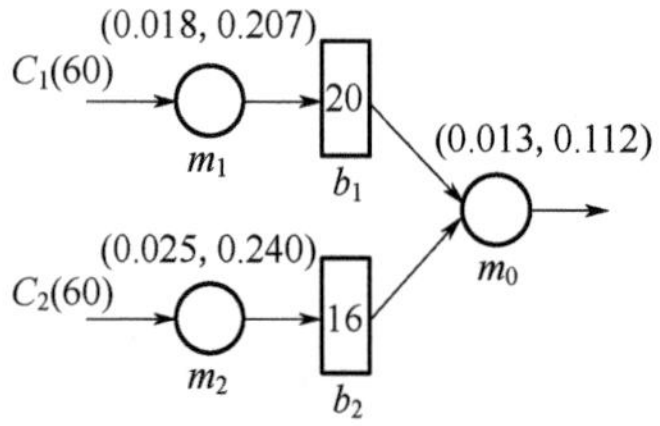


图 4-22　三台几何可靠性机器装配系统的数值实例

同样，这些参数的取值也是根据式（4-65）、式（4-66）随机产生的，并且假设系统所有缓冲区在 $n=0$ 时刻为空。首先需要注意的是，若采用精确解析的方法进行系统状态分析，根据式（4-41），系统的状态数量为 215208 个；若采用提出的基于分解的近似估计算法，经过分解后，只需要分析 8 个相对较小但相互影响的系统：两条双机上生产线，两条双机下生产线，两条上单机生产线，两条下单机生产线。8 个较小的马尔可夫链的总状态数为 504。

在保证精确度的基础上，相较精确分析，显而易见，基于分解的近似分析使系统状态数量有了极大的降低。与此同时，与蒙特卡洛仿真方法相比较，从计算时间的角度来看，使用 MATLAB 软件，在同一台配置为英特尔酷睿 i7-6700 的 CPU 和 16GB 的 RAM 的计算机上，基于蒙特卡洛仿真分析和基于分解的近似分析，所需要的运算时间分别为 314.4s 和 9.31s，近似算法在计算高效性上显示出极大优势。

基于分解的实时性能评估算法与模拟实验对比结果如图 4-23 所示。从图中可以看出，整个生产运行过程分为三个阶段。在第一阶段，产品开始进入空系统。在此期间，生产率、消耗率和在制品数量都从 0 上升到稳态值；在第二阶段，系统运行接近稳定状态，所有暂态性能指标都或多或少地处于平稳状态；在第三阶段，当生产运行接近完成时，所有性能指标开始下降，最终达到 0。基于该分解算法的高精度也可以从图中清晰看到。实验结果表明，本书提出的基于分解的系

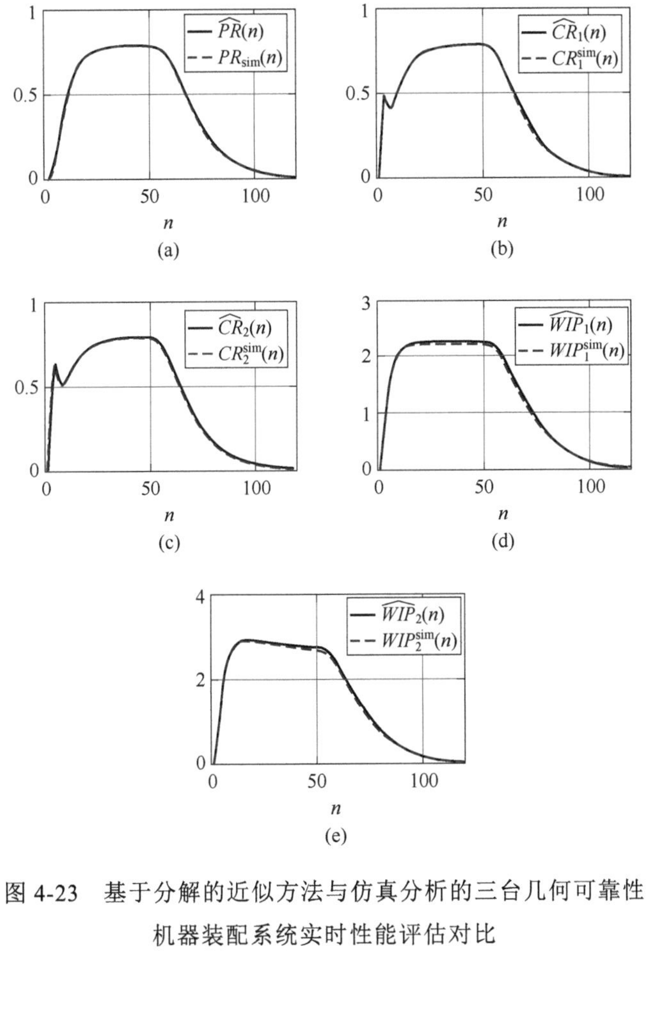


图 4-23　基于分解的近似方法与仿真分析的三台几何可靠性机器装配系统实时性能评估对比

统实时性能近似算法具有很高的精确度。需要注意的是，虽然精确的分析在这种小型装配系统中仍然可以被推导出来，然而随着系统参数的增长，精确分析也变得越来越不可能实现。同时，基于蒙特卡洛仿真的分析方法又非常低效和耗时。因此，基于分解思想的性能近似评估方法的计算高效性将在大型装配系统中体现出来。

## 4.4 复杂几何可靠性机器装配系统

为了分析如图 4-24 所示的大型装配系统，虽然理论上精确的分析方法仍然可以得到，系统状态的数目可能超出计算资源的处理能力。因此，本节将基于分解和聚合的思想扩展到零件生产线中具有多台机器的装配系统中，并讨论实时分析的问题。

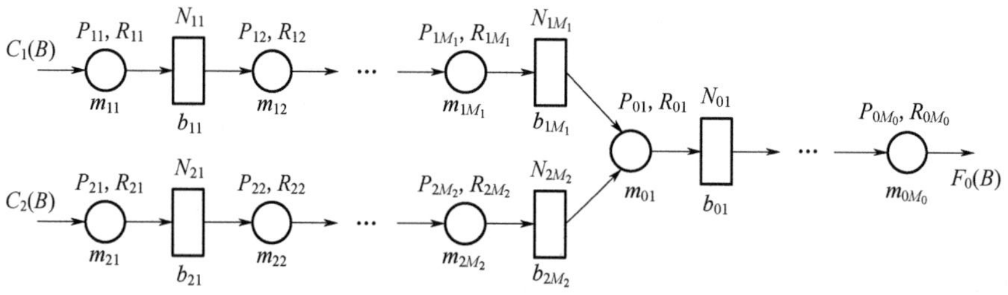

图 4-24 基于几何机器和有限缓冲区容量的大型装配系统

**（1）分解和聚合分析**

前面已经详细介绍了基于分解和聚合的分析方法，为了避免冗余，本节只给出核心思想。具体地说，辅助系统/生产线再次被用来分析这些系统。先引入辅助装配系统（图 4-25），该装配系统具有所有原始机器和缓冲器参数，但假定原材料是无限的。

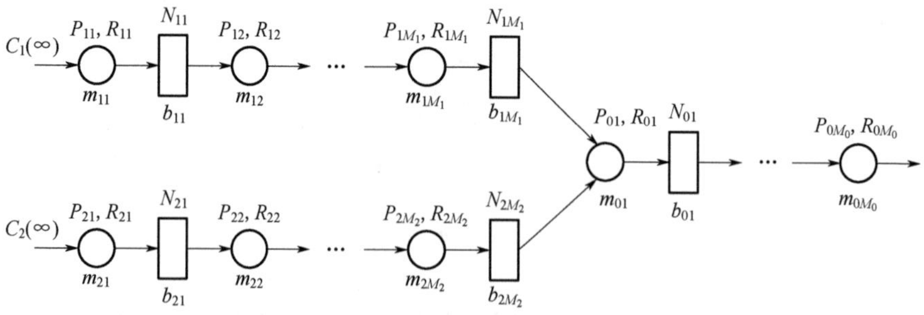

图 4-25 辅助装配系统

为了研究辅助装配系统的实时性能，还需要引入辅助多机串行线（图 4-26）。上生产线是通过把原始系统的整个零件生产线 2 移除得到的。由于这种修改，辅助装配系统中的装配机器 $m_{01}$ 被一台具有时变参数 $P_{01}^{\mathrm{u}}(n)$，$R_{01}^{\mathrm{u}}(n)$ 的虚拟机器 $m_{01}^{\mathrm{u}}$ 替代。类似地，下生产线是通过把原始系统的整个零件生产线 1 移除得到的。由于这种修改，辅助装配系统中的装配机器 $m_{01}$ 被一台具有时变参数 $P_{01}^{\mathrm{l}}(n)$，$R_{01}^{\mathrm{l}}(n)$ 的虚拟机器 $m_{01}^{\mathrm{l}}$ 替代。

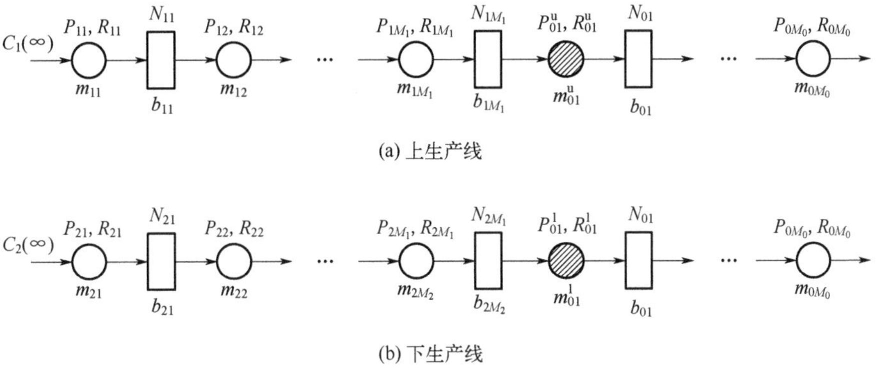

图 4-26　辅助多机串行线

为了分析辅助多机生产线，提出一种基于聚合的算法。聚合方法的思想是将具有几何可靠性模型的串行生产线[图 4-27（a）]表示为一组双机单缓冲线的简单生产系统[图 4-27（b）]。因此，我们将此应用于上下生产线，在每一个时间间隙 $n$ 中迭代计算 $P_{01}^{\mathrm{u}}(n)$、$R_{01}^{\mathrm{u}}(n)$ 和 $P_{01}^{\mathrm{l}}(n)$、$R_{01}^{\mathrm{l}}(n)$。

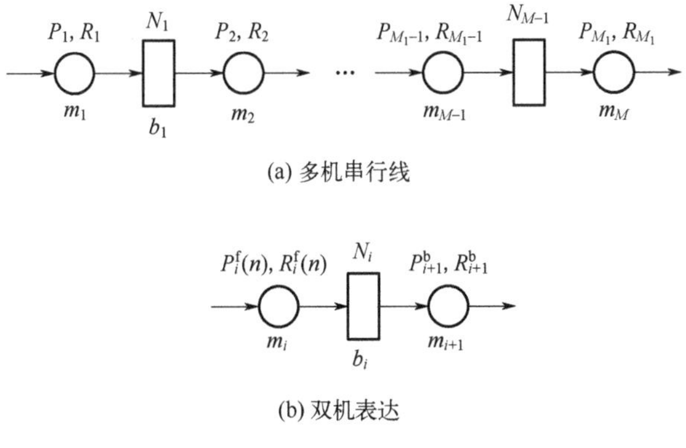

图 4-27　基于聚合的双机表达

最后，在每个双机器线单缓冲的系统中，引入具有有限原材料的辅助单机生产线（图 4-28）并且可以按照之前讨论的相同方式进行分析。

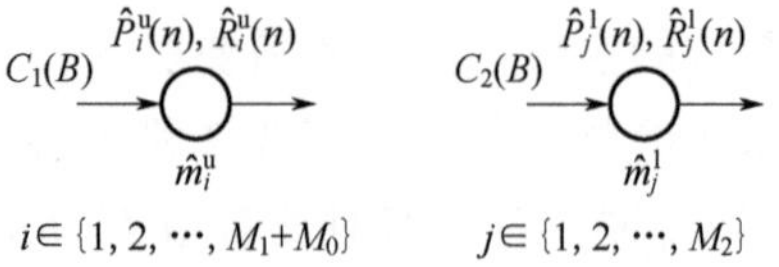


(a) 上单机生产线　　(b) 下单机生产线

图 4-28　辅助单机生产线

### （2）近似方法精确性

为了研究上述性能近似方法的精度，进行了数值实验。具体地，我们研究带有几何机器和有限缓冲器的装配系统。利用 MATLAB 编写了仿真程序，对性能指标的真实值进行了估计，生成了 10000 个装配系统，并且系统参数均随机且等概率地从如下集合和区间中选取：

$$M_i \in \{1,2,\cdots,10\},\quad R_{ij} \in (0.05,0.5),\quad e_{ij} \in (0.6,0.99) \tag{4-69}$$

因此，一台机器的平均故障时间约为 2～20 个机器加工周期，效率为 60%～99%。这些参数的范围可以表示工厂车间的典型生产情况。然后，可以根据以下关系计算出故障概率 $P_{ij} = R_{ij}(1/e_{ij} - 1)$。缓冲器的容量随机地从如下集合中选取：

$$N_{ij} \in \left\{\left\lceil T_{\mathrm{down},ij} \right\rceil, \left\lceil T_{\mathrm{down},ij} \right\rceil + 1, \cdots, 5\left\lceil T_{\mathrm{down},ij} \right\rceil\right\} \tag{4-70}$$

对每一个生成的装配系统，使用一个离散事件仿真程序来估计该系统的性能指标真实值。对于每一个系统，运行 10000 次仿真程序，使 $PR_{\mathrm{ss}}$ 和 $CR_{\mathrm{ss}}$95%的置信区间小于 0.00；$PR(n)$和 $CR_i(n)$95%的置信区间小于 0.005；$WIP_{ij}(n)$95%的置信区间小于 0.05；$ST_{ij}$、$BL_{ij}(n)$和 $CT_{ij}$ 的置信区间小于 0.01。此外，使用本节提出的基于分解和聚合的近似方法对每条线路的实时性能指标进行了评估，并将结果与仿真结果进行了比较。两种方法之间的相对误差计算如下：

$$\delta_{PR} = \frac{1}{T}\sum_{n=1}^{T} \frac{\left|\widehat{PR}(n) - PR_{\mathrm{sim}}(n)\right|}{PR_{\mathrm{ss}}} \times 100\%$$

$$\delta_{CR_i} = \frac{1}{T}\sum_{n=1}^{T} \frac{\left|\widehat{CR}_i(n) - CR_{i,\mathrm{sim}}(n)\right|}{CR_{\mathrm{ss}}} \times 100\%$$

$$\delta_{WIP} = \left[\sum_{i=1}^{M_0-1}\sum_{n=1}^{T} \frac{\left|WIP_{0i}(n) - \widehat{WIP}_{0i}(n)\right|}{N_{0i}} + \sum_{i=1}^{M_1}\sum_{n=1}^{T} \frac{\left|WIP_{1i}(n) - \widehat{WIP}_{1i}(n)\right|}{N_{1i}}\right.$$
$$\left. + \sum_{i=2}^{M_2}\sum_{n=1}^{T} \frac{\left|WIP_{2i}(n) - \widehat{WIP}_{2i}(n)\right|}{N_{2i}}\right] \Big/ (M_0 + M_1 + M_2 - 1) \times 100\% \tag{4-71}$$

$$\delta_{BL}=\left[\sum_{i=1}^{M_0-1}\sum_{n=1}^{T}\left|BL_{0i}(n)-\widehat{BL}_{0i}(n)\right|+\sum_{i=1}^{M_1}\sum_{n=1}^{T}\left|BL_{1i}(n)-\widehat{BL}_{1i}(n)\right|\right.$$

$$\left.+\sum_{i=2}^{M_2}\sum_{n=1}^{T}\left|BL_{2i}(n)-\widehat{BL}_{2i}(n)\right|\right]\bigg/(M_0+M_1+M_2-1)\times 100\%$$

$$\delta_{ST}=\left[\sum_{i=1}^{2}\sum_{n=1}^{T}\left|ST_{01,i}(n)-\widehat{ST}_{01,i}(n)\right|+\sum_{i=2}^{M_0}\sum_{n=1}^{T}\left|ST_{0i}(n)-\widehat{ST}_{0i}(n)\right|+\sum_{i=2}^{M_1}\sum_{n=1}^{T}\left|ST_{1i}(n)-\widehat{ST}_{1i}(n)\right|\right.$$

$$\left.+\sum_{i=2}^{M_2}\sum_{n=1}^{T}\left|ST_{2i}(n)-\widehat{ST}_{2i}(n)\right|\right]\bigg/(M_0+M_1+M_2-1)\times 100\%$$

$$\delta_{CT}=\frac{1}{M_1+M_2+M_0}\left[\sum_{i=1}^{M_0}\frac{\left|\widehat{CT}_{0i}-CT_{0i}^{\text{sim}}\right|}{CT_{0i}^{\text{sim}}}+\sum_{i=1}^{M_1}\frac{\left|\widehat{CT}_{1i}-CT_{1i}^{\text{sim}}\right|}{CT_{1i}^{\text{sim}}}+\sum_{i=1}^{M_2}\frac{\left|\widehat{CT}_{2i}-CT_{2i}^{\text{sim}}\right|}{CT_{2i}^{\text{sim}}}\right]\times 100\%$$

式中，$PR_{\text{ss}}$ 和 $CR_{\text{ss}}$ 分别是通过蒙特卡洛仿真得到的系统的稳态生产率和消耗率。$T$ 满足如下条件：

$$\min\left\{\sum_{n=1}^{T}\hat{P}_{CT_{0M_0}}(n),\sum_{n=1}^{T}P_{CT_{0M_0}}^{\text{sim}}(n)\right\}\geqslant 0.999 \tag{4-72}$$

$\delta_{PR}$、$\delta_{CR_i}$、$\delta_{WIP}$ 和 $\delta_{CT}$ 的中位数都在 1%～3%。在实际生产中，生产线的机器和缓冲器参数的准确度很少能超过 5%～10%，因此，所提出的近似方法可以为此类系统提供准确的性能评估。

作为一个例证，考虑如图 4-29 所示的一个装配系统。图中，每台机器 （圆形）上方的数字对表示其故障概率和修复概率，而每个缓冲区 （矩形）内的数字表示其容量。这些参数是根据前面介绍的方法随机生成的。在这个例子中，批次规模为 $B$=80。

系统的实时性能指标在图 4-30 中给出，其中“短”和“长”分别代表蒙特卡洛仿真中“100”和“10000”次重复所示的结果。从图 4-30（a）可以看出，仿真结果中包含的随机误差明显，特别是对于 $PR$、$CR$、$ST_{ij}$ 和 $BL_{ij}$。图 4-30（b）给出了我们增加仿真重复次数的结果。显然，所提出的基于分解和聚合的近似方法能够高精度地评估装配系统的实时性能指标。此外，每台机器对该批次产品的完成时间在表 4-6 中给出。注意，就计算时间而言，在一台具有英特尔酷睿 i7-6700 CPU，16GB RAM 的计算机上使用 MATLAB 需要 13.6s 和 665.7s 才能获得仿真结果，而该近似方法在同一台计算机上只需 261.8s。

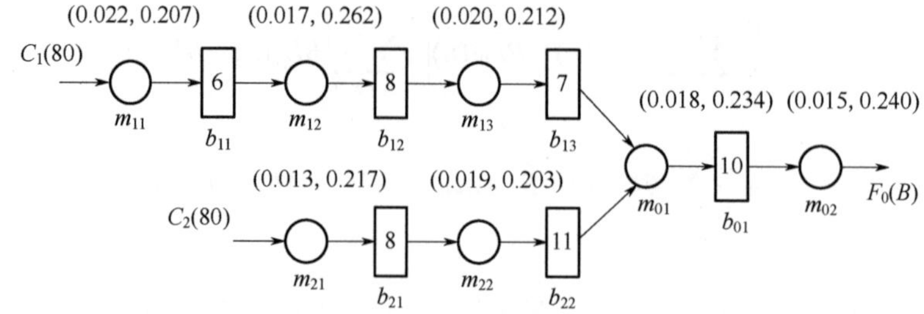


图 4-29 复杂几何机器装配系统有限量生产运行性能分析例证

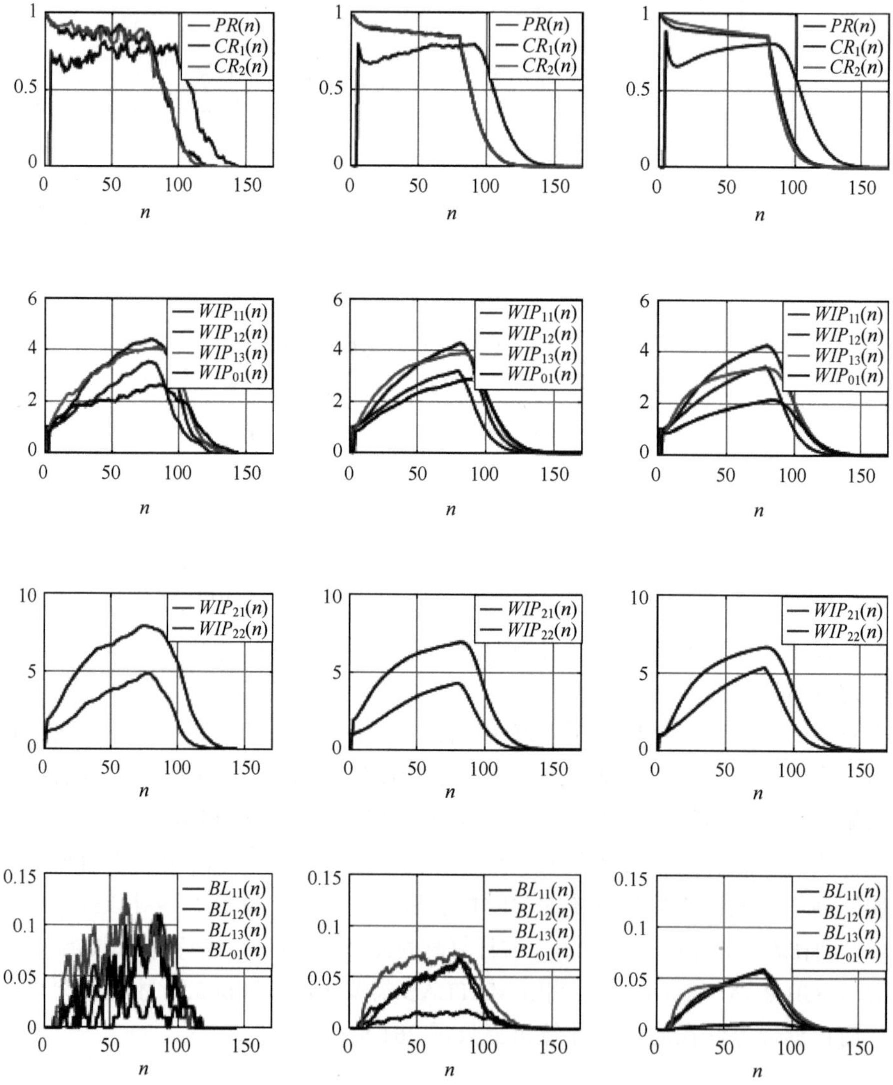

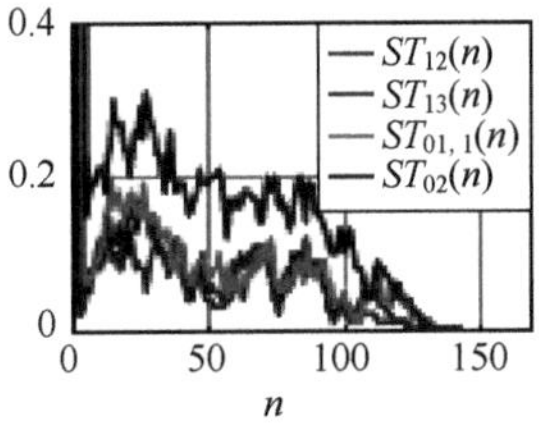

(a) 仿真(短)

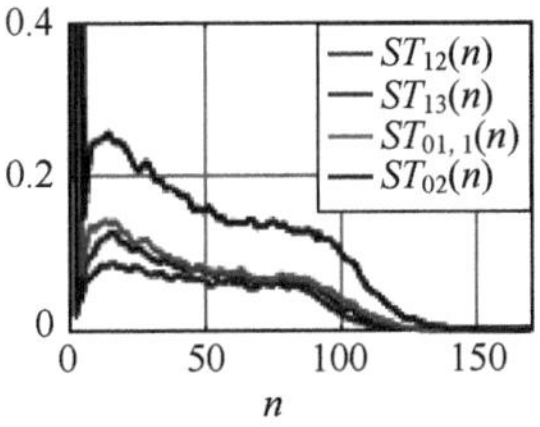

(b) 仿真(长)

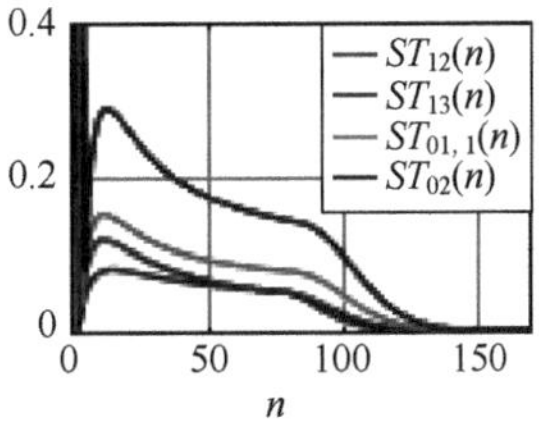

(c) 近似分析

图 4-30　基于近似分析方法和蒙特卡洛仿真分析的性能评估对比

**表 4-6　复杂几何机器装配系统有限量生产下每台机器的批次完成时间**　（单位：加工周期 $\tau$）

| 方法 | $CT_{11}$ | $CT_{12}$ | $CT_{13}$ | $CT_{21}$ | $CT_{22}$ | $CT_{01}$ | $CT_{02}$ |
|---|---|---|---|---|---|---|---|
| 仿真（短） | 93.1 | 97.4 | 102.5 | 94.2 | 99.4 | 107.4 | 111.5 |
| 仿真（长） | 92.7 | 96.7 | 102.1 | 92.8 | 98.3 | 107.1 | 110.8 |
| 近似分析 | 92.4 | 96.7 | 102.3 | 90.2 | 97.1 | 106.7 | 109.7 |

# 第 5 章

# 闭环系统的暂态性能分析

## 5.1 系统模型

在制造实践中，串行生产线和装配系统是两种最常见的生产系统结构。同时，在许多制造环境中，生产线还可以将零件从一个操作转移到另一个操作。此外，生产线还可能具有承载装置（如托盘、滑车等）。在这些情况下，工件的数量受系统中可用的承载装置数量的限制。因此，这些生产线相对于承载装置称为闭环生产线。

### 5.1.1 模型假设

考虑图 5-1 中闭环伯努利生产线，它由如下假设定义。

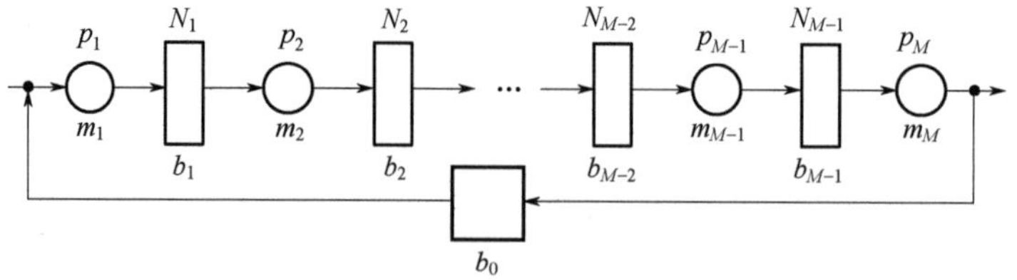


图 5-1　闭环伯努利生产线

① 有 $M$ 台机器（由圆形表示，$m_1 \sim m_M$），$M-1$个进程内缓冲区（由矩形表示，$b_1 \sim b_{M-1}$），以及一个运载装置返回缓冲区（由正方形表示，$b_0$）。

② 假定所有的机器都具有相同的加工周期 $\tau$。时间轴以加工周期 $\tau$ 为一段将时间轴分段。该加工周期 $\tau$ 也假定是恒定的。

③ 假定机器服从伯努利可靠性模型，即机器 $m_i$ 具有两种状态：以概率 $p_i$ 工作，以 $1-p_i$ 的概率故障。参数 $p_i$ 称为 $m_i$ 的效率。当机器在一个加工周期中工作并且既没有阻塞也没有饥饿时，加工一个工件。

④ 每个进程内缓冲区 $b_i$ 的容量为 $N_i$。容量为有限值，即 $0<N_i<\infty$。

⑤ 箭头表示工件或运载装置的流动方向。首先将原始零件装载到机器 $m_1$ 上，然后将成品工件在 $m_M$ 卸下，并将一个工件释放到容量为 $N_0$ 的空运载装置缓冲区 $b_0$ 中。运载装置总数为 $C$。

⑥ 在加工周期的开始，如果机器 $m_i$（$i=1,2,\cdots,M$）工作，并且其上游缓冲器 $b_{i-1}$ 为空，它将在这一加工周期饥饿。当 $b_0$ 为空时，$m_1$ 饥饿。

⑦ 在加工周期开始时，如果机器 $m_i$（$i=1,2,\cdots,M-1$）处于工作状态，其下游缓冲区 $b_i$ 为满，其下游机器 $m_{i+1}$ 没能提取一个工件，它将在该加工周期内被阻塞。如果 $b_0$ 为满并且 $m_1$ 没能提取工件，则机器 $m_M$ 被阻塞。

## 5.1.2　性能指标

针对闭环系统，所考虑的暂态性能指标包括：

① 生产率 $PR(n)$，为在加工周期 $n$+1 里，生产工件数量的期望。

② 消耗率 $CR(n)$，为 $m_1$ 在加工周期 $n$+1 里，消耗原材料数量的期望。

③ 在制品库存水平 $WIP_i(n)$，为在加工周期 $n$+1 开始时，缓冲区 $b_i$ 中工件数量的期望。

④ 机器饥饿率 $ST_i(n)$，为加工周期 $n$+1 里，机器 $m_i$ 饥饿的概率。

⑤ 机器阻塞率 $BL_i(n)$，为加工周期 $n$+1 里，机器 $m_i$ 阻塞的概率。

# 5.2　双机闭环生产系统

在本章模型的假设下，我们考虑一条双机闭环伯努利生产线（图 5-2）。

令 $h_1(n)$ 和 $h_0(n)$ 分别表示在加工周期 $n$ 结束时，在缓冲区 $b_1$ 和 $b_0$ 中的工件和空承载装置的数量。根据假设，可以得出如下结论：

$$h_1(n)+h_0(n)=C \tag{5-1}$$

式中，$C$ 是系统中承载装置的总数量。显然，该系统可以通过状态为 $h_1(n)$ 或 $h_0(n)$ 的马尔可夫链来表征。那么，不失一般性，在本节中使用 $h_1(n)$ 来表针系统状态。

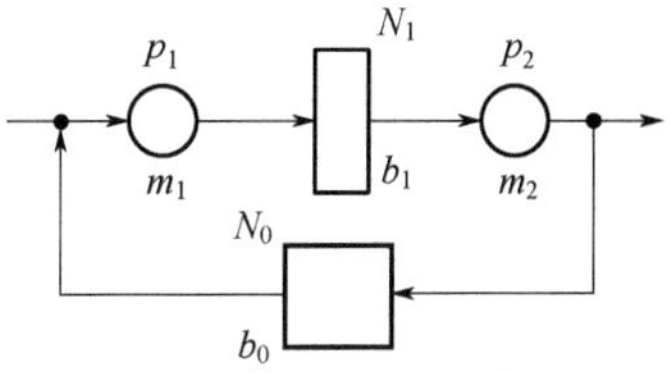

图 5-2　双机闭环生产线

根据本章给出的假设，根据缓冲区容量 $N_0$、

$N_1$ 和总承载装置数 $C$ 的相关关系，可以得到如图 5-3 所示的状态之间的转换图和转换概率。

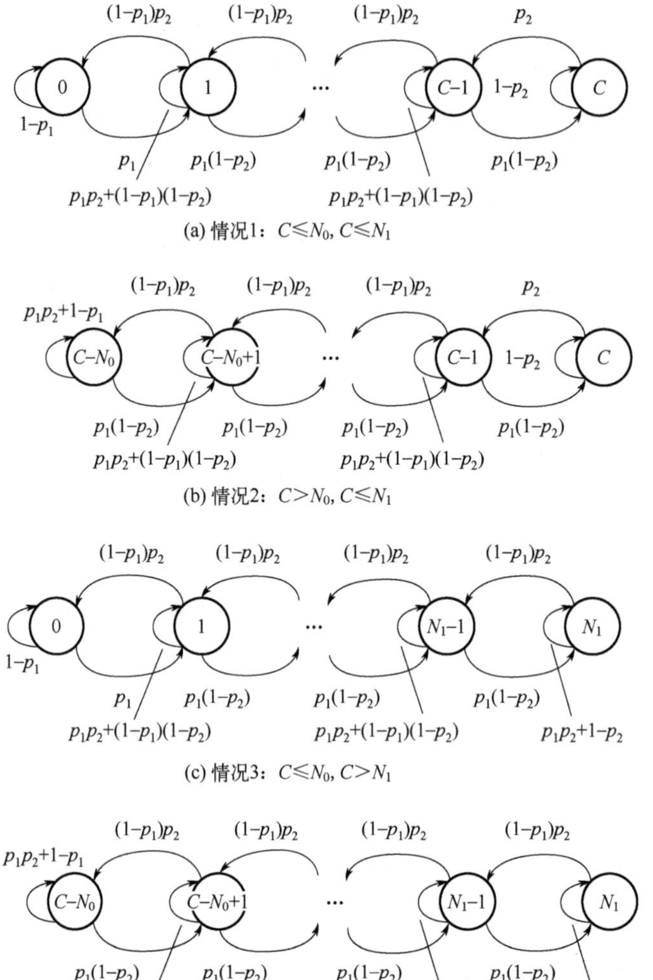


(a) 情况1：$C \leqslant N_0, C \leqslant N_1$

(b) 情况2：$C > N_0, C \leqslant N_1$

(c) 情况3：$C \leqslant N_0, C > N_1$

(d) 情况4：$C > N_0, C > N_1$

图 5-3　双机闭环伯努利生产线的状态转移图解

除了给出的转移概率，其余转移概率全为零。令 $\boldsymbol{x}(n)=[x_0(n)\ \ x_1(n)\ \ \cdots\ \ x_C(n)]^{\mathrm{T}}$，其中，$x_i(n)=P[h_1(n)=i]$ 表示系统状态的概率分布。$\boldsymbol{x}(n)$ 的演化如下：

$$\boldsymbol{x}(n+1)=\boldsymbol{A}_{2,k}^{cl}\boldsymbol{x}(n),\quad \sum_{i=0}^{C}x_i(n)=1,\quad k=1,2,3,4 \tag{5-2}$$

其初始条件为

$$x_i(0)=\begin{cases}1, & i=h_1(0)\\ 0, & \text{其他}\end{cases}$$

并且 $\boldsymbol{A}_{2,k}^{cl}$ 可以根据图 5-3 中情况 $k$ 的状态转换图来计算。

然后，不失一般性，可以统一所有情况下的实时性能指标的计算公式：

$$\begin{cases}PR(n)=\boldsymbol{V}_1\boldsymbol{x}(n), \quad CR(n)=\boldsymbol{V}_2\boldsymbol{x}(n), \quad WIP_1(n)=\boldsymbol{V}_3\boldsymbol{x}(n)\\ BL_i(n)=\boldsymbol{V}_{4,i}\boldsymbol{x}(n), \quad ST_i(n)=\boldsymbol{V}_{5,i}\boldsymbol{x}(n), \quad i=0,1\end{cases} \tag{5-3}$$

其中

$$\boldsymbol{V}_1=\begin{bmatrix}0 & p_2\mathbf{J}_{1,C}\end{bmatrix}, \quad \boldsymbol{V}_2=\begin{bmatrix}p_1\mathbf{J}_{1,C} & 0\end{bmatrix}, \quad \boldsymbol{V}_3=\begin{bmatrix}0 & 1 & \cdots & C\end{bmatrix}$$

$$\boldsymbol{V}_{4,1}=\begin{cases}\begin{bmatrix}0_{1,C+1}\end{bmatrix}, & \text{对于情况1和情况2}\\ \begin{bmatrix}0,0,\cdots,v_{4,1,N_1+1}=p_1(1-p_2),0,\cdots,0\end{bmatrix}, & \text{对于情况3和情况4}\end{cases}$$

$$\boldsymbol{V}_{4,2}=\begin{cases}\begin{bmatrix}\mathbf{0}_{1,C+1}\end{bmatrix}, & \text{对于情况1和情况3}\\ \begin{bmatrix}0,0,\cdots,v_{4,2,C-N_0+1}=p_2\left(1-p_1\right),0,\cdots,0\end{bmatrix}, & \text{对于情况2和情况4}\end{cases} \tag{5-4}$$

$$\boldsymbol{V}_{5,1}=\begin{bmatrix}\mathbf{0}_{1,C} & p_1\end{bmatrix}, \quad \boldsymbol{V}_{5,2}=\begin{bmatrix}p_2 & \mathbf{0}_{1,C}\end{bmatrix}$$

并且 $\mathbf{0}_{1,C+1}$ 和 $\mathbf{J}_{1,C}$ 分别表示 $1\times(C+1)$ 的全 0 矩阵和 $1\times C$ 的全 1 矩阵。此外，$WIP_0(n)+WIP_1(n)=C$。

考虑如图 5-1 所示的具有三台及以上机器的闭环伯努利生产线时，在前面使用马尔可夫方法对系统进行了分析。具体来说，令 $h_0(n)$ 和 $h_i(n)$（$i=1,\cdots,M-1$）表示在加工周期 $n$ 结束时，缓冲区 $b_0$ 和 $b_i$ 中的空承载装置和工件的数量。然后，根据本章假设推导了闭合伯努利生产线的动态，以及计算系统实时性能指标的公式。此外，还提出了减少状态数的程序来缓解系统状态数爆炸的问题。

# 5.3　多机闭环生产系统

## 5.3.1　近似分析

随着加工周期 $n$ 趋于无穷大，系统状态概率分布 $\boldsymbol{x}(n)$ 和实时性能指标均接近其稳态值。但在柔性制造中（如基于有限小批量生产），有时需要生产系统来制造少量的定制产品。在这种情况下，系统暂态过程可能是整个生产中不可忽略的一部分。因此，在这种情况下，系统的实时性能评估显然非常重要。

具体来说，假设系统执行有限小批量生产且 $C\leqslant\sum_{i=0}^{M-1}N_i$，其中 $\sum_{i=0}^{M-1}N_i$ 表示系统总缓冲区容量。需注意的是，若 $C=\sum_{i=0}^{M-1}N_i$ 且系统正在运行，当且仅当所有机器都在工作。这种情况对于分析的影响微不足道，因此在此省略。此外，如果 $C\leqslant N_0$，假设所有的承载装置最初都位于返回承载装置 $b_0$ 中。如果 $C>N_0$，假设 $N_0$ 个承载装置最初处于 $b_0$ 中。那么，系统运行后，一旦 $m_1$ 从 $b_0$ 中选出一个空的承载装置，其余的 $C-N_0$ 个承载装置就会被一一推入 $b_0$。最后，一旦完成了全部 $B$ 个产品的加工，机器 $m_i$ 将立即停止运行；如果 $m_i$ 完成了全部 $B$ 个工件的生产并停止运行，则承载装置将直接从 $m_M$ 处被移除。对于此类系统，显然获得生产的完成时间非常重要。因此，令 $CT_i$ 表示机器 $m_i$ 完成处理全部 $B$ 个工件所需的时间。它可以通过如下公式来计算：

$$P_{CT_i}(n)=\text{Prob}\left[CT_i=n\right],\quad CT_i=\sum_{n=0}^{\infty}nP_{CT_i} \tag{5-5}$$

**（1）情况 1（$C\leqslant N_0$）**

如果 $C\leqslant N_0$，则所有的承载装置最初都放置在承载装置缓冲区 $b_0$ 中。使用马尔可夫链来表征系统行为。马尔可夫链的状态包含缓冲区的占用量和每台机器完成工件的数量。需要注意的是，从计算资源的角度来看，目前的状态数可能超出了处理能力。因此，在之前的工作中，提出了一种基于分解的近似方法来评估系统实时性能。具体来说，通过引入两组辅助生产线（图 5-4），可以通过同时分析这两组辅助生产线来近似地分析原始闭环生产线的暂态性能，如生产率、消耗率、在制品等。

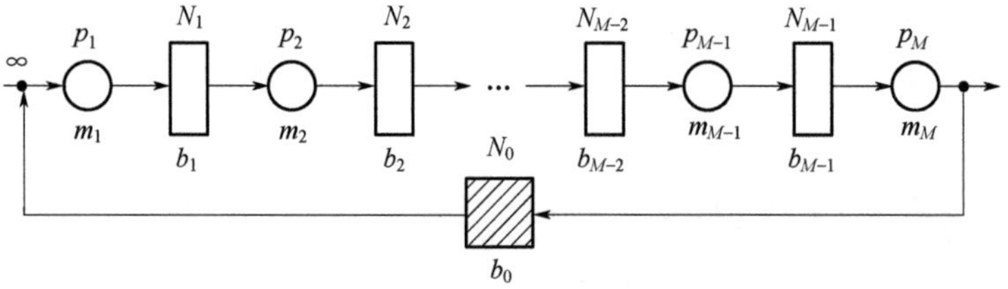


(a) 辅助多机生产线

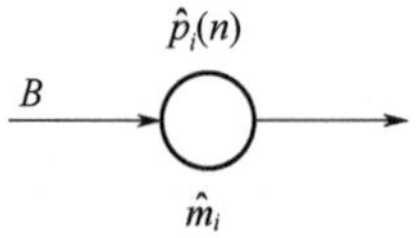


(b) 辅助单机生产线

图 5-4　用于性能评估的辅助生产线（情况 1）

**（2）情况 2（$N_0 < C < \sum_{i=0}^{M-1} N_i$）**

需要注意的是，在情况 1 中，机器 $m_M$ 永远不会被阻塞，$m_1$ 永远不会被承载装置缓冲区 $b_0$ 饥饿。显然，在实际生产中，承载装置的数量可能会超过承载装置缓冲区的容量。有时，在加工过程中，可能会向系统增加承载装置。因此，本书根据之前给出的假设，研究更为一般化和复杂化的情况。在这种情况下，系统的初始情况被设定为所有的缓冲区 $b_i\,(i=1,2,\cdots,M-1)$，承载装置缓冲区 $b_0$ 为满，并且 $C-N_0$ 个空承载装置未被推入系统。为了研究这种情况下的系统性能，首先引入了增广系统。具体来说，将一个容量为 $N_M = C-N_0$ 的辅助缓冲区 $b_M$ 和一个辅助的可靠机器 $m_{M+1}$（即机器效率 $p_{M+1}=1$）添加至原始系统中，如图 5-5 所示。

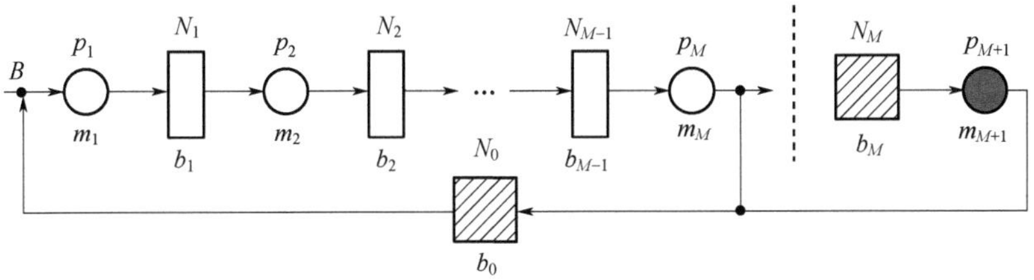


图 5-5　生产有限批量的闭环伯努利生产线

如图 5-5 所示，在系统初始时，假设 $N_0$ 个承载装置被放置在缓冲区 $b_0$ 中，其余的 $C-N_0$ 个承载装置都放置在辅助缓冲区 $b_M$ 中。增加辅助机器 $m_{M+1}$ 的作用是在 $b_M$ 为空之前，将空的承载装置从 $b_M$ 移动至 $b_0$。需要说明的是，如果在一个加工周期中，$m_M$ 正在加工从缓冲区 $b_{M-1}$ 取出的工件，并且在缓冲区 $b_M$ 为空之前，假定 $m_M$ 在从最终产品释放的承载装置到承载装置 $b_0$ 具有优先权。用这种增广系统模型来模拟原始系统生产过程。

引入辅助多机生产线，如图 5-6 所示。

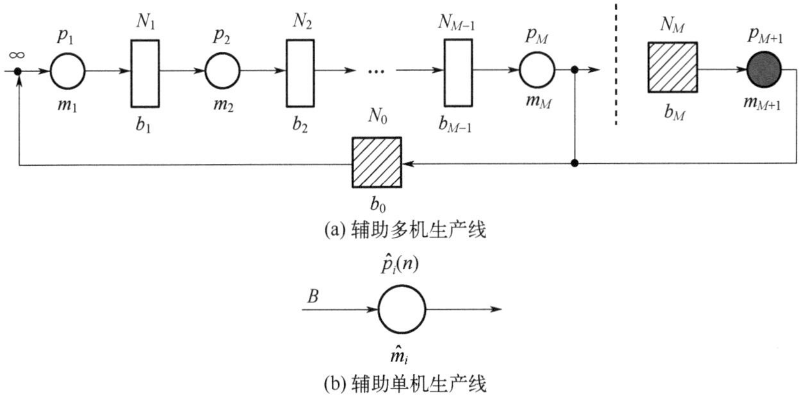


图 5-6　用于性能分析的辅助生产线（情况 2）

对于相应的由 $M+1$ 台机器组成的辅助生产线，其状态为

$$\boldsymbol{h}(n)=[h_0(n)\quad h_1(n)\quad h_2(n)\quad \cdots \quad h_M(n)]$$
$$h_i(n)\in\{0,1,\cdots,N_i\},\quad i=0,1,\cdots,M$$

这条辅助生产线的状态总数为 $L=\prod_{i=0}^{M}(N_i+1)$。按照表 5-1 所示的方法来编号所有的系统状态。

**表 5-1 增广系统状态的排序**

| 状态 | $h_0$ | $h_1$ | … | $h_{M-1}$ | $h_M$ |
|---|---|---|---|---|---|
| 1 | 0 | 0 | … | 0 | 0 |
| 2 | 0 | 0 | … | 0 | 1 |
| … | … | … | … | … | … |
| $N_{M-1}+1$ | 0 | 0 | … | 0 | $N_M$ |
| $N_{M-1}+2$ | 0 | 0 | … | 1 | 0 |
| $N_{M-1}+3$ | 0 | 0 | … | 1 | 1 |
| … | … | … | … | … | … |
| $L-1$ | $N_0$ | $N_1-1$ | … | $N_{M-1}$ | $N_M-1$ |
| $L$ | $N_0$ | $N_1$ | … | $N_{M-1}$ | $N_M$ |

然后，状态 $\boldsymbol{h}=[h_0\quad h_1\quad \cdots \quad h_M]$ 的编号可以通过如下公式计算：

$$\alpha'(\boldsymbol{h})=\sum_{i=0}^{M}h_i\xi'_{i+1}+1$$
$$\xi'_i=\begin{cases}\prod_{j=i}^{M}(N_j+1), & i=0,1,\cdots,M\\ 1, & i=M\end{cases} \tag{5-6}$$

同时，令 $\boldsymbol{Q}_{\alpha'}$ 表示与状态号 $\alpha'$ 相对应的缓冲区状态 $\boldsymbol{h}$。

辅助生产线的动态性能可以通过如下公式计算：

$$h'_M(n+1)=\begin{cases}h_M(n)-\gamma_{M+1}(n+1), & h_M(n)>0\\ 0, & h_M(n)=0\end{cases}$$
$$h'_{M-1}(n+1)=h_{M-1}(n)-\beta_M(n+1)\gamma_M(n+1)\times\min\{h_{M-1}(n),1\}$$
$$h'_i(n+1)=h_i(n)-\beta_{i+1}(n+1)\gamma_{i+1}(n+1)\times\min\{h_i(n),1\},\quad i=M-2,\cdots,1$$
$$h'_0(n+1)=h_0(n)-\beta_1(n+1)\gamma_1(n+1)\times\min\{h_0(n),1\} \tag{5-7}$$

$$h_M(n+1)=\begin{cases} h'_M(n+1)+\beta_M(n+1)\gamma_M(n+1)\times\min\{h_{M-1}(n),1\}, & h_M(n)>0 \\ 0, & h_M(n)=0 \end{cases}$$

$$h_i(n+1)=h'_i(n+1)+\beta_i(n+1)\gamma_i(n+1)\times\min\{h_{i-1}(n),1\},\quad i=1,2,\cdots,M-1$$

$$h_0(n+1)=\begin{cases} h'_0(n+1)+\gamma_{M+1}(n+1), & h_M(n)>0 \\ h'_0(n+1)+\beta_M(n+1)\gamma_M(n+1)\times\min\{h_{M-1}(n),1\}, & h_M(n)=0 \end{cases}$$

其中

$$\beta_i(n)\in\begin{cases} 1, & m_i\text{工作} \\ 0, & m_i\text{故障},\ i\in\{1,2,\cdots,M\} \end{cases},\quad \beta_{M+1}(n)=1$$

$$\gamma_i(n)=\begin{cases} 1, & N_i-h_i(n-1)>0 \\ 1, & N_i-h_i(n-1)=0, \beta_{i+1}(n)=1,\ \gamma_{i+1}(n)=1,\ i\in\{1,2,\cdots,M-1\} \\ 0, & \text{其他} \end{cases}$$

$$\gamma_M(n)=\begin{cases} 1, & h_M(n-1)>0, N_M-h_M(n-1)>0 \\ 1, & h_M(n-1)>0, N_M-h_M(n-1)=0,\ \gamma_{M+1}(n)=1 \\ 1, & h_M(n-1)=0, N_0-h_0(n-1)>0 \\ 1, & h_M(n-1)=0, N_0-h_0(n-1)=0,\ \beta_1(n)=1, \gamma_1(n)=1 \\ 0, & \text{其他} \end{cases}$$

$$\gamma_{M+1}(n)=\begin{cases} 1, & N_0-h_0(n-1)>0 \\ 1, & N_0-h_0(n-1)=0, \beta_1(n)=1, \gamma_1(n)=1 \\ 0, & \text{其他} \end{cases}$$

注意，并非表 5-1 中的所有状态都可以达到。实际上，任何可达状态都应满足 $\sum_{k=0}^{M-1}h_k=C$ 的条件。因此，按照表 5-2 中给出的程序建立新的状态空间可以仅考虑可达状态。需要说明的是，$\boldsymbol{R}_j$ 表示每个可达状态相对应的缓冲区状态。另外，$\tilde{L}$ 是可达状态的总数。

使用表 5-2 中的状态空间缩减程序后，总共获得了 $\tilde{L}$ 个可达状态。在所有可达的系统状态中，为了计算转移概率，令 $s_i(n)=0(\text{故障}),1(\text{启动})$，表示机器 $m_i$ 的状态。然后，在此加工周期内，系统特定机器状态组合的概率为

$$P\left[s_1(n)=\zeta_1,\cdots,s_{M+1}(n)=\zeta_{M+1}\right]=\prod_{i=1}^{M+1}p_i^{\zeta_i}(1-p_i)^{1-\zeta_i},\quad \zeta_i\in\{0,1\} \tag{5-8}$$

对于每个可达状态 $i(i=1,2,\cdots,\tilde{L})$，因为机器状态的总共 $2^{M+1}$ 种组合，所以枚举了机器状态的所有组合，并使用公式确定了相应的结果状态。然后，机器状态组合的概率导致相同的结果状态 $j(j=1,2,\cdots,\tilde{L})$ 求和，得到从状态 $i$ 到状态 $j$ 的转移概率。

**表 5-2 状态空间缩减程序**

```
start
  Let j = 1
  for i = 1:S
```

$$\text{if } \sum_{k=0}^{M-1} Q_{i,k} = C$$

$$R_j = Q_i$$

```
j++;
    end
  end
  Let S̃ = j
end
```

然后用向量 $\tilde{\boldsymbol{x}}(n)=[\tilde{x}_1(n) \quad \cdots \quad \tilde{x}_{\tilde{L}}(n)]^{\mathrm{T}}$ 和矩阵 $\tilde{\boldsymbol{A}}_{M+1}^{cl}$ 分别表示系统的状态概率分布和转移概率矩阵。可以得到

$$\tilde{\boldsymbol{x}}(n+1)=\tilde{\boldsymbol{A}}_{M+1}^{cl}\tilde{\boldsymbol{x}}(n) \tag{5-9}$$

其中，$\boldsymbol{R}_j(0)=\begin{bmatrix}N_0 & 0 & \cdots & 0 & C-N_0\end{bmatrix}$表示初始缓冲区中的工件数量，即 $b_0$ 中有 $N_0$ 个承载装置，$b_M$ 中有 $C-N_0$ 个承载装置。实时性能指标，例如，辅助生产线的生产率 $PR^{M+1}(n)$、每台机器的阻塞率 $BL_i^{M+1}(n)$ 和饥饿率 $ST_i^{M+1}(n)$ 可以根据系统状态的演化来计算。

然后，构建生产规模为 $B$ 的辅助单机生产线，如图 5-6（b）所示，并且其机器的效率存在如下关系：

$$\hat{p}_i(n)=p_i-BL_i^{M+1}(n)-ST_i^{M+1}(n)+BL_i^{M+1}(n)ST_i^{M+1}(n) \tag{5-10}$$

式中，$BL_i^{M+1}(n)$ 和 $ST_i^{M+1}(n)$ 可以通过辅助多机生产线计算。

需注意的是，每条辅助单机生产线均使用马尔可夫链来表征，其状态为该机器完成的工件数量。因此，令 $\tilde{x}_{f,j}^{(i)}(n)$ 表示在加工周期 $n$ 结束时，机器 $\hat{m}_i$ 最终生产 $j$ 个零件的概率。然后，有下式成立：

$$\tilde{\boldsymbol{x}}_f^{(i)}(n+1)=\tilde{\boldsymbol{A}}_f^{(i)}(n)\tilde{\boldsymbol{x}}_f^{(i)}(n) \tag{5-11}$$

其初始条件为

$$\tilde{\boldsymbol{x}}_f^{(i)}(0)=\begin{bmatrix}1 & 0 & \cdots & 0 & 0\end{bmatrix}^{\mathrm{T}}$$

此外，$\tilde{\boldsymbol{A}}_f^{(i)}(n)$ 为时变的，可以通过下式计算：

$$\tilde{\boldsymbol{A}}_f^{(i)}(n)=\begin{bmatrix}1-\hat{p}_i(n) & & & & \\ \hat{p}_i(n) & 1-\hat{p}_i(n) & & & \\ & \hat{p}_i(n) & \ddots & & \\ & & \ddots & 1-\hat{p}_i(n) & \\ & & & \hat{p}_i(n) & 1\end{bmatrix} \tag{5-12}$$

式中，$\hat{p}_i(n)$ 可以通过式（5-10）计算。

最后，原始闭环生产线的性能指标可以通过下式计算：

$$
\begin{aligned}
\widehat{PR}(n) &= \boldsymbol{V}_1^E \tilde{\boldsymbol{x}}(n)\left[1-\tilde{x}_{f,B}^{(M)}(n-1)\right] \\
\widehat{CR}(n) &= \boldsymbol{V}_2^E \tilde{\boldsymbol{x}}(n)\left[1-\tilde{x}_{f,B}^{(1)}(n-1)\right] \\
\widehat{WIP}_i(n) &= \boldsymbol{V}_{3,i}^E \tilde{\boldsymbol{x}}(n)\left[1-\tilde{x}_{f,B}^{(i+1)}(n-1)\right],\quad i=0,1,\cdots,M-1 \\
\widehat{BL}_i(n) &= \boldsymbol{V}_{4,i}^E \tilde{\boldsymbol{x}}(n)\left[1-\tilde{x}_{f,B}^{(i)}(n-1)\right] \\
\widehat{ST}_i(n) &= \boldsymbol{V}_{5,i}^E \tilde{\boldsymbol{x}}(n)\left[1-\tilde{x}_{f,B}^{(i)}(n-1)\right],\quad i=1,2,\cdots,M \\
\hat{P}_{CT_i}(n) &= \left[\boldsymbol{0}_{1,B-1}\quad \hat{p}_i(n)\quad 0\right]\tilde{\boldsymbol{x}}_f^{(i)}(n-1) \\
\widehat{CT}_i &= \sum_{n=1}^{\infty} n\hat{P}_{CT_i}(n),\quad i=1,2,\cdots,M
\end{aligned}
\tag{5-13}
$$

其中

$$
\begin{aligned}
&\boldsymbol{V}_1^E = \left[v_{1,1}^E\quad v_{1,2}^E\quad \cdots\quad v_{1,\tilde{L}}^E\right],\quad \boldsymbol{V}_2^E = \left[v_{2,1}^E\quad \cdots\quad v_{2,\tilde{L}}^E\right] \\
&\boldsymbol{V}_{4,M}^E = \left[v_{4,M,1}^E\quad v_{4,M,2}^E\quad \cdots\quad v_{4,M,\tilde{L}}^E\right] \\
&\boldsymbol{V}_{3,i}^E = \left[R_{1,i}\quad R_{2,i}\quad \cdots\quad R_{\tilde{L},i}\right],\quad i=0,1,\cdots,M-1 \\
&\boldsymbol{V}_{4,i}^E = \left[v_{4,i,1}^E\quad v_{4,i,2}^E\quad \cdots\quad v_{4,i,\tilde{L}}^E\right],\quad i=1,2,\cdots,M-1 \\
&\boldsymbol{V}_{5,i}^E = \left[v_{5,i,1}^E\quad v_{5,i,2}^E\quad \cdots\quad v_{5,i,\tilde{L}}^E\right],\quad i=1,2,\cdots,M
\end{aligned}
$$

其中，$R_{j,i}$ 为 $\boldsymbol{R}_j$ 的第 $i$ 个元素。

$$
v_{1,j}^E = \begin{cases}
0, & R_{j,M-1}=0 \\
p_M \prod_{i=1}^{D_1+1} p_i, & R_{j,M-1}\neq 0, R_{j,M}=0,\ 且\ R_{j,0}=N_0, D_1<M-1 \\
\prod_{i=1}^{D_1+1} p_i, & R_{j,M-1}\neq 0, R_{j,M}=0,\ 且\ R_{j,0}=N_0, D_1=M-1 \\
p_M, & 其他
\end{cases}
$$

$$
v_{2,j}^E = \begin{cases}
0, & R_{j,0}=0 \\
\prod_{i=1}^{D_2+1} p_i, & R_{j,0}\neq 0\ 且\ R_{j,1}=N_1 \\
p_1, & 其他
\end{cases}
$$

$$v_{4,i,j}^{E}=\begin{cases}p_i\left(1-\prod\limits_{k=i+1}^{D_{3,i}+1}p_k\right), & R_{j,i}=N_i, D_{3,i}<M-1\\ p_i\left(\prod\limits_{k=i+1}^{M}p_k\right)_{D_{4,i}+1}\left(1-\prod\limits_{l=1}^{m}p_l\right), & R_{j,i}=N_i, D_{3,i}=M-1, D_{4,i}<i-2\\ 1-\prod\limits_{i=1}^{M}p_i, & R_{j,i}=N_i, D_{3,i}=M-1, D_{4,i}=i-2\\ 0, & \text{其他}\end{cases}$$

$$v_{4,M,j}^{E}=\begin{cases}1-p_M\prod\limits_{i=1}^{D_5+1}p_i, & R_{j,0}=N_0 \text{ 且 } R_{j,M}=0\text{，} D_5<M-1\\ 1-\prod\limits_{i=1}^{D_5+1}p_i, & R_{j,0}=N_0 \text{ 且 } R_{j,0}=N_0\text{，} D_5=M-1\\ 0, & \text{其他}\end{cases}$$

$$v_{5,i,j}^{E}=\begin{cases}p_i, & R_{j,i-1}=0\\ 0, & \text{其他}\end{cases}$$

$$D_1=\operatorname{argmax} u\left\{\sum_{i=0}^{u}R_{j,i}=\sum_{i=0}^{u}N_i\right\},\quad D_2=\operatorname{argmax} u\left\{\sum_{i=2}^{u}R_{j,i}=\sum_{i=2}^{u}N_i\right\}$$

$$D_{3,i}=\operatorname{argmax} u\left\{\sum_{k=i+1}^{u}R_{j,k}=\sum_{k=i+1}^{u}N_k\right\},\quad D_{4,i}=\operatorname{argmax} u\left\{\sum_{k=0}^{u}R_{j,k}=\sum_{k=0}^{u}N_k\right\}$$

$$D_5=\operatorname{argmax} u\left\{\sum_{i=0}^{u}R_{j,i}=\sum_{i=0}^{u}N_i\right\}$$

需注意，$D_1$、$D_{4,i}$、$D_5$ 代表最远的下游缓冲区，因此从 $b_0$ 到此的所有缓冲区都已满。$D_2$($D_{3,i}$)代表最远的下游缓冲区，因此从 $b_2$($b_{i+1}$)到此的所有缓冲区都已满。$\tilde{x}(n)$ 表示在辅助多机生产线中计算出的系统状态概率分布。

## 5.3.2 精度验证

对于所提出的性能近似方法，本节通过数值实验来调查算法精度。我们研究了当 $M=3,4,5,6$ 时算法的精度。系统的参数从如下集合中随机选取：

$$p_i\in(0.7,1),\quad i=1,2,\cdots,M$$
$$N_i\in\{2,3,4,5\},\quad i=0,1,\cdots,M-1$$

$$B \in \{20,21,\cdots,100\}, \quad C \in \left\{1,2,\cdots,\sum_{i=0}^{M-1} N_i - 1\right\} \tag{5-14}$$

每条生产线的性能近似值均根据所提出的方法计算得出。同时，使用 MATLAB 创建了一个用于比较的仿真程序。我们对生成的每一条生产线进行了 10000 次迭代仿真。结果对于 $PR_{\text{ss}}$ 和 $CR_{\text{ss}}$ 的 95%置信区间小于 0.001，对于 $PR(n)$ 和 $CR(n)$ 则小于 0.005，对于 $ST_i(n)$、$BL_i(n)$、$CT_i$ 则小于 0.01。为了评估所提出近似方法的准确性，我们根据式（5-15）计算每条线的平均近似误差。

$$\begin{aligned}
\delta_{PR} &= \frac{1}{T}\sum_{n=1}^{T}\frac{\left|\widehat{PR}(n) - PR_{\text{sim}}(n)\right|}{PR_{\text{ss}}} \times 100\% \\
\delta_{CR} &= \frac{1}{T}\sum_{n=1}^{T}\frac{\left|\widehat{CR}(n) - CR_{\text{sim}}(n)\right|}{PR_{\text{ss}}} \times 100\% \\
\delta_{WIP} &= \frac{\displaystyle\sum_{i=0}^{M-1}\sum_{n=1}^{T}\frac{\left|\widehat{WIP}_i(n) - WWP_i^{\text{sim}}(n)\right|}{N_i} \times 100\%}{MT} \\
\delta_{CT} &= \frac{1}{M}\sum_{n=1}^{M}\frac{\left|\widehat{CT}_i - CT_i^{\text{sim}}\right|}{CT_i^{\text{sim}}} \times 100\% \\
\delta_{ST} &= \frac{1}{MT}\sum_{i=1}^{M}\sum_{n=1}^{T}\left|\widehat{ST}_i(n) - ST_i^{\text{sim}}(n)\right| \\
\delta_{BL} &= \frac{1}{MT}\sum_{i=1}^{M}\sum_{n=1}^{T}\left|\widehat{BL}_i(n) - BL_i^{\text{sim}}(n)\right|
\end{aligned} \tag{5-15}$$

式中，$PR_{\text{ss}}$ 是稳态的生产率，$T$ 满足如下公式：

$$\min\left\{\sum_{n=1}^{T}\hat{P}_{CT_M}(n), \sum_{n=1}^{T}P_{CT_M}^{\text{sim}}(n)\right\} \geqslant 0.999 \tag{5-16}$$

如图 5-7 所示，将计算的结果总结为箱线图。应注意的是，机器和缓冲区参数的测量误差通常为 5%～10%。显然，结果表明该近似方法具有良好的精度。还应注意，当系统规模增加时，近似方法也存在状态爆炸问题。例如，假设 $M=7$，并且所有缓冲区的容量均为 $N_i=3$，承载装置的数量 $C=10$，生产规模 $B=50$。如果使用精确的马尔可夫分析法，则原始系统的最大状态数为 $\prod_{i=0}^{M-1}(N_i+1)\times(B+1)^M = 4^7\times 51^7$。通过使用本书提出的近似方法，我们引入了增广系统，并通过进一步引入一条辅助多机生产线和一组辅助单机生产线将系统解耦为两种小型系统。虽然在本例中，辅助多机生产线的状态数为 16384。即使应用状态空间减少程序以消除所有不可达状态，仍难以通过有限的计算资源来处理可达状态数。尽管目前提出的近似方法在分析较大规模的系统时仍存在一些局限性，但经过结构建模和简化后，仍可以在实际的生产系统中使用。例如，汽车装配厂的喷漆车间生产系统包括 11 个工序，包括对车身进行清洁、密封、喷漆和细化处理。系统中的作业由承载装置上的输送机运输。由于某些操作不会影响系统性能，因此可以省略。此外，还可以将其他一些操作合并为一个，并且可以一起考虑对系统性能的总体影响。因此，喷漆车间系统的简化结构模型仅包含 6 台处理机。

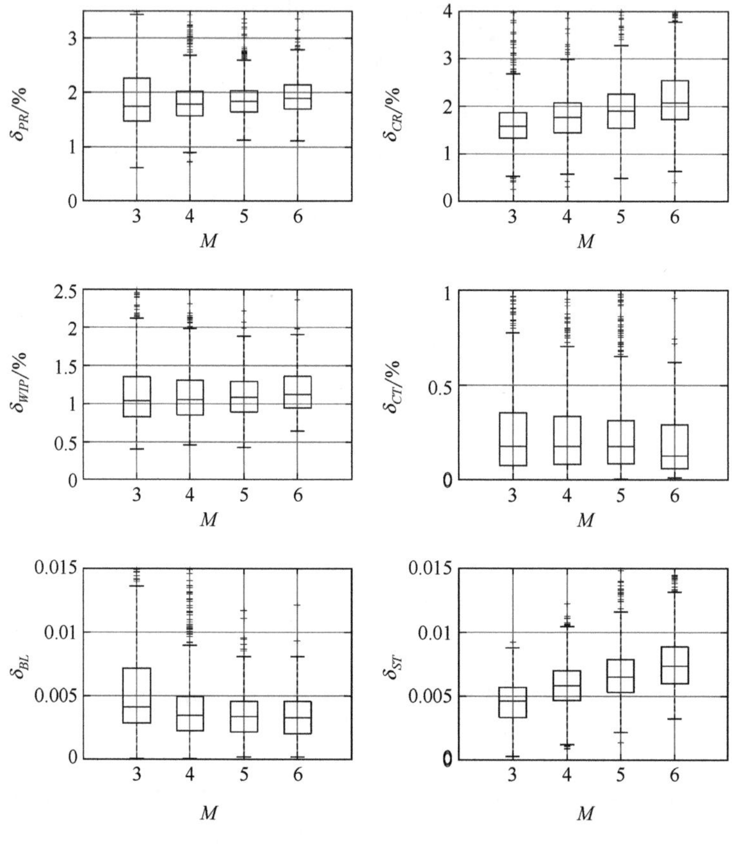


图 5-7　基于实验的近似误差

为了说明所提出方法的有效性，考虑图 5-8 所示的五条机器生产线，图中，机器上方和缓冲区中的数字分别是它们的效率和容量。同时，假设 $C=5$ 且 $B=80$。响应的增广系统如图 5-9 所示。使用仿真和所提出方法计算的实时性能分析的结果如图 5-10 所示。

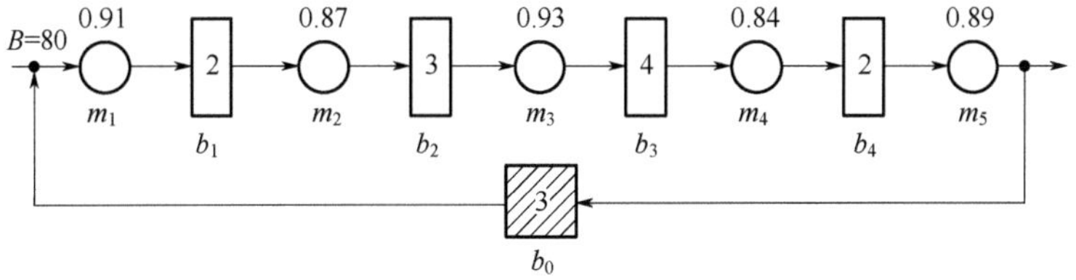


图 5-8　五机五承载装置的闭环伯努利生产线实例

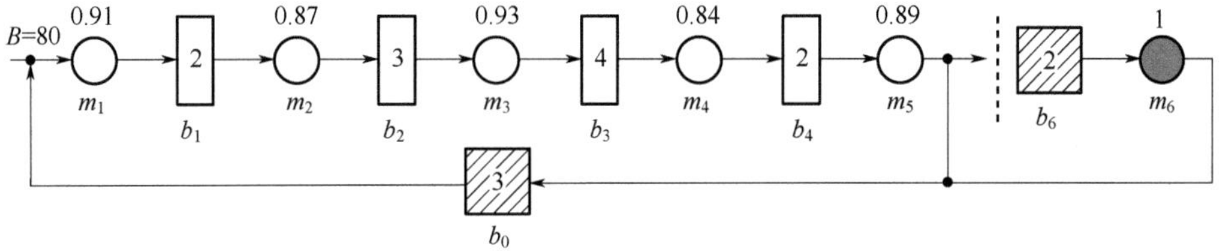


图 5-9　实例中的增广生产线

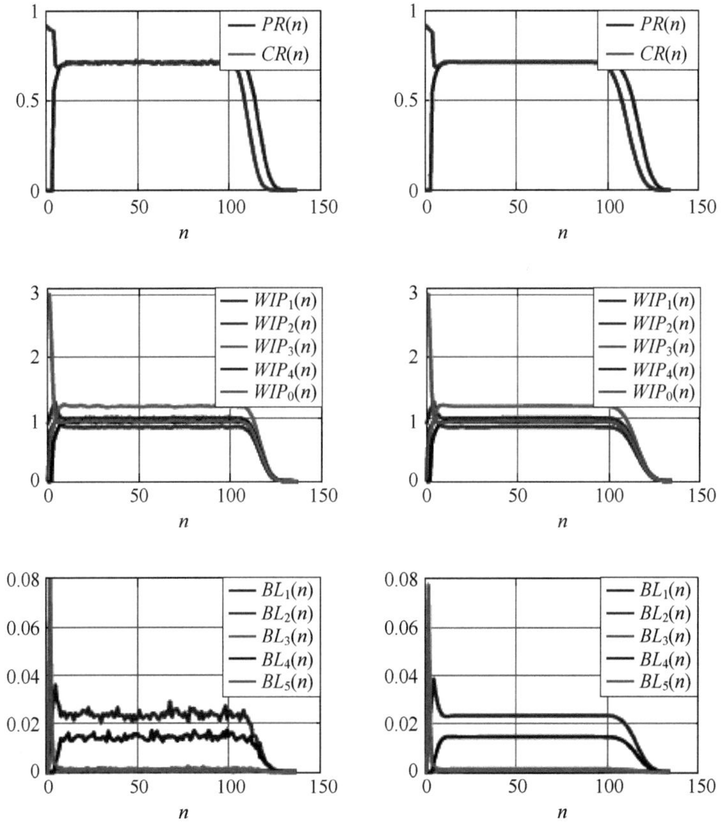


图 5-10

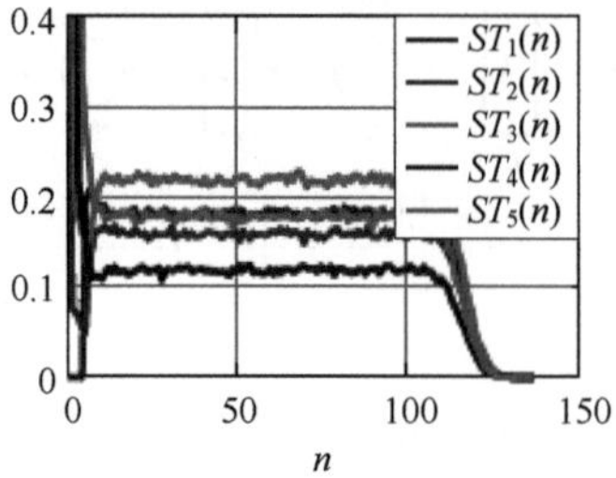

(a) 仿真分析

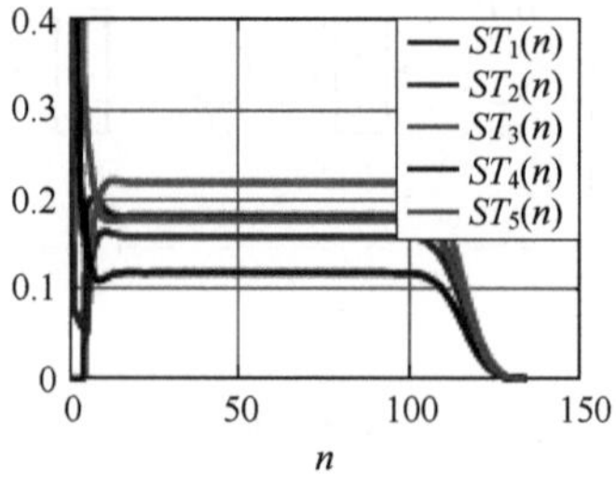

(b) 近似分析

图 5-10 五机闭环生产线的实时性能分析结果（见书后彩插）

尽管生产过程主要处于稳定状态，但从图中可以清楚地看到不可忽略的暂态过程。还可以看出，从仿真中获得的系统性能存在随机误差，尤其对于机器堵塞率和饥饿率。为了降低随机误差，可以增加仿真的迭代次数，但这将需要更多的计算资源。使用所提出的近似方法得到的结果没有随机误差，并且具有高精度和高效率。具体来说，在装有英特尔酷睿 i7-6700 CPU 和 16GB RAM 的计算机上使用 MATLAB 获得仿真结果需要 15.93s，而在同一台计算机上使用所提出的近似方法计算仅需 0.86s。表 5-3 给出了每台机器的生产运行完成时间。应该注意，完成时间也可以通过稳态生产率来估算。但这不适用于生产运行规模较小的情况，换句话说，不适用于暂态过程不可忽略的情况。因此，与仿真结果相比，可以通过所提出的近似方法获得机器的准确完成时间。

**表 5-3 机器的生产运行完成时间** （单位：加工周期 $\tau$）

| 方法 | $CT_1$ | $CT_2$ | $CT_3$ | $CT_4$ | $CT_5$ |
|---|---|---|---|---|---|
| 近似分析 | 111.3 | 112.4 | 113.4 | 115.3 | 116.2 |
| 仿真分析 | 111.3 | 112.7 | 113.9 | 115.6 | 116.9 |

# 5.4 闭环系统中的瓶颈识别

在实践中，基于瓶颈识别的持续改进非常重要。在稳态下，瓶颈被定义为最影响系统生产率的机器。具体来说，在伯努利闭环生产线的稳态分析中，在本章所述的模型假设下，如果满足下式：

$$\left|\frac{\partial PR_{ss}}{\partial p_i}\right| > \left|\frac{\partial PR_{ss}}{\partial p_j}\right|, \quad \forall j \neq i \tag{5-17}$$

则机器 $m_i$ 是伯努利闭环生产线的稳态生产率瓶颈（ssPRBN）机器。

对于生产有限小批量工件的系统，由于生产目标通常为尽快完成生产，之前的工作引入了对完成时间瓶颈机器的新定义。我们使用该定义并将其应用于闭环伯努利生产线上，其定义如下。

定义：根据本章所述的模型假设，如果满足以下不等式，则机器 $m_i$ 是闭环伯努利生产线的完成时间瓶颈（CTBN）机器：

$$\left|\frac{\partial CT_M}{\partial p_i}\right| > \left|\frac{\partial CT_M}{\partial p_j}\right|, \quad \forall j \neq i \tag{5-18}$$

为了研究 CTBN 的性质，本书进行了数值实验。根据之前所生成生产线的 ssPRBN 和 CTBN，可以通过将每台机器的效率提高 0.01 并分别使用所提出的方法来评估 $PR_{ss}$ 和 $CT_M$。导致最大 $CT_M$ 缩短的机器被标识为当前生产运行规模下生产线的 CTBN，而导致最大 $PR_{ss}$ 的机器被标识为 ssPRBN。另外，由于所提出的分析算法通常在中小型系统上的计算效率很高，因此本书使用蒙特卡洛仿真方法研究大型闭环生产线的瓶颈。这些大型系统中的 ssPRBN 和 CTBN 以类似的方式识别，即通过使用仿真方法逐个少量提高系统中每台机器的效率并评估所得的 $PR_{ss}$ 和 $CT_M$。表 5-4～表 5-6 给出了基于数值实验的结果。

根据串行生产线的研究结果，基于有限小批量生产的串行生产线中 CTBN 实际上是性能最差（即最低效率）的机器，或者是 ssPRBN（如果生产线比较短或者生产规模较小）。当生产运行规模较小且生产线相对较长时，其他机器也可能成为 CTBN。从表中可以看出，闭环生产线具有相似的结论。具体来说，在较小的闭环生产线中，系统中性能最差的机器很可能是 CTBN，但是当系统规模从表 5-4 所示的趋势增加时，此结论可能就不再适用了。如表 5-5 所示，当系统处于中等规模（$M=6$）并且生产规模较小（$B=20$）时，CTBN 和 ssPRBN 可能会有所不同。当系统规模进一步增加时，这种差异变得更加明显。注意，CTBN 实际上只是 ssPRBN 的百分比随着运行规模的增加而增加。显然，这是由于生产大规模的生产线通常在稳态下运行。表 5-6 进一步表明在中小型系统中，CTBN 既不是最差的机器，也不可能是 ssPRBN，并且当系统规模较大且生产运行规模较小时，该百分比甚至可能超过 40%。

表 5-4　CTBN 是最差（效率最低）机器的概率

| $M$ | $B=20$ | $B=40$ | $B=60$ | $B=80$ | $B=100$ |
|---|---|---|---|---|---|
| $M=3$ | 88.0% | 89.8% | 90.4% | 91.6% | 92.0% |
| $M=4$ | 84.2% | 86.4% | 89.6% | 89.8% | 90.0% |
| $M=5$ | 75.6% | 80.8% | 84.8% | 86.0% | 86.6% |

续表

| $M$ | $B=20$ | $B=40$ | $B=60$ | $B=80$ | $B=100$ |
|---|---|---|---|---|---|
| $M=6$ | 71.2% | 76.0% | 80.4% | 81.7% | 84.3% |
| $M=10$ | 62.3% | 68.1% | 72.9% | 76.0% | 77.4% |
| $M=15$ | 54.1% | 58.6% | 61.9% | 65.0% | 66.8% |
| $M=20$ | 43.6% | 50.5% | 55.1% | 61.3% | 63.9% |

**表 5-5　CTBN 是 ssPRBN 的概率**

| $M$ | $B=20$ | $B=40$ | $B=60$ | $B=80$ | $B=100$ |
|---|---|---|---|---|---|
| $M=3$ | 86.8% | 90.6% | 91.4% | 91.2% | 91.8% |
| $M=4$ | 83.0% | 87.6% | 90.2% | 90.4% | 91.0% |
| $M=5$ | 78.6% | 83.4% | 89.9% | 90.0% | 90.8% |
| $M=6$ | 76.3% | 80.3% | 87.6% | 89.1% | 90.4% |
| $M=10$ | 59.2% | 68.1% | 74.3% | 77.8% | 78.1% |
| $M=15$ | 45.0% | 58.1% | 68.6% | 69.8% | 70.3% |
| $M=20$ | 36.9% | 46.2% | 55.2% | 62.7% | 67.6% |

**表 5-6　CTBN 既不是最差机器也不是 ssPRBN 的概率**

| $M$ | $B=20$ | $B=40$ | $B=60$ | $B=80$ | $B=100$ |
|---|---|---|---|---|---|
| $M=3$ | 10.2% | 7.4% | 6.2% | 6.0% | 5.6% |
| $M=4$ | 13.3% | 10.0% | 7.5% | 7.3% | 6.2% |
| $M=5$ | 18.6% | 13.5% | 8.6% | 7.8% | 7.3% |
| $M=6$ | 20.6% | 16.4% | 8.7% | 8.1% | 8.0% |
| $M=10$ | 29.3% | 25.1% | 20.4% | 18.1% | 16.4% |
| $M=15$ | 41.3% | 34.2% | 28.6% | 21.4% | 18.8% |
| $M=20$ | 49.7% | 42.5% | 29.3% | 26.7% | 19.6% |

与开环生产线相比，闭环系统的性能，如完成时间 $CT_M$，随着机器效率 $p_i$（$i=1,2,\cdots,M$）的提升而严格单调递减，同时也随着缓冲区容量 $N_i\ (i=0,1,\cdots,M-1)$ 的增加而非严格单调递减。应注意的是，闭环生产线中的承载装置数量也会显著影响系统性能。在加工有限数量的产品时，系统稳态生产率 $PR_{ss}$ 和完成时间 $CT_M$ 都是承载装置数中的非单调凸面。同样，由于在闭环生产线中使用了承载装置，因此不同的承载装置数量也可能导致系统中具有相同生产运行规

模的 CTBN 不同。

例如，图 5-11 所示为一条具有 5 台机器的闭环伯努利生产线。其中，机器效率和缓冲区大小是随机生成的。在生产过程中，使用 5 个承载装置来运输系统中的零件。显然，最差的机器是 $m_1$，它也是系统稳态生产率瓶颈（ssPRBN）。尽管如此，完成时间瓶颈机器仍被确定为机器 $m_5$，它甚至在 5 台机器中具有中等的机器效率。如果生产运行规模增加到 $B=40$，即生产过程的稳态时间增加，则该系统的 CTBN 变为机器 $m_1$。还应注意，选择承载装置的数量会影响 CTBN 的识别。当 $B=20$ 时，如果承载装置的数量从 5 增加到 6，则 CTBN 被标识为 $m_1$ 而不是 $m_5$。此外，在此特定情况下，如果 $S\leqslant 5$ 并切换为 $m_1$，即 ssPRBN 以及 $S>5$ 时的最差机器，则系统的 CTBN 为 $m_5$。图 5-12 还给出了开环和闭环生产线基于瞬态的实时生产率。图 5-12（a）中，开环生产线表示系统不使用承载装置的运行情况。因此，这一生产线也没有承载装置缓冲器。从结果可以看出，该系统在整个生产过程中都处于瞬态运行状态。$PR(n)$ 不断增加，甚至在系统进入稳态之前就开始降低。另外，该生产任务的完成时间为 $38.3\tau$。从图 5-12（b）中，可以看出系统具有不可忽略的瞬态过程，并且最大实时生产率也小于 0.6。因此，此闭环生产线的生产运行完成时间为 $40.3\tau$，比开环生产线中的生产时间长。如果我们最初在系统中放置了 6 个承载装置，从图 5-12（c）中可以看出，与具有 5 个承载装置的情况相比，该系统的稳态生产率稍高，这也导致了其生产完成时间为 $38.9\tau$。因此，结果表明，与开环生产线相比，尽管闭环生产线中的生产运行规模较小时，CTBN 可能与 ssPRBN 不同，但是承载装置数量的选择也对系统性能产生了一些影响。因此，CTBN 也取决于特定的劳动力和缓冲区分配、生产运行规模和承载装置数量。

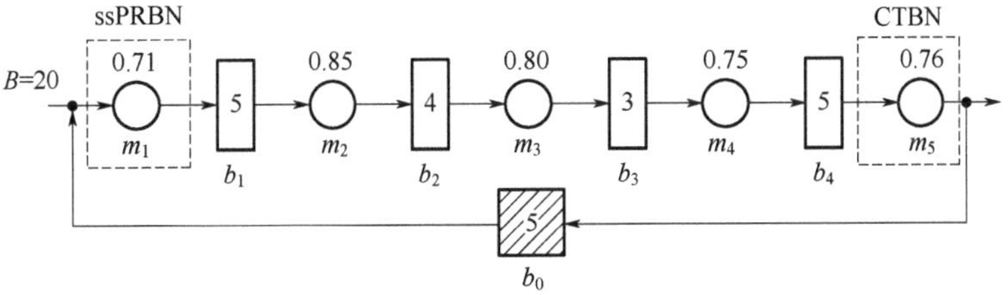


图 5-11　五机五承载装置的闭环伯努利生产线的完成时间瓶颈

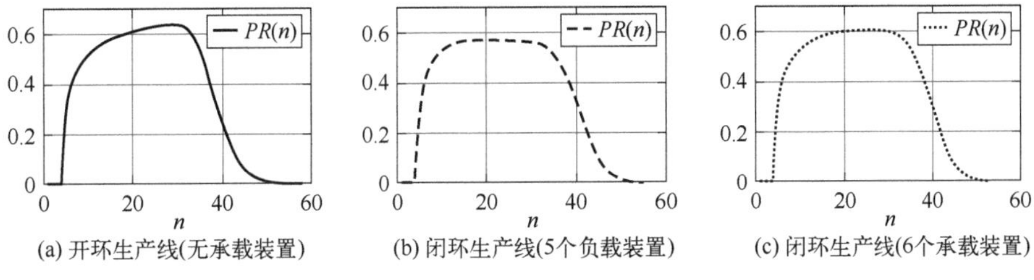


图 5-12　开环和闭环生产线基于瞬态的实时生产率

# 5.5 承载装置影响和控制

如上所述，在闭环生产线的稳态和瞬态过程中，生产率和生产的完成时间（相对于承载装置数量）都是非单调的。

无论对于系统的稳态还是暂态过程，适当的承载装置数量的选择对于闭环生产线都至关重要。另外，从实时生产控制的角度，如果可以在生产过程中增加额外的承载装置，或者去除多余的承载装置，那么系统的暂态性能对研究人员和从业人员都非常重要。因此，本节将利用 5.4 节得出的想法和结果，对带有承载装置控制的闭环生产线进行实时性能评估。

具体来说，除了本章介绍的假设之外，假设可以一次将一个承载装置添加到系统中，即如果在特定的加工周期 $n_c$ 开始时未满，则将其添加到空承载装置缓冲区 $b_0$ 上。如果在该加工周期内 $b_0$ 已满，则承载装置在 $n_c$ 后有空间时将被添加到 $b_0$ 中。同时，在生产期间，假定承载装置数被限制在 $N_0 \sim \sum_{i=1}^{M-1} N_i$ 之间，即前述情况 2。

在这种情况下，在添加承载装置之前，可以使用与前述完全相同的方式得出系统状态的演变以及实时性能指标。具体而言，分别使用 $\tilde{\boldsymbol{x}}(n)$ 和 $\boldsymbol{x}_f^{(i)}$ 表示辅助多机生产线[图 5-6（a）]和辅助单机生产线[图 5-6（b）]的状态概率分布。在加工周期 $n_c$ 的开始，假设一个承载装置将被添加到空承载装置缓冲器 $b_0$ 中。我们利用对其修改来模拟这一操作，即在加工周期 $n_c-1$ 开始时，在增广系统的虚拟缓冲区 $b_M$ 中添加一个额外的承载装置。由于虚拟机 $m_{M+1}$ 是完全可靠的（$p_{M+1}=1$），因此如果在加工周期 $n_c$ 的开端缓冲区未满，它将把承载装置移动到 $b_0$ 中。数学上，我们使用 $\tilde{\boldsymbol{x}}'$ 来表示加工周期后的状态概率分布。在将承载装置数量从 $C$ 更改为 $C'=C+1$ 的同时，将状态空间缩减过程（表 5-2）应用于表 5-1 所示的状态排序。然后获得 $\tilde{L}'$ 个可达状态，并让向量 $\tilde{\boldsymbol{R}}_j'$ 表示第 $j$ 个状态的缓冲区占用。从这一加工周期开始，可以使用表 5-7 中所示的程序获得状态概率分布 $\tilde{\boldsymbol{x}}'(n_c-1)$。

需注意，$r_{i,k}$ 和 $r_{j,k}'$ 分别表示向量 $\tilde{\boldsymbol{R}}_i$ 和 $\tilde{\boldsymbol{R}}_j'$ 的第 $k$ 个元素。同时，$\tilde{L}\times\tilde{L}$ 维的转移矩阵 $\tilde{\boldsymbol{A}}_{M+1}^{cl}$ 被根据相同的系统动态特性推导出的 $\tilde{L}'\times\tilde{L}'$ 维的转移矩阵 $\tilde{\boldsymbol{A}}_{M+1}'$ 替代。最后，从加工周期 $n_c$ 开始，即一个承载装置可以被添加到系统开始，根据新的系统状态概率分布 $\tilde{\boldsymbol{x}}'(n)(n=n_c-1,n_c,n_c+1,\cdots)$ 得出闭环生产线的实时性能指标。为避免冗余，本节中省略了用于计算性能指标的数学公式。

为了说明所提出方法的有效性，考虑一个实际的承载装置控制问题。假定使用图5-11五机五承载装置的闭环伯努利生产线的完成时间瓶颈中所给出的闭环伯努利生产线。为了适应由于紧急订单或其他不可预测情况导致的完成时间变化，在生产过程中每 10 个时间单位（$\tau$）设置一个决策点。在每个决策点，生产经理可以根据客户对完成时间的要求以及通过相关方法获得的预测来决定是否向系统中添加一个额外的承载装置，该预测是根据当前系统状态计算得出的。目的是选择最小承载装置数量 $C^*$，以使预测的完成时间满足实时生产（即，由于迫切需要而期望的更短的完成时间）的变化。

$$C^*(n) = \arg\min C\{CT_M^{\text{pre}}(n) \leqslant CT_M^{\text{req}}(n)\}$$

**表 5-7　状态概率分布映射程序**

```
start
  Let x̃'(n_c − 1) = 0_{L̃'×1}
    for i = 1 : L̃
      for j = 1 : L̃'
        if r_{j,k'} = r_{i,k},   k = 0,1,…,M − 1
        and r_{j,k'} = r_{i,k} + 1,   k = M
        then x̃_{j'}(n_c − 1) = x̃_i(n_c − 1)
        break
      end
    end
  end
end
```

假设已下达生产订单（$B = 80$），并且最初要求客户在 $150\tau$ 内完成生产订单。因此，如根据在决策点 $D_0$ 计算的结果，5 个承载装置足以按时完成生产任务。然而，假设根据客户需要，生产运行的完成时间需要缩短，并希望在生产线开始运行后 $130\tau$ 内完成。因此，在以下每个决策点，生产经理都需要决定是否向系统中添加一个额外的承载装置。实时性能（如生产率、在制品）、控制操作以及决策点的完成时间预测如图 5-13 和表 5-8 所示。

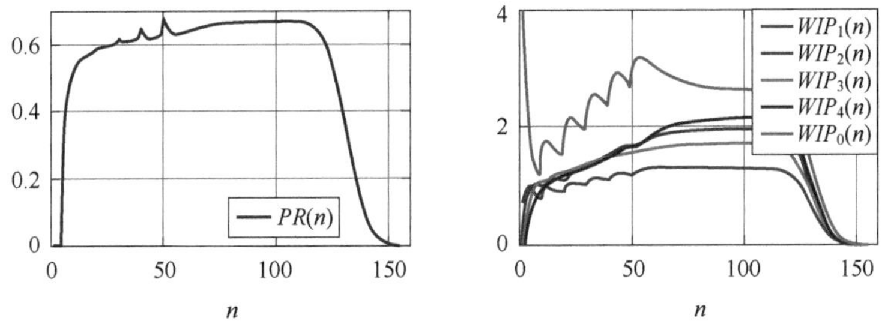


图 5-13　带有承载装置控制的实时生产率和在制品库存（见书后彩插）

表 5-8 在每个决策点的完成时间预测和决定的行动

| 参数 | $D_0$ | $D_1$ | $D_2$ | $D_3$ | $D_4$ | $D_5$ |
|---|---|---|---|---|---|---|
| 加工周期 $n$ | 0 | 10 | 20 | 30 | 40 | 50 |
| 完成时间要求 $CT_M^{\text{req}}(n)$ | 150 | 130 | 130 | 130 | 130 | 130 |
| 完成时间预测 | 146.4 | 138.6 | 134.5 | 132.2 | 131.1 | 130.0 |
| 是否增加承载装置 | — | 是 | 是 | 是 | 是 | 是 |
| 系统中承载装置的数量 | 5 | 6 | 7 | 8 | 9 | 10（$C^*$） |

显然，在每个决策点添加一个额外的承载装置后，系统生产率以及在制品都有短暂的超调和整体增长。另外，生产任务的完成时间也会减少，并且在生产控制的假设下，如果在第 5 决策点（$D_5$）满足生产任务的预期完成时间，并且如果顾客没有进一步的变化，则计算该期望的完成时间。但是，为了满足客户较短的完成时间要求，将承载装置不断添加到系统中是毫无意义的。由于完成时间是承载装置数量的单调凸函数，如果在增加一个承载装置后完成时间没有减少，则表明额外的承载装置不再导致完成时间缩短。更糟的是，它可能带来负面影响。因此，使用本节研究的分析方法，可以指导带有承载装置控制的闭环伯努利生产线的承载装置控制。

# 第 6 章

# 返工系统的暂态性能分析

## 6.1 系统模型

“十四五”规划中提出，要深入实施智能制造和绿色制造工程，发展服务型制造新模式，推动制造业高端化、智能化、绿色化。目前，我国高端装备制造业（如航空航天、轨道交通和汽车船舶等）的产品结构和制造工艺过程复杂，配套零件种类、数量众多。高端装备制造生产过程存在技术难度大、多品种、单台套、小批量、变批量等特点，并且在产品种类、订单数量和生产批次上存在不确定性，使生产制造过程、协调关系非常繁杂且研制生产周期长，同时质量控制严格且可靠性要求高。面对这些生产过程中的挑战，研究生产系统在小批量生产模式下的暂态性能，制定实时控制和调度策略，可以显著提高生产效率和产品质量。

在智能制造和绿色制造的背景下，工厂中通常有许多不同复杂结构的生产线来满足不同的实际生产需求。作为其中的复杂结构之一，返工生产线在高价值、高精度、低产出的制造行业（汽车、半导体和钢铁等）中很常见。在制造过程中，由于不可靠机器或原材料缺陷，有时会出现有缺陷的产品。对于高价值、高精度、低产出的制造行业，为了有效地利用资源、降低成本和提高生产力，有缺陷的产品被送入返工生产线中进行返工，而不是直接被丢弃。返工生产线有助于提高高价值低产出制造行业的生产力和效率，减少在制品库存，缩短生产周期，并满足客户对生产时间和产品质量的要求。因此，返工生产线对制造企业的生产管理、设备的维护、提高生产产品的质量、提高生产利润、增加设备的利用率具有一定的实用价值。

目前，在小批量生产模式下，关于返工生产系统暂态性能的相关研究很少，对于多品种、小批量的生产模式，传统的稳态分析方法并不适用，尤其是在高端制造业，其生产和调度策略需要实时调整，因此设计一种高效快速的方法来评估返工系统的暂态性能十分必要。

综上所述，本章基于包含不可靠机器、有限缓冲区容量以及小批量加工的返工生产系统模型，旨在分析和预测该系统的暂态性能，并对其性能进行持续改进。在对返工系统理论分析和算法改进的基础上，本章预测了该系统的暂态性能，并总结了优化策略，以通过合理分配劳动力降低完成时间。这些研究结果在理论上对实际生产具有指导意义。

### 6.1.1 模型假设

图 6-1、图 6-2 中，圆形表示机器，矩形表示缓冲区，为了确定多返工系统的数学描述，本章作以下假设：

① 该生产系统由一条主线和 $l$ 条返工线组成。主线包括 $M$ 台机器和 $M-1$ 个缓冲区，返工线 $i(i=1,2,\cdots,l)$ 由 $r_i$ 台机器和 $r_i+1$ 个缓冲区构成。每条返工线和主线都有两个重叠的机器，称为分离机器和聚合机器，分别用集合 $\boldsymbol{M}_s$ 和 $\boldsymbol{M}_v$ 表示。

② 所有机器都有恒定和相同的加工周期时间 $\tau$，并且时间轴按照 $\tau$ 划分。在一个机器周期内，机器 $m_i(i=1,2,\cdots,M+\sum_{j=1}^{l}r_j)$ 有概率 $p_i$ 生产出一个零件，即所有机器符合伯努利可靠性模型。机器的状态在每个周期开始时确定。

③ 每个缓冲区 $b_i(i=1,2,\cdots,M+l-1+\sum_{j=1}^{l}r_j)$ 的容量 $N_i$ 都是有限的，$0<N_i<\infty$。缓冲区的占有量在每个周期结束时才变化，并且变化的范围不会超过 1。

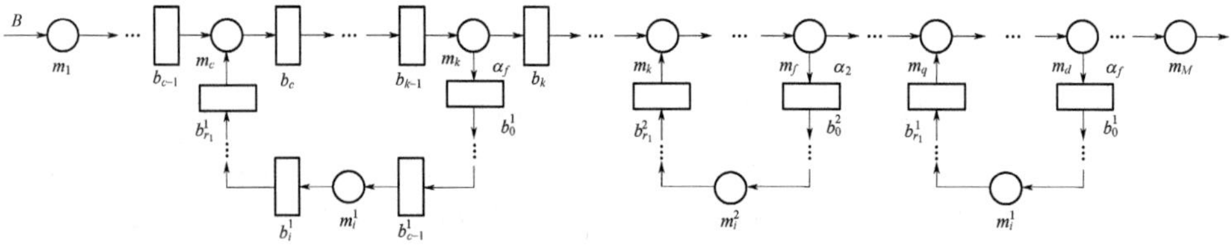

图 6-1 多返工生产线

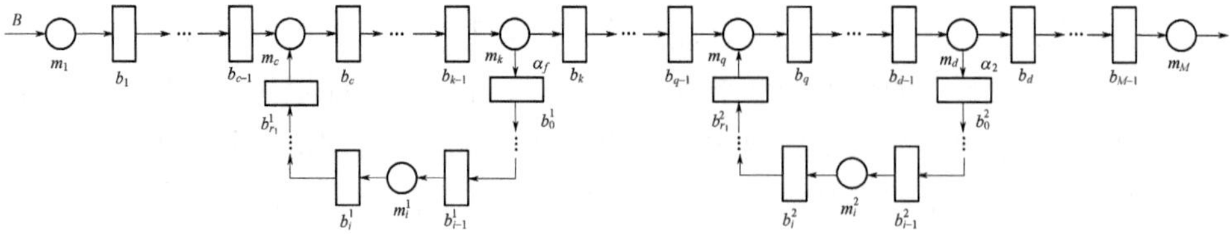

图 6-2 双返工生产线

④ 每台分离机器 $m_i(m_i \in \boldsymbol{M}_s)$ 都是检测机器。由于生产故障以及原材料的缺陷等问题，一个工件在加工过程中有概率 $\alpha_i(0<\alpha_i<1, i=1,2,\cdots,l)$ 变为残次品，并在被检测出后送入返工线进行返修加工。例如，当缓冲区 $b_0^1$ 未满时，经过检测机器 $m_k$ 的残次品会被送入返工线 1 的第一个缓冲区 $b_0^1$ 进行返修。参数 $\alpha_i$ 称为返工线 $i$ 上的返工率。

⑤ 在第 $n$ 个加工周期开始时，如果机器 $m_i(i=1,2,\cdots,M+\sum_{j=1}^{l} r_j)$ 处于工作状态，并且所有上游缓冲区的占有量在第 $n-1$ 个加工周期结束时为 0，则该机器在第 $n$ 个加工周期处于饥饿状态。例如，机器 $m_c$ 会由于缓冲区 $b_{c-1}$ 和缓冲区 $b_{r_1}^1$ 的占有量都为空而饥饿。第一台机器不会处于饥饿状态。

⑥ 在第 $n$ 个加工周期开始时，如果机器 $m_i(i=1,2,\cdots,M+\sum_{j=1}^{l} r_j)$ 处于工作状态，其下游缓冲区的占有量在第 $n-1$ 个加工周期结束时已满，并且其下游机器处于故障状态，则该机器在第 $n$ 个加工周期处于阻塞状态。以分离机器 $m_k$ 为例，工件经过 $m_k$ 有 $\alpha_1$ 概率送入返工线返修，那么 $m_k$ 会由于缓冲区 $b_0^1$ 已满并且机器 $m_1^1$ 故障而被阻塞；同理，工件经过 $m_k$ 有 $1-\alpha_1$ 概率送入主线继续加工，那么 $m_k$ 会由于缓冲区 $b_k$ 已满并且机器 $m_{k+1}$ 故障而被阻塞。最后一台机器不会处于阻塞状态。

⑦ 对于聚合机器 $m_i(m_i \in \boldsymbol{M}_v)$，返工线上返修的工件比主线上的工件优先级更高。例如，在返工线 1 中，当缓冲区 $b_{r_1}^1$ 的占有量不为 0 时，聚合机器 $m_c$ 会优先加工缓冲区 $b_{r_1}^1$ 的工件；只有当缓冲区 $b_{r_1}^1$ 的占有量为 0 时，$m_c$ 才会加工缓冲区 $b_{c-1}$ 中的工件。

⑧ 该生产系统基于订单大小为 $B$ 的小批量生产模式运行，主线上每台机器加工完成 $B$ 个质量合格的工件后立即停止运行，返工回路中的机器在最后一个残次品返修完成后立即停止工作。

注意，假设⑦是为了避免系统出现死锁现象。如果聚合机器 $m_c$ 优先加工缓冲区 $b_{c-1}$ 中的工件，那么经过机器 $m_k$ 检测出的残次品会堆积在返工线 1 中，这会导致缓冲区 $b_{r_1}^1$ 迅速被填满。随着加工过程的进行，返工线 1 中的缓冲区都会被填满，此时当机器 $m_k$ 检测出残次品时，机器 $m_k$ 就会被阻塞，导致整个系统出现死锁现象。

## 6.1.2 性能指标

在上述定义的模型框架下，用于评价系统的性能指标定义如下：

① 生产率 $PR(n)$：在第 $n$ 个加工周期中，主线上最后一台机器 $m_M$ 加工完成工件数的期望。

② 消耗率 $CR(n)$：在第 $n$ 个加工周期中，主线上第一台机器 $m_1$ 消耗工件数的期望。

③ 在制品库存水平 $WIP_i(n)$：在第 $n$ 个加工周期中，缓冲区 $b_i(i=1,2,\cdots,M+l-1+\sum_{j=1}^{l}r_j)$ 占有量的期望。

④ 机器饥饿率 $ST_i(n)$：在第 $n$ 个加工周期中，机器 $m_i(i=2,\cdots,M+\sum_{j=1}^{l}r_j)$ 处于饥饿状态的概率。

⑤ 机器阻塞率 $BL_i(n)$：在第 $n$ 个加工周期中，机器 $m_i(i \neq M)$ 处于阻塞状态的概率。

⑥ 完成时间 $CT$：系统加工完成所有工件的期望时间。

# 6.2 基于马尔可夫方法的小型单返工生产系统性能分析

## 6.2.1 系统模型

为了研究应用不可靠机器和有限缓冲区的小批量返工生产系统的暂态性能，本节构建了五机单返工系统的数学模型并且对其性能进行了分析。五机单返工生产线作为返工系统的基本模块，其系统特性是多返工系统研究的基础。具体而言，本节在小批量生产的背景下，基于马尔可夫分析方法对系统进行数学建模，根据系统的动态特性推导出各性能指标的表达式。然后，通过对比实验将精确方法与仿真实验进行对比，验证所提出方法的可行性。最后，设计了数值实验来分析五机返工生产线的系统性质。

**（1）模型假设**

本章研究五机单返工生产系统，如图 6-3 所示。图中，圆形表示机器，矩形表示缓冲区，箭头表示工件的流向。系统由两部分组成，一部分为主生产线 $(m_1 \to b_1 \to m_2 \to b_2 \to m_3 \to b_3 \to m_4)$，另一部分为返工线 $(m_3 \to b_4 \to m_5 \to b_5 \to m_2)$。为了确定多返工系统的数学描述，本章做出以下假设：

① 所有机器 $m_i(i=1,2,\cdots,5)$ 都有恒定和相同的加工周期时间 $\tau$，以该加工周期为单位对整个生产过程进行分段，初始时刻为 0，进入生产状态后，以 $\tau$ 为单位时间，所有机器在一个单位时间内实现一个加工周期的操作。

② 所有机器 $m_i(i=1,2,\cdots,5)$ 均服从伯努利可靠性模型，机器 $m_i$ 在一个加工

周期生产出一个工件的概率为 $p_i, p_i \in (0,1)$。同理，机器在一个加工周期内未能生产一个工件的概率为 $1-p_i$，参数 $p_i$ 定义为机器 $m_i$ 的效率。机器 $m_3$ 为分离机器也是检测机器，机器 $m_2$ 为聚合机器。

③ 缓冲区 $b_i(i=1,2,\cdots,5)$ 由其有限缓冲区容量 $N_i(0<N_i<\infty)$ 来表征，每个缓冲区的占有量在一个加工周期内变化最多为 1。

④ 由于生产故障以及原材料的缺陷等问题，一个工件在加工过程中有概率 $\alpha(0<\alpha<1)$ 变为残次品，并在被检测出后送入返工线进行返修加工，参数 $\alpha$ 称为返工率。

⑤ 在第 $n$ 个加工周期开始时，如果机器 $m_i(i=2,3,4,5)$ 处于工作状态，并且所有上游缓冲区 $b_{i-1}$ 的占有量在第 $n-1$ 个加工周期结束时为 0，则该机器在第 $n$ 个加工周期处于饥饿状态无法进行工件加工。需要注意的是，机器 $m_1$ 不会被饥饿，机器 $m_2$ 只有当缓冲区 $b_1$ 和 $b_5$ 的占有量在前一个加工周期结束时都为空才会处于饥饿状态。

⑥ 在第 $n$ 个加工周期开始时，如果机器 $m_i(i=1,2,3,5)$ 处于工作状态，机器下游缓冲区 $b_{i+1}$ 在前一个加工周期结束时容量为满，并且机器 $m_{i+1}$ 在加工周期开始处于故障状态，那么机器 $m_i$ 在这个加工周期处于阻塞状态且无法进行工件加工。需要注意的是，机器 $m_4$ 不会被阻塞。此外，对于分离机器 $m_3$，工件经过 $m_3$ 有 $\alpha$ 概率送入返工线返修，那么 $m_3$ 会由于缓冲区 $b_4$ 已满并且机器 $m_5$ 故障而被阻塞；同理，工件经过 $m_3$ 有 $1-\alpha$ 概率送入主线继续加工，那么 $m_3$ 会由于缓冲区 $b_3$ 已满并且机器 $m_4$ 故障而被阻塞。

⑦ 该系统基于订单大小为 $B$ 的小批量生产模式，主线上每台机器加工完成 $B$ 个质量合格的工件后立即停止运行。

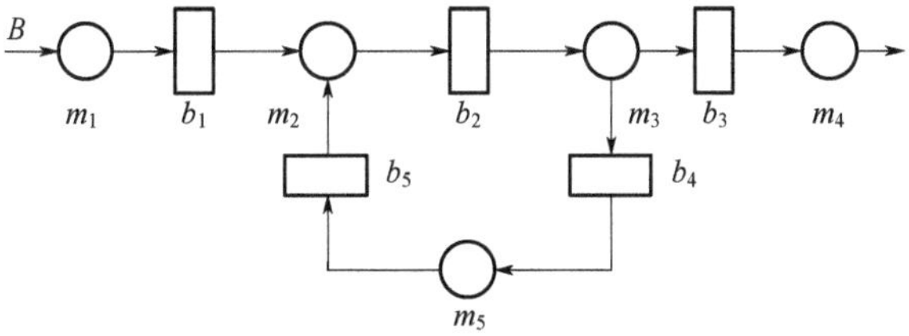


图 6-3　五机单返工生产线

（2）性能指标

在前面定义的模型框架中，本章用于评估系统性能的指标定义如下：

① 生产率 $PR(n)$：在第 $n$ 个加工周期中，主线上最后一台机器 $m_4$ 加工完成工件数的期望。

② 消耗率 $CR(n)$：在第 $n$ 个加工周期中，主线上第一台机器 $m_1$ 消耗工件数的

期望。

③ 在制品库存水平 $WIP_i(n)$：在第 $n$ 个加工周期中，缓冲区 $b_i(i=1,2,\cdots,5)$ 占有量的期望。

④ 完成时间 $CT$：系统加工完成所有工件的期望时间。

### 6.2.2 过程建模

考虑一条如图 6-3 所示的小批量生产的五机单返工生产线。令 $\boldsymbol{h}(n)=[h_1(n),\cdots,h_5(n)]$，其中 $h_i(n)$ 表示第 $n$ 个加工周期结束时，缓冲区 $b_i$ 的占有量，$h_i(n)\in\{0,1,\cdots,N_i\}$。令 $f(n)$ 表示第 $n$ 个加工周期结束时，机器 $m_4$ 已经加工完成的工件总数，$f(n)\in\{0,1,\cdots,B\}$。那么，返工系统可以由一个马尔可夫链来描述，其系统状态定义为 $(\boldsymbol{h}(n), f(n))$。

然后，根据假设①～⑦，系统状态的转移概率可以从系统的动态特性中计算得到。令 $\delta(n)=1$ 表示第 $n$ 个加工周期中，工件经过机器 $m_3$ 后需要送入返工线进行返修。令 $\gamma(n)$ 表示在第 $n$ 个加工周期中，缓冲区 $b_5$ 的占有量是否为零。第 $n$ 个加工周期开始时，机器的状态用 $\beta_i(n)$ 表示。此外，令 $q(n)$ 表示机器 $m_1$ 在第 $n$ 个加工周期结束时已经加工完成的工件个数。

$$
\begin{aligned}
&\delta(n)\in\begin{cases}1, & \text{工件经过}m_3\text{需要进行返修}\\ 0, & \text{工件经过}m_3\text{无须进行返修}\end{cases}\\
&\gamma(n)\in\begin{cases}1, & h_5\text{占有量不为空}\\ 0, & h_5\text{占有量为空}\end{cases}\\
&\beta_i(n)\in\begin{cases}1, & m_i\text{处于工作状态}\\ 0, & m_i\text{处于故障状态}\end{cases}\\
&q(n)=f(n)+\sum_{i=1}^{5}h_i(n)
\end{aligned}
\tag{6-1}
$$

我们将系统所有生产运行情况分为 4 类进行讨论：当 $\delta(n)=0,\gamma(n)=0$ 时，机器 $m_2$ 从缓冲区 $b_1$ 中提取工件进行加工，工件经过机器 $m_3$ 后送入缓冲区 $b_3$ 中进行下一步加工。这种情况下，原返工线可以分解成两条串行线，如图 6-4 所示。

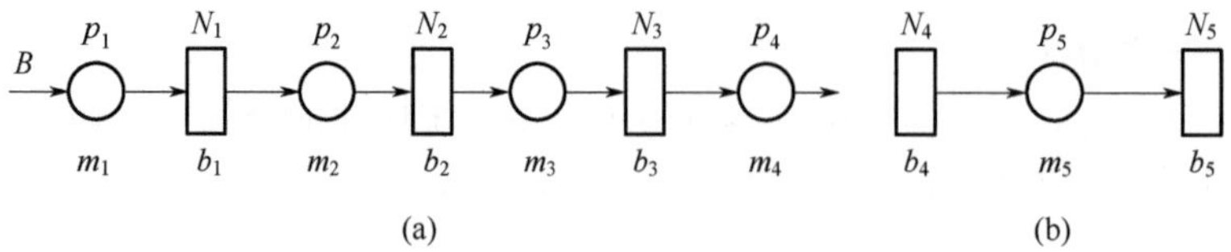


图 6-4　当 $\delta(n)=0,\gamma(n)=0$ 时，系统分解示意图

系统的动态特性可以描述为

$$
\begin{aligned}
&h_1(n+1)=h_1'(n+1)+\beta_1(n+1)\times\min\{B-q(n),N_1-h_1'(n+1),1\}\\
&h_2(n+1)=h_2'(n+1)+\beta_2(n+1)\times\min\{h_1(n),N_2-h_2'(n+1),1\}\\
&h_3(n+1)=h_3'(n+1)+\beta_3(n+1)\times\min\{h_2(n),N_3-h_3'(n+1),1\}\\
&h_4(n+1)=h_4(n)-\beta_5(n+1)\times\min\{h_4(n),1\}\\
&h_5(n+1)=h_5(n)+\beta_5(n+1)\times\min\{h_4(n),1\}\\
&f(n+1)=f(n)+\beta_4(n+1)\times\min\{h_3(n),1\}
\end{aligned}
\tag{6-2}
$$

其中

$$
\begin{aligned}
&h_3'(n+1)=h_3(n)-\beta_4(n+1)\times\min\{h_3(n),1\}\\
&h_2'(n+1)=h_2(n)-\beta_3(n+1)\times\min\{h_2(n),N_3-h_3'(n+1),1\}\\
&h_1'(n+1)=h_1(n)-\beta_2(n+1)\times\min\{h_1(n),N_2-h_2'(n+1),1\}
\end{aligned}
$$

当 $\delta(n)=0,\gamma(n)=1$ 时，机器 $m_2$ 从缓冲区 $b_5$ 中提取工件进行加工，工件经过机器 $m_3$ 后送入缓冲区 $b_3$ 中进行下一步加工。这种情况下，原返工线可以分解为图 6-5。

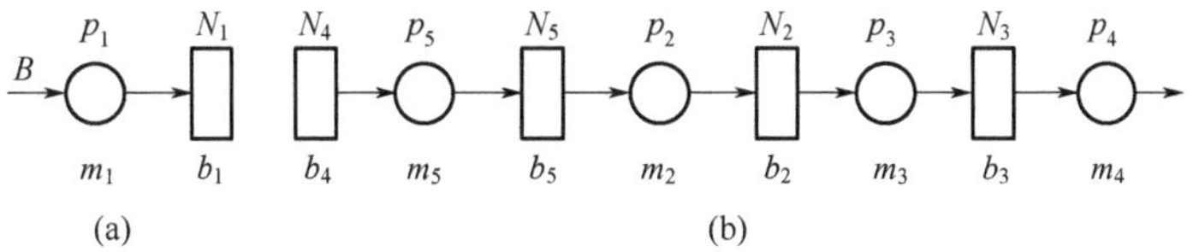


图 6-5　当 $\delta(n)=0,\gamma(n)=1$ 时，系统分解示意图

系统的动态特性可以描述为

$$
\begin{aligned}
&h_1(n+1)=h_1(n)+\beta_1(n+1)\times\min\{B-q(n),N_1-h_1(n),1\}\\
&h_2(n+1)=h_2'(n+1)+\beta_2(n+1)\times\min\{N_2-h_2'(n+1),1\}\\
&h_3(n+1)=h_3'(n+1)+\beta_3(n+1)\times\min\{h_2(n),N_3-h_3'(n+1),1\}\\
&h_4(n+1)=h_4(n)-\beta_5(n+1)\times\min\{h_4(n),N_5-h_5'(n+1),1\}\\
&h_5(n+1)=h_5'(n)+\beta_5(n+1)\times\min\{h_4(n),N_5-h_5'(n+1),1\}\\
&f(n+1)=f(n)+\beta_4(n+1)\times\min\{h_3(n),1\}
\end{aligned}
\tag{6-3}
$$

其中

$$
\begin{aligned}
&h_3'(n+1)=h_3(n)-\beta_4(n+1)\times\min\{h_3(n),1\}\\
&h_2'(n+1)=h_2(n)-\beta_3(n+1)\times\min\{h_2(n),N_3-h_3'(n+1),1\}\\
&h_5'(n+1)=h_5(n)-\beta_2(n+1)\times\min\{N_2-h_2'(n+1),1\}
\end{aligned}
$$

当 $\delta(n)=1,\gamma(n)=0$ 时，机器 $m_2$ 从缓冲区 $b_1$ 中提取工件进行加工，工件经过机器 $m_3$ 后送入缓冲区 $b_4$ 中进行返工。这种情况下，原返工线可以分解为图 6-6。

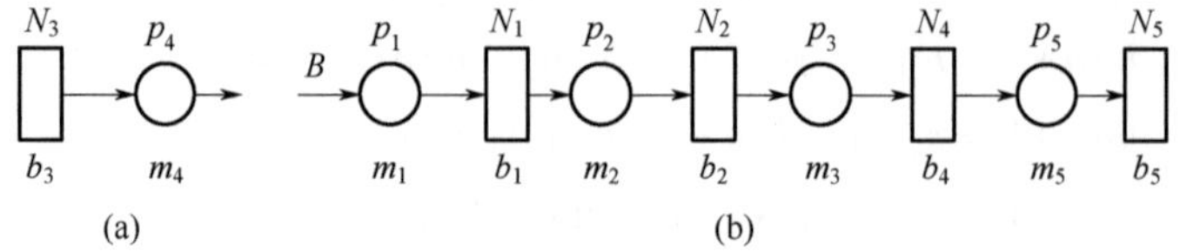


图 6-6　当 $\delta(n)=1,\gamma(n)=0$ 时，系统分解示意图

系统的动态特性可以描述为

$$\begin{aligned}
&h_1(n+1)=h_1'(n+1)+\beta_1(n+1)\times\min\{B-q(n),N_1-h_1'(n+1),1\}\\
&h_2(n+1)=h_2'(n+1)+\beta_2(n+1)\times\min\{h_1(n),N_2-h_2'(n+1),1\}\\
&h_3(n+1)=h_3(n)-\beta_4(n+1)\times\min\{h_3(n),1\}\\
&h_4(n+1)=h_4'(n)+\beta_3(n+1)\times\min\{h_2(n),N_4-h_4'(n+1),1\}\\
&h_5(n+1)=h_5(n)+\beta_5(n+1)\times\min\{h_4(n),1\}\\
&f(n+1)=f(n)+\beta_4(n+1)\times\min\{h_3(n),1\}
\end{aligned}\tag{6-4}$$

其中

$$\begin{aligned}
&h_4'(n+1)=h_4(n)-\beta_5(n+1)\times\min\{h_4(n),1\}\\
&h_2'(n+1)=h_2(n)-\beta_3(n+1)\times\min\{h_2(n),N_4-h_4'(n+1),1\}\\
&h_1'(n+1)=h_1(n)-\beta_2(n+1)\times\min\{h_1(n),N_2-h_2'(n+1),1\}
\end{aligned}$$

当 $\delta(n)=1,\gamma(n)=1$ 时，机器 $m_2$ 从缓冲区 $b_5$ 中提取工件进行加工，工件经过机器 $m_3$ 后送入缓冲区 $b_4$ 中进行返工。这种情况下，机器 $m_2$、$m_3$ 和 $m_5$ 构成了一个环，原返工线可以分解为图 6-7。

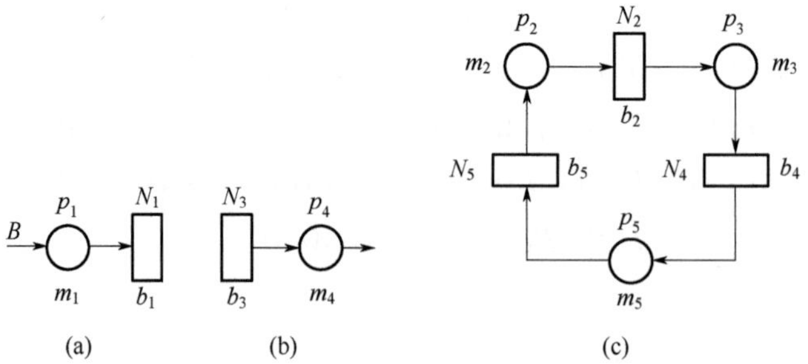


图 6-7　当 $\delta(n)=1,\gamma(n)=1$ 时，系统分解示意图

系统的动态特性可以描述为

$$\begin{aligned}
&h_1(n+1)=h_1(n)+\beta_1(n+1)\times\min\{B-q(n),N_1-h_1(n),1\}\\
&h_2(n+1)=h_2'(n+1)+\beta_2(n+1)\times\min\{h_5(n),N_2-h_2'(n+1),1\}\\
&h_3(n+1)=h_3(n)-\beta_4(n+1)\times\min\{h_3(n),1\}\\
&h_4(n+1)=h_4'(n)+\beta_3(n+1)\times\min\{h_2(n),N_4-h_4'(n+1),1\}\\
&h_5(n+1)=h_5'(n)+\beta_5(n+1)\times\min\{h_4(n),N_5-h_5'(n+1),1\}\\
&f(n+1)=f(n)+\beta_4(n+1)\times\min\{h_3(n),1\}
\end{aligned} \tag{6-5}$$

其中

$$\begin{aligned}
&h_2'(n+1)=h_2(n)-\beta_3(n+1)\times\min\{h_2(n),N_4-h_4'(n+1),1\}\\
&h_4'(n+1)=h_4(n)-\beta_5(n+1)\times\min\{h_4(n),N_5-h_5'(n+1),1\}\\
&h_5'(n+1)=h_5(n)-\beta_2(n+1)\times\min\{h_5(n),N_2-h_2'(n+1),1\}
\end{aligned}$$

显然，用于描述系统的马尔可夫链的最大状态数为

$$Q=(B+1)\times\prod_{i=1}^{5}(N_i+1) \tag{6-6}$$

为了将状态空间线性化，首先将所有的系统状态进行编号排列，排列结果如表 6-1 所示。那么，对于给定的任何状态 $(\boldsymbol{h},f)$，其对应状态编号都能由下列公式计算得出：

$$\alpha(\boldsymbol{h},f)=\sum_{1}^{5}h_i\eta_i+f\eta_f$$

其中

$$\eta_i=\begin{cases}\prod_{j=1}^{i-1}(N_j+1), & i=2,\cdots,5\\ 1, & i=1\end{cases}$$

$$\eta_f=\prod_{i=1}^{5}(N_i+1)$$

**表 6-1　系统状态排列表**

| 状态编号 | $f$ | $h_5$ | $h_4$ | $h_3$ | $h_2$ | $h_1$ |
|---|---|---|---|---|---|---|
| 1 | 0 | 0 | 0 | 0 | 0 | 0 |
| 2 | 0 | 0 | 0 | 0 | 0 | 1 |
| … | … | … | … | … | … | … |
| $N_1+1$ | 0 | 0 | 0 | 0 | 0 | $N_1$ |
| $N_1+2$ | 0 | 0 | 0 | 0 | 1 | 0 |

续表

| 状态编号 | $f$ | $h_5$ | $h_4$ | $h_3$ | $h_2$ | $h_1$ |
|---|---|---|---|---|---|---|
| $N_1+3$ | 0 | 0 | 0 | 0 | 1 | 1 |
| … | … | … | … | … | … | … |
| $Q-1$ | $B$ | $N_5$ | $N_4$ | $N_3$ | $N_2$ | $N_1-1$ |
| $Q$ | $B$ | $N_5$ | $N_4$ | $N_3$ | $N_2$ | $N_1$ |

需要说明的是，系统无法达到表 6-1 中的所有状态，也就是说有些状态是不可达的。因为在任何一个加工周期 $n$ 中，已经加工完成的工件数量和缓冲区占有量之和不能超过加工批次大小 $B$，可以表示为 $q(n) \leqslant B$。因此，我们对系统状态进行精简得到所有的可达状态，用 $\boldsymbol{R}$ 表示，所有可达状态的总数用 $\tilde{Q}$ 表示。考虑一个五机返工系统的缓冲区容量为 $[3,3,3,3,3]$，批次加工大小为 10，那么系统状态的总数 $Q$ 为 11264，精简之后的状态数量 $\tilde{Q}$ 为 3668。由此可以看出，对系统状态进行精简，大大简化了计算的复杂度。

为了计算系统状态之间的转移概率，首先需要计算机器状态的组合。由机器状态 $\beta_i(n)$ 的定义可知，在每个周期中，机器状态的组合有 $2^5$ 种，每一种组合的概率如下所示：

$$P[\beta_1(n)=\zeta_1,\cdots,\beta_5(n)=\zeta_5]=\prod_{i=1}^{5}p_i^{\zeta_i}(1-p_i)^{1-\zeta_i},\quad \zeta_i\in\{0,1\}$$

然后，对于任何可达状态 $R_i$，将所有的机器状态代入系统动态特性中，就可以计算得到其转移状态和转移概率。最后，转移到相同状态 $R_j$ 的概率总和就是状态 $R_i$ 到状态 $R_j$ 的转移概率。对所有可达状态重复这个过程，就可以得到所有状态的转移概率以及马尔可夫链的转移概率矩阵 $\boldsymbol{A}$。

## 6.2.3 性能分析

由 6.2.2 节可知，五机返工系统可以由一个吸收态马尔可夫链来描述。为了推导出系统性能的评估公式，令 $x(n)$ 表示系统状态在加工周期 $n$ 时的分布，$\boldsymbol{x}(n)=[x_1(n),\cdots,x_{\tilde{Q}}(n)]$。根据系统状态的转移矩阵 $\boldsymbol{A}$，可以知道系统状态的迭代过程如下：

$$\boldsymbol{x}(n+1)=\boldsymbol{A}\boldsymbol{x}(n),\quad \boldsymbol{x}(0)=[1\quad 0\quad \cdots\quad 0] \tag{6-7}$$

式中，$\boldsymbol{x}(0)$ 表示系统初始状态为 $\boldsymbol{R}_0=[0,0,0,0,0]$。然后，系统的实时性能指标可以由下式推导得到：

$$
\begin{aligned}
&PR(n)=\boldsymbol{V}_1\boldsymbol{x}(n), CR(n)=\boldsymbol{V}_2\boldsymbol{x}(n), WIP_i(n)=\boldsymbol{V}_{3,i}\boldsymbol{x}(n)\\
&ST_i(n)=\boldsymbol{V}_{4,i}\boldsymbol{x}(n), BL_i(n)=\boldsymbol{V}_{5,i}\boldsymbol{x}(n), Pct_i(n)=\boldsymbol{V}_{6,i}\boldsymbol{x}(n)
\end{aligned}
\tag{6-8}
$$

其中

$$
\begin{aligned}
&\boldsymbol{V}_1=[v_{1,1}\quad v_{1,2}\quad \cdots \quad v_{1,\bar{Q}}],\ \ \boldsymbol{V}_2=[v_{2,1}\quad v_{2,2}\quad \cdots \quad v_{2,\bar{Q}}]\\
&\boldsymbol{V}_{3,i}=[h_{1,i}\quad h_{2,i}\quad \cdots \quad h_{\bar{Q},i}],\ \ i=1,2,\cdots,5
\end{aligned}
$$

$$
\begin{aligned}
&\boldsymbol{V}_{4,i}=[v_{4,i,1}\quad v_{4,i,2}\quad \cdots \quad v_{4,i,\bar{Q}}],\ \ i=2,3,\cdots,5\\
&\boldsymbol{V}_{5,i}=[v_{5,i,1}\quad v_{5,i,2}\quad \cdots \quad h_{5,i,\bar{Q}}],\ \ i=1,2,3,5\\
&\boldsymbol{V}_{6,i}=[v_{4,1}\quad v_{4,2}\quad \cdots \quad v_{4,\bar{Q}}]
\end{aligned}
$$

$$
v_{1,j}=\begin{cases} p_4, & R_{j,3}>0\\ 0, & \text{其他}\end{cases}
$$

$$
v_{4,i,j}=\begin{cases} p_2, & i=2\text{ 且 }R_{j,1},R_{j,5}=0\\ p_3, & i=3\text{ 且 }R_{j,2}=0\\ p_4, & i=4\text{ 且 }R_{j,3}=0\\ \alpha p_4, & i=5\text{ 且 }R_{j,4}=0\\ 0, & \text{其他}\end{cases}
$$

$$
v_{6,j}=\begin{cases} p_4, & R_{j,3}=1\text{ 且 }R_{j,6}=B-1\\ 0, & \text{其他}\end{cases}
$$

特别地，机器之间的耦合使消耗率和机器阻塞的分析变得复杂。根据消耗率的定义，机器 $m_1$ 只有在 $m_1$ 工作且不被阻塞时才会提取消耗一个工件。因此，为了推导出消耗率的计算公式，我们分两种情况讨论，一种情况是缓冲区 $b_5$ 的占有量不为空，在这种情况下，只要缓冲区 $b_1$ 没有满，且该批工件没有加工结束，机器 $m_1$ 就有 $p_1$ 的概率提取消耗一个工件；另一种情况是缓冲区 $b_5$ 的占有量为空，在这种情况下，需要考虑机器之间的耦合，或者说下游机器的故障会是否会阻塞机器 $m_1$。当缓冲区 $b_1$ 未满时，机器 $m_1$ 提取消耗一个工件的概率为 $p_1$。同样，当缓冲区 $b_1$ 满了，但是缓冲区 $b_2$ 没有满，机器 $m_1$ 提取消耗一个工件的概率是 $p_1p_2$。最复杂的情况是缓冲区 $b_1$、$b_2$ 的占有量都为满，我们将分 4 种情况讨论。如果缓冲区 $b_3$、$b_4$ 也是满的，则机器 $m_1$ 提取消耗一个工件的概率为 $p_1p_2p_3[\alpha p_5+(1-\alpha)p_4]$。如果缓冲区 $b_3$ 已满，而缓冲区 $b_4$ 未满，则概率为 $p_1p_2p_3[\alpha+(1-\alpha)p_4]$。此外，当缓冲区 $b_3$ 未满、缓冲区 $b_4$ 满和未满时，处理一个工件的概率分别为 $p_1p_2p_3(\alpha p_5+p_4)$ 和 $p_1p_2p_3$。所以 $v_{2,j}$ 的计算公式为

$$v_{2,j}=\begin{cases}p_1, & R_{j,1}\text{不满}\\ p_1p_2, & R_{j,1}\text{满}, R_{j,5}\text{ 空}, R_{j,2}\text{ 不满}\\ p_1p_2p_3, & R_{j,1}\text{、}R_{j,2}\text{ 满}, R_{j,5}\text{空}, R_{j,3}\text{、}R_{j,4}\text{ 不满}\\ p_1p_2p_3[\alpha p_5+(1-\alpha)], & R_{j,1}\text{、}R_{j,2}\text{、}R_{j,4}\text{ 满}, R_{j,5}\text{空}, R_{j,3}\text{ 不满}\\ p_1p_2p_3[\alpha+(1-\alpha)p_4], & R_{j,1}\text{、}R_{j,2}\text{、}R_{j,3}\text{ 满}, R_{j,5}\text{空}, R_{j,4}\text{ 不满}\\ p_1p_2p_3[\alpha p_5+(1-\alpha)p_4], & R_{j,1}\text{、}R_{j,2}\text{、}R_{j,3}\text{、}R_{j,4}\text{满}, R_{j,5}\text{ 空}\\ 0, & \text{其他}\end{cases}$$

同样，机器的阻塞率也可以用上述方法来讨论，计算公式如下：

$$v_{5,1,j}=\begin{cases}p_1, & R_{j,1}\text{ 满，}R_{j,5}\text{ 不满}\\ p_1-p_1p_2, & R_{j,1}\text{ 满}, R_{j,5}\text{ 空，}R_{j,2}\text{ 不满}\\ p_1-p_1p_2p_3, & R_{j,1}\text{、}R_{j,2}\text{ 满，}R_{j,5}\text{ 空，}R_{j,3}\text{、}R_{j,4}\text{ 不满}\\ p_1-p_1p_2p_3\alpha(1-p_5), & R_{j,1}\text{、}R_{j,2}\text{、}R_{j,4}\text{ 满，}R_{j,5}\text{ 空，}R_{j,3}\text{ 不满}\\ p_1-p_1p_2p_3(1-\alpha)(1-p_4), & R_{j,1}\text{、}R_{j,2}\text{、}R_{j,3}\text{ 满，}R_{j,5}\text{ 空，}R_{j,4}\text{ 不满}\\ p_1-p_1p_2p_3[(1-\alpha)(1-p_4)+\alpha(1-p_5)], & R_{j,1}\text{、}R_{j,2}\text{、}R_{j,3}\text{、}R_{j,4}\text{ 满，}R_{j,5}\text{ 空}\\ 0, & \text{其他}\end{cases}$$

$$v_{5,2,j}=\begin{cases}p_2-p_2p_3, & R_{j,2}\text{ 满，}R_{j,3}\text{、}R_{j,4}\text{ 不满}\\ p_2-p_2p_3\alpha(1-p_5), & R_{j,2}\text{、}R_{j,4}\text{ 满，}R_{j,3}\text{ 不满}\\ p_2-p_2p_3(1-\alpha)(1-p_4), & R_{j,2}\text{、}R_{j,3}\text{ 满，}R_{j,4}\text{ 不满}\\ p_2-p_2p_3[(1-\alpha)(1-p_4)+\alpha(1-p_5)], & R_{j,2}\text{、}R_{j,3}\text{、}R_{j,4}\text{ 都满}\\ 0, & \text{其他}\end{cases}$$

$$v_{5,3,j}=\begin{cases}p_3\alpha(1-p_5), & R_{j,4}\text{ 满}, R_{j,3}\text{、}R_{j,5}\text{ 不满}\\ p_3\alpha(1-p_2p_5), & R_{j,4}\text{、}R_{j,5}\text{ 满，}R_{j,3}\text{ 不满}\\ p_3(1-\alpha)(1-p_4), & R_{j,3}\text{ 满，}R_{j,4}\text{、}R_{j,5}\text{ 不满}\\ p_3[\alpha(1-p_5)+(1-\alpha)(1-p_4)], & R_{j,3}\text{、}R_{j,4}\text{ 满，}R_{j,5}\text{ 不满}\\ p_3\alpha(1-p_2p_5)+[(1-\alpha)(1-p_4)], & R_{j,3}\text{、}R_{j,4}\text{、}R_{j,5}\text{ 不满}\\ 0, & \text{其他}\end{cases}$$

$$v_{5,5,j}=\begin{cases}p_5-p_5p_2, & R_{j,5}\text{ 满，}R_{j,2}\text{、}R_{j,3}\text{ 不满}\\ p_5-p_5p_2p_3, & R_{j,2}\text{、}R_{j,5}\text{ 满，}R_{j,3}\text{ 不满}\\ p_5-p_5p_2p_3\alpha(1-p_4), & R_{j,2}\text{、}R_{j,3}\text{、}R_{j,5}\text{ 不满}\\ 0, & \text{其他}\end{cases}$$

为了说明分析方法的准确性，图 6-8 中给出了五机返工线的一个数值案例，系统参数如图中所示。然后，将仿真计算和马尔可夫分析方法的计算结果进行对比。在仿真实验中，进行了 50000 次仿真，然后取性能指标平均值来近似其真实值。系统暂态性能的对比结果如图 6-9 所示，其中虚线为仿真结果，实线为马尔可夫分析方法的计算结果。从图中可以看出，精确计算的结果与仿真计算结果几乎完全一致，验证了所提出方法的有效性和精确性。因此，通过使用提出的马尔可夫分析方法，可以预测系统的实时性能，即生产率、消耗率以及阻塞率等。

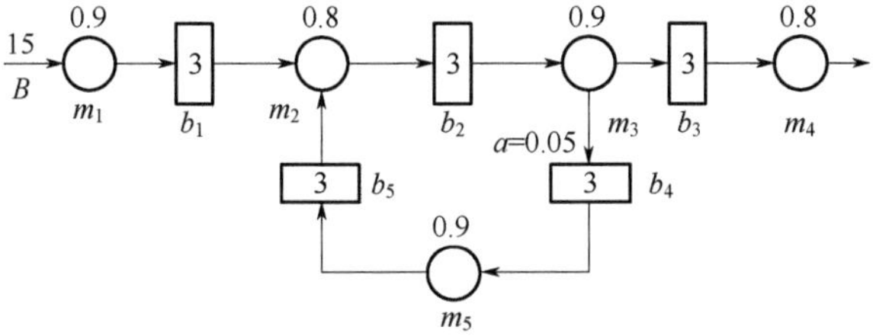


图 6-8　五机返工线数值案例

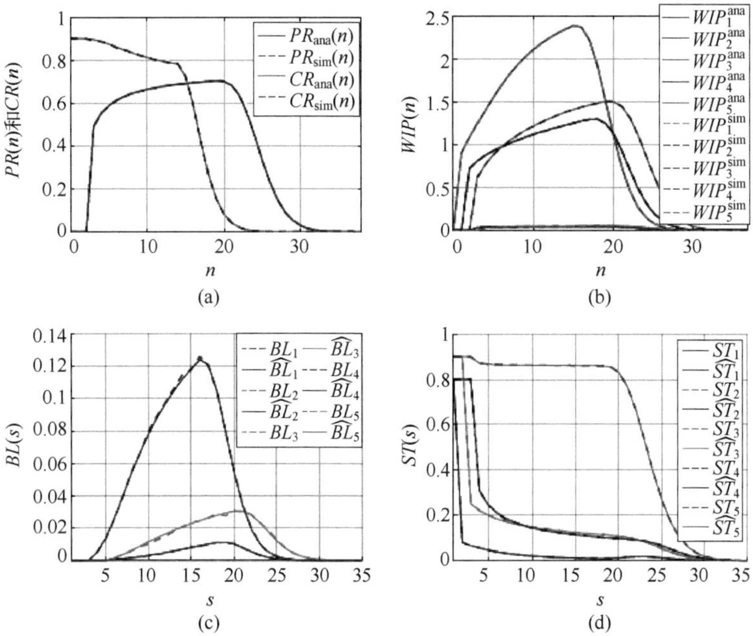


图 6-9　系统暂态性能对比结果（见书后彩插）

## 6.2.4　系统性质

本节利用上述结果研究五机单返工生产线的系统性质。尽管生产系统的性质已被广泛研究，但大部分均是基于稳态的结果，返工系统的暂态行为研究仅在近几年得到了关注。需要说明的是，暂态行为的研究很难用数学分析来证明，因此本节对系统性质的研究都是由大量的数值计算总结得到的。

**（1）单调性**

对于串行生产系统在暂态下的单调性问题，在之前的章节中已经得到了深入探究。可以看出，随着机器效率的提高，串行线路的生产率单调增加。同样，对于返工线，经过一些数值实验，发现其单调性同样存在。在 6.2.1 节根据生产系统的运行情况，将 5 台机器的返修线分为 4 类。在情况 1～3 中，返修线可以被划分为几条不相互影响的串行线，返工线的单调性与串行线相同。此外，在情况 4 中，经过分解后得到一个圆圈，初步的数字实验结果表明，该情况下的单调性同样存在。

**（2）可逆性**

由假设①～⑦定义的五机伯努利返工线及其逆系统如图 6-10 所示。返工线的逆系统是指主线和返工线的机器效率和缓冲区容量进行对称交换。由于研究的是返工生产线的暂时性能，主要考虑完成时间的差异。对原始返工线和逆返工线的完成时间进行对比，生成了 5000 条返工线来进行实验。系统参数是在以下范围内随机和等概率选取的：

$$B \in \{5,6,\cdots,15\}, \quad p_i \in (0.7,1), \quad N_i \in \{1,2,3,4\}, \quad \alpha \in (0.05,0.5) \tag{6-9}$$

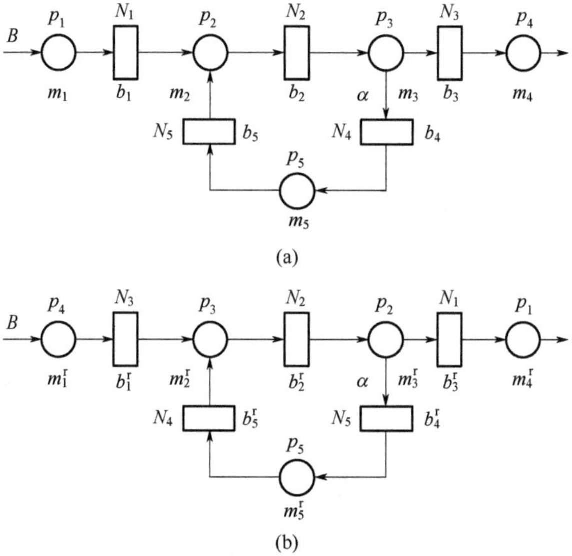


图 6-10　五机伯努力返工线及其逆系统

需要说明的是，由于系统状态维数的问题，对比实验所选择的加工批次规模范围不大。对于每条生产线，分析原始返工线及其逆返工线的暂态性能，然后计算两条返工线的完成时间的相对误差。

$$\delta_{CT} = \frac{\left|CT_i - CT_i^{\text{rev}}\right|}{CT_i} \times 100\% \tag{6-10}$$

相对误差的结果在图 6-11 中的箱线图进行了展示。从图中可以看出，$\delta_{CT}$ 的中位数小于 1。虽然完成时间的误差很小，但是在精确评估算法下，若五机返工系统是可逆的，那么完成时间应该完全相等。因此，可以得出结论，五机返工线不可逆，这与在稳态下的返工生产系统的结论相同。

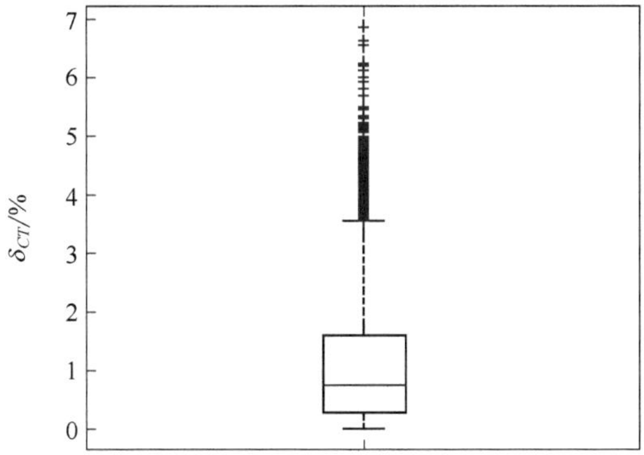


图 6-11　原始系统和逆系统完成时间的相对误差

# 6.3 动态分解聚合的多机单返工生产系统性能分析

## 6.3.1 模型假设

本节在五机返工生产系统的基础上，构建了多机单返工系统的数学模型，并提出了一种动态分解聚合算法分析系统的暂态性能。具体而言，首先对多返工系统进行结构分解和状态分解，以解耦机器间的耦合作用。然后，通过聚合算法将一组辅助双机系统用于近似原始返工系统的生产性能。最后，本章设计了精度实验，将聚合算法与蒙特卡洛仿真进行对比，验证了模型的准确性和算法的精确性。

图 6-12 为本章考虑的多机单返工生产系统。图中，圆形表示机器，矩形表示缓冲区，箭头表示工件的流向。为了确定系统的数学描述，定义了以下假设。

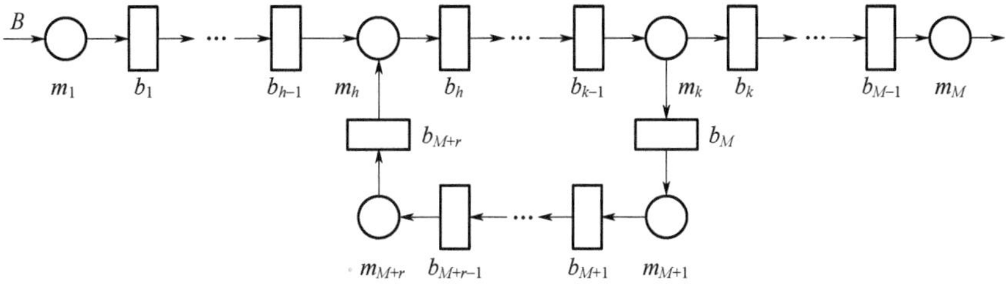


图 6-12　多机单返工生产系统

① 返工生产系统由$M+r$台机器和相同数量的缓冲区组成。在主线中，$M$台机器串行排列$(m_1 \to m_2 \to \cdots \to m_{M-1} \to m_M)$，$M-1$个缓冲区将相邻的一对机器分开作为中间储存。机器$m_h$和$m_k$分别是系统的合并和分离机器。在返工环中，$r+2$台机器串行排列$(m_k \to m_{M+1} \to \cdots \to m_{M+r} \to m_h)$，$r+1$个缓冲器分隔相邻的一对机器。

② 所有机器$m_i(i=1,2,\cdots,M+r)$都有恒定且相同的周期时间$\tau$，并且生产时间轴以周期时间$\tau$进行分段。机器遵循伯努利可靠性模型。在一个加工周期内，机器有$p_i$概率生产一个零件，有$1-p_i$的概率发生故障不能生产。参数$p_i$称为机器$m_i$的效率。

③ 每个缓冲区$b_i(i=1,2,\cdots,M+r)$都由其有限容量$N_i(0<N_i<\infty)$来表征。在一个加工周期内，缓冲区的占有量的变化不超过一个工件。

④ 在每个加工周期开始时刻，如果机器$m_i(i=2,3,\cdots,M+r)$处于工作状态且缓冲区$b_{i-1}$为空，则该机器被认为处于饥饿状态。如果机器$m_h$处于工作状态且缓冲区$b_{h-1}$和$b_{M+r}$均为空，则机器$m_h$被认为处于饥饿状态。

⑤ 在每个加工周期开始时刻，如果机器$m_i(i=1,\cdots,M-1,M+1,\cdots,M+r)$处于工作状态，缓冲区$b_i$的占有量已满，并且机器$m_{i+1}$无法从缓冲区$b_i$中提取工件，则机器$m_i$被认为处于阻塞状态。工件经过机器$m_k$有$1-\alpha$概率送入主线继续加工，那么$m_k$会由于缓冲区$b_k$已满并且机器$m_{k+1}$无法提取工件而阻塞；同理，工件经过机器$m_k$有$\alpha$概率送入主线继续加工，那么$m_k$会由于缓冲区$b_M$已满并且机器$m_{M+1}$无法提取工件而阻塞。

⑥ 每个工件在加工过程中有概率$\alpha(0<\alpha<1,i=1,2,\cdots,l)$变为残次品，如果缓冲区$b_M$没有满，则残次品在经过检测机器$m_k$后被送入返工线进行返修。参数$\alpha$称为返工率。

⑦ 该系统基于订单规模$B$的小批量生产模式。主生产线上的每台机器在完成加工$B$个合格零件后立即停止运行。

⑧ 返工环相对于主线具有更高的优先级。当缓冲区$b_{M+r}$和$b_{h-1}$均不为空时，机器$m_h$会优先从缓冲区$b_{M+r}$中取出零件。

注意，假设⑥没有对残次品可以修复的次数做出任何限制。换句话说，一个工件将会在系统中持续流通，直到满足质量要求。然而在实际生产中，情况可能并非如此。例如，在许多汽车喷漆车间中，一个作业通常最多只能修复3次。然而，由于返工率$\alpha$通常很小，因此该假设引入的误差可以忽略不计。例如，如果$\alpha=0.2$，则一个零件在3次修复后仍然存在缺陷的概率为0.0016。在这种情况下，假设⑥是适用的。

引入假设⑧是为了避免系统在机器$m_h$处发生死锁。如果机器$m_h$先从主线上游的缓冲区提取工件，则缓冲区$b_{M+r}$可能很快达到其最大容量。这会导致机器$m_k$在短时间内被阻塞，从而引起系统死锁。

## 6.3.2 性能指标

在上述定义的模型框架下，用于评价系统的性能指标定义如下：

① 生产率 $PR(n)$：在第 $n$ 个加工周期中，主线上最后一台机器 $m_M$ 加工完成工件数的期望。

② 消耗率 $CR(n)$：在第 $n$ 个加工周期中，主线上第一台机器 $m_1$ 消耗工件数的期望。

③ 在制品库存水平 $WIP_i(n)$：在第 $n$ 个加工周期中，缓冲区 $b_i(i=1,2,\cdots,M+r)$ 占有量的期望。

④ 机器饥饿率 $ST_i(n)$：在第 $n$ 个加工周期中，机器 $m_i(i=2,3,\cdots,M+r)$ 处于饥饿状态的概率。

⑤ 机器阻塞率 $BL_i(n)$：在第 $n$ 个加工周期中，机器 $m_i(i=1,\cdots,M-1,M+1,\cdots,M+r)$ 处于阻塞状态的概率。

⑥ 完成时间 $CT$：系统加工完成所有工件的期望时间。

## 6.3.3 动态分解聚合分析算法

在实际生产中，主线和返工环中可能存在多台机器。对于这样的复杂系统，在进行马尔可夫建模时，随着机器数量和订单规模的增加，系统状态空间的维度会出现爆炸式增长，从而导致常规的分析方法不再适用。在这种情况下，通常会引入聚合方法来评估多机生产系统的性能。聚合方法的思想是从缓冲区的角度来看待串行生产线，并通过两台参数时变的虚拟伯努利机器来代表缓冲区的上游和下游。这些虚拟伯努利机器的参数是通过解耦其余机器和缓冲区的影响来推导的。本书提出了一种动态的分解和聚合算法，以评估返工线的暂态性能。该算法适用于多机器、多缓冲区的复杂系统，可有效降低状态空间的维度，提高计算效率。

具体来说，返工系统中存在着机器操作的内在耦合，尤其在合并机器和分离机器位置。因此，首先将原始系统分解为多个串行子系统。然后，对于每个子系统，将其聚合为一个具有两个机器和一个缓冲区的双机系统。需要注意的是，每个子系统的聚合过程并不是独立的，特别是在合并和分离位置的聚合是聚合过程的重点。接下来将详细阐述动态分解和聚合算法的过程。

**（1）动态分解过程**

分解过程分为两部分。

第一部分是对返工线结构的分解。考虑如图 6-12 所示的返工生产系统，一种用于稳态分析的分解方法，将返工系统分解为 4 个串行生产线。本节应用并改进了该思想来研究返工系统的动态性能，如图 6-13 所示。引入了 4 台虚拟机器 $m_{1h}$、$m_{3k}$、$m_{4h}$、$m_{4k}$（由虚线圆圈表示）将返工线分解成 4 个串行线。虚拟机器 $m_{li}$ 的下标 $li$ 表示在分解后第 $l$ 条串行线上替换了原始系统中的第 $i$ 台机器。第一条线由机器 $m_1 \sim m_{1h}$ 和缓冲区 $b_1 \sim b_{h-1}$ 组成；第二条线由机器 $m_h \sim m_k$ 和缓冲区 $b_h \sim b_{k-1}$ 组成；第三条线由机器 $m_{3k} \sim m_M$ 和缓冲区 $b_k \sim b_{M-1}$ 组成；第四条线由机器 $m_{4k} \sim m_{4h}$ 和缓冲区 $b_M \sim b_{M+r}$ 组成，位于返工环内。

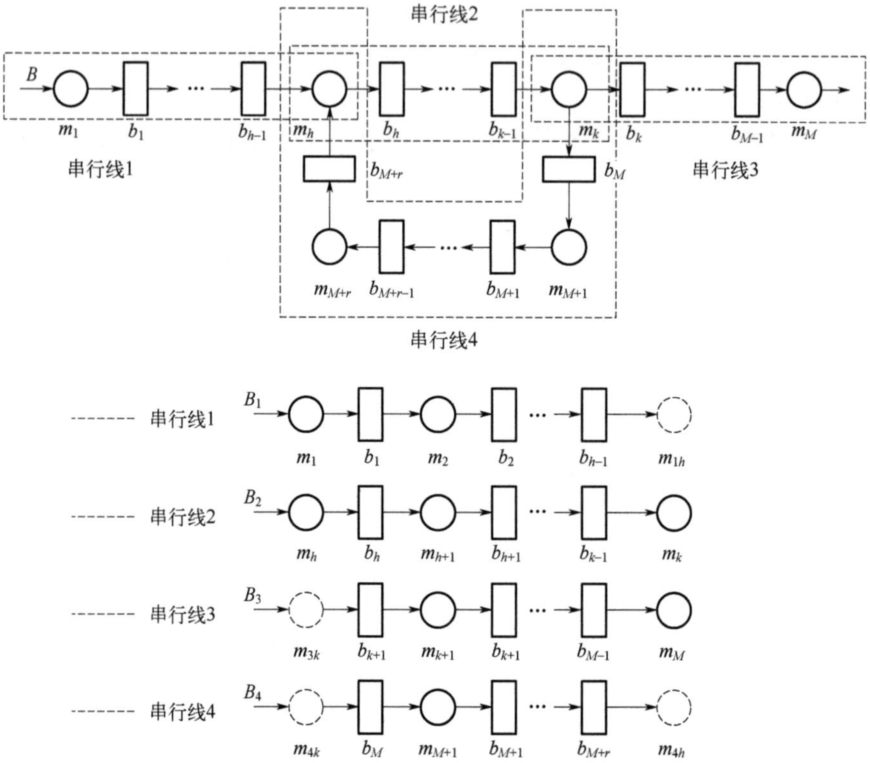


图 6-13　多返工系统结构分解

第二部分是系统状态的分解。根据 6.2.1 节，一个返工系统的系统状态可以用（$\boldsymbol{h}$，$f$）来描述。因此，为了进一步解耦系统状态，即缓冲区占有量 $\boldsymbol{h}$ 和已完成工件数量 $f$，通过对每个分解后的串行线构建 4 条无限原材料辅助串行线以及 $M+r$ 条小批量加工辅助单机线来近似原始返工系统的暂态性能（图 6-14）。4 条无限原材料辅助串行线（包括 4 台虚拟机器）中的机器和缓冲区参数与原始系统相同。此外，小批量加工辅助单机线的参数 $\hat{p}_i(n)$ 是从每个时间槽 $n$ 的辅助串行线动态推导出来的。具体的计算过程在聚合过程中进行了说明。

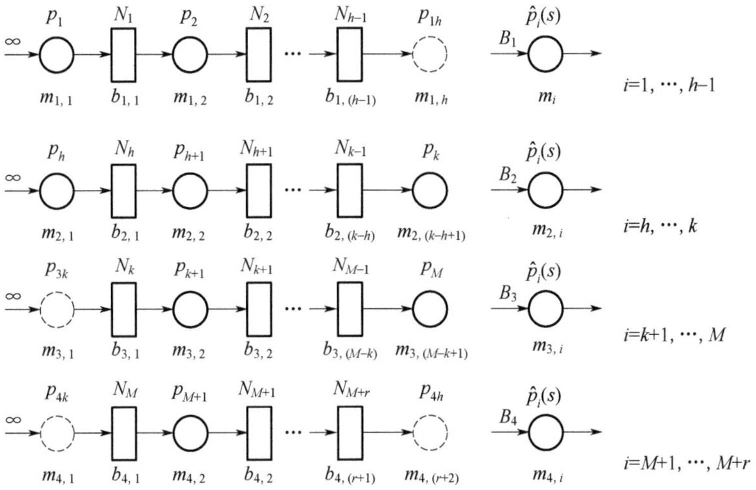

(a) 无限原材料辅助串行线　　(b) 小批量加工辅助单机线

图 6-14　系统状态分解辅助生产线

需要注意，在动态分解过程中，返工系统每个周期都从结构以及状态方面被分解了两次。此外，根据假设⑤，由于残次品的存在，经过每台机器加工的部件并不都等于订单规模 $B$ 。4 条串行辅助线上完工零件的关系总结如下：

$$B_1 = B_3 = B,\quad B_2 - B_4 = B$$

**（2）动态聚合过程**

聚合过程是通过一组效率时变的双机系统来表示串行生产线的工件流动过程（图 6-15）。图 6-15 中， $p_{l,i}^{\mathrm{f}}(n)(l=1,2,\cdots,4)$ 表示机器 $m_{l,i}^{\mathrm{f}}$ 从上游机器和缓冲区提取零部件并放入缓冲区 $b_{l,i}$ 的能力。同样， $p_{l,i+1}^{\mathrm{b}}(n)(l=1,2,\cdots,4)$ 表示机器 $m_{l,i+1}^{\mathrm{b}}$ 从缓冲区 $b_{l,i}$ 提取零部件并放入下游机器和缓冲区的能力。

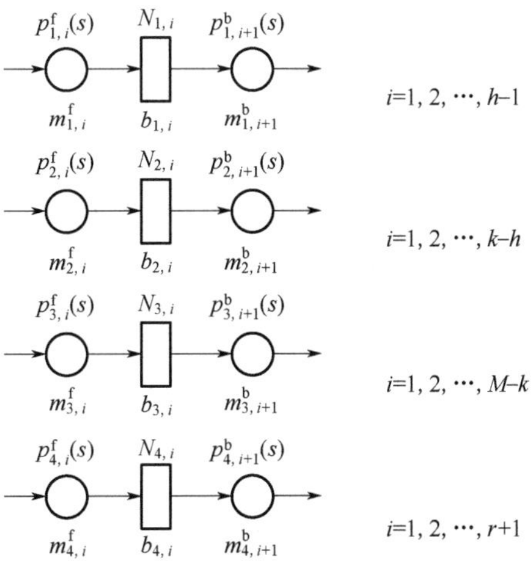


图 6-15　辅助双机系统

基于这些定义，聚合过程的具体步骤如下：

**步骤 1**：初始化辅助生产线。对如图 6-14 所示辅助生产线，设 $\hat{\boldsymbol{x}}_{h_l,j}^{(i)}(n)$ 表示在周期 $n$ 结束时，辅助串行线 $l$ 上第 $i$ 缓冲区占有量为 $j$ 的概率。设 $\hat{\boldsymbol{x}}_{f,j}^{(i)}(n)$ 表示在周期 $n$ 结束时，第 $i$ 个辅助单机线加工完成 $j$ 个工件的概率。

$$\hat{\boldsymbol{x}}_{h_l}^{(i)}(n)=\left[\hat{x}_{h_l,0}^{(i)}(n)\quad \hat{x}_{h_l,1}^{(i)}(n)\quad \cdots\quad \hat{x}_{h_l,N_1}^{(i)}(n)\right]^{\mathrm{T}}$$

$$\hat{\boldsymbol{x}}_{f}^{(i)}(n)=\left[\hat{x}_{f,0}^{(i)}(n)\quad \hat{x}_{f,1}^{(i)}(n)\quad \cdots\quad \hat{x}_{f,B_1}^{(i)}(n)\right]^{\mathrm{T}}$$

那么辅助生产线的初始条件如下：

$$\begin{aligned}
&\hat{x}_{h_l,j}^{(i)}(n)=\begin{cases}1, & j=0\\ 0, & \text{其他}\end{cases}\quad l=1,2,3,4\\
&\hat{x}_{f,j}^{(i)}(n)=\begin{cases}1, & j=0\\ 0, & \text{其他}\end{cases}\quad i=1,2,\cdots,M+r
\end{aligned}\tag{6-11}$$

**步骤 2**：前向聚合。根据前向聚合参数 $p_{l,i}^{\mathrm{f}}(n)$ 的定义，其表示机器 $m_{l,i}^{\mathrm{f}}$ 不会被其上游缓冲区饥饿的概率。因此，$p_{l,i}^{\mathrm{f}}(n)$ 的计算公式如下：

$$\begin{aligned}
&p_{1,i}^{\mathrm{f}}(n)=\begin{cases}p_1, & i=1\\ p_i\left[1-\hat{x}_{h_1,0}^{(i-1)}(n-1)\right], & \text{其他}\end{cases}\\
&p_{2,i}^{\mathrm{f}}(n)=\begin{cases}p_{(i+h-1)}\left[1-\hat{x}_{h_1,0}^{(h-1)}(n-1)\hat{x}_{h_4,0}^{(r+1)}(n-1)\right], & i=1\\ p_{(i+h-1)}\left[1-\hat{x}_{h_2,0}^{(i-1)}(n-1)\right], & \text{其他}\end{cases}\\
&p_{3,i}^{\mathrm{f}}(n)=\begin{cases}\alpha p_k\left[1-\hat{x}_{h_2,0}^{(k-h)}(n-1)\right], & i=1\\ p_{(i+k-1)}\left[1-\hat{x}_{h_3,0}^{(i-1)}(n-1)\right], & \text{其他}\end{cases}\\
&p_{4,i}^{\mathrm{f}}(n)=\begin{cases}(1-\alpha)p_k\left[1-\hat{x}_{h_2,0}^{(k-h)}(n-1)\right], & i=1\\ p_{(i+M-1)}\left[1-\hat{x}_{h_4,0}^{(i-1)}(n-1)\right], & \text{其他}\end{cases}
\end{aligned}\tag{6-12}$$

**步骤 3**：后向聚合。后向聚合参数 $p_{l,i}^{\mathrm{b}}(n)$ 表示机器 $m_{l,i+1}^{\mathrm{b}}$ 不会被下游机器和缓冲区阻塞的概率。因此，$p_{l,i}^{\mathrm{b}}(n)$ 的计算公式如下：

$$p_{3,i}^{\mathrm{b}}(n)=p_{(i+k-1)}\left[1-(1-p_{3,i+1}^{\mathrm{b}}(n))\hat{x}_{h3,N_{i+k-1}}^{(i)}(n-1)\right],\quad i=2,\cdots,M-k$$

$$p_{2,i}^{\mathrm{b}}(n)=p_{(i+h-1)}\left[1-(1-p_{2,i+1}^{\mathrm{b}}(n))\hat{x}_{h_2,N_{i+h-1}}^{(i)}(n-1)\right],\quad i=1,\cdots,k-h$$

$$p_{2,k-h+1}^{\mathrm{b}}(n)=(1-\alpha)p_k\left[1-(1-p_{3,2}^{\mathrm{b}}(n))\hat{x}_{h3,N_k}^{1}(n-1)\right]+\alpha p_k\left[1-(1-p_{4,2}^{\mathrm{b}}(n))\hat{x}_{h_4,N_M}^{1}(n-1)\right]$$

$$p_{4,r+1}^{\mathrm{b}}(n)=p_{(M+r)}\left[1-(1-p_{2,1}^{\mathrm{b}}(n))\hat{x}_{h_4,N_{(M+r)}}^{(r+1)}(n-1)\right]$$

$$
\begin{aligned}
&p_{4,i}^{\mathrm{b}}(n)=p_{(i+M-1)}\left[1-(1-p_{4,i+1}^{\mathrm{b}}(n))\hat{x}_{h_4,N_{i+M-1}}^{(i)}(n-1)\right], \quad i=2,\cdots,r \\
&p_{1,h-1}^{\mathrm{b}}(n)=p_{(h-1)}\left[1-(1-p_{2,1}^{\mathrm{b}}(n)\hat{x}_{h_4,0})\hat{x}_{h_1,N_{h-1}}^{(h-1)}(n-1)\right] \\
&p_{1,i}^{\mathrm{b}}(n)=p_i\left[1-(1-p_{1,i+1}^{\mathrm{b}}(n))\hat{x}_{h_1,N_i}^{(i)}(n-1)\right], \quad i=1,\cdots,h-2
\end{aligned}
\tag{6-13}
$$

**步骤 4：** 计算辅助单机线的机器参数。

$$
\begin{aligned}
&\hat{p}_1(n)=p_{1,1}^{\mathrm{b}}(n) \\
&\hat{p}_h(n)=p_{1,2}^{\mathrm{b}}(n)\left[1-\hat{x}_{h_1,0}^{(h-1)}(n-1)\hat{x}_{h_4,0}^{(r+1)}(n-1)\right] \\
&\hat{p}_i(n)=p_{i,1}^{\mathrm{b}}(n)\left[1-\hat{x}_{h_1,0}^{(i-1)}(n-1)\right], \quad i=2,\cdots,h-1 \\
&\hat{p}_i(n)=p_{i-h+1,2}^{\mathrm{b}}(n)\left[1-\hat{x}_{h_2,0}^{(i-h)}(n-1)\right], \quad i=h+1,\cdots,k \\
&\hat{p}_i(n)=p_{i-k+1,3}^{\mathrm{b}}(n)\left[1-\hat{x}_{h_3,0}^{(i-k)}(n-1)\right], \quad i=k+1,\cdots,M \\
&\hat{p}_i(n)=p_{i-M+1,4}^{\mathrm{b}}(n)\left[1-\hat{x}_{h_4,0}^{(i-M)}(n-1)\right], \quad i=M+1,\cdots,M+r
\end{aligned}
\tag{6-14}
$$

**步骤 5：** 更新辅助双机系统。根据下列公式计算 $\hat{\boldsymbol{x}}_{h_l}^{(i)}(n)$：

$$
\hat{\boldsymbol{x}}_{h_l}^{(i)}(n)=\boldsymbol{A}_2(p_{l,i}^{\mathrm{f}}(n),p_{l,i+1}^{\mathrm{b}}(n),N_i)\hat{\boldsymbol{x}}_{h_l}^{(i)}(n-1), \quad l=1,2,3,4 \tag{6-15}
$$

式中，$\boldsymbol{A}_2$ 是大小为 $(N_i+1)\times(N_i+1)$ 的转移概率矩阵，具体形式如下：

$$
\boldsymbol{A}_2=\begin{bmatrix}
1-p_1 & p_2(1-p_1) & 0 & \cdots & 0 \\
p_1 & 1-p_1-p_2+2p_1p_2 & p_2(1-p_1) & \cdots & 0 \\
0 & p_1(1-p_2) & \ddots & \ddots & \vdots \\
\vdots & \vdots & \ddots & 1-p_1-p_2+2p_1p_2 & p_2(1-p_1) \\
0 & 0 & \cdots & p_1(1-p_2) & p_1p_2+1-p_2
\end{bmatrix}
\tag{6-16}
$$

**步骤 6：** 更新辅助单机线。根据下列公式计算 $\hat{\boldsymbol{x}}_f^{(i)}(n)$：

$$
\hat{\boldsymbol{x}}_f^{(i)}(n+1)=\boldsymbol{A}_f^i(n)\hat{\boldsymbol{x}}_f^{(i)}(n), \ i=1,\cdots,M+r \tag{6-17}
$$

式中，$\boldsymbol{A}_f^i(n)$ 是辅助单机线的转移概率矩阵，具体形式如下：

$$
\boldsymbol{A}_f^i(n)=\begin{bmatrix}
1-p_i & & & & \\
p_i & 1-p_i & & & \\
 & p_i & \ddots & & \\
 & & \ddots & 1-p_i & \\
 & & & p_i & 1
\end{bmatrix}
\tag{6-18}
$$

此外，还需要注意聚合机器和分离机器的聚合参数计算。在前向聚合过程中，$p_{2,1}^{\mathrm{f}}(n)$ 的计算与其他参数不同。考虑机器 $m_h$，它可以从缓冲区 $b_{M+r}$ 和 $b_{h-1}$ 中提取零件。并且，根据 6.3.1 节假设⑧，缓冲区 $b_{4(r+1)}$ 的优先级高于缓冲区 $b_{1(h-1)}$。因此，根据 $p_{2,1}^{\mathrm{f}}(n)$ 的定义，机器 $m_h$ 不饥饿的概率计算公式如下：

$$
\begin{aligned}
p_{2,1}^{\mathrm{f}}(n) &= p_h\left[1-\hat{x}_{h_4,0}^{(r+1)}(n-1)\right]+\hat{x}_{h_4,0}^{(r+1)}(n-1)p_h\left[1-\hat{x}_{h_1,0}^{(h-1)}(n-1)\right] \\
&= p_h-\hat{x}_{h_4,0}^{(r+1)}(n-1)p_h\hat{x}_{h_1,0}^{(h-1)}(n-1) \\
&= p_h\left[1-\hat{x}_{h_4,0}^{(r+1)}(n-1)\hat{x}_{h_1,0}^{(h-1)}(n-1)\right]
\end{aligned} \tag{6-19}
$$

在后向聚合过程中，根据 6.3.1 节假设⑤，工件经过机器 $m_k$ 检测后，有$1-\alpha$的概率被送到缓冲区 $b_k$，有 $\alpha$ 的概率被送到缓冲区 $b_M$。所以，$p_{2,k-h+1}^{\mathrm{b}}(n)$ 的计算公式如式（6-13）所示，其中 $p_{3,2}^{\mathrm{b}}(n)$ 是由边界条件 $p_{3,M-k+1}^{\mathrm{b}}(n)=p_M$ 根据公式计算得到。因此，下一步是求解 $p_{4,2}^{\mathrm{b}}(n)$ 的值。

考虑串行线 4 上的机器 $m_{M+r}$。如果缓冲区 $b_{M+r}$ 为空，则机器 $m_{M+r}$ 不会被阻塞。如果缓冲区 $b_{M+r}$ 不为空，则当缓冲区 $b_{M+r}$ 已满且机器 $m_h$ 停机时，机器 $m_{M+r}$ 将被阻塞。因此，$p_{4,r+1}^{\mathrm{b}}(n)$ 的计算可以由式（6-13）表示。并且，可以从中得出 $p_{4,r+2}^{\mathrm{b}}(n)=p_{2,1}^{\mathrm{b}}$。

与机器 $m_{M+r}$ 相似，机器 $m_{h-1}$ 的后向聚合参数也需要分两种情况进行考虑。如果缓冲区 $b_{M+r}$ 为空，则当缓冲区 $b_{h-1}$ 满时，机器 $m_{h-1}$ 将被机器 $m_h$ 阻塞。如果缓冲区 $b_{M+r}$ 不为空，则只要缓冲区 $b_{h-1}$ 满了，机器 $m_{h-1}$ 就会被阻塞。因此，$p_{1,h-1}^{\mathrm{b}}(n)$ 的计算可以由式（6-13）表示。

从上述后向汇聚过程可以看出，$p_{2,k-h+1}^{\mathrm{b}}(n)$ 与 $p_{3,2}^{\mathrm{b}}(n)$ 和 $p_{4,2}^{\mathrm{b}}(n)$ 有关。$p_{4,2}^{\mathrm{b}}(n)$ 由 $p_{2,1}^{\mathrm{b}}(n)$ 推导得出，而 $p_{2,1}^{\mathrm{b}}(n)$ 的计算与 $p_{2,k-h+1}^{\mathrm{b}}(n)$ 有关。因此，在计算过程中出现了一个迭代问题。解决这个问题的关键是求解 $p_{2,1}^{\mathrm{b}}(n)$。因此，推导出 $p_{2,1}^{\mathrm{b}}(n)$ 的解如下：

$$
\begin{aligned}
Q_{4,i} &= p_{i+M-1}\hat{x}_{h_4,N_{i+M-1}}^{(i)}(n-1) \\
W_{4,i} &= \frac{1-\hat{x}_{h_4,N_{i+M-1}}^{(i)}(n-1)}{\hat{x}_{h_4,N_{i+M-1}}^{(i)}(n-1)} \\
p_{4,2}^{\mathrm{b}}(n) &= p_{2,1}^{\mathrm{b}}(n)\prod_{i=2}^{r+1}Q_{4,i}+\sum_{j=2}^{r+1}\left(\prod_{i=j}^{r+1}Q_{4,i}\right)W_{4,j}
\end{aligned} \tag{6-20}
$$

同样

$$
\begin{aligned}
Q_{3,i} &= p_{i+k-1}\hat{x}_{hz,N_{i+k-1}}^{(i)}(n-1) \\
Q_{2,i} &= p_{i+h-1}\hat{x}_{h_2,N N_{i+h-1}}^{(i)}(n-1) \\
W_{3,i} &= \frac{1-\hat{x}_{h_3,N_{i+k-1}}^{(i+1)}(n-1)}{\hat{x}_{h_3,N_{i+k-1}}^{(i)}(n-1)} \\
W_{2,i} &= \frac{1-\hat{x}_{h_2,N_{i+h-1}}^{(i)}(n-1)}{\hat{x}_{h_2,N_{i+h-1}}^{(i)}(n-1)} \\
p_{3,2}^{\mathrm{b}}(n) &= p_M\prod_{i=2}^{M-k}Q_{3,i}+\sum_{j=2}^{M-k}\left(\prod_{i=j}^{M-k}Q_{3,i}\right)W_{3,j}
\end{aligned} \tag{6-21}
$$

因此，可以根据下列公式计算 $p_{2,1}^{\mathrm{b}}(n)$ 的值。然后，推导每台机器的后向聚合参数：

$$
\begin{aligned}
&p_{2,k-h+1}^{\mathrm{b}}(n)=p_k-(1-\alpha)\left(1-p_{3,2}^{\mathrm{b}}(n)\right)Q_{3,1}-\alpha\left(1-p_{4,2}^{\mathrm{b}}(n)\right)Q_{4,1}\\
&p_{2,1}^{\mathrm{b}}(n)=p_{2,k-h+1}^{\mathrm{b}}(n)\prod_{i=1}^{k-h}Q_{2,i}+\sum_{j=1}^{k-h}\left(\prod_{i=j}^{k-h}Q_{2,i}\right)W_{2,j}
\end{aligned}
\tag{6-22}
$$

## 6.3.4　算法精度

根据分解和聚合算法动态计算的辅助系统参数，可以通过下列公式来评估原始返工系统的暂态性能：

$$
\begin{aligned}
&\widehat{PR}(n)=\left[\hat{p}_M\mathbf{J}_B\quad 0\right]\hat{\boldsymbol{x}}_f^{(M)}(n-1)\\
&\widehat{CR}(n)=\left[\hat{p}_1\mathbf{J}_B\quad 0\right]\hat{\boldsymbol{x}}_f^{(1)}(n-1)\\
&\hat{P}_{CT}=\hat{p}_M(n)\hat{\boldsymbol{x}}_{h_3}^{(M)}(n-1)\\
&\widehat{WIP}_i(n)=\begin{cases}\left[0\quad 1\quad\cdots\quad N_i\right]\hat{\boldsymbol{x}}_{h_1}^{(i)}(n)\left[1-\hat{x}_{f,B_1}^{(i+1)}(n-1)\right]\\\left[0\quad 1\quad\cdots\quad N_i\right]\hat{\boldsymbol{x}}_{h_2}^{(i-h+1)}(n)\left[1-\hat{x}_{f,B_2}^{(i+1)}(n-1)\right]\\\left[0\quad 1\quad\cdots\quad N_i\right]\hat{\boldsymbol{x}}_{h_3}^{(i-k+1)}(n)\left[1-\hat{x}_{f,B_3}^{(i+1)}(n-1)\right]\\\left[0\quad 1\quad\cdots\quad N_i\right]\hat{\boldsymbol{x}}_{h_4}^{(i-M+1)}(n)\left[1-\hat{x}_{f,B_4}^{(i+1)}(n-1)\right]\end{cases}\\
&\widehat{ST}_i(n)=\begin{cases}\left[p_i\quad \mathbf{0}_{N_{i-1}}\right]\hat{\boldsymbol{x}}_{h_1}^{(i-1)}(n-1)\left[1-\hat{x}_{f,B_1}^{(i)}(n-1)\right]\\\left[p_i\quad \mathbf{0}_{N_{i-1}}\right]\hat{\boldsymbol{x}}_{h_2}^{(i-h)}(n-1)\left[1-\hat{x}_{f,B_2}^{(i)}(n-1)\right]\\\left[p_i\quad \mathbf{0}_{N_{i-1}}\right]\hat{\boldsymbol{x}}_{h_3}^{(i-k)}(n-1)\left[1-\hat{x}_{f,B_3}^{(i)}(n-1)\right]\\\left[p_i\quad \mathbf{0}_{N_{i-1}}\right]\hat{\boldsymbol{x}}_{h_4}^{(i-M)}(n-1)\left[1-\hat{x}_{f,B_4}^{(i)}(n-1)\right]\end{cases}\\
&\widehat{ST}_h(n)=\hat{\boldsymbol{x}}_{h_4}^{(1)}(n-1)\left[p_h\quad \mathbf{0}_{N_{h-1}}\right]\hat{\boldsymbol{x}}_{h_1}^{(h-1)}(n-1)\left[1-\hat{x}_{f,B_1}^{h}(n-1)\right]\\
&\widehat{BL}_i(n)=\begin{cases}\left[\mathbf{0}_{N_i}\quad p_i(1-p_{i+1}^{b_1})\right]\hat{\boldsymbol{x}}_{h_1}^{(i)}(n-1)\left[1-\hat{x}_{f,B_1}^{(i)}(n-1)\right]\\\left[\mathbf{0}_{N_i}\quad p_i(1-p_{i-h+2}^{b_2})\right]\hat{\boldsymbol{x}}_{h_2}^{(i-h+1)}(n-1)\left[1-\hat{x}_{f,B_2}^{(i)}(n-1)\right]\\\left[\mathbf{0}_{N_i}\quad p_i(1-p_{i-k+2}^{b_3})\right]\hat{\boldsymbol{x}}_{h_3}^{(i-k+1)}(n-1)\left[1-\hat{x}_{f,B_3}^{(i)}(n-1)\right]\\\left[\mathbf{0}_{N_i}\quad p_i(1-p_{i-M+2}^{b_4})\right]\hat{\boldsymbol{x}}_{h_4}^{(i-M+1)}(n-1)\left[1-\hat{x}_{f,B_4}^{(i)}(n-1)\right]\end{cases}\\
&\widehat{BL}_k(n)=\left((1-\alpha)\left[\mathbf{0}_{N_k}\quad p_k(1-p_2^{b_3})\right]\hat{\boldsymbol{x}}_{h_3}^{(1)}(n-1)+\alpha\left[\mathbf{0}_{N_k}\quad p_k(1-p_2^{b_4})\right]\right)\hat{\boldsymbol{x}}_{h_3}^{(k)}(n-1)
\end{aligned}
\tag{6-23}
$$

为了研究上述性能近似方法的准确性，本节进行了数值实验，分析了不同数量机器的伯努利返工线，其中，机器数量从 $M\in\{6,7,9,11,13\}$ 中选取。然后，对于每个 $M$ 机器系统，生成了 10000 个生产线。此外，系统参数从 $p_i\in(0.7,1)$,

$N_i \in 3,4,\cdots,10, B \in [50,150], \alpha \in (0,0.2)$ 中随机等概率选择。

对于以上构建的每个生产线，其性能近似值是通过公式计算得出的。为了进行比较，使用 C 语言编写了一个仿真程序来估计性能指标的真实值。对每个生成的生产线运行了 10000 次仿真，得到了置信区间：$PR(n)$ 的置信区间小于 0.01，$CR(n)$ 的置信区间小于 0.005，$WIP_i(n)$ 的置信区间小于 0.05，$ST_i$ 和 $BL_i$ 的置信区间小于 0.02，$CT_i$ 的置信区间小于 0.03。为了定量评估暂态性能指标的近似精度，根据以下公式计算每条生产线的平均近似误差：

$$\delta_{PR} = \frac{1}{T}\sum_{n=1}^{T}\frac{\left|\widehat{PR}(n) - PR_{\text{sim}}(n)\right|}{PR_{\text{ss}}}\times 100\%$$

$$\delta_{CR} = \frac{1}{T}\sum_{n=1}^{T}\frac{\left|\widehat{CR}(n) - CR_{\text{sim}}(n)\right|}{CR_{\text{ss}}}\times 100\%$$

$$\delta_{WIP} = \frac{\displaystyle\sum_{i=1}^{M+r}\sum_{n=1}^{T}\frac{\left|WIP_i(n) - \widehat{WIP}_i^{\text{sim}}(n)\right|}{N_i}\times 100\%}{(M+r)T} \tag{6-24}$$

$$\delta_{ST} = \frac{1}{(M+r)T}\sum_{i=2}^{M+r}\sum_{n=1}^{T}\left|\widehat{ST}_i(n) - ST_i^{\text{sim}}(n)\right|$$

$$\delta_{BL} = \frac{1}{(M+r)T}\sum_{i=1}^{M+r-1}\sum_{n=1}^{T}\left|\widehat{BL}_i(n) - BL_i^{\text{sim}}(n)\right|$$

式中，$PR_{\text{ss}}$ 和 $CR_{\text{ss}}$ 是系统在稳态下的生产率和消耗率，通过仿真计算得到。精度实验的结果由图 6-16 所示的箱线图进行展示。可以看到，近似误差 $\delta_{PR}$、$\delta_{CR}$、$\delta_{WIP}$ 通常在 1%以下，对于小的 $M$ 值有一些离群值达到 4%。$\delta_{ST}$ 和 $\delta_{BL}$ 通常在 0.5%和 2.5%以下。平均完成时间的近似精度基于以下公式进行评估：

$$\delta_{CT} = \frac{\left|\widehat{CT} - CT^{\text{sim}}\right|}{CT^{\text{sim}}}\times 100\% \tag{6-25}$$

可以看出，完成时间近似误差的中位数也低于 3%。

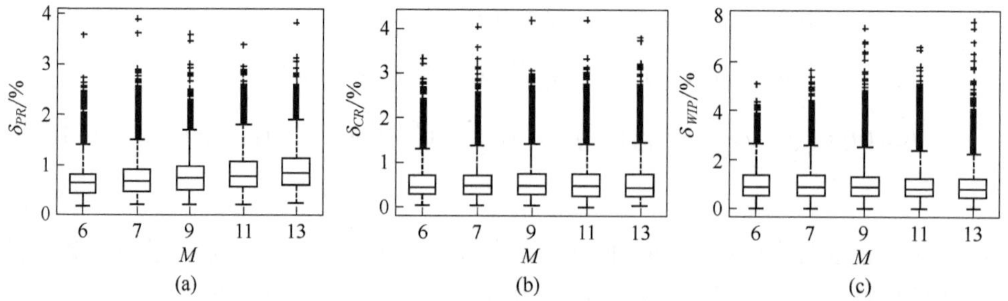

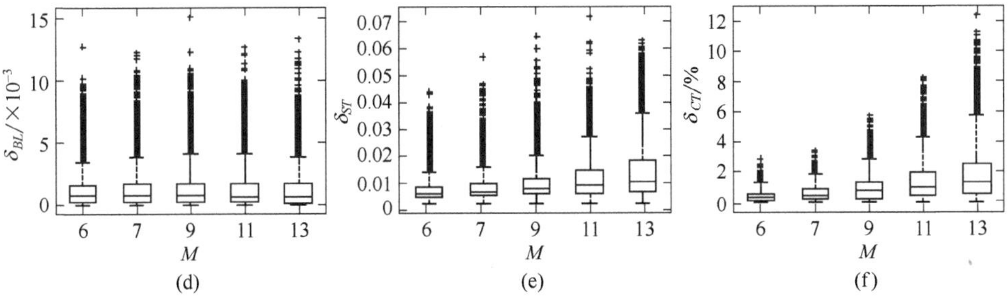


图 6-16　各性能指标平均近似误差

本节通过一个数值案例来展示所提出的近似算法的可行性。考虑一条九机返工生产线。机器效率、返工率、缓存容量和订单规模都是随机生成的，如表 6-2 所示。主线上的机器数量以及合并和分离机器的位置也是随机生成的，$M$=5，$h$=3，$k$=4。图 6-17 给出了系统的暂态性能指标，其中虚线是仿真结果，实线是所提出动态分解和聚合算法计算得到的。从图 6-17 中可以看出，近乎整个生产期间，所提出的近似算法能够高精度跟踪返工系统的暂态性能指标。

**表 6-2　数值案例系统参数**

| 参数 | $\alpha$ | $p_1$ | $p_2$ | $p_3$ | $p_4$ | $p_5$ | $p_6$ | $p_7$ | $p_8$ | $p_9$ |
|---|---|---|---|---|---|---|---|---|---|---|
| 数值 | 0.18 | 0.91 | 0.88 | 0.74 | 0.95 | 0.77 | 0.93 | 0.79 | 0.84 | 0.80 |
| 参数 | $B$ | $N_1$ | $N_2$ | $N_3$ | $N_4$ | $N_5$ | $N_6$ | $N_7$ | $N_8$ | $N_9$ |
| 数值 | 135 | 5 | 7 | 12 | 15 | 8 | 11 | 13 | 12 | 3 |

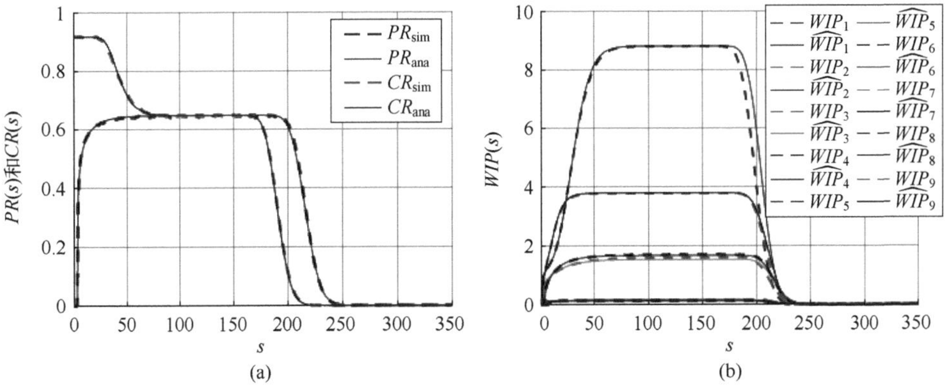


图 6-17

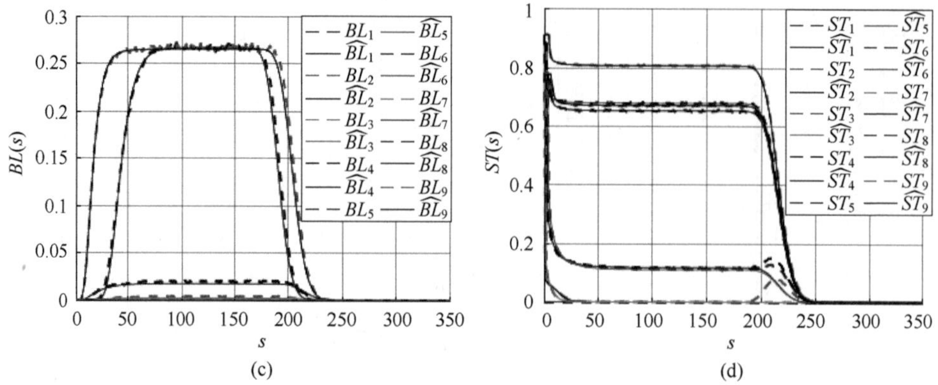


图 6-17　九机返工线暂态性能指标（见书后彩插）

## 6.3.5 软件设计

针对包含不可靠机器和有限缓冲区的小批量返工生产系统性能预测问题，基于上述分析，本节设计了用于求解该问题的软件，软件的界面如图 6-18 所示。此软件主要包括两部分：系统输入参数和系统性能指标。

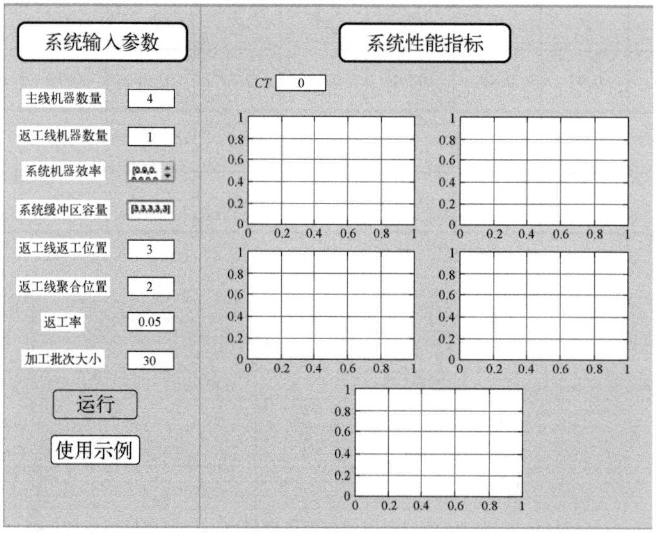


图 6-18　软件界面

在使用该软件之前需要输入系统参数，对于小批量返工生产系统而言，需要输入的系统参数如下。

① 主线机器数量：返工生产系统主线上机器的数量。

② 返工线机器数量：返工生产系统返工线上机器的数量。

③ 系统机器效率：返工生产系统中所有机器的机器效率，输入格式为向量。

④ 系统缓冲区容量：返工生产系统中所有缓冲区的容量，输入格式为向量。

⑤ 返工线返工位置：返工生产系统中残次品进入返工线的位置，也是质量检测机器的位置。

⑥ 返工线聚合位置：返工生产系统中残次品从返工线重新汇入主线的位置。

⑦ 返工率：经过检测机器 $m_k$ 加工后，一个工件有缺陷需要进行返修的概率。

⑧ 加工批次大小：一个批次加工的数量。

另一部分是系统的性能指标，定义如下。

① 生产率 $PR(n)$：在第 $n$ 个加工周期中，主线上最后一台机器 $m_M$ 加工完成工件数的期望。

② 消耗率 $CR(n)$：在第 $n$ 个加工周期中，主线上第一台机器 $m_1$ 消耗工件数的期望。

③ 在制品库存水平 $WIP_i(n)$：在第 $n$ 个加工周期中，缓冲区 $b_i(i=1,\cdots,M+r)$ 占有量的期望。

④ 机器饥饿率 $ST_i(n)$：在第 $n$ 个加工周期中，机器 $m_i(i=2,\cdots,M+r)$ 处于饥饿状态的概率。

⑤ 机器阻塞率 $BL_i(n)$：在第 $n$ 个加工周期中，机器 $m_i(i=1,\cdots,M-1,M+1,\cdots,M+r)$ 处于阻塞状态的概率。

⑥ 完成时间 $CT$：系统加工完成所有工件的期望时间。

软件的使用方法具体为：将定制化返工生产线相关参数输入软件的系统参数部分，之后单击“运行”或者“使用示例”按钮，即可得到此生产系统暂态性能指标的变化曲线。示例结果展示如图 6-19 所示。

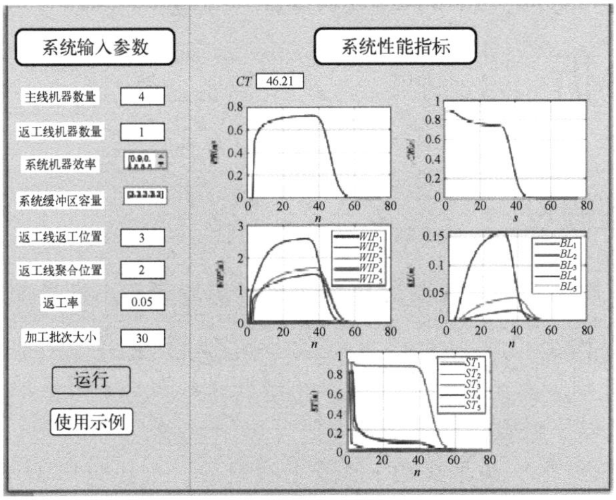


(a)

图 6-19

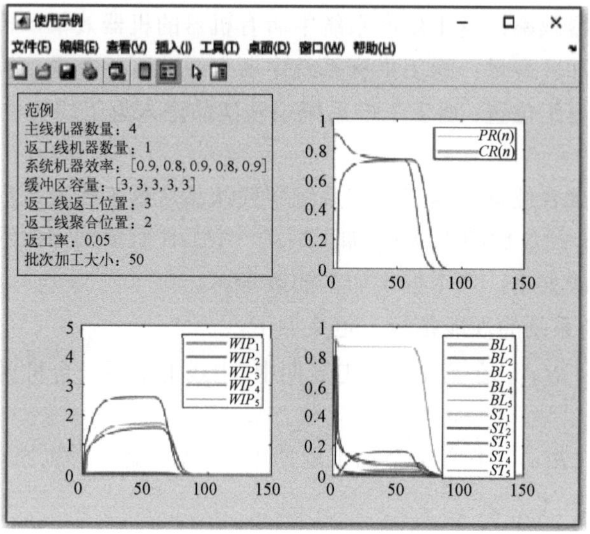


(b)

图 6-19　软件运行示例图

本章研究了应用伯努利随机故障机器和有限缓冲区的小批量多机返工生产系统的暂态性能。首先，提出了一种动态的分解和聚合算法，解决了马尔可夫方法不适用于多机系统分析的问题。然后，解决了由返工生产线结构引起的复杂迭代问题。最后，基于所提出算法推导了暂态情况下的性能指标计算公式，并且与仿真结果进行比较，验证了所提出的分析方法具有高准确性和计算效率。

# 6.4　动态分解聚合的多返工生产系统性能分析

## 6.4.1　模型假设

本章考虑应用伯努利随机故障机器、有限缓冲区和小批量加工的多返工生产系统，如图 6-20 所示。

图 6-20 中，圆形表示机器，矩形表示缓冲区，为了确定多返工系统的数学描述，本章做出了以下假设：

① 该生产系统由一条主线和 $l$ 条返工线组成。主线包括 $M$ 台机器和 $M-1$ 个缓冲区，返工线 $i(i=1,2,\cdots,l)$由 $r_i$ 台机器和 $r_i+1$ 个缓冲区构成。每条返工线和主

线都有两个重叠的机器，称为分离机器和合并机器，分别用集合 $\boldsymbol{M}_s$ 和 $\boldsymbol{M}_v$ 表示。

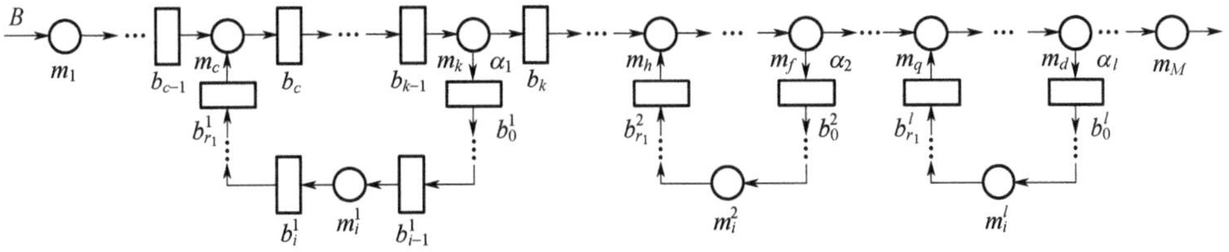


图 6-20 多返工生产线

② 所有机器都有恒定和相同的加工周期时间 $\tau$，并且时间轴按照 $\tau$ 划分。在一个机器周期内，机器 $m_i\left(i=1,2,\cdots,M+\sum_{j=1}^{l}r_j\right)$ 有概率 $p_i$ 生产出一个零件，即所有机器符合伯努利可靠性模型。机器的状态在每个周期开始时确定。

③ 每个缓冲区 $b_i\left(i=1,2,\cdots,M+l-1+\sum_{j=1}^{l}r_j\right)$ 的容量 $N_i$ 都是有限的，$0<N_i<\infty$。缓冲区的占有量在每个周期结束时才变化，并且变化的范围不会超过 1。

④ 每台分离机器 $m_i(m_i\in\boldsymbol{M}_s)$ 都是检测机器。由于生产故障以及原材料的缺陷等问题，一个工件在加工过程中有概率 $\alpha_i(0<\alpha_i<1,i=1,2,\cdots,l)$ 变为残次品，并在被检测出后送入返工线进行返修加工。例如，当缓冲区 $b_0^1$ 未满时，经过检测机器 $m_k$ 的残次品会被送入返工线 1 的第一个缓冲区 $b_0^1$ 进行返修。参数 $\alpha_i$ 称为返工线 $i$ 上的返工率。

⑤ 在第 $n$ 个加工周期开始时，如果机器 $m_i\left(i=1,2,\cdots,M+\sum_{j=1}^{l}r_j\right)$ 处于工作状态，并且所有上游缓冲区的占有量在第 $n-1$ 个加工周期结束时为 0，则该机器在第 $n$ 个加工周期处于饥饿状态。例如，机器 $m_c$ 会由于缓冲区 $b_{c-1}$ 和缓冲区 $b_{r_1}^1$ 的占有量都为空而饥饿。第一台机器不会处于饥饿状态。

⑥ 在第 $n$ 个加工周期开始时，如果机器 $m_i\left(i=1,2,\cdots,M+\sum_{j=1}^{l}r_j\right)$ 处于工作状态，其下游缓冲区的占有量在第 $n-1$ 个加工周期结束时已满，并且其下游机器处于故障状态，则该机器在第 $n$ 个加工周期处于阻塞状态。以分离机器 $m_k$ 为例，工件经过 $m_k$ 有 $\alpha_1$ 概率送入返工线返修，那么 $m_k$ 会由于缓冲区 $b_0^1$ 已满并且机器 $m_1^1$ 故障而被阻塞；同理，工件经过 $m_k$ 有 $1-\alpha_1$ 概率送入主线继续加工，那么 $m_k$ 会由于缓冲区 $b_k$ 已满并且机器 $m_{k+1}$ 故障而被阻塞。最后一台机器不会处于阻塞状态。

⑦ 对于聚合机器 $m_i(m_i\in\boldsymbol{M}_v)$，返工线上返修的工件比主线上的工件优先级更高。例如，在返工线 1 中，当缓冲区 $b_{r_1}^1$ 的占有量不为 0 时，聚合机 $m_c$ 会优先

加工缓冲区 $b_{r_1}^1$ 的工件，只有当缓冲区 $b_{r_1}^1$ 的占有量为 0 时，$m_c$ 才会加工缓冲区 $b_{c-1}$ 中的工件。

⑧ 该生产系统基于订单规模为 $B$ 的小批量生产模式，主线上每台机器加工完成 $B$ 个质量合格的工件后立即停止运行，返工回路中的机器在最后一个残次品返修完成后立即停止工作。

假设⑦是为了避免系统出现死锁现象。如果聚合机器 $m_c$ 优先加工缓冲区 $b_{c-1}$ 中的工件，那么经过机器 $m_k$ 检测出的残次品会堆积在返工线 1 中，导致缓冲区 $b_{r_1}^1$ 迅速被填满。随着加工过程的进行，返工线 1 中的缓冲区都会被填满，此时当机器 $m_k$ 检测出残次品时，机器 $m_k$ 就会被阻塞，导致整个系统出现死锁现象。

## 6.4.2 性能指标

在上述定义的模型框架下，用于评价系统的性能指标定义如下。

① 生产率 $PR(n)$：在第 $n$ 个加工周期中，主线上最后一台机器 $m_M$ 加工完成工件数的期望。

② 消耗率 $CR(n)$：在第 $n$ 个加工周期中，主线上第一台机器 $m_1$ 消耗工件数的期望。

③在制品库存水平 $WIP_i(n)$：在第 $n$ 个加工周期中，缓冲区 $b_i$ $\left(i=1,2,\cdots,M+l-1+\sum_{j=1}^{l}r_j\right)$ 占有量的期望。

④ 机器饥饿率 $ST_i(n)$：在第 $n$ 个加工周期中，机器 $m_i(i=2,3,\cdots,M+\sum_{j=1}^{l}r_j)$ 处于饥饿状态的概率。

⑤ 机器阻塞率 $BL_i(n)$：在第 $n$ 个加工周期中，机器 $m_i(i\neq M)$ 处于阻塞状态的概率。

⑥ 完成时间 $CT$：系统加工完成所有工件的期望时间。

## 6.4.3 过程建模及动态分解聚合算法

为了更清楚地阐述多返工线的建模过程和求解分析，本章以图 6-21 所示的双返工生产线作为基本模型进行分析，分析结果可以直接拓展到多返工结构。

**（1）分解聚合过程**

考虑如图 6-21 所示的双返工生产线，由 $M+r_1+r_2$ 台机器和 $M+1+r_1+r_2$ 个缓冲区组成。定义 $\boldsymbol{h}(n)$ 表示缓冲区 $b_i$ 在第 $n$ 个加工周期结束时的占有量，$\boldsymbol{h}(n)=\left[h_1(n),\cdots,h_{M+1+r_1+r_2}(n)\right]$。定义 $f(n)$ 表示主线上最后一台机器在第 $n$ 个加工周

期结束时已经加工完成的工件数。因此，系统的状态变量可以由$(\boldsymbol{h}(n), f(n))$表征。在生产系统相关文献中，通常采用马尔可夫分析方法构建系统的数学模型，但是马尔可夫分析方法的状态转移矩阵维数会随着机器和缓冲区数量的增加而呈指数增长，该方法只适用于系统规模较小的场景。所以，本章提出一种动态的分解和聚合算法对多返工系统进行建模和分析。首先采用重叠分解法对系统结构进行分解，重叠分解法的核心思想是基于耦合位置将返工系统分解为若干个串行线系统，然后对结构分解后得到的串行线系统进行系统状态分解，得到一系列辅助生产线，最后采用聚合算法将辅助生产线聚合成双机系统，进行性能指标求解。

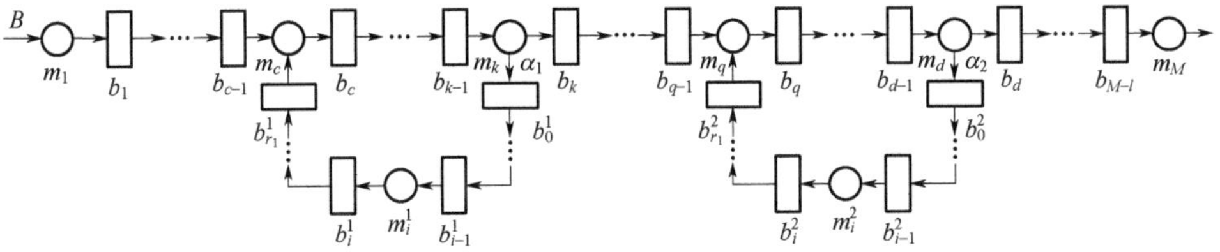

图 6-21　双返工生产线

返工系统中机器之间的操作有很强的内部耦合，特别是合并机器和分离机器操作处。为此，本章首先采用重叠分解法将如图 6-21 所示的双返工系统进行结构分解成 7 条小批量加工的串行线，分解结果如图 6-22 所示。串行线 1 由机器$m_1$到聚合机器$m_c$和缓冲区$b_1 \sim b_{c-1}$组成，串行线 2 由聚合机器$m_c$到分离机器$m_k$和缓冲区$b_c \sim b_{k-1}$组成，串行线 3 由分离机器$m_k$到聚合机器$m_q$和缓冲区$b_k \sim b_{q-1}$组成，串行线 4 由聚合机器$m_q$到分离机器$m_d$和缓冲区$b_q \sim b_{d-1}$组成，串行线 5 由分离机器$m_d$到机器$m_M$和缓冲区$b_d \sim b_{M-1}$组成，串行线 6 由分离机器$m_k$到聚合机器$m_c$和缓冲区$b_0^1 \sim b_{r_1}^1$组成，串行线 7 由分离机器$m_d$到聚合机器$m_q$和缓冲区$b_0^2 \sim b_{r_2}^2$组成。需要注意的是，系统结构分解并没有消除系统内部的耦合，分离机器和聚合机器在多条串行线上重复出现，但是其在不同串行线上的机器效率是不同的，具体的分析推导在聚合过程中会详细说明。

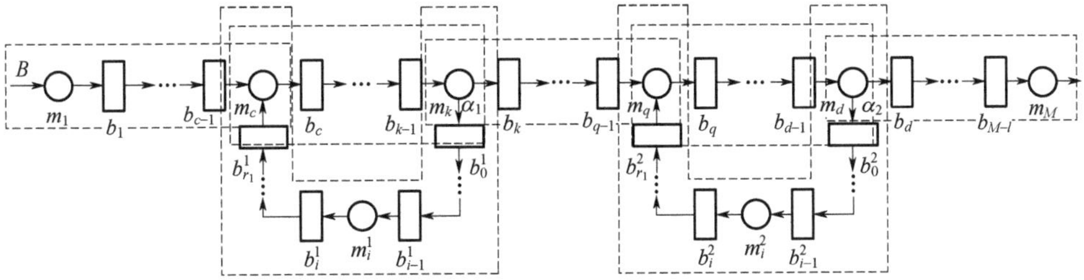

图 6-22　双返工生产线分解示意图

然后，对结构分解后得到的 7 条小批量加工的串行线进行系统状态分解，通过构建7条无限原材料辅助串行线和 $M+r_1+r_2$ 条小批量加工的辅助单机线来实现系统状态 $(\boldsymbol{h}(n),f(n))$ 的解耦。以串行线1为例，构造的辅助线如图6-23所示。在每个加工周期中，无限加工辅助串行线的系统参数与原返工系统相同，批量加工辅助单机线的机器参数 $\hat{p}_i(n)$ 表示机器 $\hat{m}_i$ 处于工作状态且既不饥饿也不阻塞的概率，于聚合过程中推导得到。需要注意的是，根据假设④，由于存在残次品，每台机器加工完成的工件数量并不都等于批次大小 $B$。结构分解后7条串行线的加工批次大小关系如下：

$$B_1=B_3=B_5=B,\quad B_2-B_6=B,\quad B_4-B_7=B$$

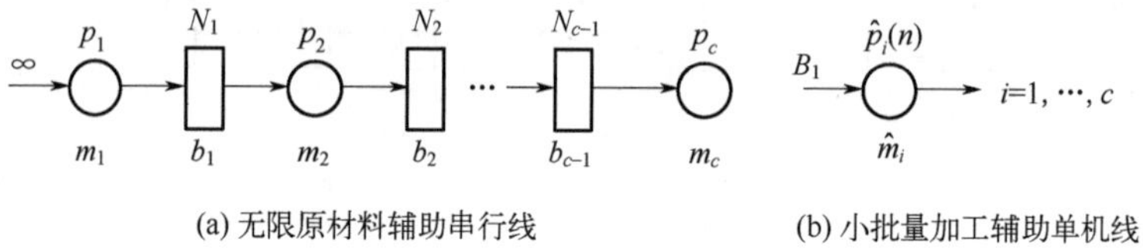


图6-23　串行线1系统状态分解辅助生产线

聚合算法从缓冲区的角度来看待整个生产线，通过前向聚合和后向聚合将缓冲区上游和下游用两台机器效率时变的虚拟机器表示。对于每条无限加工的辅助串行线都可以通过聚合算法近似等效成一条辅助双机线，以串行线1为例，等效结果如图6-24所示。对于辅助双机线，定义参数 $p_i^{\mathrm{f}}\left(i=1,\cdots,M+\sum_{j=1}^{l}r_j\right)$，表示虚拟机器 $m_i^{\mathrm{f}}$ 从缓冲区 $b_i$ 上游提取工件放入 $b_i$ 的能力，定义参数 $p_i^{\mathrm{b}}\left(i=1,\cdots,M+\sum_{j=1}^{l}r_j\right)$，表示虚拟机器 $m_{i+1}^{\mathrm{b}}$ 从 $b_i$ 中提取工件后放入缓冲区下游的能力。基于以上定义，双返工系统的聚合过程如下：

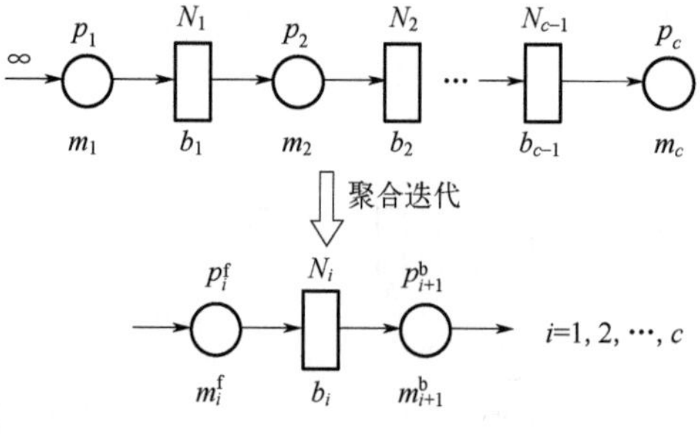


图6-24　串行线1聚合迭代示意图

**步骤1**：定义辅助双机线的系统状态并初始化系统状态。定义 $\hat{x}_{h,j}^{i}(n)$ 表示在第 $n$ 个加工周期开始时，辅助双机线 $i$ 的缓冲区占有量为 $j$。

$$\hat{\boldsymbol{x}}_{h,\,j}^{i}(n)=\left[\hat{x}_{h,0}^{i}(n),\hat{x}_{h,1}^{i}(n),\cdots,\hat{x}_{h,N_i}^{i}(n)\right] \tag{6-26}$$

定义 $\hat{x}_{f,j}^{i}(n)$ 表示在第 $n$ 个加工周期结束时，辅助双机线 $i$ 加工完成了 $j$ 个工件。

$$\hat{\boldsymbol{x}}_{f,\,j}^{i}(n)=\left[\hat{x}_{f,0}^{i}(n),\hat{x}_{f,1}^{i}(n),\cdots,\hat{x}_{f,B_i}^{i}(n)\right] \tag{6-27}$$

$\hat{x}_{h,j}^{i}(n)$ 和 $\hat{x}_{f,j}^{i}(n)$ 的初始状态如下：

$$\begin{aligned}&\hat{x}_{h,j}^{i}(n)=\begin{cases}1, & j=0\\ 0, & 其他\end{cases}\ i=1,2,\cdots\\ &\hat{x}_{f,j}^{i}(n)=\begin{cases}1, & j=0\\ 0, & 其他\end{cases}\ i=1,2,\cdots\end{aligned} \tag{6-28}$$

**步骤 2**：计算辅助双机线的前向聚合参数 $p_i^{\mathrm{f}}(n)$。根据前向聚合参数的定义，$p_i^{\mathrm{f}}(n)$ 表示在第 $n$ 个加工周期开始时，机器 $m_i$ 工作且不饥饿的概率。当机器 $m_i$ 不是聚合机器时，$p_i^{\mathrm{f}}(n)$ 的计算公式如下：

$$p_i^{\mathrm{f}}(n)=p_i\left[1-\hat{x}_{h,0}^{i-1}(n-1)\right],\quad i\notin \boldsymbol{M}_v \tag{6-29}$$

而当机器 $m_i$ 是聚合机器时，机器 $m_i$ 可以从主线提取工件，也可以从缓冲区中提取工件，所以 $p_i^{\mathrm{f}}(n)$ 的计算公式为

$$\begin{aligned}&p_c^{\mathrm{f}}(n)=p_c\left[1-\hat{x}_{h,0}^{c-1}(n)\hat{x}_{h,0}^{M+r_1}(n-1)\right]\\ &p_q^{\mathrm{f}}(n)=p_c\left[1-\hat{x}_{h,0}^{q-1}(n)\hat{x}_{h,0}^{M+1+r_1+r_2}(n-1)\right]\end{aligned} \tag{6-30}$$

**步骤 3**：计算辅助双机线的后向聚合参数 $p_i^{\mathrm{b}}(n)$。根据后向聚合参数的定义，$p_i^{\mathrm{b}}(n)$ 表示在第 $n$ 个加工周期开始时，机器 $m_i$ 工作且不阻塞的概率。当机器 $m_i$ 不是分离机器时，$p_i^{\mathrm{b}}(n)$ 的计算公式如下：

$$\begin{aligned}&p_M^{\mathrm{b}}(n)=p_M\\ &p_i^{\mathrm{b}}(n)=p_i\left[1-(1-p_{i+1}^{\mathrm{b}}(n))\hat{x}_{h,N_i}^{i}(n-1)\right],\quad i\notin \boldsymbol{M}_s且i\neq M,c-1,q-1\end{aligned} \tag{6-31}$$

而当机器 $m_i$ 是分离机器时，机器 $m_i$ 可能会被主线阻塞，也可能会被返工线阻塞，所以 $p_i^{\mathrm{f}}(n)$ 的计算公式为

$$\begin{aligned}&p_k^{\mathrm{b}}(n)=(1-\alpha_1)p_k\left[1-(1-p_{k+1}^{\mathrm{b}}(n))\hat{x}_{h,N_k}^{k}(n-1)\right]+\alpha_1 p_k\left[1-(1-p_{M+1}^{\mathrm{b}}(n))\hat{x}_{h,N_M}^{M}(n-1)\right]\\ &p_d^{\mathrm{b}}(n)=(1-\alpha_2)p_d\left[1-(1-p_{d+1}^{\mathrm{b}}(n))\hat{x}_{h,N_d}^{d}(n-1)\right]+\alpha_2 p_d\left[1-(1-p_{M+1+r_1}^{\mathrm{b}}(n))\hat{x}_{h,N_{M+1+r_1}}^{M+1+r_1}(n-1)\right]\end{aligned} \tag{6-32}$$

此外，由假设⑦可知，聚合机器优先从返工线中提取工件，所以聚合机器在主线上的上游机器的后向聚合参数计算公式为：

$$
\begin{aligned}
p_{c-1}^{\mathrm{b}}(n) &= p_{c-1}\left[1-\left(1-p_c^{\mathrm{b}}(n)\hat{x}_{h,0}^{M+r_1}(n-1)\right)\hat{x}_{h,N_{c-1}}^{c-1}(n-1)\right] \\
p_{q-1}^{\mathrm{b}}(n) &= p_{q-1}\left[1-\left(1-p_q^{\mathrm{b}}(n)\hat{x}_{h,0}^{M+1+r_1+r_2}(n-1)\right)\hat{x}_{h,N_{q-1}}^{q-1}(n-1)\right]
\end{aligned} \tag{6-33}
$$

**步骤 4**：计算辅助单机线的机器效率 $\hat{p}_i(n)$，根据 $\hat{p}_i(n)$ 的定义可得机器 $m_i$ 既不饥饿也不阻塞的概率为

$$
\begin{aligned}
&\hat{p}_1(n) = p_1^{\mathrm{b}}(n) \\
&\hat{p}_c(n) = p_c^{\mathrm{b}}(n)\left[1-\hat{x}_{h,0}^{c-1}(n)\hat{x}_{h,0}^{M+r_1}(n-1)\right] \\
&\hat{p}_q(n) = p_q^{\mathrm{b}}(n)\left[1-\hat{x}_{h,0}^{q-1}(n)\hat{x}_{h,0}^{M+1+r_1+r_2}(n-1)\right] \\
&\hat{p}_i(n) = p_i^{\mathrm{b}}(n)\left[1-\hat{x}_{h,0}^{i-1}(n-1)\right],\quad i \neq 1,c,q
\end{aligned} \tag{6-34}
$$

**步骤 5**：更新辅助双机线的系统状态：

$$
\hat{\boldsymbol{x}}_h^i(n) = \boldsymbol{A}\left(p_i^{\mathrm{f}}(n), p_{i+1}^{\mathrm{b}}(n), N_i\right)\hat{\boldsymbol{x}}_h^i(n-1) \tag{6-35}
$$

式中，$\boldsymbol{A}$ 为大小是 $(N_i+1)\times(N_i+1)$ 的系统状态转移概率矩阵，具体的表达式如下式所示：

$$
\boldsymbol{A}_2(p_1,p_2) = \begin{bmatrix}
1-p_1 & p_2(1-p_1) & 0 & \cdots & 0 \\
p_1 & (1-p_1)(1-p_2)+p_1p_2 & p_2(1-p_1) & \cdots & 0 \\
0 & p_1(1-p_2) & \ddots & \ddots & \vdots \\
\vdots & \vdots & \ddots & (1-p_1)(1-p_2)+p_1p_2 & p_2(1-p_1) \\
0 & 0 & \cdots & p_1(1-p_2) & p_1p_2+1-p_2
\end{bmatrix} \tag{6-36}
$$

**步骤 6**：更新辅助单机线的系统状态：

$$
\hat{\boldsymbol{x}}_f^i(n) = \boldsymbol{A}_f(\hat{p}_i(n))\hat{\boldsymbol{x}}_f^i(n-1) \tag{6-37}
$$

式中，$\boldsymbol{A}_f$ 为单机系统状态转移概率矩阵，矩阵大小为所 $(B_i+1)\times(B_i+1)$，表达式如下式所示：

$$
\boldsymbol{A}_f = \begin{bmatrix}
1-\hat{p}_i(n) & & & & \\
\hat{p}_i(n) & 1-\hat{p}_i(n) & & & \\
& \hat{p}_i(n) & \ddots & & \\
& & \ddots & 1-\hat{p}_i(n) & \\
& & & \hat{p}_i(n) & 1
\end{bmatrix} \tag{6-38}
$$

**步骤 7**：令 $n=n+1$，返回步骤 2 进行下一次聚合迭代。

需要注意的是，在后向聚合过程中，由于返工结构的存在，会出现一种“互锁”现象。例如，在返工线 2 中，要求解 $p_d^{\mathrm{b}}(n)$，需要求解 $p_q^{\mathrm{b}}(n), p_q^{\mathrm{b}}(n)$ 由 $p_{M+1+r_1}^{\mathrm{b}}(n)$ 推导得到，而 $p_{M+1+r_1}^{\mathrm{b}}(n)$ 是由 $p_d^{\mathrm{b}}(n)$ 计算得到的，这就构成了一个 $f(x)=x$ 的一阶不

动点问题。对于这一问题，本节采用了不动点迭代算法来求解返工环机器的后向聚合参数，算法流程如图 6-25 所示。算法的迭代次数与 $p_d^{\mathrm{b}}(n)$ 的初始化相关，实验结果表明，迭代算法通常在 10 步内就会收敛，因此不动点迭代算法在计算返工线机器的后向聚合参数时具有较高的计算效率。

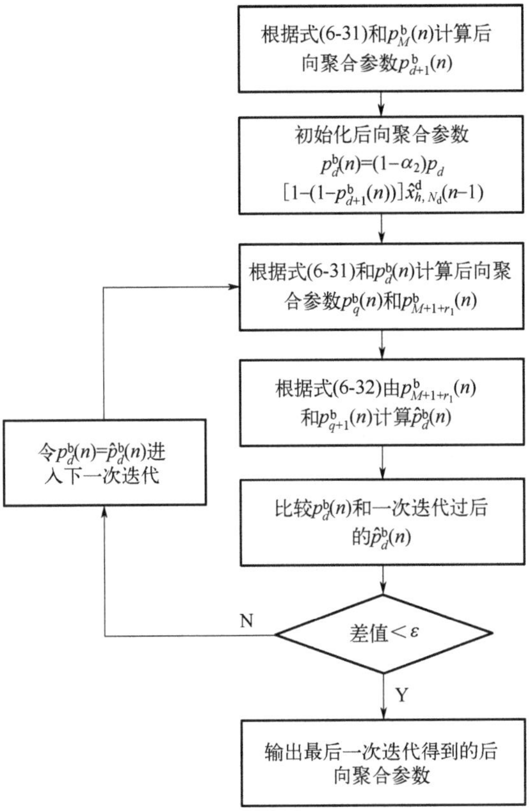


图 6-25　不动点迭代算法流程图

**（2）性能分析**

在每个加工周期中，根据辅助双机线和辅助单机线的机器参数可以近似评估原始多返工系统的暂态性能，暂态性能指标的计算公式推导如下：

$$
\begin{aligned}
&\widehat{PR}(n)=\begin{bmatrix}\hat{p}_M & 0 & \cdots & 0\end{bmatrix}\hat{\boldsymbol{x}}_f^M(n-1)\\
&\widehat{CR}(n)=\begin{bmatrix}\hat{p}_1 & 0 & \cdots & 0\end{bmatrix}\hat{\boldsymbol{x}}_f^1(n-1)\\
&\widehat{WIP}_i(n)=\begin{bmatrix}0 & \cdots & N_i\end{bmatrix}\hat{X}_h^i(n)\left[1-\hat{x}_{f,B_i}^{(i+1)}(n-1)\right]\\
&\widehat{BL}(n)=\begin{bmatrix}0 & \cdots & 0 & p_i(1-p_{i+1}^{\mathrm{b}})\end{bmatrix}\hat{\boldsymbol{x}}_h^i(n-1)\left[1-\hat{x}_{f,B_i}^{(i+1)}(n-1)\right]\\
&\widehat{CT}=\hat{p}_M(n)\hat{x}_{f,B-1}^M(n-1)
\end{aligned}
\tag{6-39}
$$

为了验证聚合算法的有效性和精确性，本节设计了精度实验将仿真计算结果与聚合算法进行对比，并给出数值案例用于展示聚合算法的评估结果。考虑一般性，本节对不同机器数量的伯努利返工线进行分析，系统机器数量选择如下：

$$M \in \{9,11,13\}$$

对于相同机器数量的返工生产系统，随机生成 100 条生产线，参数的选择范围如下：

$$p_i \in (0.7,1), \quad N_i \in \{3,4,\cdots,10\}, \quad B \in [50,150], \quad \alpha \in (0,0.2) \qquad (6\text{-}40)$$

为了定量评估算法的精确性，对于每条随机生成的返工线，进行 50000 次蒙特卡洛仿真，然后计算每条线的性能指标相对误差，实验结果如图 6-26 所示。

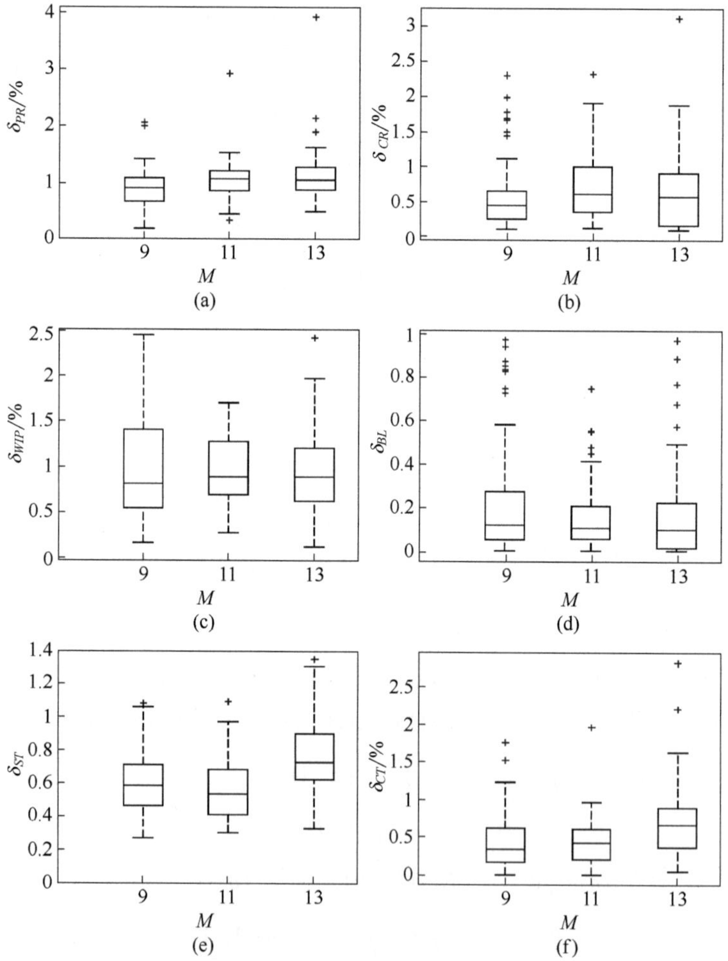


图 6-26　各性能指标误差箱线图

从图中可以看出，生产率和消耗率的相对误差$\delta_{PR}$和$\delta_{CR}$通常低于1.5%，在制品库存的相对误差$\delta_{WIP}$通常低于1%，饥饿率和阻塞率的相对误差$\delta_{ST}$和$\delta_{BL}$分别低于1%和0.2%，完成时间的中位数误差低于1%。从精度实验的结果来看，所有性能指标的相对误差均不超过1.5%，验证了所提出的算法在评估多返工系统性能上的精确性和有效性。

设计了数值案例，考虑如图6-27所示9机10缓冲区的双返工生产线，机器效率、缓冲区容量、返工率以及批次大小如表6-3所示。同样，展示案例将聚合算法和仿真实验结果进行对比，由于篇幅限制，对比实验结果只展示了生产率、消耗率和在制品库存指标。实验结果如图6-28所示，其中虚线为仿真结果。从生产率和消耗率的对比结果来看，聚合方法基本与仿真结果一致。并且，聚合算法计算得到的完成时间$\widehat{CT}$为90.52s，仿真结果得到的完成时间$CT$为91.77s，相对误差为1.36%。从在制品库存水平对比结果来看，聚合方法与仿真结果在缓冲区1、2、3、4和5在加工周期后部分均有误差，这是因为生产过程中机器2、3、5、6、7和9具体的加工工件数量是不确定的，导致单机系统状态更新不准确，但是对生产率、消耗率以及完成时间没有影响，这一问题将在未来的工作中进行改进。

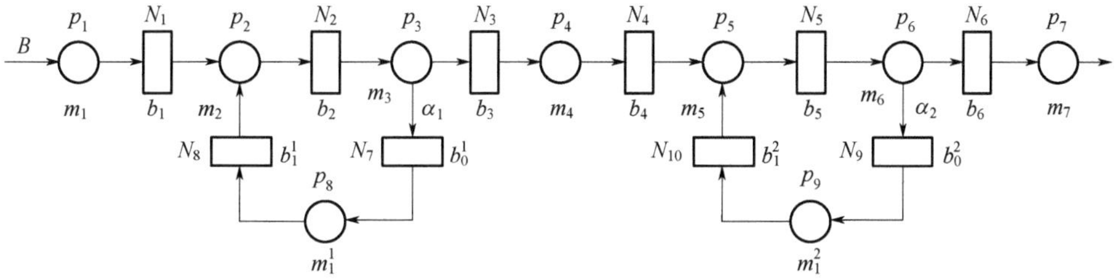


图6-27　双返工生产线案例

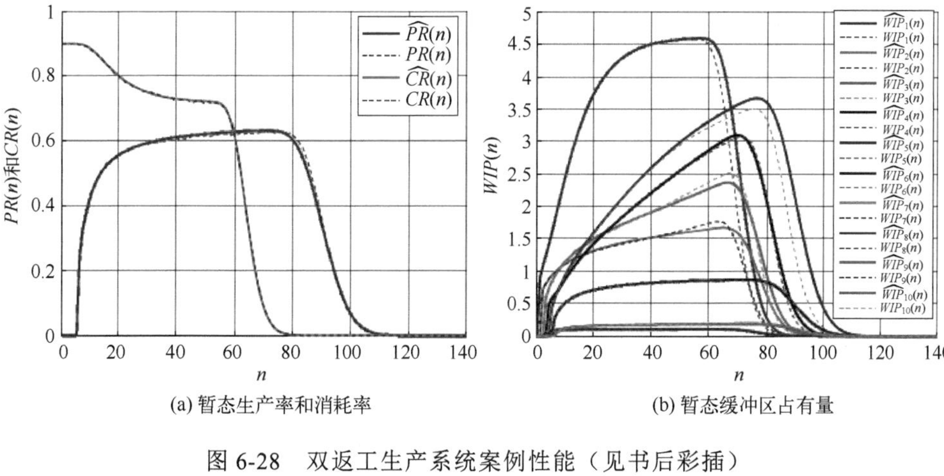


图6-28　双返工生产系统案例性能（见书后彩插）

表 6-3 双返工生产系统案例参数

| 参数 | $\alpha_1$ | $\alpha_2$ | $p_1$ | $p_2$ | $p_3$ | $p_4$ | $p_5$ | $p_6$ | $p_7$ | $p_8$ | $p_9$ |
|---|---|---|---|---|---|---|---|---|---|---|---|
| 数值 | 0.2 | 0.3 | 0.9 | 0.8 | 0.9 | 0.8 | 0.9 | 0.8 | 0.9 | 0.8 | 0.9 |
| 参数 | $B$ | $N_1$ | $N_2$ | $N_3$ | $N_4$ | $N_5$ | $N_6$ | $N_7$ | $N_8$ | $N_9$ | $N_{10}$ |
| 数值 | 50 | 5 | 5 | 5 | 5 | 5 | 5 | 5 | 5 | 5 | 5 |

# 6.5 返工系统性能指标持续改进

在生产过程中由于机器故障、物料不足、人为操作失误、设备调整等原因，导致生产计划无法按时完成，造成效率下降和成本增加等生产损失；因此，在生产系统管理中，持续改进必不可少。持续改进一般分为约束型改进和无约束型改进，约束型改进主要讨论在生产系统资源有限时，如何合理分配现有资源使得整个系统的性能得到改进。约束型改进通常考虑劳动力和缓冲区容量的分配问题，劳动力分配旨在通过合理的劳动力分配，确保生产线上每台机器都能充分发挥其性能，最大限度地减少生产线的闲置和浪费时间，提高企业的整体效率和生产力。本章针对多返工生产系统劳动力分配问题，在性能分析的基础上，采用优化算法得到不同劳动力约束下的最优分配策略，并且总结了分配策略用于指导实际生产。

**（1）最优劳动力分配**

为了更有效地利用现有资源提高系统的性能，需要考虑对多返工系统进行生产资源调度。为了缩短加工周期实现生产效率的提高，最直接的方法就是提高机器的生产效率，但是机器效率越高所投入的成本也就越高。因此，多返工系统的劳动力最优分配可以用一个双目标优化问题来描述：

$$\begin{aligned} &\min\{f_1, f_2\}, \quad f_1 = CT, \quad f_2 = \sum p_i \\ &\text{s.t.} \quad 0.7 \leqslant p_i \leqslant 1 \end{aligned} \tag{6-41}$$

需要说明的是，本节主要是针对多返工生产系统的分析和优化，优化算法并不是本章的研究重点，因此本节选择经典多目标优化算法 NSGA-Ⅱ来求解劳动力分配问题。考虑如图 6-27 所示的双返工生产线，系统参数如表 6-4 所示，对于式（6-41）所考虑的多目标优化问题，采用 NSGA-Ⅱ算法求解得到的帕累托前沿如图 6-29 所示，图中的每一个点均为不同劳动力约束下的最佳分配策略。为了进一步分析多返工生产线劳动力约束下的分配规律，本章列举了图 6-29 中系统机器效率总和 $\sum p_i$=6.6,7.0,7.4,7.8 时分配结果，如表 6-5 所示。从表中的数据来看，返工线内的机器效率分配总是最小的，而返工线与主线重叠的机器效率分配相对于其他机器都较大。

从实际生产的角度来看，当工厂通过提高机器效率来提高系统生产效率时，图 6-29 中的帕累托前沿为工厂提供了参照。针对参数如表 6-4 所示的返工生产线，其机器效率总和与完成时间可近似看成线性关系，但是提高机器效率的成本会随着机器效率的提高而提高，所以考虑生产成本的情况下有一个最优的效率分配解。

**表 6-4　双返工系统劳动力分配案例参数**

| 参数 | $B$ | $N_1$ | $N_2$ | $N_3$ | $N_4$ | $N_5$ | $N_6$ | $N_7$ | $N_8$ | $N_9$ | $N_{10}$ | $\alpha_1$ | $\alpha_2$ |
|---|---|---|---|---|---|---|---|---|---|---|---|---|---|
| 数值 | 50 | 5 | 5 | 5 | 5 | 5 | 5 | 5 | 5 | 5 | 5 | 0.2 | 0.3 |

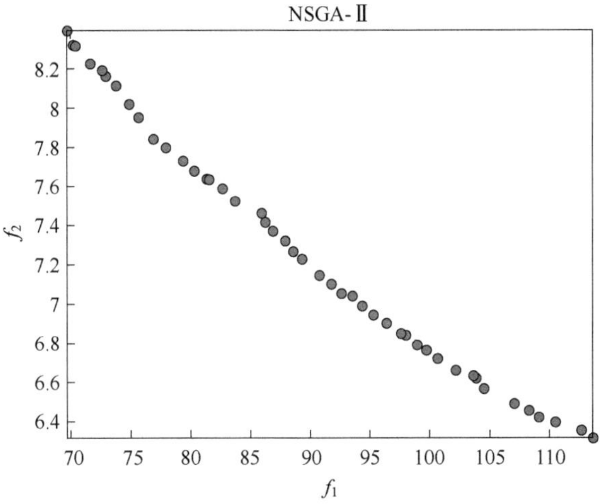


图 6-29　劳动力分配

**表 6-5　劳动力分配结果**

| 实验案例 | 机器效率总和 | $p_1$ | $p_2$ | $p_3$ | $p_4$ | $p_5$ | $p_6$ | $p_7$ | $p_8$ | $p_9$ |
|---|---|---|---|---|---|---|---|---|---|---|
| 1 | 6.6 | 0.70 | 0.73 | 0.74 | 0.70 | 0.82 | 0.81 | 0.70 | 0.70 | 0.70 |
| 2 | 7.0 | 0.70 | 0.83 | 0.82 | 0.70 | 0.92 | 0.92 | 0.71 | 0.70 | 0.70 |
| 3 | 7.4 | 0.73 | 0.88 | 0.89 | 0.75 | 1.00 | 0.98 | 0.77 | 0.70 | 0.70 |
| 4 | 7.8 | 0.81 | 0.97 | 0.97 | 0.82 | 1.00 | 1.00 | 0.82 | 0.70 | 0.70 |

**（2）分配策略分析**

为了从劳动力分配实验结果中总结出生产决策，本章设计了变量对比实验来研究系统参数对系统分配策略的影响。对比实验考虑如图 6-27 所示的双返工生产线，系统所有缓冲区的容量都相等，研究多返工小批量生产系统参数返工率、批次大小以及缓冲区容量大小对系统机器效率分配的影响，对比实验考虑的劳动力

分配问题为

$$\begin{aligned}&\min: \text{完成时间}CT\\&\text{s.t.}\quad 0.7\leqslant p_i\leqslant 1,\sum p_i=7.4\end{aligned}\tag{6-42}$$

本节首先分析返工率对及分配策略的影响，返工率作为返工结构特有的系统参数，在机器效率分配中是一个不可忽略的决策变量。对比实验参数为 $B=50$，$N_i=5$，$i=1,2,\cdots,10$。返工率分别为：$\alpha_1=0.2$，$\alpha_2=0.3$；$\alpha_1=0.2$，$\alpha_2=0.2$；$\alpha_1=0.3$，$\alpha_2=0.2$。实验结果如表 6-6 所示。

从表 6-6 的结果来看，返工环内的机器效率分配总是最小的，而返工线与主线交叉的机器效率分配相对于其他机器都较大这一结论仍然成立。从实验案例 1 和 3 可以看出，对于返工率较大的返工线与主线重叠的机器效率分配较大。此外，图 6-27 所示的返工线系统结构是对称的，当返工率也相同时如实验案例 2，系统机器效率的分配也几乎是对称的。

表 6-6　不同返工率下劳动力分配结果

| 实验案例 | $\alpha_1$ | $\alpha_2$ | $p_1$ | $p_2$ | $p_3$ | $p_4$ | $p_5$ | $p_6$ | $p_7$ | $p_8$ | $p_9$ |
|---|---|---|---|---|---|---|---|---|---|---|---|
| 1 | 0.2 | 0.3 | 0.73 | 0.88 | 0.89 | 0.75 | 1.00 | 0.98 | 0.77 | 0.70 | 0.70 |
| 2 | 0.2 | 0.2 | 0.77 | 0.93 | 0.92 | 0.77 | 0.92 | 0.92 | 0.77 | 0.70 | 0.70 |
| 3 | 0.3 | 0.2 | 0.75 | 0.98 | 0.96 | 0.76 | 0.90 | 0.88 | 0.76 | 0.70 | 0.70 |

然后，分析批次大小和缓冲区容量对分配策略的影响，对比实验 1、2 和 3 的系统参数为 $\alpha_1$=0.2，$\alpha_2=0.3$，$N_i=5$，$i=1,2,\cdots,10$，加工批次为 $B$=50,100,150；实验 1、4 和 5 的系统参数为 $\alpha_1$=0.2，$\alpha_2=0.3$，$B=50$，缓冲区容量大小为 $N_i=4,5,6$，$i=1,2,\cdots,10$，实验结果如表 6-7 所示。从实验案例 1、2 和 3 可以看出，加工批次大小的变化对机器效率的分配几乎没有影响，这是因为加工批次增加并没有改变系统的结构，对应机器的效率分配也就几乎不改变；从实验案例 1、4 和 5 可以看出，缓冲区容量大小对分配策略的影响也是比较微小的。综上所述，表 6-7 的实验结果反映了系统劳动力分配问题与小批量生产模式无关；并且，当系统缓冲区容量都相同时，劳动力分配的结果与其容量大小也无关。

表 6-7　不同加工批次和缓冲区容量下的劳动力分配结果

| 实验案例 | 批次大小 | 缓冲区容量 | $p_1$ | $p_2$ | $p_3$ | $p_4$ | $p_5$ | $p_6$ | $p_7$ | $p_8$ | $p_9$ |
|---|---|---|---|---|---|---|---|---|---|---|---|
| 1 | 50 | 5 | 0.75 | 0.89 | 0.89 | 0.75 | 0.99 | 0.97 | 0.76 | 0.70 | 0.70 |
| 2 | 100 | 5 | 0.73 | 0.89 | 0.88 | 0.76 | 1.00 | 0.99 | 0.75 | 0.70 | 0.70 |

续表

| 实验案例 | 批次大小 | 缓冲区容量 | $p_1$ | $p_2$ | $p_3$ | $p_4$ | $p_5$ | $p_6$ | $p_7$ | $p_8$ | $p_9$ |
|---|---|---|---|---|---|---|---|---|---|---|---|
| 3 | 150 | 5 | 0.73 | 0.88 | 0.88 | 0.77 | 1.00 | 0.99 | 0.74 | 0.70 | 0.70 |
| 4 | 50 | 4 | 0.76 | 0.88 | 0.89 | 0.75 | 1.00 | 1.00 | 0.73 | 0.70 | 0.70 |
| 5 | 50 | 6 | 0.73 | 0.89 | 0.90 | 0.75 | 1.00 | 0.97 | 0.75 | 0.70 | 0.70 |

从上述劳动力分配的实验结果可以总结出以下结论：

① 返工线内的机器效率分配总是最小。这是因为由于返工结构的存在，在返工线内机器上加工的工件数量相比于在主线上的机器较少，所以考虑完成时间最短的情况下返工线内机器效率分配都是其限制的最小值。从生产的角度来看，考虑工厂的机器维护策略，返工线内的机器的维护优先级较低。

② 返工线与主线交叉的机器效率分配相对于其他机器都较大。此外，在返工率较大的返工线与主线重叠的机器上的效率分配更多。同样，这是因为返工线与主线交叉的机器上加工的工件相比于主线上和返工线上的机器较多，所以这部分机器效率分配较高。并且，返工率越大需要加工的工件越多，所分配的机器效率就越高。从生产的角度来看，考虑工厂机器升级时，优先提高这些机器的机器效率可以使得生产效率提升最大。

③ 多返工生产线在结构对称的情况下，其机器效率的分配也是对称的，这表明返工生产线的对称性也是存在的。

第 7 章

# 生产系统暂态运行中的随机加工质量问题

## 7.1 具有加工质量问题的串行系统精确性能分析

生产力通常是对生产系统设计与分析的研究重心。然而，产品质量问题也应该受到相应的重视。从某种程度来讲，提升产品质量意味着提高生产力，这符合深化供给侧结构性改革策略。产品在加工过程中出现质量问题是常见的，如汽车喷漆车间中柔性夹具定位和电池装配过程等。为了提高系统中机器的运行效率，通常要使用质量检测机器将上游质量不合格的工件筛除。目前，现有的研究主要是针对系统运行在稳态下，即大规模生产。系统稳态运行时，存在一些对产品质量问题的研究成果。然而，对产品质量有较高要求的生产系统往往是以批次模式进行生产的。此时，系统通常在完成生产时还未进入稳态，在稳态下的研究成果已不适用于这种生产模式。在实际生产系统中，特别在生产一些较为精密的零件和在加工过程中易出现质量问题的工件，存在质量问题的生产线往往是以小批量模式进行生产。目前的研究鲜有分析具有质量问题生产线以订单为导向的实时生产性能，而在工业 4.0 时代，利用实时性能分析技术来指导此类系统具有重要意义。

## 7.1.1　模型假设

本节考虑一种具有加工质量问题的串行生产线的双机子系统，其以小批量生产模式运行，如图 7-1 所示。

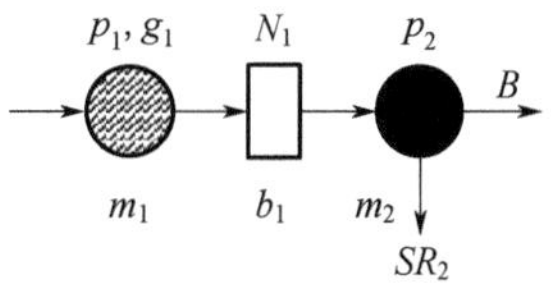


图 7-1　具有质量问题的双机子系统结构图

图 7-1 中，阴影圆表示服从伯努利模型的质量问题机器，实心圆表示服从伯努利可靠性模型的质量检测机器，矩形表示容量有限的缓冲区，箭头表示工件在系统中流向。对该模型进行如下假设：

① 该串行生产线由机器 $m_1$ 和 $m_2$ 组成，它们之间还包括一个有限容量缓冲区 $b_1$，这两台机器都是以相同的加工时间 $\tau$ 工作的，每个时段以 $\tau$ 为单位进行划分。

② 所有机器均服从伯努利可靠性模型，即机器 $m_i, i \in \{1,2\}$。当一台机器既不阻塞也不饥饿时，此机器能够以概率 $p_i$ 生产一个工件，以概率 $1-p_i$ 不工作。$p_i$ 称为机器的工作效率。每个机器的状态可以在每个时段的初始时刻确定。

③ 机器 $m_1$ 在服从伯努利可靠性模型的前提下，也要服从伯努利质量可靠性模型。当其既不阻塞也不饥饿时，机器 $m_1$ 以 $p_1$ 概率生产出的零件以概率 $g_1$ 为质量合格工件，以概率 $1-g_1$ 为质量缺陷工件，其中，$g_1$ 称为 $m_1$ 的质量效率。机器 $m_2$ 能够以概率 $p_2$ 控制来自缓冲区的工件的流向，即由机器 $m_1$ 加工出的两类工件可以被准确无误地区分开。缺陷工件将被当作废品丢弃，而合格工件将流向成品缓冲站或邮寄给客户。

④ 在制品缓冲区 $b_1$ 是容量有限的缓冲区，其容量为 $N_1 (1 \leqslant N_1 < \infty)$。在每个时段结尾，缓冲区的工件数量被确定。

⑤ 机器 $m_1$ 在一个时段内被阻塞的条件是，$m_1$ 处于工作状态且缓冲区 $b_1$ 有 $N_1$ 个在制品工件，以及 $m_2$ 在该时段内不能处理工件。机器 $m_1$ 从不饥饿。机器 $m_2$ 在一个时段内饥饿的条件是，$m_2$ 处于工作状态且缓冲区 $b_1$ 在该时段初始时刻为空。机器 $m_2$ 从不会被阻塞。

⑥ 该串行生产线以有限小批量方式运行，即要生产出 $B$ 个质量合格的工件。在完成 $B$ 个合格工件后，机器停止运行且缓冲区清空。

## 7.1.2　性能指标

在所定义的系统模型下，给定系统参数 $p_i$、$g_1$、$N_1$，来评估系统的实时性能指标。所关注的研究问题和性能指标定义如下。

① 生产率 $PR(n)$：在第 $n$ 个时段，由质量检测机器 $m_2$ 所产出的合格工件的期

望数量；

② 废品率 $SR(n)$：在第 $n$ 个时段，由质量检测机器 $m_2$ 所消除的缺陷工件的期望数量；

③ 消耗率 $CR(n)$：在第 $n$ 个时段，由机器 $m_1$ 加工的原始工件的期望数目；

④ 在制品库存 $WIP(n)$：在 $n$ 个时段的开始时刻，在缓冲区 $b_1$ 中工件的期望数量。

此外，用 $CT$ 表示系统完成 $B$ 个合格工件的期望时间，即缓冲区 $b_1$ 为空且机器 $m_2$ 加工了 $B$ 个合格的工件。

## 7.1.3 过程建模

如图 7-1 所示，基于假设①～⑥，考虑一个标准的双机生产线。用 $q(n)$ 来表示检测机器 $m_2$ 在时段 $n$ 的结尾时刻生产出的合格工件，用 $a(n)$ 和 $d(n)$ 分别表示在缓冲区中所有工件和合格工件的数量。图 7-2 中描述了缓冲区中的合格工件和缺陷工件的几种示例。在缓冲区 $b_1$ 中，列出了三种常见的情况，即合格工件和缺陷工件都存在、只有缺陷工件与只有合格工件。根据该图，容易理解的是 $d(n) \leqslant a(n)$。

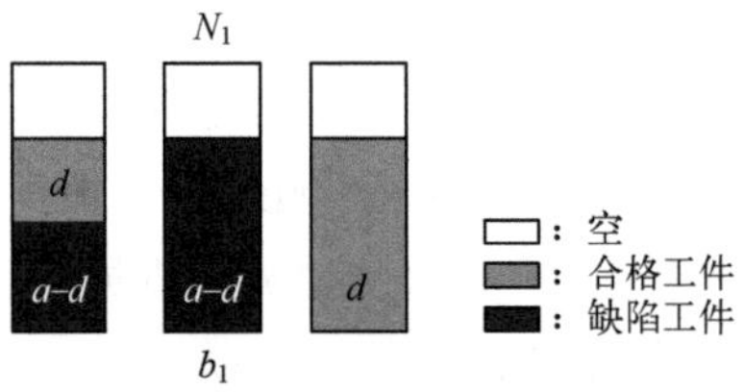


图 7-2　缓冲区内在制品的不同情况

为了描述系统的实时运行状态，通过具有吸收态的马尔可夫链来描述系统运行过程，其中该马尔可夫链由 $(a(n), d(n), q(n))$ 定义。考虑实际生产场景下，缓冲区的容量通常小于生产的批量，即 $N_1 < B$。该马尔可夫链的状态数为

$$S = \sum_{t=0}^{N_1}(N_1 - t + 1)(B - t + 1), \quad B > N_1 \tag{7-1}$$

因此，仅考虑 $N_1 < B$ 下双机子系统的马尔可夫链。基于本章上述假设和缓冲区的不同情况，系统的转移概率可以进行如下推导：

**条件 1：** $a(n) = 0, d(n) = 0, 0 \leqslant q(n) < B$

$$\begin{aligned}
&P[a(n+1)=0, d(n+1)=0, q(n+1)=k \mid a(n)=0, d(n)=0, q(n)=k] = 1-p_1 \\
&P[a(n+1)=1, d(n+1)=0, q(n+1)=k \mid a(n)=0, d(n)=0, q(n)=k] = p_1(1-g_1) \\
&P[a(n+1)=1, d(n+1)=1, q(n+1)=k \mid a(n)=0, d(n)=0, q(n)=k] = p_1 g_1
\end{aligned} \tag{7-2}$$

**条件 2：** $0 < a(n) < N_1, 0 < d(n) < h, 0 \leqslant q(n) < B - d(n)$

$$P[a(n+1)=i+1, d(n+1)=j+1, q(n+1)=k \mid a(n)=i, d(n)=j, q(n)=k] = p_1 g_1 (1-p_2)$$

$$P[a(n+1)=i+1, d(n+1)=j, q(n+1)=k \mid a(n)=i, d(n)=j, q(n)=k] = p_1(1-g_1)(1-p_2)$$

$$P[a(n+1)=i,d(n+1)=j,q(n+1)=k\mid a(n)=i,d(n)=j,q(n)=k]$$
$$=(1-p_1)(1-p_2)+p_1(1-g_1)p_2\frac{a(n)-d(n)}{a(n)}$$
$$P[a(n+1)=i,d(n+1)=j,q(n+1)=k+1\mid a(n)=i,d(n)=j,q(n)=k]=p_1g_1p_2\frac{d(n)}{a(n)}$$
$$P[a(n+1)=i,d(n+1)=j-1,q(n+1)=k+1$$
$$P[a(n+1)=i-1,d(n+1)=j-1,q(n+1)=k+1\mid a(n)=i,d(n)=j,q(n)=k]$$
$$=(1-p_1)p_2\frac{d(n)}{a(n)} \tag{7-3}$$
$$P[a(n+1)=i-1,d(n+1)=j,q(n+1)=k\mid a(n)=i,d(n)=j,q(n)=k]$$
$$=(1-p_1)p_2\frac{a(n)-d(n)}{a(n)}$$
$$P[a(n+1)=i,d(n+1)=j+1,q(n+1)=k\mid a(n)=i,d(n)=j,q(n)=k]$$
$$=p_1g_1p_2\frac{a(n)-d(n)}{q(n)}$$

**条件 3：** $0<a(n)<N_1,d(n)=0,0\leqslant q(n)<B$

$$P[a(n+1)=i+1,d(n+1)=1,q(n+1)=k\mid a(n)=i,d(n)=0,q(n)=k]=p_1g_1(1-p_2)$$
$$P[a(n+1)=i+1,d(n+1)=0,q(n+1)=k\mid a(n)=i,d(n)=0,q(n)=k]$$
$$=p_1(1-g_1)(1-p_2)$$
$$P[a(n+1)=i,d(n+1)=0,q(n+1)=k\mid a(n)=i,d(n)=0,q(n)=k] \tag{7-4}$$
$$=(1-p_1)(1-p_2)+p_1(1-g_1)p_2$$
$$P[a(n+1)=i-1,d(n+1)=0,q(n+1)=k\mid a(n)=i,d(n)=0,q(n)=k]=\left(1-p_1\right)p_2$$
$$P[a(n+1)=i,d(n+1)=1,q(n+1)=k\mid a(n)=i,d(n)=0,q(n)=k]=p_1g_1p_2$$

**条件 4：** $0<a(n)<N_1,d(n)=a(n),0\leqslant q(n)<B-d(n)$

$$P[a(n+1)=i+1,d(n+1)=j+1,q(n+1)=k\mid a(n)=i,d(n)=j,q(n)=k]=p_1g_1(1-p_2)$$
$$P[a(n+1)=i+1,d(n+1)=j,q(n+1)=k\mid a(n)=i,d(n)=j,q(n)=k]$$
$$=p_1(1-g_1)(1-p_2)$$
$$P\Big[a(n+1)=i,d(n+1)=j,q(n+1)=k\mid a(n)=i,d(n)=j,q(n)=k\Big]=(1-p_1)(1-p_2)$$
$$P\Big[a(n+1)=i,d(n+1)=j,q(n+1)=k+1\mid a(n)=i,d(n)=j,q(n)=k\Big]=p_1g_1p_2$$
$$P\Big[a(n+1)=i,d(n+1)=j-1,q(n+1)=k+1\mid a(n)=i,d(n)=j,q(n)=k\Big]=p_1(1-g_1)p_2$$
$$P\Big[a(n+1)=i-1,d(n+1)=j-1,q(n+1)=k+1\mid a(n)=i,d(n)=j,q(n)=k\Big]$$
$$=(1-p_1)p_2 \tag{7-5}$$

**条件 5：** $0<a(n)<N_1,0<d(n)<h,q(n)=B-d(n)$

$$P[a(n+1)=i,d(n+1)=j,q(n+1)=k\mid a(n)=i,d(n)=j,q(n)=k]=1-p_2$$

$$P[a(n+1)=i-1,d(n+1)=j-1,q(n+1)=k+1\mid a(n)=i,d(n)=j,q(n)=k]=p_2\frac{d(n)}{a(n)}$$

$$P[a(n+1)=i-1,d(n+1)=j,q(n+1)=k\mid a(n)=i,d(n)=j,q(n)=k]=p_2\frac{a(n)-d(n)}{a(n)}$$

（7-6）

**条件 6：** $0<a(n)<N_1, d(n)=a(n), q(n)=B-d(n)$

$$\begin{cases}P[a(n+1)=i,d(n+1)=j,q(n+1)=k\mid a(n)=i,d(n)=j,q(n)=k]=1-p_2\\P[a(n+1)=i-1,d(n+1)=j-1,q(n+1)=k+1\mid a(n)=i,d(n)=j,q(n)=k]=p_2\end{cases}\quad(7\text{-}7)$$

**条件 7：** $a(n)=N_1, 0<d(n)<a(n), 0\leqslant q(n)<B-d(n)$

$$\begin{aligned}&P[a(n+1)=N_1,d(n+1)=j,q(n+1)=k\mid a(n)=N_1,d(n)=j,q(n)=k]\\&\quad=1-p_2+p_1(1-g_1)p_2\frac{a(n)-d(n)}{a(n)}\\&P[a(n+1)=N_1,d(n+1)=j,q(n+1)=k+1\mid a(n)=N_1,d(n)=j,q(n)=k]\\&\quad=p_1g_1p_2\frac{d(n)}{a(n)}\\&P[a(n+1)=N_1,d(n+1)=j-1,q(n+1)=k+1\mid a(n)=N_1,d(n)=j,q(n)=k]\\&\quad=p_1(1-g_1)p_2\frac{d(n)}{a(n)}\\&P[a(n+1)=N_1-1,d(n+1)=j-1,q(n+1)=k+1\mid a(n)=N_1,d(n)=j,q(n)=k]\\&\quad=(1-p_1)p_2\frac{d(n)}{a(n)}\\&P[a(n+1)=N_1-1,d(n+1)=j,q(n+1)=k\mid a(n)=N_1,d(n)=j,q(n)=k]\\&\quad=(1-p_1)p_2\frac{a(n)-d(n)}{a(n)}\\&P[a(n+1)=N_1,d(n+1)=j+1,q(n+1)=k\mid a(n)=N_1,d(n)=j,q(n)=k]\\&\quad=p_1g_1p_2\frac{a(n)-d(n)}{a(n)}\end{aligned}\quad(7\text{-}8)$$

**条件 8：** $a(n)=N_1, d(n)=0, 0\leqslant q(n)<B$

$$\begin{aligned}&P[a(n+1)=N_1,d(n+1)=0,q(n+1)=k\mid a(n)=N_1,d(n)=0,q(n)=k]\\&\quad=1-p_2+p_1(1-g_1)p_2\\&P[a(n+1)=N_1-1,d(n+1)=0,q(n+1)=k\mid a(n)=N_1,d(n)=0,q(n)=k]\\&\quad=(1-p_1)p_2\\&P[a(n+1)=N_1,d(n+1)=1,q(n+1)=k\mid a(n)=N_1,d(n)=0,q(n)=k]\\&\quad=p_1g_1p_2\end{aligned}\quad(7\text{-}9)$$

**条件 9：** $a(n)=N_1, d(n)=a(n), 0 \leqslant q(n)<B-d(n)$

$$
\begin{aligned}
&P[a(n+1)=N_1, d(n+1)=N_1, q(n+1)=k \mid a(n)=N_1, d(n)=N_1, q(n)=k]=1-p_2 \\
&P[a(n+1)=N_1, d(n+1)=N_1, q(n+1)=k+1 \mid a(n)=N_1, d(n)=N_1, q(n)=k]=p_1 g_1 p_2 \\
&P[a(n+1)=N_1, d(n+1)=N_1-1, q(n+1)=k+1 \mid a(n)=N_1, d(n)=N_1, q(n)=k] \\
&\qquad =p_1(1-g_1) p_2 \\
&P[a(n+1)=N_1-1, d(n+1)=N_1-1, q(n+1)=k+1 \mid a(n)=N_1, d(n)=N_1, q(n)=k] \\
&\qquad =(1-p_1) p_2
\end{aligned}
\tag{7-10}
$$

**条件 10：** $a(n)=N_1, 0<d(n)<a(n), q(n)=B-d(n)$

$$
\begin{aligned}
&P[a(n+1)=N_1, d(n+1)=j, q(n+1)=k \mid a(n)=N_1, d(n)=j, q(n)=k]=1-p_2 \\
&P[a(n+1)=N_1-1, d(n+1)=j-1, q(n+1)=k+1 \mid a(n)=N_1, d(n)=j, q(n)=k] \\
&\qquad =p_2 \frac{d(n)}{a(n)} \\
&P[a(n+1)=N_1-1, d(n+1)=j, q(n+1)=k \mid a(n)=N_1, d(n)=j, q(n)=k] \\
&\qquad =p_2 \frac{a(n)-d(n)}{a(n)}
\end{aligned}
\tag{7-11}
$$

**条件 11：** $a(n)=N_1, d(n)=a(n), q(n)=B-d(n)$

$$
\begin{aligned}
&P[a(n+1)=N_1, d(n+1)=N_1, q(n+1)=k \mid a(n)=N_1, d(n)=N_1, q(n)=k]=1-p_2 \\
&P[a(n+1)=N_1-1, d(n+1)=N_1-1, q(n+1)=k+1 \mid a(n)=N_1, d(n)=N_1, q(n)=k]=p_2
\end{aligned}
\tag{7-12}
$$

**条件 12：** $0<a(n) \leqslant N_1, d(n)=0, q(n)=B$

$$
\begin{aligned}
&P[a(n+1)=i, d(n+1)=0, q(n+1)=B \mid a(n)=i, d(n)=0, q(n)=B]=1-p_2 \\
&P[a(n+1)=i-1, d(n+1)=0, q(n+1)=B \mid a(n)=i, d(n)=0, q(n)=B]=p_2
\end{aligned}
\tag{7-13}
$$

**条件 13：** $a(n)=0, d(n)=0, q(n)=B$

$$
P[a(n+1)=0, d(n+1)=0, q(n+1)=B \mid a(n)=0, d(n)=0, q(n)=B]=1 \tag{7-14}
$$

显然，该系统的马尔可夫链吸收态为 $(0,0,B)$。

### 7.1.4　精确分析

我们对定义的系统状态 $(a,d,q)$ 进行排序。首先以 $a$ 升序，然后依次以 $d$、$q$ 进行升序排列（表 7-1）。考虑到机器 $m_2$ 是检测机器，系统状态 $(1,0,B)-(N_1,0,B)$ 是确实存在的。应该指出的是，系统运行过程中会以较小的概率达到这些状态。我们使用一个 $S \times 1$ 的列向量 $\boldsymbol{x}(n)=\left[x_1(n) \quad x_2(n) \quad \cdots \quad x_S(n)\right]^{\mathrm{T}}$ 来表示马尔可夫链在时段 $n$ 的概率分布，$x_i(n)(i \in\{1, \cdots, S\})$ 表示在缓冲区中有 $a(n)=h$ 个工件和 $d(n)=l$

合格工件，机器 $m_2$ 完成了 $q(n)=f$ 个合格工件。基于上述状态转移概率和排序策略，系统的状态转移矩阵 $\boldsymbol{A}_{a,d,q}$ 可以被推导出。例如，式（7-15）为子系统 $(B=3,N_1=2)$ 的 $20\times 20$ 维的状态转移矩阵。

**表 7-1　系统状态的排序策略**

| 编号 | 状态 $(a,d,q)$ | 编号 | 状态 $(a,d,q)$ | 编号 | 状态 $(a,d,q)$ |
|---|---|---|---|---|---|
| 1 | (0,0,0) | $S_1+1$ | $(0,0,B-N_1+1)$ | $S_1+S_0(n-1)-3-\cdots-\frac{n(n+1)}{2}$ | $(0,0,B-N_1+n)$ |
| 2 | (1,0,0) | $S_1+2$ | $(1,0,B-N_1+1)$ | $S_1+S_0(n-1)-3-\cdots-\frac{n(n+1)}{2}+1$ | $(1,0,B-N_1+n)$ |
| 3 | (1,1,0) | $S_1+3$ | $(1,1,B-N_1+1)$ | $S_1+S_0(n-1)-3-\cdots-\frac{n(n+1)}{2}+2$ | $(1,1,B-N_1+n)$ |
| ⋮ | ⋮ | ⋮ | ⋮ | ⋮ | ⋮ |
| $S_0-1$ | $(N_1,N_1-1,0)$ | $S_1+S_0-2$ | $(N_1,N_1-1,B-N_1+1)$ | $S_1+nS_0-1-3-\frac{n(n-1)}{2}-\frac{n(n+1)}{2}$ | $(N_1,N_1-n,B-N_1-n)$ |
| $S_0$ | $(N_1,N_1,0)$ | — | — | — | — |

注：$S_1=\frac{(B-N_1+1)(N_1+1)(N_1+2)}{2}, S_0=\frac{(N_1+1)(N_1+2)}{2}$。

$$\boldsymbol{A}_{a,d,q}\left(B=3,N_1=2\right)=\begin{bmatrix} 1-p_1 & (1-p_1)p_2 & \cdots & 0 & 0 & 0 \\ p_1(1-g_1) & (1-p_1)(1-p_2)+p_1p_2(1-g_1) & \cdots & 0 & 0 & 0 \\ p_1g_1 & p_1g_1p_2 & \cdots & 0 & 0 & 0 \\ 0 & p_1(1-g_1)(1-p_2) & \cdots & 0 & 0 & 0 \\ 0 & p_1g_1(1-p_2) & \cdots & 0 & 0 & 0 \\ \vdots & \vdots & \ddots & \vdots & \vdots & \vdots \\ 0 & 0 & \cdots & 1 & p_2 & 0 \\ 0 & 0 & \cdots & 0 & 1-p_2 & p_2 \\ 0 & 0 & \cdots & 0 & 0 & 1-p_2 \end{bmatrix}_{20\times 20} \tag{7-15}$$

值得注意的是，我们无法推导概率分布向量 $\boldsymbol{x}(n)$ 的闭合表达式，因此采用式（7-16）来得到实时状态分布概率。根据系统的状态转移矩阵和状态的概率分布，系统状态的进化公式可以被推导出：

$$\boldsymbol{x}(n+1)=\boldsymbol{A}_{a,d,q}\boldsymbol{x}(n),\quad \sum_{i=1}^{S}x_i(n)=1 \tag{7-16}$$

该状态概率分布的初始条件为

$$x_i(0)=\begin{cases}1, & i=1\\ 0, & 其他\end{cases} \tag{7-17}$$

通过以上系统状态转移矩阵的推导和状态概率分布向量进化公式的建立，可以得到双机子系统的实时性能。根据对系统性能指标的定义，实时性能计算公式可以被推导出来。

$$\begin{aligned}
&PR(n)=p_2P[a(n)>0,q(n)<B]\frac{d(n)}{a(n)}=\boldsymbol{C}_1\boldsymbol{x}(n)\\
&SR(n)=p_2P[a(n)>0,q(n)<B]\frac{a(n)-d(n)}{a(n)}=\boldsymbol{C}_2\boldsymbol{x}(n)\\
&CR(n)=p_1P[a(n)<N_1,d(n)+q(n)<B]+p_1p_2P[a(n)=N_1,d(n)+q(n)<B]=\boldsymbol{C}_3\boldsymbol{x}(n)\\
&WIP(n)=\sum_{i=1}^{N_1}iP\left[a(n)=i\right]=\boldsymbol{C}_4\boldsymbol{x}(n)\\
&CT=p_2\{P[a(n)=1,d(n)=1,q(n)=B-1]+P[a(n)=1,d(n)=0,a(n)=B]\}=\boldsymbol{C}_5\boldsymbol{x}(n)
\end{aligned} \tag{7-18}$$

其中

$$\boldsymbol{C}_i=[c_{i,1}\quad c_{i,2}\quad \cdots \quad c_{i,S}],\quad i\in\{1,2,3,4,5\}$$

此外，$c_{i,k}$ 的定义如下：

$$\begin{aligned}
&c_{1,k}=\begin{cases}p_2-\dfrac{d}{a}, & a>0且q<B\\ 0, & 其他\end{cases}\\
&c_{2,k}=\begin{cases}p_2\dfrac{a-d}{a}, & a>0\\ 0, & 其他\end{cases}\\
&c_{3,k}=\begin{cases}p_1p_2, & a<N_1\\ p_2, & a=N_1\\ 0, & 其他\end{cases}\\
&c_{4,k}=a[k]\\
&c_{5,k}=\begin{cases}p_2, & a=d=1且q=B-1\\ p_2, & a=1,d=0且q=B\\ 0, & 其他\end{cases}
\end{aligned} \tag{7-19}$$

### 7.1.5　数值实验

通过对上述具有质量问题的双机生产线分析，进行了两组机器参数不同的实验。此外，为了验证上述方法的准确性，对相应实验参数的生产线进行了蒙特卡洛仿真实验。双机串行生产线的参数设置如表 7-2 所示。

**表 7-2 双机串行生产线实验参数设置**

| 案例 | $B$ | $N_1$ | $p_1$ | $g_1$ | $p_2$ |
|---|---|---|---|---|---|
| 案例 1 | 20 | 3 | 0.89 | 0.73 | 0.92 |
| 案例 2 | 100 | 3 | 0.89 | 0.5 | 0.92 |

对由上述参数生成的双机生产线，采用所提出的马尔可夫分析方法来评估系统的实时性能并与仿真结果对比。实验结果如图 7-3 和图 7-4 所示。从实验结果中可以看出，两组参数所不同的仅有系统要求的批量 $B$ 和质量问题机器 $m_1$ 的质量效率 $g_1$。

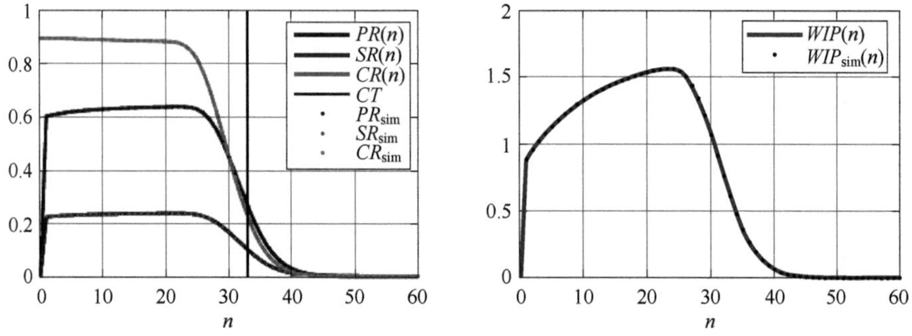


图 7-3 案例 1 的实时性能指标（见书后彩插）

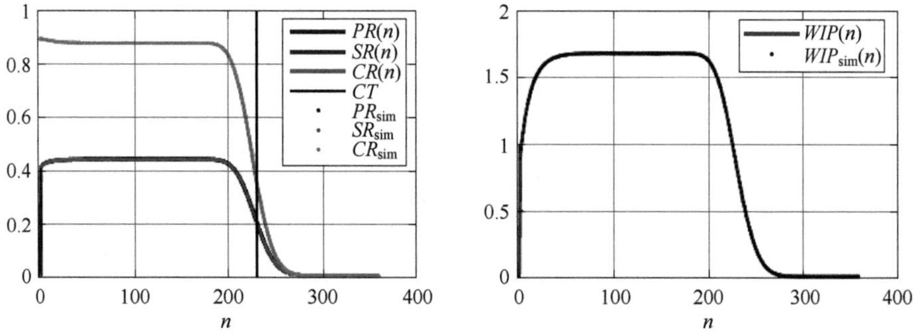


图 7-4 案例 2 的实时性能指标（见书后彩插）

较为明显的是，由于批量 $B$ 较小，案例 1 中的系统实时性能指标基本上都处于暂态。相反，案例 2 中的系统实时性能指标有一大段时间是处于稳态的。对于质量效率 $g_1$ 的大小，它的影响主要有三个方面：对系统生产率 $PR(n)$ 的影响、对系统废品率 $SR(n)$ 和系统完工时间 $CT$ 的影响。在其他参数相同的前提下，当质量效率 $g_1$ 越大，$PR(n)$ 在对应时段内越大，$SR(n)$ 在对应时段内越小，$CT$ 越小。

此外还发现，无论生产出的工件合格与否，在运行到稳态时，系统的生产率 $CR(n)$ 为 $PR(n)$ 和 $SR(n)$ 之和，如图 7-5 所示。

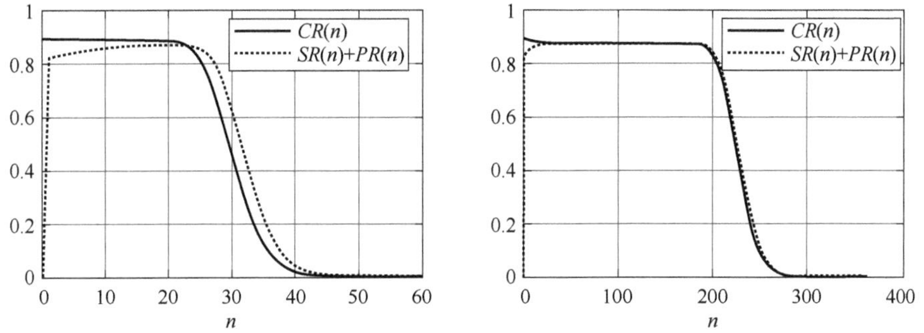


图 7-5　系统生产率、废品率和消耗率的对应关系

本节研究了具有加工质量问题生产线的实时性能评估方法。首先考虑了服从伯努利可靠性模型的质量问题机器、质量检测机器和有限容量缓冲区。在给定前提假设并定义了系统的实时性能指标后，根据生产线的运行特点，定义了系统模型和状态变量。采用具有吸收态的马尔可夫链模型描述小批量下双机生产线的运行过程，并给出了系统的状态转移概率。通过对系统状态概率分布向量的定义，本章给出了系统的进化公式，从而得到了系统运行下的实时状态概率分布。然后，基于上述准备和性能指标定义，推导出了实时性能指标的计算公式。最后，用两组生产线的参数进行了实验验证。通过与蒙特卡洛仿真对比，以所提出的方法来评估模型的实时性能是准确无误的。

# 7.2　具有加工质量问题的串行系统近似性能分析

本节考虑一种基于小批量运行的具有质量问题机器的串行生产系统，如图 7-6 所示。

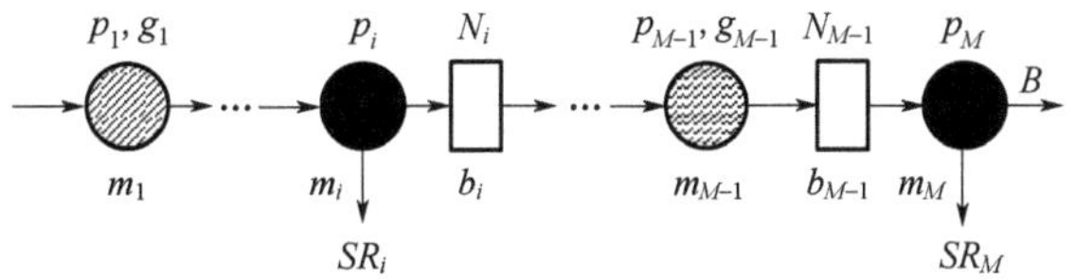


图 7-6　具有不可靠机器、有限容量缓冲区和产品质量问题的多机串行生产系统

## 7.2.1 模型假设

图 7-6 中，箭头表示生产过程中工件的流向，阴影圆表示有加工质量问题伯努利机器，实心圆表示有质量检测功能的伯努利机器，其能检测出工件质量是否合格，从而使工件分流，矩形表示有限容量的缓冲区。对系统模型进行如下假设：

① 串行生产线由 $M$ 台机器 $(m_1,m_2,\cdots,m_M)$ 和 $M-1$ 个缓冲区 $(b_1,b_2,\cdots,b_{M-1})$ 组成，且 $M\geqslant2$。

② 所有机器具有相同且恒定的运行时间，即加工周期。机器在每个加工周期初始时刻开始工作，每个加工周期为一个时段。

③ 机器 $m_i$ 服从伯努利可靠性模型，即工作效率为 $p_i$。伯努利质量问题机器和伯努利质量检测机器分别用阴影圆和实心圆表示。

④ 伯努利质量问题机器在工作的前提下，能够以概率 $g_i$ 加工一个质量合格的工件，以概率 $1-g_i$ 加工出一个质量不合格的工件。为了方便描述，使用 $I_q$ 和 $I_{insp}$ 分别表示质量问题机器和质量检测机器的下标的集合。机器 $m_i$ 质量效率为 $g_i(i\in I_q)$。

⑤ 每个缓冲区 $b_i$ 都是有限容量的，其中 $N_i$ 表示缓冲区的容量，$1<N_i<\infty$。缓冲区内的工件会被随机地传送到下游。

⑥ 在一个时段内，机器 $m_i(i=1,2,\cdots,M-1)$ 被堵塞的定义为：机器 $m_i$ 工作缓冲区 $b_i$ 在当前时段的初始时刻有 $N_i$ 个在制品，并且 $m_{i+1}$ 不能加工工件。在一个时段内，机器 $m_i(i=2,\cdots,M)$ 饥饿的定义为：机器 $m_i$ 处于工作状态且缓冲区在该时段初始时刻是空的。$m_1$ 从不会饥饿，并且 $m_M$ 不会被阻塞。

⑦ 该系统基于小批量定制化订单运行，系统会一直运行直到完成 $B$ 个合格产品。

## 7.2.2 性能指标

系统的性能指标定义如下。

① 生产率 $PR(n)$：在时段 $n$，机器 $m_M$ 加工的质量合格的工件的期望数目；

② 废品率 $SR(n)$：在时段 $n$，机器 $m_i(i\in I_{insp})$ 加工的质量不合格的工件的期望数目；

③ 消耗率 $CR(n)$：在时段 $n$，机器 $m_1$ 加工原始工件的期望数目；

④ 在制品库存 $WIP(n)$：在时段 $n$，缓冲区 $b_i$ 内在制品的期望数目；

⑤ 机器阻塞率 $BL_i(n)$：在时段 $n$，机器 $m_i$ 被阻塞的概率；

⑥ 机器饥饿率 $ST_i(n)$：在时段 $n$，机器 $m_i$ 饥饿的概率；

⑦ 完成时间 $CT$：机器 $m_M$ 加工完成 $B$ 个质量合格的工件。

## 7.2.3　近似算法

7.2.2 节使用马尔可夫分析方法研究了双机一缓冲区系统的实时性能。在本节所定义的多机系统下，由于计算复杂性，无法使用单一的马尔可夫链直接描述多机系统的动态运行过程。随着在串行生产线上机器数目的增加，状态空间为指数增长。例如，考虑所研究的串行系统中包含 10 台机器和 9 个缓冲区，每个缓冲区的容量为 $N_i=5$，订单工件数为 $B=20$，系统的状态总数为 $2.1328\times10^{15}$。基于模型假设与定义，我们补充双机系统的性能指标计算公式：

$$\begin{cases} P_{CT}(n)=p_2\text{Prob}[d(n)>0\text{且}q(n)=B-1]\dfrac{d(n)}{a(n)} \\ BL_1(n)=p_1(1-p_2)\text{Prob}[a(n)=N_1] \\ ST_2(n)=p_2\text{Prob}[a(n)=0] \end{cases} \tag{7-20}$$

方便起见，后面将双机一缓冲区系统称为子系统，其将成为研究多机系统的基础。

**（1）单检测机器近似算法**

在多机系统中，由于更大的状态空间，马尔可夫分析方法不再适用。因此，将子系统作为基石，并提出了新的动态建模和分析方法。

对于多机生产线末尾只有一台质量检测机器，我们基于子系统提出近似聚合算法来计算多机系统的实时性能。聚合算法的主要思路是将原始生产线聚合为一个等效的子系统，此时计算的子系统的实时性能近似为原始生产线的实时性能。引入近似聚合算法如图 7-7 所示图中，空心圆表示无质量加工问题的伯努利机器。

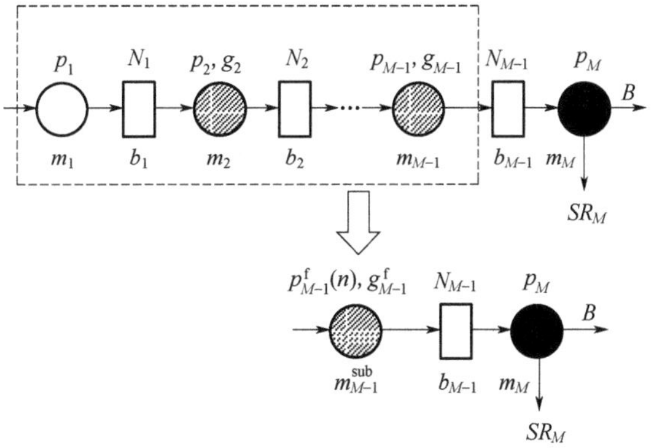


图 7-7　多机串行线的聚合过程

为了得到 $p_i^{f}(n)$ 和 $p_i^{b}(n)$，我们简明扼要地回顾聚合流程。这个新引入的符号表示机器在第 $n$ 次前向和后向聚合的机器效率。

引入一个无限工件流且无质量问题的子系统，如图 7-8 所示。此外，用 $v_{h,k}, k \in \{0,1,\cdots,N_i\}$ 表示缓冲区内有 $k$ 个工件。可以得出概率分布向量：

$$\boldsymbol{V}_h(n) = [v_{h,0}(n) \quad v_{h,1}(n) \quad \cdots \quad v_{h,N_u} - 1 \quad v_{h,N_u}(n)]^{\mathrm{T}} \tag{7-21}$$

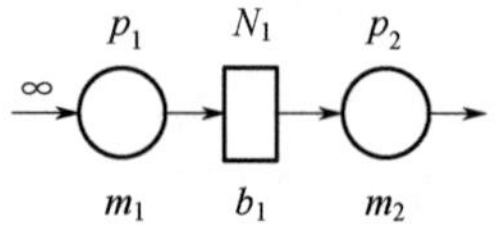


图 7-8 无限工件流的双机子系统

系统进化公式如下：

$$\boldsymbol{V}_h(n+1) = \boldsymbol{A}_h^{(1)} \boldsymbol{V}_h(n), \quad \sum_{k=0}^{N_1} v_{h,k}(n) = 1 \tag{7-22}$$

初始条件为

$$v_{h,k}(0) = \begin{cases} 1, & k = 0 \\ 0, & 其他 \end{cases} \tag{7-23}$$

可以推导出系统的状态转移矩阵：

$$\boldsymbol{A}_h^{(i)} = \begin{bmatrix} 1-p_i & p_{i+1}(1-p_i) & 0 & \cdots & 0 \\ p_i & (1-p_i)(1-p_{i+1})+p_i p_{i+1} & p_{i+1}(1-p_i) & \cdots & 0 \\ 0 & p_i(1-p_{i+1}) & \ddots & \ddots & \vdots \\ \vdots & \vdots & \ddots & (1-p_i)(1-p_{i+1})+p_t p_{i+1} & p_{i+1}(1-p_i) \\ 0 & 0 & \cdots & p_i(1-p_{i+1}) & p_i p_{i+1}+1-p_{i+1} \end{bmatrix} \tag{7-24}$$

为得到 $p_i^{\mathrm{f}}(n)$ 和 $p_i^{\mathrm{b}}(n)$，引入无限工件流的子系统来模拟实际多机系统中的缓冲区占用量的变化。机器质量效率 $g_i$ 和每个机器在原始生产线的作用暂时不考虑。将一条多机生产线分解为 $M-1$ 无限工件流的子系统，如图 7-9 所示。通过子系统中缓冲区的工件流来模仿实际生产线中的缓冲区状态。$p_i^{\mathrm{f}}(n)$ 和 $p_{i+1}^{\mathrm{b}}(n)$ 分别表示缓冲区 $b_i$ 上游系统的实时效率和缓冲区 $b_i$ 下游系统的实时效率。根据式（7-22）和式（7-9），我们基于迭代程序提出了一种聚合方法。为了简化聚合程序的描述，用 $\boldsymbol{V}_h^{(i)}, i=1,2,\cdots,M-1$ 表示第 $i$ 个无限工件流的子系统缓冲区 $b_i$ 的概率分布。实时性能指标计算程序如算法 7-1 所示，包括前向聚合、后向聚合和部分性能指标计算。

算法 7-1 等效双机子系统的迭代计算程序

1：初始化：$p_1^{\mathrm{f}} = p_1, p_M^{\mathrm{b}} = p_M, g_{M-1}^{\mathrm{f}} = \prod_{i=1}^{M-1} g_i$

2：设定最大迭代时长：$T$

3 :　**for** $n$=1, $T$ **do**

4 :　　**for** $i$=2, $M$ **do**

5 :　　　$p_i^{\text{f}} = p_i\left(1-v_{h,0}^{(i-1)}\right)$　　　　　　　　　　▷前向聚合

6 :　　**end for**

7 :　　**for** $i$=1, $M$−1 **do**

8 :　　　$l$=$M$−$i$

9 :　　　$p_l^{\text{b}} = p_l[1-(1-p_{l+1}^{\text{b}})v_{h,N_l}^{(l)}]$　　　　　▷后向聚合

10 :　　**end for**

11 :　　$[\widehat{PR}(n),\widehat{SR}(n),\widehat{CR}(n),\hat{P}_{CT}(n),\hat{C}_b(n)]=$

　　　$Subsystem\_Performance(p_{M-1}^{\text{f}},g_{M-1}^{\text{f}},p_M,N_{M-1},B)$

12 :　　**for** $i$=1, $M$−1 **do**

13 :　　　$V_h^{(i)} = A_h^{(i)}V_h^{(i)}$　　　　　　　　　▷更新概率分布向量

14 :　　**end for**

15 :　　**if** $\Sigma\hat{P}_{CT}(n) = 0.9999$ **then**　　　　▷程序终止条件

16 :　　　$t$=$n$

17 :　　　**Break**

18 :　　**end if**

19 :　**end for**

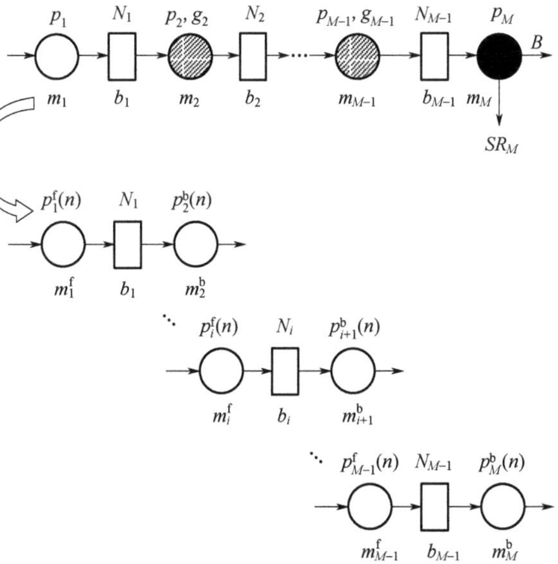

图 7-9　多机生产线分解为子系统的过程

需要说明的是，$\hat{P}_{CT}$ 表示完工时间等于 $n$ 的概率，因此，性能指标 $\widehat{CT}$ 为

$$\widehat{CT}=\sum_{n=1}^{t}n\hat{P}_{CT}(n) \tag{7-25}$$

其中，$t$ 为算法 7-1 中的最后一次迭代周期的值。

此外，需要注意算法中的 $g_{M-1}^{\mathrm{f}}$ 被引入用来计算聚合后等效子系统的实时性能指标。在多机生产线中仅有末尾一台检测机器的情况下，聚合子系统质量效率 $g_{M-1}^{\mathrm{f}}$ 可以表示为

$$g_{M-1}^{\mathrm{f}}=\prod_{i=1}^{M-1}g_i \tag{7-26}$$

在已有的一些文献中，$q_M$（Quality Buy Rate）被提出，用于稳态下的生产线。本节中，$g_{M-1}^{\mathrm{f}}$ 与其作用相似。需要指出的是，当伯努利质量问题机器的质量效率 $g=1$ 时，该机器退化为无质量问题的伯努利机器。此外，在本节所讨论的多机系统中，由于只有串行线尾端有一台质量检测机器，质量不合格的工件被伯努利质量问题机器生产出来但不能被及时地排出系统，仍然会被传递到下游。

如图 7-9 所示，利用 $M-1$ 个子系统，剩余的性能指标 $(WIP_i, BL_i, ST_{i+1})$ 可以得到近似值，并且该计算方法不受机器质量效率 $g$ 的影响。基于算法 7-1，参数 $\hat{C}_b(n)$ 可以被求解得到，其意味着在第 $n$ 个迭代周期检测机器 $m_M$ 完成 $B$ 个质量合格的工件。将 $C_b(n)$ 视作一个实时的指标，即当 $n$ 到某一个值时，之后 $\hat{C}_b(n)=1$。基于此，计算这些性能指标的公式如下所示：

$$\begin{aligned}
\widehat{WIP}_i(n)&=[0\quad 1\quad \cdots\quad N_i]V_h^{(i)}(n)\left(1-\hat{C}_b(n)\right)\\
\widehat{BL}_i(n)&=[\boldsymbol{\theta}_1 p_i(1-p_{i+1}^{\mathrm{b}}(n))]V_h^{(i)}(n)\left(1-\hat{C}_b(n)\right)\\
\widehat{ST}_{i+1}(n)&=[p_{i+1}\boldsymbol{\theta}_2]V_h^{i}(n)\left(1-\hat{C}_b(n)\right)
\end{aligned} \tag{7-27}$$

其中，$i\in\{1,\cdots,M-1\}$，且零向量 $\boldsymbol{\theta}_1$ 的维数为 $1\times N_i$，$\boldsymbol{\theta}_2$ 的维数为 $1\times N_i$。

根据以上利用子系统所提出的近似聚合算法，可以计算出所定义的性能指标。为了验证所提出的近似方法，随机生成了一个五机的串行线，从图示的角度说明近似算法的准确性。如图 7-10 所示，第一行参数表示所有机器的效率，第二行参数表示机器的质量效率，其他参数在图 7-6 所示的相应位置。然后，通过使用算法 7-1 和式（7-27），计算出实时性能指标。对随机生成的五机串行线，应用该算法求得的实时性能指标如图 7-11 所示，系统完成生产的完工时间 $CT$ 可以通过等式（7-25）来计算，结果如下：

$$\widehat{CT}\approx 103.50，\ CT_{\mathrm{sim}}\approx 103.39$$

可以看出，通过近似算法所求得的系统完工时间与蒙特卡洛仿真所求得的仿真结果几乎相同。从图 7-11 中也可以看出，系统的近似实时性能指标与仿真结果相比也相当准确。

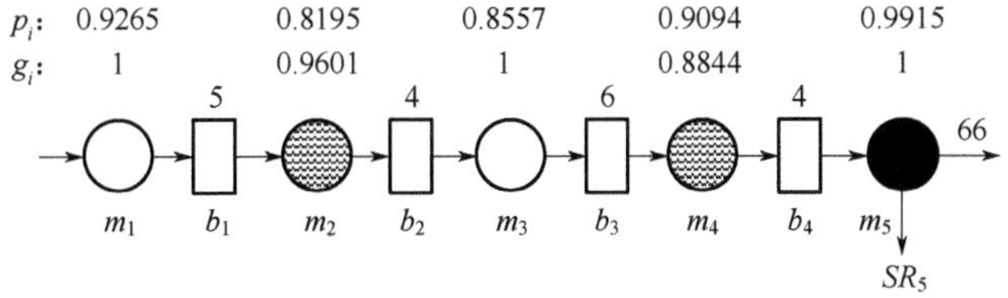


图 7-10　随机生成的五机串行系统

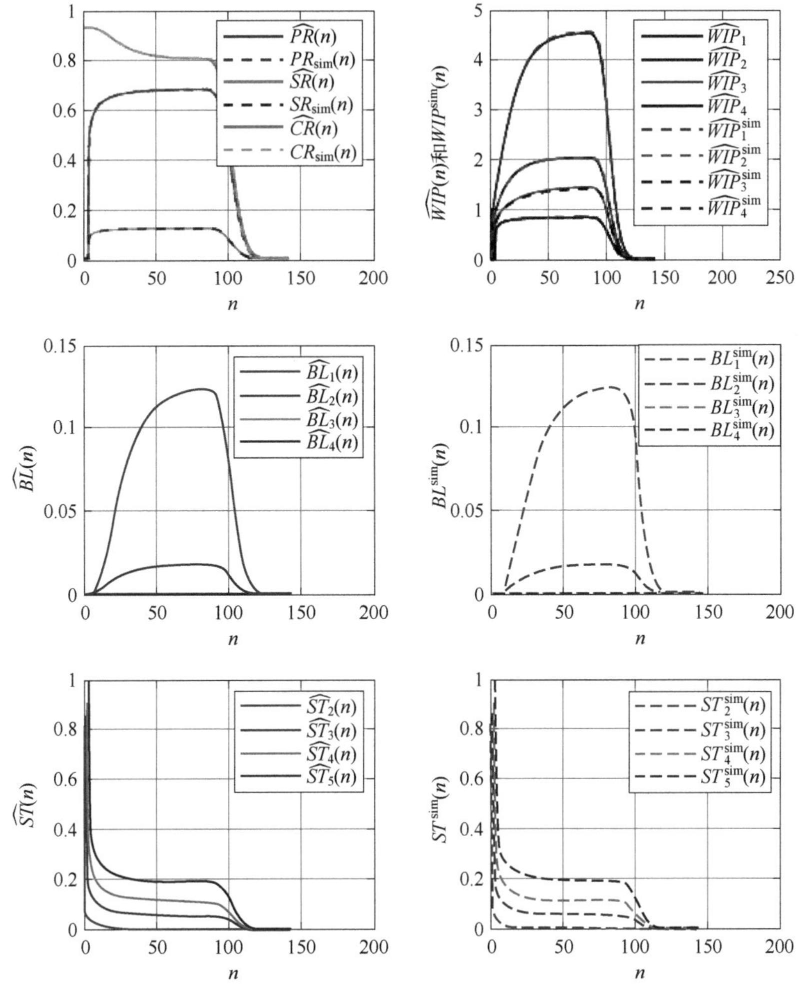


图 7-11　五机串行系统的实时性能指标预测结果（见书后彩插）

### （2）多检测机器近似算法

仅在串行线末尾有一台质量检测机器的多机系统可以被聚合为一个等效的子系统。然而，当系统中间有一台质量检测机器时，之前提出的方法便不能直接使用了。事实上，在一条具有质量问题的串行生产线中可能存在多个质量检测环节。

在串行生产线研究这些多检测机器的通用系统具有重要意义，特别是分析系统的实时性能指标。当质量不合格的工件在某个环节被加工，如果不被及时排出生产系统，不仅会造成系统生产效率低下，而且会在缓冲区内造成其他工件损坏。因此，在该类串行系统内合理布置多台质量检测机器非常重要。

作为通用案例的一个基础，首先考虑仅在串行生产线中部和末尾有一台质量检测机器。由于引入了一台额外的质量检测机器，实时性能指标不能直接套用原有的近似算法来计算。为了评估该串行系统的实时性能，如图 7-12 所示，首先将这类串行线拆解为两个单检测机器的串行系统。为了简便叙述，我们把具有双检测机器的串行系统称为双检测系统，单检测机器的串行系统称为单检测系统。这两个拆解的单检测系统又可以利用上述算法聚合为两个子系统。从图 7-12 中可以看出，这个拆解方法的关键是如何从中间位置的检测机器进行拆解。因为检测机器的作用是检测工件质量是否合格，该类机器能够控制上游工件的流向。因此，在图 7-12 中，我们先考虑原始生产线的前半部分，把从 $m_1$ 到 $m_i$ 这部分当作一个独立的单检测系统。利用算法 7-1 可以计算出其实时系统性能。然后，考虑原始生产线的剩余部分，引入一个伪机 $m_i^{\mathrm{f}}$ 来代替前半部分单检测机器系统。该伪机的时变效率 $p_i^{\mathrm{f}}(n)$ 等效于前半部分子系统的实时生产率。下一步，采用相同的方式将后半部分的单检测机器系统聚合为子系统。

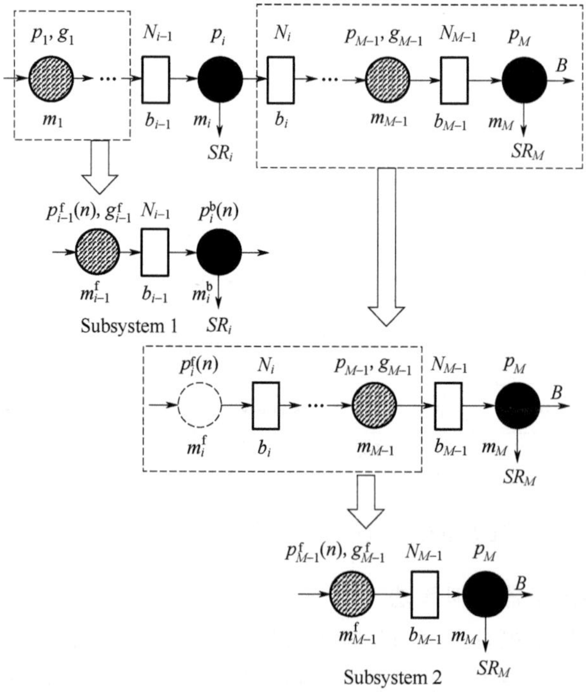


图 7-12　具有双检测机器串行系统的拆解方法

对于性能指标 $WIP_i$ 和 $ST_{i+1}$，式（7-27）仍然适用于双检测机器系统。然而，对于阻塞率 $BL_i$，需要修改式（7-27）。考虑到有一台检测机器位于多机系统中部，根据定义，$BL_i$ 的计算方式如下：

$$\widehat{BL}_i(n)=\begin{cases}\left[\boldsymbol{\theta}_1 p_i g^{\mathrm{sub1}}\left(1-p_{i+1}^{\mathrm{b}}(n)\right)\right]\boldsymbol{V}_h^i(n)\left(1-\hat{C}_b(n)\right), & i\in I_{\mathrm{insp}}(1)\\ \left[\boldsymbol{\theta}_1 p_i\left(1-p_{i+1}^{\mathrm{b}}(n)\right)\right]\boldsymbol{V}_h^i(n)\left(1-\hat{C}_b(n)\right), & \text{其他}\end{cases} \tag{7-28}$$

其中，$g^{\mathrm{sub1}}$ 可以通过下式求取：

$$g^{\mathrm{sub1}}=\prod_{i=1}^{I_{\mathrm{insp}}(1)-1} g_i \tag{7-29}$$

需要说明的是，有一台额外的检测机器在多机串行系统的中部可以改变工件的流向。具体来说，当有缺陷工件从上游流入，检测机器 $m_i$ 不会被阻塞。但是，当质量合格的工件从上游流入，此时检测机器和下游工件流被阻塞，那么检测机器在此刻被阻塞。

为了便于应用到实际生产中，我们考虑了通用案例的性能预测方法，即在一条多机串行线中有多台质量检测机器。如图 7-13 所示，在实际的生产系统中，有不同的质量检测位置，有时甚至在每个加工站后都有一个检测机器。考虑在这类场景下的生产系统，我们假设以下三点内容：

① 串行线中的第一台机器 $m_1$ 不能是质量检测机器；

② 最后一台机器 $m_M$ 必须是质量检测机器；

③ 机器 $m_i$ 和 $m_{i+1}$ 在串行线中不能同时是质量检测机器。

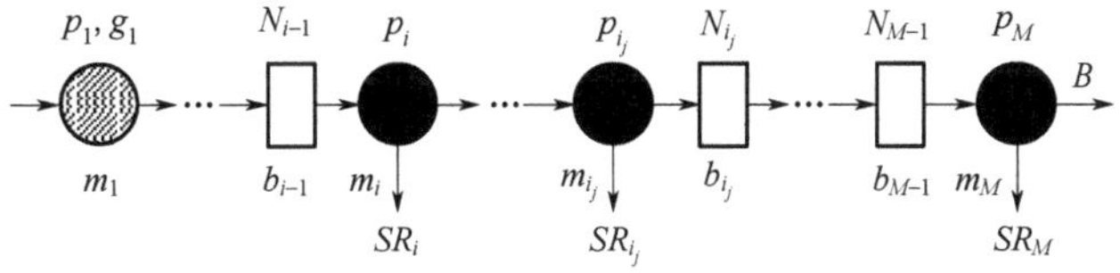


图 7-13 具有多台质量检测机器的多机系统

作为图 7-13 定义的通用案例，为了符合上述假设，在一条串行线当中至少有一台质量检测机器或者多台质量检测机器。可以看出，几台质量检测机器在该串行线中可以及时地移除质量不合格的工件。相应地，对于质量检测机器来说，计算其实时性能指标非常重要，包括 $SR_{i_j}(n), i_j\in I_{\mathrm{insp}}$。此外，由于缺陷工件被移除系统，计算其他性能指标变得相对困难。为了分析通用案例下的实时性能指标，拆解被安排在串行生产线中部的质量检测机器是一个关键点。在图 7-13 中，我们假定串行线内有 $M$ 台机器和 $L$ 台质量检测机器。质量检测机器的位置索引的集合可

以使用 $I_{\text{insp}}=\left\{i_1,\cdots,i_j,\cdots,i_L\right\}$。相似地，原始生产线可以被拆解为 $L$ 单检测机的多机系统。然后，可以通过将这些单检测机的多机系统聚合为子系统，来分别计算聚合后的子系统的实时性能 $\left(PR_{i_j}(n)\text{ 和 }SR_{i_j}(n)\right)$。在此基础上，可以建立伪机 $m_{i_j}^{\text{f}}$ 来表示上游原始生产线的运行状态。显然，由于伪机替代了相应的上游拆解线，所以由伪机生产出的工件全为质量合格的工件。因此，伪机的机器参数如下：

$$\begin{cases} p_{i_j}^{\text{f}}(n)=PR_{i_j}(n), & j\in\{1,\cdots,L-1\} \\ g_{i_j}^{\text{f}}=1, & i_j\in I_{\text{insp}} \end{cases} \tag{7-30}$$

为了便于理解，我们开发了算法 7-2 来分析通用案例。为了使程序简洁，我们在某些行省略了一些内容。首先，在第 1 行，$L$ 个拆解的系统聚合质量效率可用 $g_{I_{\text{Insp}(j)}^{\text{f}}}^{\text{f}}$ 表示，其计算方法如下：

$$g_{I_{\text{Insp}}^{\text{f}}(j)}^{\text{f}}=\begin{cases} \prod\limits_{i=1}^{I_{\text{insp}}(j)-1} g_i, & j=1 \\ \prod\limits_{i=I_{\text{insp}}(j-1)+1}^{I_{\text{insp}}(j)-1} g_i, & \text{其他} \end{cases} \tag{7-31}$$

其次，在第 4～9 行分别列出前向聚合和后向聚合算法。方便起见，再次更新伪机的机器效率 $p_{i_j}^{\text{f}},i_j\in I_{\text{insp}}$。由于原始生产线被拆解为 $L$ 条单检测机器串行线，$p_i^{\text{b}}$ 可以通过这些单检测机器串行线更新。检测机器的后向聚合效率 $p_i^{\text{b}},i\in I_{\text{insp}}$ 可以通过 $p_{i_j}^{\text{b}}$ 和机器 $m_i$，不被阻塞的概率乘积来描述，见式（7-32）。也就是说，对于 $L$ 条串行线来说，进行 $L$ 次后向聚合，后向聚合的步骤与算法 7-1 相同。通过该方法，能够得到原始生产线的所有 $p_i^{\text{b}}$。最后在第 1 行，得到拆解后的系统实时性能指标。拆解后的系统可以聚合为定义的子系统。在不考虑定制化订单量 $B$，建立了一个新的马尔可夫链，并推导了状态转移矩阵。在此处，我们仅就缓冲区 $N=1$ 来举例状态转移矩阵，见式（7-33）。然后，利用分析子系统的方法计算实时性能 $PR_{i_j}(n)$ 和 $SR_{i_j}(n)$。

$$p_i^{\text{b}}=\begin{cases} p_{i,j}\left[1-\left(1-p_{i_j+1}^{\text{b}}\right)g_{I_{\text{insp}}(j)}^{\text{f}}\left(v_{i_j,N_{ij}}^{(i_j)}\right)\right], & i_j\in I_{\text{insp}} \\ p_i\left[1-\left(1-p_{i+1}^{\text{b}}\right)v_{i,N_i}^{(i)}\right], & \text{其他} \end{cases} \tag{7-32}$$

在算法 7-2 中，该聚合算法适用于通用案例。需要说明的是，$p_i^{\text{f}},p_i^{\text{b}}$ 和 $p_{i_j}^{\text{f}},p_{i_j}^{\text{b}}$ 在迭代过程中是有区别的。相应地，这些参数被用来更新转移矩阵 $\boldsymbol{A}_h^{(i)}\left(p_i^{\text{f}},p_{i+1}^{\text{b}},N_i\right)$。然后，进化公式可以用来更新 $\boldsymbol{V}_h^{(i)}$。对于剩余的实时性能指标 $\widehat{WIP}_i(n),\widehat{BL}_i(n)$ 和 $\widehat{ST}_{i+1},i\in\{1,\cdots,M-1\}$，利用式（7-27）、式（7-28）来计算。需要注意的是，在式（7-28）中，最后一台机器 $m_M$（也可表示为 $m_{i_L}$）从不会被阻塞，

需要修改条件为 $j \in \{1, \cdots, L-1\}$ 且 $g^{\mathrm{sub1}}$ 可以用 $g^{\mathrm{f}}_{I_{\mathrm{insp}}(j)}$ 代替。

算法 7-2　解决通用案例的迭代程序

1：初始化：$p_1^{\mathrm{f}} = p_1, p_{i_j}^{\mathrm{b}} = p_{i_j}, i_j \in I_{\mathrm{insp}}, g^{\mathrm{f}}_{I_{\mathrm{insp}}(j)}$

2：设定最大迭代时长：$T$

3：　**for** $n=1, T$ **do**

4：　　**for** $i=2, M$ **do**

5：　　　$p_i^{\mathrm{f}} = p_i \left(1 - v_{h,0}^{(i-1)}\right)$　　　　　　　　▷前向聚合

6：　　**end for**

7：　　**for** $i=1, M-1$ **do**

8：　　　$Update\ p_i^{\mathrm{b}}$　　　　　　　　　　　▷后向聚合

9：　　**end for**

10：　　$[\widehat{PR}(n), \widehat{SR}_M(n), \widehat{CR}(n), \widehat{P}_{CT}(n), \widehat{C}_{\mathrm{b}}(n)] =$
　　　$Subsystem\_Performance(p_{M-1}^{\mathrm{f}}, p_M, g^{\mathrm{f}}_{I_{\mathrm{insp}}(L)}, N_{M-1}, B)$

11：　　**for** $j=1, L-1$ **do**

12：　　　$[\widehat{PR}_{i_j}(n), \widehat{SR}_{i_j}(n)] =$
　　　$Decomposed(p_{I_{\mathrm{insp}}(j)-1}^{\mathrm{f}}, p_{I_{\mathrm{insp}}(j)}, g^{\mathrm{f}}_{I_{\mathrm{insp}}(j)}, N_{I_{\mathrm{insp}}(j)-1})$

13：　　　$p_{i_j}^{\mathrm{f}}(n) = \widehat{PR}_{i_j}(n)$

14：　　**end for**

15：　　**for** $i=1, M-1$ **do**

16：　　　$V_h^{(i)} = A_h^{(i)} V_h^{(i)}$　　　　　　　　　▷更新概率分布向量

17：　　**end for**

18：　　**if** $\Sigma \widehat{P}_{CT}(n) = 0.9999$ **then**　　　　　　▷程序终止条件

19：　　　$t=n$

20：　　　**Break**

21：　　**end if**

22：　**end for**

为了形象地解释方法的可靠性，我们根据系统假设构造了一个 8 机线来验证算法的可靠性。随机生产的生产线参数列在表 7-3 中。我们设置生产一批订单量为 $B = 60$。如图 7-14 所示，相比蒙特卡洛仿真结果，所有定义的实时性能指标通过所提出的算法计算相对准确。虽然我们仅进行了数值实例研究，但是本书中所提出的模型和算法是可以应用的，只要有相应的工厂数据。

**表 7-3　随机生成的八机生产线系统参数**

| 参数 | $i=1$ | $i=2$ | $i=3$ | $i=4$ | $i=5$ | $i=6$ | $i=7$ | $i=8$ |
|---|---|---|---|---|---|---|---|---|
| $p_i$ | 0.96 | 0.76 | 0.89 | 0.95 | 0.81 | 0.92 | 0.75 | 0.83 |
| $g_i$ | 1 | 0.98 | 1 | 0.98 | 0.95 | 1 | 0.92 | 1 |
| $N_i$ | 3 | 4 | 3 | 7 | 5 | 7 | 6 | — |
| $I_{\text{insp}}$ | — | — | $i_1$ | — | — | $i_2$ | — | $i_3$ |

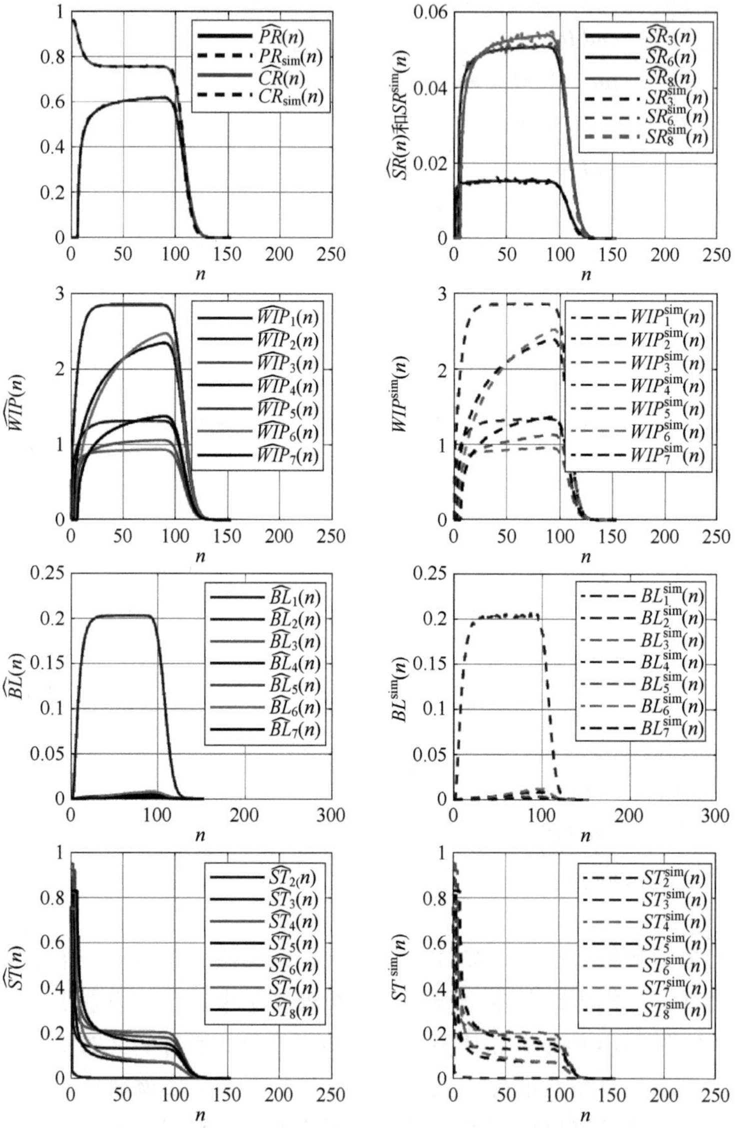


图 7-14　八机系统的实时性能验证（见书后彩插）

该示例中，有三类机器（伯努利加工机器、伯努利质量加工机器和伯努利质量检测机器）在串行生产线中。可以把伯努利机器当作特别的伯努利质量加工机器，其有质量效率 $g_i=1$。换句话说，当伯努利质量加工机器的效率为1时，所有伯努利质量加工机器都退化为伯努利加工机器。此外，应该说明的是，上述说明的三条假设不是完全必要的。例如，当最后一台机器 $m_M$ 不是质量检测机器，为保证生产出的工件全为质量合格的工件，仅需要保证在质量缺陷机器 $m_{i_L}$ 后的其他机器都为伯努利加工机器。然后，通过构造一个伪机 $m_{i_L}^{\mathrm{f}}$ 替代其上游串行线，之后的生产线可以聚合为基于批次生产的串行线 $(m_{i_L+1},\cdots,m_M)$。

本节中提出了近似方法来分析通用案例的实时性能指标。图示性案例可以用来验证所提出方法的准确性。然而，这些例子仅是定性的计算和图示的案例。因此，接下来进行数值实验来定量地验证近似算法的准确性。

$$\boldsymbol{A}_g^{(i)}(N_i=1)=\begin{bmatrix} 1-p_i & 0 & (1-p_i)p_{i+1} & (1-p_i)p_{i+1} \\ 0 & 0 & 0 & 0 \\ p_i(1-g_i) & 0 & p_ip_{i+1}(1-g_i)+1-p_{i+1} & p_ip_{i+1}(1-g_i) \\ p_ig_i & 0 & p_ip_{i+1}g_i & p_ip_{i+1}g_i+1-p_{i+1} \end{bmatrix} \tag{7-33}$$

## 7.2.4 精度验证

为了验证所提出近似算法的准确性，通过生成大规模具有随机参数的生产线进行了数值实验。将蒙特卡洛仿真生成的实时性能指标作为标准，用近似算法生成的性能指标来比较其精确性。误差估计的公式与之前章节类似。本工作中主要考虑系统的实时性能特点，因此需要重新修改这些公式。首先，设置最短的运行周期 $T$ 来避免不必要的计算，由于后续的性能指标值相对较小，对精确性的影响可忽略不计。其次，为了计算这些性能指标 $(PR(n),CR(n)$ 和 $SR_{i_j}(n))$ 的相对误差，忽略了性能指标在某些时段中特别小的值。忽略了这些值的性能指标的评价标准可以在式（7-34）中展示。最后，由于其数量级较小，计算了 $BL_i(n)$ 和 $ST_j(n)$ 的绝对误差。误差等式展示如下：

$$\begin{aligned}
\delta_{PR}&=\frac{1}{T_{PR}}\sum_{n=1}^{T_{PR}}\frac{\left|\widehat{PR}(n)-PR^{\mathrm{sim}}(n)\right|}{PR^{\mathrm{sim}}(n)}\times 100\% \\
\delta_{CR}&=\frac{1}{T_{CR}}\sum_{n=1}^{T_{CR}}\frac{\left|\widehat{CR}(n)-CR^{\mathrm{sim}}(n)\right|}{CR^{\mathrm{sim}}(n)}\times 100\% \\
\delta_{SR}&=\frac{1}{LT_{SR}}\sum_{j=1}^{L}\sum_{n=1}^{T_{SR}}\frac{\left|\widehat{SR_{i_j}}(n)-SR_{i_j}^{\mathrm{sim}}(n)\right|}{SR_{i_j}^{\mathrm{sim}}(n)}\times 100\% \\
\delta_{CT}&=\frac{\left|\widehat{CT}-CT^{\mathrm{sim}}\right|}{CT^{\mathrm{sim}}}\times 100\%
\end{aligned} \tag{7-34}$$

式中，$T_{PR}$ 和 $T_{CR}$ 分别是 $\widehat{PR}\geqslant 0.1$ 和 $\widehat{CR}(n)\geqslant 0.1$ 的实时长度。此外，$T_{SR}$ 为 $\widehat{SR}(n)\geqslant 0.001$。$\delta_{WIP}$ 的相对误差以及 $\epsilon_{BL}$、$\epsilon_{ST}$ 为

$$
\begin{aligned}
\delta_{WIP} &= \frac{1}{(M-1)T}\sum_{i=1}^{M-1}\sum_{n=1}^{T}\frac{\left|\widehat{WIP}_i(n)-WP_i^{\text{sim}}(n)\right|}{N_i}\times 100\% \\
\epsilon_{BL} &= \frac{1}{(M-1)T}\sum_{i=1}^{M-1}\sum_{n=1}^{T}\left|\widehat{BL}_i(n)-BL_i^{\text{sim}}(n)\right| \\
\epsilon_{ST} &= \frac{1}{(M-1)T}\sum_{j=2}^{M}\sum_{n=1}^{T}\left|\widehat{ST}_j(n)-ST_j^{\text{sim}}(n)\right|
\end{aligned}
\tag{7-35}
$$

其中，$T$ 描述为

$$\sum_{n=1}^{T}P_{\widehat{CT}}(n)\geqslant 0.9999$$

为了进行精确性分析的数值实验，一系列的参数集范围定义如下，串行线的参数可以等概率地从下式选取：

$$
\begin{aligned}
&M\in\{3,5,7,10,15,20\} \\
&p_i\in(0.7,1),\quad i=1,2,\cdots,M \\
&g_i\in(0.9,1),\quad i\in I_q \\
&N_i\in\{3,4,5,6,7\},\quad i=1,2,\cdots,M-1 \\
&B\in\{20,21,\cdots,104,105\}
\end{aligned}
\tag{7-36}
$$

为了通过参数集测试通用案例，在假设下，检测机器的位置可以通过下面策略确定：

$$L_{\max}=\left\lfloor\frac{M-1}{2}\right\rfloor \tag{7-37}$$

可以解释的是，在一条有 $M$ 个机器的串行线，最多有 $L_{\max}$ 个检测机器。此外，这些假设可以定义为

$$
\begin{cases}
I_{\text{insp}}(j)\in\{2,3,\cdots,M\},\quad j=1,2,\cdots,L \\
I_{\text{insp}}(L)=M \\
I_{\text{insp}}(j+1)-I_{\text{insp}}(j)\geqslant 2
\end{cases}
\tag{7-38}
$$

需要指出的是，在本工作中，挑选的机器 $M$ 的数量和订单内质量合格工件 $B$ 是包括大量工业应用。机器效率 $p_i$、质量效率 $g_i$ 和缓冲区容量 $N_i$ 也包含生产系统内的许多实际案例。为了确保数值实验的随机性，放置检测机器的策略也包含生产系统的大量案例。

为进行数值实验，10000 参数集通过每个 $M$ 值随机生成。总共有 60000 条串行线生成。对每条线，为了减少随机误差，计算其实时性能指标的蒙特卡洛仿真在每类参数集运行 60000 次。

如图 7-15 所示，许多案例的误差都非常小。具体来说，$\delta_{PR}$ 通常比 $\delta_{CR}$ 和 $\delta_{SR}$ 更小。在所有的案例中，可以看到，$\delta_{PR}$ 的中位值小于 2%。而 $\delta_{CR}$ 和 $\delta_{SR}$ 有更大的误差值，它们的中位值小于 4%，这些误差也可接受。至于 $\delta_{CT}$ 和 $\delta_{WIP}$，无论是中位值还是离群值都比之前所描述得更好。关于绝对误差 $\epsilon_{BL}$ 和 $\epsilon_{ST}$，在更多的案例中，误差都小于 0.03。还需要注意的是，随着机器数量增加，这些误差（$\delta_{PR},\delta_{CR},\delta_{SR},\delta_{CT}$ 和 $\epsilon_{ST}$）的中位值都略有上升。我们推断，有些积累误差源于机器数目的增加，或者检测机器数目的增加。

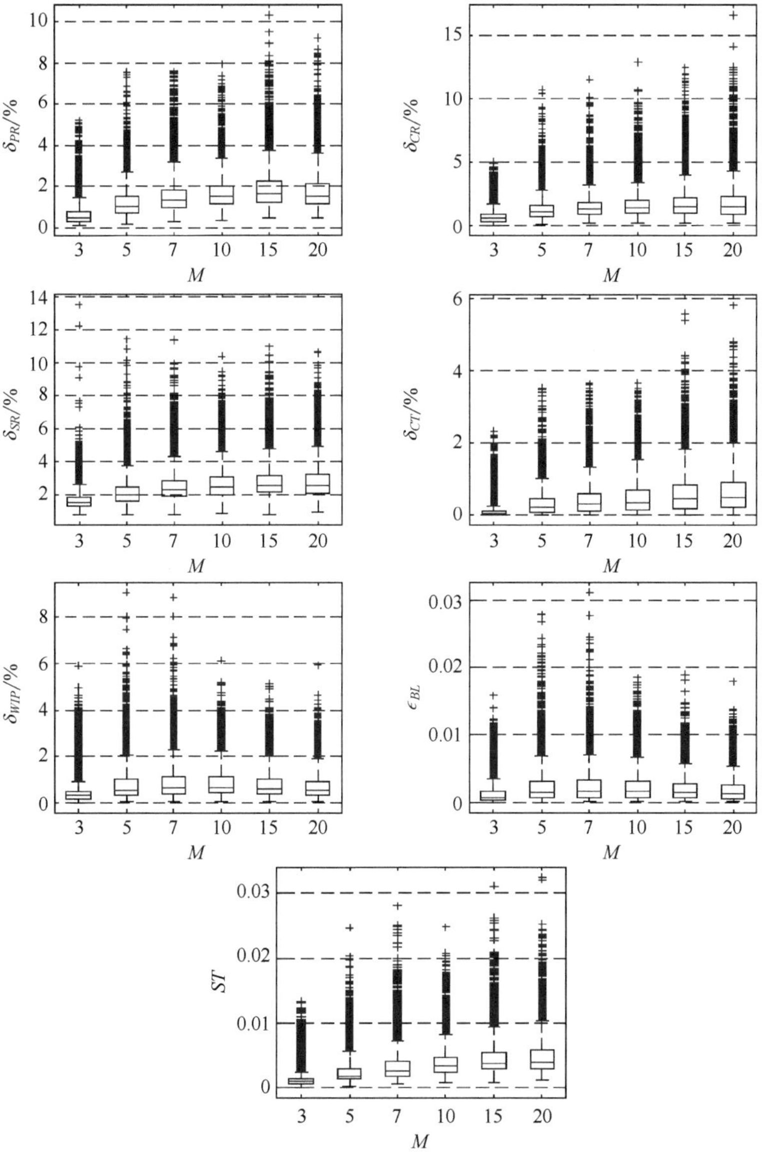


图 7-15　实时性能指标精确性分析实验

正如上述描述，相比实时性能指标的蒙特卡洛仿真结果，这些相应的通过近似算法得出的实时性能指标具有较高精确性。尽管每个性能指标的误差箱线图都有一些离群值，但是通过近似算法来平衡有限的计算资源是值得的。举例来说，考虑一个 20 台机器的串行线，机器参数由式（7-36）~式（7-38）生成。近似算法和蒙特卡洛仿真程序的迭代次数都为 60000 次，程序部署在英特尔酷睿 i5-8500 CPU@3.00GHz 的计算机上，内存为 16GB。近似算法的平均计算时间为 18.78s，而仿真程序的平均运行时间为 112.74s。可以看出，本书提出的近似算法是非常有效的。

## 7.2.5 软件设计

为了使所提出的算法更贴近实际生产应用，将上述研究内容做成一个软件。图 7-16 所示为程序的界面图。此程序主要包含两个部分：系统参数和实验结果。在上述建立的伯努利机器模型基础上，对具有加工质量问题的生产线的实时性能定义了九个性能指标并进行分析预测。

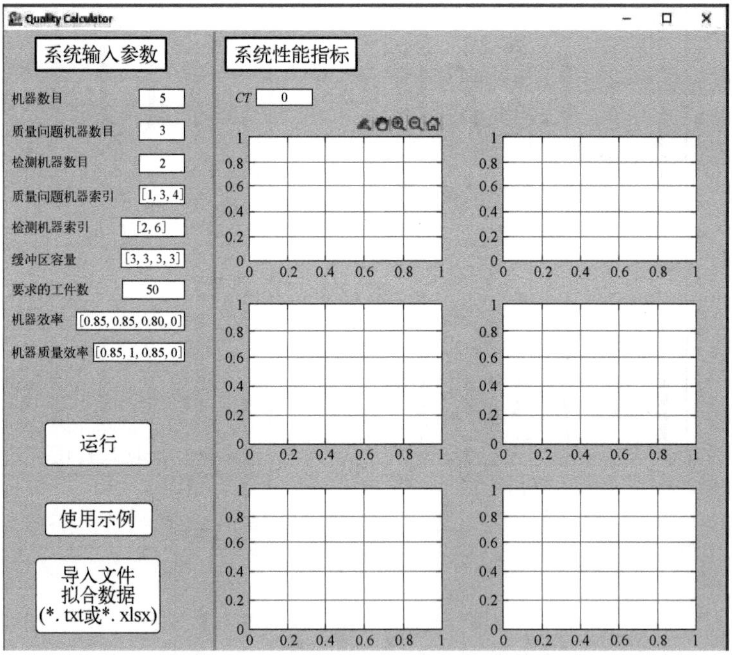


图 7-16　程序界面

参数输入解释如下。

① 机器数目：生产线中所有机器的数目。

② 质量问题机器数目：生产线中含有的加工质量问题机器的数目。

③ 检测机器数目：生产线中的所有质量检测机器的数目。

④ 质量问题机器索引：生产线中质量问题机器的位置索引。

⑤ 检测机器索引：生产线中的质量检测机器位置索引。

⑥ 缓冲区容量：生产线中每个缓冲区的最大容量。

⑦ 要求的工件数：要求生产的质量合格的工件总量。

⑧ 机器效率：生产线中每台伯努利机器的加工效率。

⑨ 机器质量效率：生产线中伯努利质量机器的质量效率，其中，普通伯努利机器设为 1。

为了方便工厂使用此软件，对此软件进行简要说明。将左侧面板中的数据按要求输入，之后单击“运行按钮”，即可得到此生产线性能预测结果。在左侧面板处还有两个按钮：“使用示例”和“导入文件”。其中，“使用示例”展示了输入正确的数据所显示的结果，如图 7-17 所示。“导入文件”旨在通过实际的生产数据文件，拟合机器的生产线率，目前能拟合服从高斯分布的数据。系统运行后的示例如图 7-18 所示。

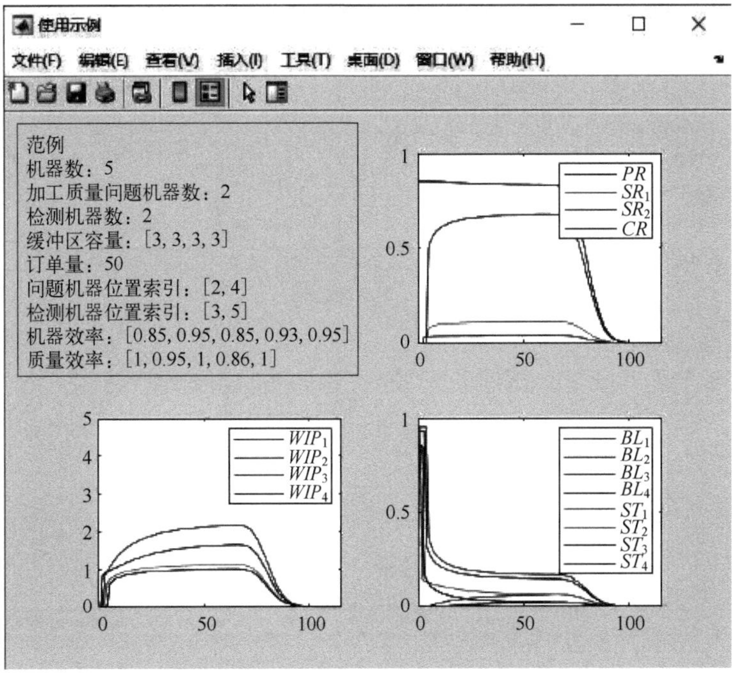


图 7-17　使用窗口示例

在大力发展实体经济背景下，对于实体制造业，一个重要问题是生产过程中的产品质量问题，主要是由于机器的磨损、工件的定位误差以及长期暴露于空气下导致的。为了研究产品质量问题对实际生产过程造成的影响，根据实际生产数据，可以对生产系统中质量问题机器进行建模并分析。在生产系统中，对于有质量问题机器并且运行在稳态下的生产系统分析问题，已经得到了广泛的研究成果。但是，在当前的制造业发展趋势下，即智能化、定制化和系统化，之前的研究可能不再具有应用价值。此外，随着智能制造战略的不断深化以及消费者个性化需求的增多，多品种小批量生产逐渐成为制造业的主流加工方式。多品种小批量生产往往要求一批质量完好的订单，此时生产系统主要运行在暂态下。因此，为了掌握系统运行的动态性能和预测订单完成时间，建立了具有伯努利机器和伯努利质量机器模型的生产线，并在已知订单量的前提下，模拟相应生产系统的运行过程。基于此，本软件建立了一个面向加工质量问题生产线性能预测分析系统。本软件还适用于生产系统的维护管理。质量管理人员通过本软件可以对生产过程的性能指标进行预测，进而发现生产过程中的异常波动。基于异常的报警，质量管理人员通过分析原因、采取措施消除异常，使生产过程恢复稳定，保证产品质量。这样以采取预防的管理方法代替事后检验为主的质量管理，在提高生产率的同时还节约了成本。

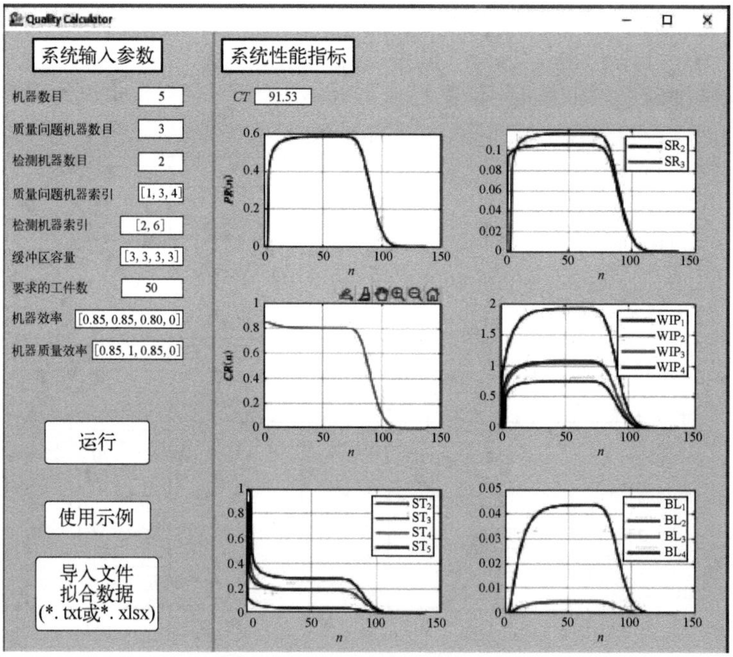


图 7-18　系统运行结果示例

本章专注于实时性能分析，建立了伯努利质量模型，其在实际生产系统中是非常常见的。通过提出的近似算法，可以评估实时性能指标。建立了子系统作为基石，并通过马尔可夫链来描述其运行过程。然后，通过研究一种特殊案例，即仅在生产末尾有一台质量检测机器，还提出了近似算法来计算实时性能指标。对于通用案例，首先根据实际生产检测过程，规定了检测机器在生产线上的位置。接着将其拆解为单质量检测机器的生产线，通过计算子线的实时性能，引入一个伪机来表示上游生产线的实时运行状况。作为总结，提出了一种新颖的近似算法来计算通用案例的实时性能指标。为了验证所提算法的可靠性，进行了数值实验以展示所提出算法的精确性。最后，为了指导工厂的实际生产过程，基于上述算法开发了一个软件，形象地展示了具有质量问题串行生产线的实时性能预测。

第 8 章

# 生产系统暂态运行中的机器控制问题

## 8.1 系统模型

近年来，在保持高生产力和高产品质量的前提下，同时实现能源高效生产已成为制造业的主要目标之一。在许多生产系统中，有时可以暂时关闭机器以节约能耗，并在满足特定条件时重新开启机器。事实上，基于机器控制的生产车间持续改进被认为是能够有效实现节能生产的最具成本效益的方法之一。本章将讨论具有伯努利机器和有限容量缓冲器的串行生产线，并假设在生产过程中，可以使用基于状态反馈的控制策略，开启/关闭生产系统中的一些机器；建立所考虑系统的数学模型，并推导计算系统暂态性能指标的分析方法。对于小型的双机或三机串行生产线，仅考虑系统中一台机器可以进行开/关操作，使用马尔可夫方法进行精确建模；对于大型的多机串行线，考虑系统中多台机器可以进行开/关操作，应用基于聚合的近似方法来评估系统暂态性能指标；最终，通过数值实验，验证该方法可以实现高精度有效地评估系统的性能。

### 8.1.1 模型假设

考虑图 8-1 中由以下假设定义的基于机器控制的串行生产线。

① 该系统总共有 $M$ 台机器（用圆圈表示）和 $M-1$ 个缓冲区（用矩形表示），箭头指示加工工件流动的方向。

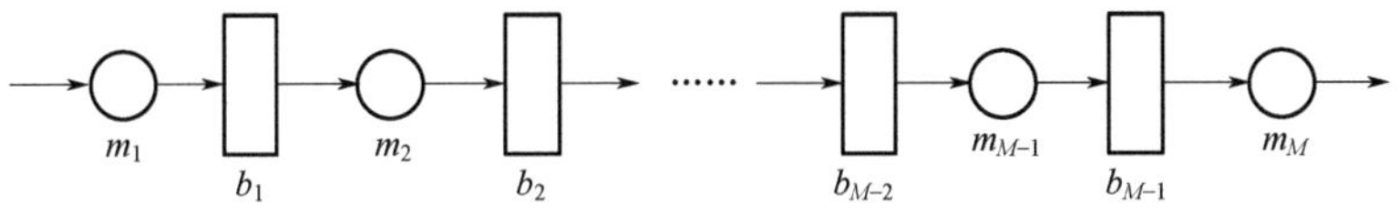


图 8-1　基于机器控制的串行生产线

② 机器具有恒定且相同的加工周期 $\tau$，时间轴以 $\tau$ 为间隔进行离散化。

③ 每个缓冲区 $b_i(i=1,2,\cdots,M-1)$ 具有有限容量 $N_i$。

④ 机器有四种过程状态：预热、运行、冷却和休眠。当机器 $m_i(i=1,2,\cdots,M)$ 处于运行状态时，它在一个加工周期内以概率 $p_i$ 运行，以概率 $1-p_i$ 故障，即伯努利可靠性机器模型，$p_i$ 称为机器 $m_i$ 的效率。

⑤ 如果机器 $m_i(i=2,3,\cdots,M)$ 在一个加工周期中运行，并且缓冲区 $b_{i-1}$ 在这个周期开始时为空，则机器 $m_i$ 在该周期中会发生饥饿。同时，假设无限的原材料供应，即假设 $m_1$ 不会发生饥饿。

⑥ 如果在一个加工周期开始时，缓冲区 $b_i$ 中已有 $N_i$ 个工件，并且下游机器 $m_{i+1}$ 在该加工周期里由于故障、阻塞或处于预热、冷却、休眠状态，导致不能从缓冲区 $b_i$ 中取走一个工件进行加工，则机器 $m_i(i=1,2,\cdots,M-1)$ 在该时间间隙中被阻塞。同时，假设 $m_M$ 不会发生阻塞，即无限的成品库存。

⑦ 如果一台机器在一个加工周期内能够运行，并且不会发生饥饿或者阻塞，那么它会在该周期开始时从其上游缓冲区（$m_1$ 为原料供应）中提取一个工件，在该加工周期内对其进行加工，并在该加工周期结束时将其放入其下游缓冲区（$m_M$ 为成品库存）。

⑧ 考虑当前处于运行状态的一台机器。在两个连续的加工周期之间决定是否关闭，即在所有机器将完成加工的工件放入下游缓冲器之后，且任何机器为下一个加工周期做准备并提取新工件之前。如果决定执行“关闭”操作，机器将在下一个时间间隙开始时进入冷却状态，并在总共 $t_{cd}$ 个时间间隙内保持冷却状态。冷却完成后，如果在此期间未收到“启动”命令，机器将进入休眠状态。当机器通过“启动”命令从睡眠状态被唤醒时，它将在返回运行状态之前进入持续时间 $t_{wu}$ 个加工周期的预热状态。设 $\boldsymbol{MC}$ 表示受控机器序号索引的集合，设 $i^*,j^*\in\boldsymbol{MC}$。假设

$$\begin{cases}\left|i^*-j^*\right|>1, & 1<i^*,j^*<M,i^*\neq j^*\\ \left|i^*-j^*\right|>2, & i^*\text{或 }j^*\in\{1,M\},i^*\neq j^*\end{cases} \tag{8-1}$$

在任何情况下，假设受控机器以外的机器始终处于运行状态。

⑨ 机器存在以下 6 种能耗状态：预热、运行、闲置、故障、冷却、休眠。如果机器处于预热、冷却或休眠过程状态，则它也处于相同的相应能耗状态。如果

机器处于运行过程状态，且既没有被阻塞也不会发生饥饿，则表示机器处于工作能耗状态；如果机器处于运行过程状态但发生阻塞或饥饿，则它处于空闲能耗状态；如果机器在运行状态下发生故障停机，则它处于故障能耗状态。6 种能耗状态下每个加工周期的能耗分别用 $e_{wu}$、$e_{op}$、$e_{id}$、$e_{bd}$、$e_{cd}$ 和 $e_s$ 表示。

需要注意的是，在许多制造环境中，机器加工周期是恒定的或接近恒定，这在汽车、电子、电器和其他行业的大多数生产系统中比较常见。上述伯努利可靠性模型通常适用于平均故障时间接近机器加工周期的操作。应用伯努利机器的生产线模型已成功应用于多个实际生产系统的案例研究中。还应注意，预热和冷却时间均假定为确定性和恒定的，这在许多工业场景中也较为常见。此外，假设预热和冷却的持续时间不短于一个加工周期，这在制造中也很常见。最后，假设⑧中的第一个条件表明，在双机和三机系统中，仅控制其中一台机器可以被开/关控制；而在三机以上的系统中，只有非连续的中间机器可以进行开/关控制；并且如果 $m_1$ 或 $m_m$ 是开关受控机器之一，则距离其最近的两个下游或上游机器不能被控制。引入该条件是为了在后续章节中对系统进行分析研究。如果这种假设被移除，即相邻的机器都可以被开/关控制，那么系统模型的建立和分析将会变得更加复杂。

## 8.1.2 控制规则

本章中机器开/关操作的控制规则是基于系统状态反馈的。由于伯努利可靠性模型是无记忆的，因此上述生产系统的动态特性可以使用一个遍历马尔可夫链表征。其中，系统状态由所有缓冲区的占用量和所有受控机器的状态组成。因此，严格来说，控制规则应该基于所有这些信息来确定。本章中，为了简单起见，考虑这样一种情况，即一台机器的开/关控制是基于缓冲区的占用量和它自己的状态来决定的，而与其他机器的状态无关。

为了规范并公式化开/关控制规则，设 $\boldsymbol{h}(n)=\left[h_1(n)\quad h_2(n)\quad \cdots \quad h_{M-1}(n)\right]$，其中，$h_i(n)$ 表示时间间隙 $n$ 结束时缓冲区 $b_i$ 中的工件数，使 $S^{m_{i^*}}(n)\in\{cd_1,cd_2,\cdots,cd_{t_{cd}},sleep,wu_1,wu_2,\cdots,wu_{t_{wu}},run\},i^*\in \boldsymbol{MC}$，表示时间间隙 $n$ 期间受控机器 $m_{i^*}$ 的状态。注意，状态包括机器的过程状态以及预热和冷却期间的经过时间。具体来说，$sleep$ 和 $run$ 分别表示机器处于相应的休眠和运行过程状态，$cd_k$ 和 $wu_k$ 分别表示当机器处于第 $k$ 个冷却和预热时间间隙时的状态。由于前面假设机器 $m_{i^*},i^*\in \boldsymbol{MC}$ 启动/关闭的决定独立于其他机器，因此设 $\boldsymbol{H}_{\text{on}}^{m_{i^*}}$ 和 $\boldsymbol{H}_{\text{off}}^{m_{i^*}}$ 表示控制机器 $m_{i^*}$ 所依据的缓冲区占用量的集合。那么，机器 $m_{i^*}$ 的控制规则如下：

- 在时间间隙 $n+1$ 开始时，如果 $PS^{m_{i^*}}(n)\in\left\{cd_{t_{cd}},sleep\right\}$ 并且 $\boldsymbol{h}(n)\in \boldsymbol{H}_{\text{on}}^{m_{i^*}}$，启动机器；

• 在时间间隙 $n+1$ 开始时，如果 $PS^{m_{i^*}}(n)=run$ 并且 $\boldsymbol{h}(n)\in\boldsymbol{H}_{\text{off}}^{m_{i^*}}$，关闭机器。

本章讨论具有如下公式化的基于阈值反馈控制规则的系统建模和性能分析问题，假设机器 $m_{i^*}$ 可以进行开/关操作。

**控制规则 1：**

对于 $m_{i^*}=m_1$，也就是 $1\in\boldsymbol{MC}$，有

$$\boldsymbol{H}_{\text{on}}^{m_1}=\{\boldsymbol{h}(n)\mid h_1(n)\leqslant h_{1,\text{on}}^{m_1},h_2(n)\leqslant h_{2,\text{on}}^{m_1},\cdots,h_{M-1}(n)\leqslant h_{M-1,\text{on}}^{m_1}\}$$

$$\boldsymbol{H}_{\text{off}}^{m_1}=\{\boldsymbol{h}(n)\mid h_1(n)\geqslant h_{1,\text{off}}^{m_1},h_2(n)\geqslant h_{2,\text{off}}^{m_1},\cdots,h_{M-1}(n)\geqslant h_{M-1,\text{off}}^{m_1}\}$$

对于 $m_{i^*}=m_M$，也就是 $M\in\boldsymbol{MC}$，有

$$\boldsymbol{H}_{\text{on}}^{m_M}=\{\boldsymbol{h}(n)\mid h_1(n)\geqslant h_{1,\text{on}}^{m_1},h_2(n)\geqslant h_{2,\text{on}}^{m_1},\cdots,h_{M-1}(n)\geqslant h_{M-1,\text{on}}^{m_1}\}$$

$$\boldsymbol{H}_{\text{off}}^{m_M}=\{\boldsymbol{h}(n)\mid h_1(n)\leqslant h_{1,\text{off}}^{m_1},h_2(n)\leqslant h_{2,\text{off}}^{m_1},\cdots,h_{M-1}(n)\leqslant h_{M-1,\text{off}}^{m_1}\}$$

对于 $m_{i^*}$，$i^*\in\boldsymbol{MC}$，并且 $2\leqslant i^*\leqslant M-1$，有

$$\boldsymbol{H}_{\text{on}}^{m_{i^*}}=\{\boldsymbol{h}(n)\mid h_1(n)\geqslant h_{1,\text{on}}^{m_{i^*}},\cdots,\ h_{i^*-1}(n)\geqslant h_{i^*-1,\text{on}}^{m_{i^*}},h_{i^*}(n)\leqslant h_{i^*,\text{on}}^{m_{i^*}},\cdots,h_{M-1}(n)\leqslant h_{M-1,\text{on}}^{m_{i^*}}\}$$

$$\boldsymbol{H}_{\text{off}}^{m_{i^*}}=\{\boldsymbol{h}(n)\mid h_1(n)\leqslant h_{1,\text{off}}^{m_{i^*}},\cdots,h_{M-1}(n)\leqslant h_{i^*-1,\text{off}}^{m_{i^*}}\}\cup\{\boldsymbol{h}(n)\mid h_{i^*}(n)\geqslant h_{i^*,\text{off}}^{m_{i^*}},\cdots,h_{M-1}(n)\geqslant h_{M-1,\text{off}}^{m_{i^*}}\}$$

其中，$h_{j,\text{on}}^{m_{i^*}}$ 和 $h_{j,\text{off}}^{m_{i^*}}$ 是控制参数。

该控制规则可以直观地理解如下：实施开关控制的目的，实质上是通过消除某些机器的“空闲”时间来节约能量。例如，当控制 $m_1$ 时，其唯一的“空闲”来自由于其下游缓冲区中缺少可用空间而造成的阻塞。由于串行系统中所有缓冲区都存在一定影响，所以当所有缓冲区中的 $WIP$ 超过特定阈值时，会将其关闭。控制 $m_M$ 时也是类似的。另外，处于中间环节的机器可能由于饥饿或堵塞导致闲置。因此，当中间机器接近饥饿（由于上游缓冲区工件接近耗尽）或阻塞（由于下游缓冲区工件接近存满）时，会执行机器的关闭操作。最后，当受控机器处于冷却或休眠状态时，只有等到其上游缓冲区有足够的工件且其下游缓冲区有充足的存储空间以避免饥饿和堵塞，才会唤醒（即打开）受控机器。应注意，类似的基于阈值的策略通常用于生产控制，因此，本节也采用了这些策略。

## 8.1.3　性能指标

本章中，感兴趣的性能指标包括：

① 生产率 $PR(n)$：在第 $n$ 个加工周期中，主线上最后一台机器 $m_M$ 加工完成工件数的期望。

② 消耗率 $CR(n)$：在第 $n$ 个加工周期中，主线上第一台机器 $m_1$ 消耗工件数的期望。

③ 在制品库存水平 $WIP_i(n)$：在第 $n$ 个加工周期中，缓冲区 $b_i$ 占有量的期望。

④ 机器饥饿率 $ST_i(n)$：在第 $n$ 个加工周期中，机器 $m_i$ 处于饥饿状态的概率。

⑤ 机器阻塞率 $BL_i(n)$：在第 $n$ 个加工周期中，机器 $m_i(i \neq M)$ 处于阻塞状态的概率。

⑥ 能耗功率 $POW_i(n)$：在第 $n$ 个加工周期中，机器 $m_i$ 消耗的能源。

需要注意的是，在稳态下，即 $n \to \infty$，存在能量守恒定律：

$$\lim_{n\to\infty} PR(n) = \lim_{n\to\infty} CR(n)$$

稳态下系统的能耗性能指标按照以下定义和计算公式给出：

$$\text{平均能源消耗}AE = \text{完成每个工件所需要的平均能耗}$$
$$= \lim_{n\to\infty}\frac{\sum_{i=1}^{m} POW_i(n)}{PR(n)}$$

以下章节中，首先将马尔可夫分析应用于双机和三机生产线，导出计算这些性能指标的公式。然后，针对多机的系统，提出一种基于聚合的近似算法，并通过数值实验进行验证。

# 8.2 小型系统精确分析

根据模型假设，在双机和三机生产线中，考虑仅控制一台机器开关的情况。此外，受控机器必须处于冷却或休眠/运行状态，以执行启动/关闭操作。对于双机和三机生产线，控制规则变为：

**控制规则 2（对于双机生产线）：**

如果 $\boldsymbol{MC} = \{1\}$，则 $m_{i^*} = m_1$

$$\boldsymbol{H}_{\text{on}}^{m_1} = \left\{\boldsymbol{h}(n) | h_1(n) \leqslant h_{1,\text{on}}^{m_1}\right\}, \boldsymbol{H}_{\text{off}}^{m_1} = \left\{\boldsymbol{h}(n) | h_1(n) \geqslant h_{1,\text{off}}^{m_1}\right\}$$

如果 $\boldsymbol{MC} = \{2\}$，则 $m_{i^*} = m_2$

$$\boldsymbol{H}_{\text{on}}^{m_2} = \left\{\boldsymbol{h}(n) | h_1(n) \geqslant h_{1,\text{on}}^{m_2}\right\}, \boldsymbol{H}_{\text{off}}^{m_2} = \left\{\boldsymbol{h}(n) | h_1(n) \leqslant h_{1,\text{off}}^{m_1}\right\}$$

**控制规则 3（对于三机生产线）：**

如果 $\boldsymbol{MC} = \{1\}$，则 $m_{i^*} = m_1$

$$H_{\mathrm{on}}^{m_1}=\{h(n)\mid h_1(n)\leqslant h_{1,\mathrm{on}}^{m_1},h_2(n)\leqslant h_{2,\mathrm{on}}^{m_1}\}$$

$$H_{\mathrm{off}}^{m_1}=\{h(n)\mid h_1(n)\geqslant h_{1,\mathrm{off}}^{m_1},h_2(n)\geqslant h_{2,\mathrm{off}}^{m_1}\}$$

如果 $\boldsymbol{MC}=\{2\}$，则 $m_{i^*}=m_2$

$$H_{\mathrm{on}}^{m_2}=\{h(n)\mid h_1(n)\geqslant h_{1,\mathrm{on}}^{m_2},h_2(n)\mid\leqslant h_{2,\mathrm{on}}^{m_2}\}$$
$$H_{\mathrm{off}}^{m_2}=\{h(n)\mid h_1(n)\leqslant h_{1,\mathrm{off}}^{m_1}\}\cup\{h(n)\mid h_2(n)\geqslant h_{2,\mathrm{off}}^{m_2}\}$$

如果 $\boldsymbol{MC}=\{3\}$，则 $m_{i^*}=m_3$

$$H_{\mathrm{on}}^{m_3}=\{h(n)\mid h_1(n)\geqslant h_{1,\mathrm{on}}^{m_3},h_2(n)\mid\geqslant h_{2,\mathrm{on}}^{m_3}\}$$
$$H_{\mathrm{off}}^{m_3}=\{h(n)\mid h_1(n)\leqslant h_{1,\mathrm{off}}^{m_3},h_2(n)\leqslant h_{2,\mathrm{off}}^{m_3}\}$$

## 8.2.1 双机生产线

根据控制规则 2，当 $m_1$ 可控时，那么

① 时间间隙 $n+1$ 开始时，如果 $PS^{m_1}(n)\in\left\{cd_{t_{cd}},sleep\right\}$，$h_1(n)\leqslant h_{1,\mathrm{on}}^{m_1}$，启动 $m_1$；

② 时间间隙 $n+1$ 开始时，如果 $PS^{m_1}(n)=run$，$h_1(n)\geqslant h_{1,\mathrm{off}}^{m_1}$，关闭 $m_1$。

显然，根据控制规则，缓冲区占用率 $h_1$ 永远不能超过 $h_{1,\mathrm{off}}^{m_1}$。因此，不失一般性，假设 $0\leqslant h_{1,\mathrm{on}}^{m_1}\leqslant h_{1,\mathrm{off}}^{m_1}\leqslant N_1$。将一个控制周期定义为从关闭命令开始到下一个关闭命令的时间间隔。

为了说明这种操作，考虑参数如下的双机生产线：$p_1=0.91,p_2=0.79$，$N_1=10$。此外，假设 $m_{i^*}=m_1$，$PS^{m_1}(0)=run$，$h_1(0)=10$，$t_{wu}=2$，$t_{cd}=2$，$h_{1,\mathrm{off}}^{m_1}=10$，$h_{1,\mathrm{on}}^{m_1}=5$。图 8-2 显示了一个典型控制周期中缓冲区占用率的变化。由于它从包含 10 个部件的缓冲区开始，机器 $m_1$ 处于运行状态，因此 $m_1$ 在第一个时间间隙开始时根据控制策略关闭。然后，$m_1$ 进入冷却状态，只有 $m_2$ 处于运行状态，因此缓冲区中的工件被 $m_2$ 消耗。在 $t_{cd}=2$ 个时间间隙之后，$m_1$ 完成冷却，进入休眠并保持休眠，直到缓冲区占用率降低到 $h_{1,\mathrm{on}}^{m_1}=5$ 个工件。在本例中，它发生在第 12 个时间间隙（加工周期）的末尾。结果是，$m_1$ 在第 13 个时间间隙的开始被接通，并且在它可以处理工件之前进入 $t_{wu}=2$ 个加工周期的预热。在其预热期间，$m_2$ 在时间间隙 13 期间运行，而在时间间隙 14 期间故障。因此，当 $m_1$ 在时间间隙 15 中进入运行状态时，缓冲器剩余 4 个工件。从这一刻开始，缓冲区占用量根据两台机器的可靠性状态而变化。当前控制周期在第 30 个时间间隙结束，随后将进入新的控制周期。

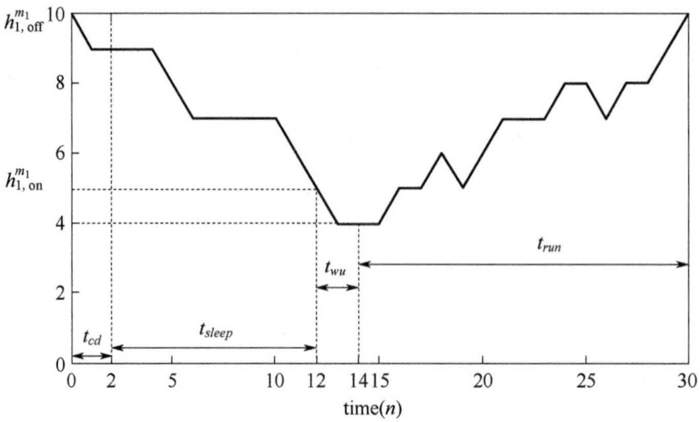


图 8-2 在一个控制周期中缓冲区占用率的变化示意（$m_{i^*}=m_1$）

需要注意的是，系统状态由两个组成部分组成：缓冲区占用量 $h_1$ 和定义的受控机器的状态 $PS^{m_1}$。系统状态的可能范围为

$$(h_1,PS^{m_1})\in\{0,1,\cdots,N_1\}\times\{cd_1,cd_2,\cdots,cd_{t_{cd}},sleep,wu_1,wu_2,\cdots,wu_{t_{tu}},run\} \quad (8\text{-}2)$$

那么，总的系统状态数量可以通过下式进行机选:

$$S=(N_1+1)\times(t_{cd}+t_{wu}+2)$$

然后，可以在所有系统状态集合与正整数集合 $\{1,2,\cdots,S\}$ 之间构造映射 $\alpha_2(\bullet)$，为每个系统状态分配一个特定的状态数。从状态 $(h_1,PS^{m_1})$ 到其指定状态数的双射 $\alpha_2(\bullet)$ 可以定义如下：

$$\begin{aligned}
&\alpha_2(h_1,cd_k)=(N_1+1)\times(k-1)+h_1+1,\quad 1\leqslant k\leqslant t_{cd}\\
&\alpha_2(h_1,sleep)=(N_1+1)\times t_{cd}+h_1+1\\
&\alpha_2(h_1,wu_k)=(N_1+1)\times(t_{cd}+k)+h_1+1,\quad 1\leqslant k\leqslant t_{wu}\\
&\alpha_2(h_1,run)=(N_1+1)\times(t_{cd}+t_{wu})+h_1+1
\end{aligned} \quad (8\text{-}3)$$

设 $s(n)$ 表示基于上面映射计算时间间隙 $n$ 处的系统状态。系统状态之间的转换概率可以如下获得：

$$\begin{aligned}
&P[s(n+1)=i\,|\,s(n)=j]=1-p_2,(i,j)\in\{(\alpha_2(h_1,cd_{k_1+1}),\alpha_2(h_1,cd_{k_1})),(\alpha_2(h_1,wu_{k_2+1}),\\
&\qquad \alpha_2(h_1,wu_{k_2})),(\alpha_2(h_1,run),\alpha_2(h_1,wu_{t_{wu}}))\},\quad h_1>0,0<k_1<t_{cd},0<k_2<t_{wu}\\
&P[s(n+1)=i\,|\,s(n)=j]=p_2,(i,j)\in\{(\alpha_2(h_1-1,cd_{k_1+1}),\alpha_2(h_1,cd_{k_1})),(\alpha_2(h_1-1,wu_{k_2+1}),\\
&\qquad \alpha_2(h_1,wu_{k_2})),(\alpha_2(h_1-1,run),\alpha_2(h_1,wu_{t_{wu}}))\},\quad h_1>0,0<k_1<t_{cd},0<k_2<t_{wu}\\
&P[s(n+1)=i\,|\,s(n)=j]=1,(i,j)\in\{(\alpha_2(0,cd_{k_1+1}),\alpha_2(0,cd_{k_1})),(\alpha_2(0,wu_{k_2+1}),\alpha_2(0,wu_{k_2})),\\
&\qquad (\alpha_2(0,run),\alpha_2(0,wu_{t_{wu}}))\},\quad 0<k_1<t_{cd},0<k_2<t_{wu}\\
&P[s(n+1)=i\,|\,s(n)=j]=1-p_2,(i,j)\in\{(\alpha_2(h_1,wu_1),\alpha_2(h_1,cd_{t_{cd}}))\},\quad h_1\leqslant h_{1,\mathrm{on}}^{m_1}\\
&P[s(n+1)=i\,|\,s(n)=j]=1-p_2,(i,j)\in\{(\alpha_2(h_1,sleep),\alpha_2(h_1,sleep))(\alpha_2(h_1,sleep),
\end{aligned}$$

$$\begin{aligned}
&\qquad \alpha_2(h_1, cd_{t_{cd}}))\},\quad h_1 > h_{1,\text{on}}^{m_1} \\
&P[s(n+1)=i\,|\,s(n)=j] = p_2, (i,j) \in \{(\alpha_2(h_1, wu_1), \alpha_2(h_1+1, cd_{t_{cd}})), (\alpha_2(h_1, wu_1), \\
&\qquad \alpha_2(h_1+1, sleep))\},\quad h_1 \leqslant h_{1,\text{on}}^{m_1} \\
&P[s(n+1)=i\,|\,s(n)=j] = p_2, (i,j) \in \{(\alpha_2(h_1, sleep), \alpha_2(h_1+1, sleep))\},\quad h_1 > h_{1,\text{on}}^{m_1} \\
&P[s(n+1)=i\,|\,s(n)=j] = 1-p_1, (i,j) \in \{(\alpha_2(0, run), \alpha_2(0, run))\} \\
&P[s(n+1)=i\,|\,s(n)=j] = p_1, (i,j) \in \{(\alpha_2(1, run), \alpha_2(0, run))\} \\
&P[s(n+1)=i\,|\,s(n)=j] = p_1 p_2 + (1-p_1)(1-p_2), (i,j) \in \{\alpha_2(h_1, run), \alpha_2(h_1, run)\}, \\
&\qquad 1 \leqslant h_1 \leqslant h_{1,\text{off}}^{m_1} - 1 \\
&P[s(n+1)=i\,|\,s(n)=j] = (1-p_1)p_2, (i,j) \in \{(\alpha_2(h_1-1, run), \alpha_2(h_1, run))\},\quad 1 \leqslant h_1 \leqslant h_{1,\text{off}}^{m_1} - 1 \\
&P[s(n+1)=i\,|\,s(n)=j] = p_1(1-p_2), (i,j) \in \{(\alpha_2(h_1+1, run), \alpha_2(h_1, run))\},\quad 1 \leqslant h_1 \leqslant h_{1,\text{off}}^{m_1} - 2 \\
&P[s(n+1)=i\,|\,s(n)=j] = p_1(1-p_2), (i,j) \in \{(\alpha_2(h_{1,\text{off}}^{m_1}, cd_1), \alpha_2(h_{1,\text{off}}^{m_1} - 1, run))\}
\end{aligned} \tag{8-4}$$

设 $\boldsymbol{x}(n) = \begin{bmatrix} x_1(n) & x_2(n) & \cdots & x_S(n) \end{bmatrix}^{\mathrm{T}}$，其中 $x_i(n) = P[s(n)=i]$，表示时间间隙 $n$ 结束时系统状态的概率分布。$\boldsymbol{x}(n)$ 的演化可以用以下具有初始条件的线性时不变方程来描述：

$$\boldsymbol{x}(n+1) = \boldsymbol{A}_2^{m_1}\boldsymbol{x}(n),\quad \sum_{i=1}^{S} x_i(n) = 1, x_{\alpha_2(\mu,\nu)}(0) = \begin{cases} 1, & \mu = h_1(0), \nu = PS^{m_1}(0) \\ 0, & \text{其他} \end{cases} \tag{8-5}$$

式中，$\boldsymbol{A}_2^{m_1}$ 是基于方程（8-4）计算的转移概率矩阵。最后，系统的性能指标可以计算如下：

$$\begin{aligned}
&PR(n) = P[m_2\text{运行}, b_1\text{在时间间隙}n\text{非空}] = p_2 P[h_1(n) > 0] = \boldsymbol{V}_1^{2,m_1}\boldsymbol{x}(n) \\
&CR(n) = P[m_1\text{在工作状态下运行且在时间间隙}n\text{内不会被阻塞}] \\
&\qquad = p_1 P[m_1\text{时间间隙}n\text{内处于工作状态}] P[h_1(n) < N_1] \\
&\qquad\quad + p_1 P[m_1\text{时间间隙}n\text{内处于工作状态}] p_2 P[h_1(n) = N_1] \\
&\qquad = \boldsymbol{V}_2^{2,m_1}\boldsymbol{x}(n) \\
&WIP(n) = \sum_{k=0}^{N_1} kP[h_1(n) = k] = \boldsymbol{V}_3^{2,m_1}\boldsymbol{x}(n) \\
&BL_1(n) = P[m_1\text{运行}, b_1\text{满}, m_2\text{在时间间隙}n\text{内故障}] \\
&\qquad = p_1 P[m_1\text{工作状态下运行}](1-p_2) P[h_1(n) = N_1] = \boldsymbol{V}_4^{2,m_1}\boldsymbol{x}(n) \\
&ST_2(n) = P[m_2\text{运行}, b_1\text{在时间间隙}n\text{内为空}] = p_2 P[h_1(n) = 0] = \boldsymbol{V}_5^{2,m_1}\boldsymbol{x}(n) \\
&POW_1(n) = \boldsymbol{V}_{6,1}^{2,m_1}\boldsymbol{x}(n),\quad POW_2(n) = \boldsymbol{V}_{6,2}^{2,m_1}\boldsymbol{x}(n)
\end{aligned} \tag{8-6}$$

其中

$$\boldsymbol{V}_1^{2,m_1} = [0 \quad p_2\mathbf{J}_{1,N_1}]\boldsymbol{C}_{(N_1+1)\times S},\quad \boldsymbol{V}_2^{2,m_1} = [\mathbf{0}_{1,S-N_1-1} \quad p_1\mathbf{J}_{1,N_1} \quad p_1 p_2]$$

$$\boldsymbol{V}_3^{2,m_1} = [0 \quad 1 \quad \cdots \quad N_1]\boldsymbol{C}_{(N_1+1)\times S},\quad \boldsymbol{V}_4^{2,m_1} = [\mathbf{0}_{1,S-1} \quad p_1(1-p_2)]$$

$$
\begin{aligned}
V_5^{2,m_1} &= [p_2 \quad \mathbf{0}_{1,N_1}]\boldsymbol{C}_{(N_1+1)\times S} \\
V_6^{2,m_1} &= [e_{cd}\mathbf{J}_{1,(N_1+1)t_{cd}} \ e_s\mathbf{J}_{1,N_1+1} \ e_{wu}\mathbf{J}_{1,(N_1+1)t_{wu}} \ (p_1e_{op}+(1-p_1)e_{bd})\mathbf{J}_{1,N_1} \\
&\quad p_1p_2e_{op}+(1-p_1)e_{bd}+p_1(1-p_2)e_{id}] \\
V_{6,2}^{2,m_1} &= [p_2e_{id}+(1-p_2)e_{bd}(\,p_2e_{op}+(1-p_2)e_{bd})\mathbf{J}_{1,N_1}]\boldsymbol{C}_{(N_1+1)\times S}
\end{aligned}
$$

$\mathbf{0}_{1,k}$ 和 $\mathbf{J}_{1,k}$ 分别表示 0 和 1 的 1-by-k 矩阵。此外，对于 $j$ 可被 $i$ 整除，i-by-j 矩阵 $\boldsymbol{C}_{i\times j}=[\mathbf{I}_i\cdots\mathbf{I}_i]$，表示由 $j/i$ 单位矩阵 $\mathbf{I}_i$ 组成的矩阵。当控制 $m_2$ 的开/关时，分析方法类似。

## 8.2.2 三机生产线

考虑一条三机生产线，控制 $m_2$ 的开/关操作。上述控制规则 3 可以改写如下：

① 如果在时间间隙 $n+1$ 开始时，$PS^{m_2}(n)\in\{cd_{t_{cd}},sleep\}$，$h_1(n)\geqslant h_{1,\text{on}}^{m_2}$，$h_2(n)\leqslant h_{2,\text{off}}^{m_2}$，则启动 $m_2$；

② 如果在时间间隙 $n+1$ 开始时，$PS^{m_2}(n)=run$，$h_1(n)\leqslant h_{1,\text{off}}^{m_2}$ 或 $h_2(n)\geqslant h_{2,\text{off}}^{m^m}$，则关闭 $m_2$。

为了研究该系统，所有缓冲区占用量的可能组合可以通过表 8-1 展示，其中，$S_0=(N_1+1)\times(N_2+1)$。

**表 8-1 缓冲区占用量的可能组合**

| 序号 | 1 | 2 | ⋯ | $N_2+1$ | $N_2+2$ | $N_2+3$ | ⋯ | $S_0-1$ | $S_0$ |
|---|---|---|---|---|---|---|---|---|---|
| $h_1$ | 0 | 0 | ⋯ | 0 | 1 | 1 | ⋯ | $N_1$ | $N_1$ |
| $h_2$ | 0 | 1 | ⋯ | $N_2$ | 0 | 1 | ⋯ | $N_2-1$ | $N_2$ |

系统可以通过一个三维数组表示：$(h_1,h_2,PS^{m_2})$。其中，$h_1\in\{0,1,\cdots,N_1\}$，$h_2\in\{0,1,\cdots,N_2\}$，$PS^{m_2}\in\{cd_1,cd_2,\cdots,cd_{t_{cd}},sleep,wu_1,\cdots,wu_{t_{wu}},run\}$。系统总的状态数量 $S=S_0\times(t_{cd}+t_{wu}+2)$。

然后，将系统同状态通过映射 $\alpha_3(\bullet)$ 从 1 到 $S$ 排列，对于系统状态 $(h_1,h_2,PS^{m_2})$，其所对应的序号计算如下：

$$
\begin{aligned}
&\alpha_3(h_1,h_2,cd_k)=(N_1+1)\times(N_2+1)\times(k-1)+h_1\times(N_2+1)+h_2+1,\quad 1\leqslant k\leqslant t_{cd} \\
&\alpha_3(h_1,h_2,sleep)=(N_1+1)\times(N_2+1)\times t_{cd}+h_1\times(N_2+1)+h_2+1 \\
&\alpha_3(h_1,h_2,wu_k)=(N_1+1)\times(N_2+1)\times(t_{cd}+k)+h_1\times(N_2+1)+h_2+1,\quad 1\leqslant k\leqslant t_{wu} \\
&\alpha_3(h_1,h_2,run)=(N_1+1)\times(N_2+1)\times(t_{cd}+t_{wu}+1)+h_1\times(N_2+1)+h_2+1
\end{aligned}
\tag{8-7}
$$

根据模型假设，缓冲区占用量的动态特性表示如下：

$$\begin{aligned}
&h_2'(n+1)=h_2(n)-\beta_3(n+1)\times\min\{h_2(n),1\}\\
&h_1'(n+1)=h_1(n)-\beta_2(n+1)\times\min\{h_1(n),N_2-h_2'(n+1),1\}\\
&h_2(n+1)=h_2'(n+1)+\beta_2(n+1)\times\min\{h_1(n),N_2-h_2'(n+1),1\}\\
&h_1(n+1)=h_1'(n+1)+\beta_1(n+1)\times\min\{N_1-h_1'(n+1),1\}
\end{aligned}\tag{8-8}$$

其中

$$\beta_2(n)=\begin{cases}1, & m_2\text{在工作状态下运行}\\ 0, & m_2\text{在预热、冷却或故障状态}\end{cases}$$

$$\beta_i(n)\in\begin{cases}1, & m_i\text{运行}\\ 0, & m_i\text{故障}\end{cases}\quad i\in\{1,3\}$$

且 $h_i'(n)$ 表示缓冲区 $b_i$ 下游机器在时间间隙 $n$ 一开始拿走一个工件后的占用量。

注意，如果受控机器 $m_2$ 处于运行状态，则三台机器的状态总共有 $2^3=8$ 种可能的组合（每台机器的运行或故障）。这些组合发生的概率为

$$P\left[\beta_1(n),\beta_2(n),\beta_3(n)\right]=\prod_{i=1}^{3}p_i^{\beta_i(n)}(1-p_i)^{1-\beta_i(n)},\quad \beta_i(n)\in\{0,1\}\tag{8-9}$$

如果 $m_2$ 处于休眠、预热或冷却状态，因为 $m_2$ 的状态是固定的，机器状态的可能组合总数将减少到 $2^2=4$。这些组合的概率为

$$P\left[\beta_1(n),0,\beta_3(n)\right]=p_1^{\beta_1(n)}(1-p_1)^{1-\beta_1(n)}p_3^{\beta_3(n)}(1-p_3)^{1-\beta_3(n)},\quad \beta_i(n)\in\{0,1\}\tag{8-10}$$

因此，从任何给定的系统状态，可以枚举机器状态的所有可能组合，并使用方程（8-8）～方程（8-10）确定相应的结果状态。然后，识别导致相同结果状态的机器状态的组合，并对这些组合的概率求和，以获得从原始状态到该特定结果状态的转换概率。用 $\boldsymbol{A}_3^{m_2}$ 表示三机器线的转移矩阵。设 $\boldsymbol{x}(n)=\left[x_1(n)\quad x_2(n)\quad\cdots\quad x_S(n)\right]^{\mathrm{T}}$ 表示系统状态的概率分布，其中 $x_i(n)=P$[时间间隙 $n$ 结束时处于状态 $i$ 的系统]。

$$\begin{aligned}
&\boldsymbol{x}(n+1)=\boldsymbol{A}_3^{m_2}\boldsymbol{x}(n),\quad \sum_{i=1}^{S}x_i(n)=1\\
&x_{\alpha_3(\mu,\nu,\nu)}(0)=\begin{cases}1, & \mu=h_1(0),\nu=h_2(0),\nu=PS^{m_2}(0)\\ 0, & \text{其他}\end{cases}
\end{aligned}\tag{8-11}$$

定义

$$\boldsymbol{K}^{3M}=\begin{bmatrix}0&0&\ldots&0&1&1&\ldots&N_1&N_1\\0&1&\ldots&N_2&0&1&\ldots&N_2-1&N_2\end{bmatrix}=\begin{bmatrix}\boldsymbol{K}_1\\\boldsymbol{K}_2\end{bmatrix}\tag{8-12}$$

基于以上符号定义，三机的性能指标计算如下：

$$\begin{aligned}
&PR(n)=\boldsymbol{V}_1^{3,m_2}\boldsymbol{x}(n),\quad CR(n)=\boldsymbol{V}_2^{3,m_2}\boldsymbol{x}(n),\quad WIP_i(n)=\boldsymbol{V}_{3,i}^{3,m_2}\boldsymbol{x}(n)\\
&BL_i(n)=\boldsymbol{V}_{4,i}^{3,m_2}\boldsymbol{x}(n),\quad ST_i(n)=\boldsymbol{V}_{5,i}^{3,m_2}\boldsymbol{x}(n),\quad POW_i(n)=\boldsymbol{V}_{6,i}^{3,m_2}\boldsymbol{x}(n)
\end{aligned}\tag{8-13}$$

其中

$$V_{3,i}^{3,m_2}=\left[\boldsymbol{K}_i\right]\boldsymbol{C}_{S_0\times S},\quad i=1,2$$

$$V_{4,1}^{3,m_2}=\left[\left[\mathbf{0}_{1,N_1(N_2+1)}\quad p_1\mathbf{J}_{1,(N_2+1)}\right]\boldsymbol{C}_{S_0\times S_0(t_{cd}+t_{uu}+1)}\ \mathbf{0}_{1,N_1(N_2+1)}\ p_1\left(1-p_2\right)\mathbf{J}_{1,N_2}\right.$$
$$\left.p_1(1-p_2)+p_1p_2(1-p_3)\right]$$

$$V_{4,2}^{3,m_2}=\left[\mathbf{0}_{1,S_0(t_{cd}+t_{uutu}+1)}\quad\left[\mathbf{0}_{1,N_2}\quad p_2(1-p_3)\right]\boldsymbol{C}_{(N_2+1)\times S_0}\right]$$

$$V_{4,3}^{3,m_2}=\left[\mathbf{0}_{1,s}\right]$$

$$V_{5,1}^{3,m_2}=\left[\mathbf{0}_{1,s}\right]$$

$$V_{5,2}^{3,m_2}=\left[\mathbf{0}_{1,S_0(t_{cd}+t_{uu}+1)}\quad p_2\mathbf{J}_{1,(N_2+1)}\quad\mathbf{0}_{1,N_1(N_2+1)}\right]$$

$$V_{5,3}^{3,m_2}=\left[p_3\quad\mathbf{0}_{1,N_2}\right]\boldsymbol{C}_{(N_2+1)\times S}$$

$$V_{6,1}^{3,m_2}=\left[\left[\left(p_1e_{op}+(1-p_1)e_{bd}\right)\mathbf{J}_{1,N_1(N_2+1)}\left(p_1e_{id}+(1-p_1)e_{bd}\right)\mathbf{J}_{1,N_2+1}\right]\boldsymbol{C}_{S_0\times S_0(t_{cd}+t_{uu}+1)}\right.$$
$$\left(p_1e_{op}+(1-p_1)e_{bd}\right)\mathbf{J}_{1,N_1(N_2+1)}\left(p_1p_2e_{op}+p_1(1-p_2)e_{id}+(1-p_1)e_{bd}\right)\mathbf{J}_{1,N_2}$$
$$\left.\left(p_1p_2e_{op}+\left(p_1(1-p_2)+p_1p_2(1-p_3)\right)e_{id}+(1-p_1)e_{bd}\right]$$

$$V_{6,2}^{3,m_2}=\left[e_{cd}\mathbf{J}_{1,S_0t_{cd}}\quad e_s\mathbf{J}_{1,S_0}\quad e_{wu}\mathbf{J}_{1,S_0t_{uu}}\quad\left(p_2e_{id}+(1-p_2)e_{bd}\right)\mathbf{J}_{1,(N_2+1)}\right.$$
$$\left.\left[\left(p_2e_{op}+(1-p_2)e_{bd}\right)\mathbf{J}_{1,N_2}\,p_2p_3e_{op}+p_2(1-p_3)e_{id}+(1-p_2)e_{bd}\right]\boldsymbol{C}_{(N_2+1)\times N_1(N_2+1)}\right]$$

$$V_{6,3}^{3,m_2}=\left[\left(p_3e_{id}+(1-p_3)e_{bd}\left(p_3e_{op}+(1-p_3)e_{bd}\right)\mathbf{J}_{1,N_2}\right]\boldsymbol{C}_{(N_2+1)\times s}$$

应注意的是，通过将方程中的 $p_i$ 替换为 $p_i(n)$（时间间隙 $n$ 期间机器的效率），本节中给出的分析可以扩展到具有时变效率的机器的系统。

# 8.3 大型系统近似分析

尽管双机和三机生产线的精确马尔可夫分析方法可以扩展到 $M$>3 条机器线，但由于涉及大量的系统状态，它并不实用。因此，本节开发了一种基于递归聚合的计算效率高的方法来近似系统性能度量。

此外应注意，控制决策应该更多地依赖于离受控机器更近的缓冲区，这是很直观的。因此，进一步简化了控制规则，使机器 $m_{i^*}$ 的开/关仅取决于其最近两个缓冲器的占用量：

**控制规则 4（对于 $M$>3 机器线的简化控制规则）：**

对于 $m_{i^*}=m_1$，即 $1\in\boldsymbol{MC}$，有

$$\boldsymbol{H}_{\text{on}}^{m_1}=\left\{\boldsymbol{h}(n)\mid h_1(n)\leqslant h_{1,\text{on}}^{m_1},h_2(n)\leqslant h_{2,\text{off}}^{m_1}\right\}$$

$$\boldsymbol{H}_{\text{off}}^{m_1}=\left\{\boldsymbol{h}(n)\mid h_1(n)\geqslant h_{1,\text{off}}^{m_1},h_2(n)\geqslant h_{2,\text{off}}^{m_1}\right\}$$

对于 $m_{i^*}=m_M$，i.e. $M\in\boldsymbol{MC}$，有

$$\boldsymbol{H}_{\text{on}}^{m_M}=\left\{\boldsymbol{h}(n)\mid h_{M-2}(n)\geqslant h_{M-2,\text{off}}^{m_M},h_{M-1}(n)\geqslant h_{M-1,\text{off}}^{m_M}\right\}$$

$$\boldsymbol{H}_{\text{off}}^{m_M}=\left\{\boldsymbol{h}(n)\mid h_{M-2}(n)\leqslant h_{M-2,\text{off}}^{m_M},h_{M-1}(n)\leqslant h_{M-1,\text{off}}^{m_M}\right\}$$

对于 $m_{i^*},i^*\in\boldsymbol{MC}$，$2\leqslant i^*\leqslant M-1$，有

$$\boldsymbol{H}_{\text{on}}^{m_{i^*}}=\left\{\boldsymbol{h}(n)\mid h_{i^*-1}(n)\geqslant h_{i^*-1,\text{on}}^{m_{i^*}},h_{i^*}(n)\leqslant h_{i^*,\text{on}}^{m_{i^*}}\right\}$$

$$\boldsymbol{H}_{\text{off}}^{m_{i^*}}=\left\{\boldsymbol{h}(n)\mid h_{i^*-1}(n)\leqslant h_{i^*-1,\text{off}}^{m_i}\right\}\cup\left\{\boldsymbol{h}(n)\mid h_{i^*}(n)\geqslant h_{i^*,\text{off}}^{m_{i^*}}\right\}$$

这种简化与控制规则 1 一起还允许机器之间的接通/断开控制的解耦，在一个以上机器的接通/关断决策中不涉及缓冲区的情况。

## 8.3.1 聚合思想及其实现

让$|\boldsymbol{MC}|$表示被控制的机器的总数。为了研究这样的系统，原始 $M$ 台机器生产线由总共（$M-1-|\boldsymbol{MC}|$）条虚拟线表示。对于具有开/关控制的每台机器，将构建一条虚拟的三机生产线，从而产生总共$|\boldsymbol{MC}|$条虚拟生产线。如果受控机器 $m_{i^*}$ 是一个内部机器，即 $i^*\in\boldsymbol{MC}$ 且 $1<i^*<M$，则构建一个虚拟三机生产线，其中中间机器是 $m_{i^*}$，两个周围的缓冲区是 $b_{i^*-1}$和$b_{i^*}$，即原始行中 $m_{i^*}$ 的直接上游和下游缓冲区。生产线的中间机器具有与 $m_{i^*}$ 相同的效率，即 $p_{i^*}$，而第一和第三机器具有时变效率，分别表示为时间间隙 $n$ 期间的 $p_{i^*-1}^{\text{f}}(n)$ 和 $p_{i^*+1}^{\text{b}}(n)$（图 8-3）。这里，上标 f 和 b 表示向前和向后，$p_{i^*-1}^{\text{f}}(n)$ 和 $p_{i^*+1}^{\text{b}}(n)$ 分别表示原始行中从缓冲区 $b_{i^*-1}$ 和 $b_{i^*}$ 的上游和下游产生和消耗部分的聚合效应。如果控制的是 $m_1$ 或者 $m_M$，则虚拟三机生产线如图 8-3 所示；如果 $m_{i^*}=m_1$，则虚拟生产线中第一台机器的效率仅为 $p_1$，因为 $m_1$ 是 $b_1$ 上游的唯一组件。类似地，如果 $m_{i^*}=m_M$，则虚拟线路中第三台机器的效率仅为 $p_M$。应当注意，根据本章假设，上述构造的任何两个虚拟三机生产线都不共享缓冲区。因此，虚拟生产线未使用的缓冲器的数量变为 $M-1-2|\boldsymbol{MC}|$。接下来，在每个未使用的缓冲区周围构造一条虚拟的双机线。对于这两条机器生产线中的每一条，上游和下游机器具有时变效率 $p_i^{\text{f}}(n)$ 和 $p_{i+1}^{\text{b}}(n)$，分别表示原始生产线中缓冲区 $b_i$ 的上游和下游的聚集效应（图 8-4）。

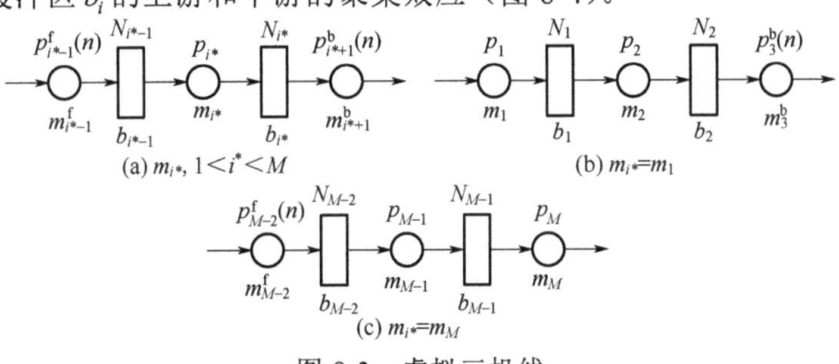


图 8-3　虚拟三机线

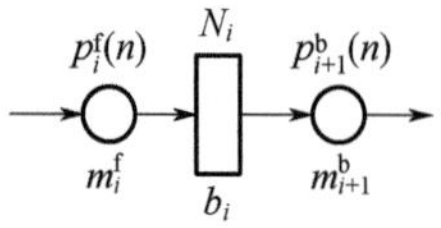


图 8-4 虚拟双机线

为了识别虚拟机的参数，并使用虚拟线路近似系统演变和瞬态性能，建议采用以下计算程序：

**步骤 0**：根据以上描述识别虚拟三机和双机生产线。

**步骤 1**：定义两组索引，$\boldsymbol{VL}_{2M}$ 和 $\boldsymbol{VL}_{3M}$，其中 $\boldsymbol{VL}_{2M}$ 包含虚拟两机器行中所有缓冲区 $b_i$ 的索引 $i$，$\boldsymbol{VL}_{3M}$ 包含虚拟三机器行中的所有缓冲区对 $\left(b_{j_1}, b_{j_2}\right)$ 的索引对 $(j_1, j_2)$。显然，$j_1+1=j_2$。由于虚拟的两个机器行不包含具有开/关控制的机器，因此图中所示的每个双机线的状态仅包括缓冲区的占用。因此，对于 $i \in \boldsymbol{VL}_{2M}$，设 $\hat{\boldsymbol{x}}^{(i)}(n)=\left[\hat{x}_0^{(i)}(n) \quad \hat{x}_1^{(i)}(n) \quad \cdots \quad \hat{x}_{N_i}^{(i)}(n)\right]^{\mathrm{T}}$ 表示在时间间隙 $n$ 结束时涉及缓冲器 $b_i$ 的虚拟双机器线中缓冲器占用的概率分布。此外，对于涉及缓冲器 $b_{j_1}$ 和 $b_{j_2}$ 的三条机器线，即 $(j_1, j_2) \in \boldsymbol{VL}_{3M}$，设 $\hat{\boldsymbol{x}}^{(j_1,j_2)}(n)=\left[\hat{x}_0^{(j_1,j_2)}(n) \quad \hat{x}_1^{(j_1,j_2)}(n) \quad \cdots \quad \hat{x}_S^{(j_1,j_2)}(n)\right]^{\mathrm{T}}$。该过程的边界条件是 $p_M^{\mathrm{b}}(n)=p_M$ 和 $p_1^{\mathrm{f}}(n)=p_1$。初始条件为

$$
\hat{x}_j^{(i)}(0)=\begin{cases}1, & j=h_i(0) \\ 0, & \text{其他}\end{cases} i \in \boldsymbol{VL}_{2M}
$$

$$
\hat{x}_{\alpha_3(\mu,v,v)}^{(j_1,j_2)}(0)=\begin{cases}1, & \mu=h_{j_1}(0), v=h_{j_2}(0), v=PS^{m_l}(0),(j_1,j_2) \in \boldsymbol{VL}_{3M} \\ 0, & \text{其他}\end{cases}
$$

其中，$m_l$ 表示虚拟三机线中的受控机器，相应的缓冲区为 $b_{j_1}$ 和 $b_{j_2}$。使 $n=0$。

**步骤 2**：对于每个 $i \in \boldsymbol{VL}_{2M}$，且 $(j_1, j_2) \in \boldsymbol{VL}_{3M}$，计算 $p_{i+1}^{\mathrm{f}}(n+1)$ 和 $p_{j_2+1}^{\mathrm{f}}(n+1)$：

$$
p_{i+1}^{\mathrm{f}}(n+1)=p_{i+1}\left[1-\hat{x}_0^{(i)}(n)\right], \quad i \in \boldsymbol{VL}_{2M}
$$

$$
p_{j_2+1}^{\mathrm{f}}(n+1)=p_{j_2+1} \frac{\boldsymbol{V}_1^{3,m_k}\left(p_{j_1}^{\mathrm{f}}(n+1), p_{j_2}, p_{j_2+1}^{\mathrm{b}}(n+1)\right) \hat{\boldsymbol{x}}^{(j_1,j_2)}(n)}{p_{j_2+1}^{\mathrm{b}}(n+1)}, \quad (j_1, j_2) \in \boldsymbol{VL}_{3M}
$$

$$
k=\sum_{j=j_1}^{j_1+2} j \cdot 1_{\boldsymbol{MC}}(j)-(j_1-1), \quad 1_{\boldsymbol{MC}}(j)=\begin{cases}1, & j \in \boldsymbol{MC} \\ 0, & j \notin \boldsymbol{MC}\end{cases}
$$

其中，$k \in \{1,2,3\}$ 表示虚拟三机线中受控机器的位置，并且 $\boldsymbol{V}_1^{3,m_k}$ 在之前已给出。

**步骤 3**：对于每个 $i \in \boldsymbol{VL}_{2M}$，并且 $(j_1, j_2) \in \boldsymbol{VL}_{3M}$，按照一个 $i$ 和 $j_1$ 降序计算 $p_i^{\mathrm{b}}(n+1)$ 和 $p_{j_1}^{\mathrm{b}}(n+1)$：

$$
p_i^{\mathrm{b}}(n+1)=p_i\left[1-\left(1-p_{i+1}^{\mathrm{b}}(n)\right) \hat{x}_{N_i}^{(i)}(n)\right], \quad i \in \boldsymbol{VL}_{2M}
$$

$$
p_{j_1}^{\mathrm{b}}(n+1)=p_{j_1} \frac{\boldsymbol{V}_2^{3,m_k}\left(p_{j_1}^{\mathrm{f}}(n+1), p_{j_2}, p_{j_2+1}^{\mathrm{b}}(n+1)\right) \hat{\boldsymbol{x}}^{(j_1,j_2)}(n)}{p_{j_1}^{\mathrm{f}}(n+1)}, \quad (j_1, j_2) \in \boldsymbol{VL}_{3M}
$$

$$
k=\sum_{j=j_1}^{j_1+2} j \cdot 1_{\boldsymbol{MC}}(j)-(j_1-1)
$$

式中，$\boldsymbol{V}_2^{3,m_k}$ 在前面已给。

**步骤 4**：更新所有的 $\hat{\boldsymbol{x}}^{(i)}(n+1)$'s 和 $\hat{\boldsymbol{x}}^{(j_1,j_2)}(n+1)$'s：

$$\hat{\boldsymbol{x}}^{(i)}(n+1)=\boldsymbol{A}_2\left(p_i^{\mathrm{f}}(n+1),p_{i+1}^{\mathrm{b}}(n+1),N_i\right)\hat{\boldsymbol{x}}^{(i)}(n),\quad i\in \boldsymbol{VL}_{2M}$$

$$\hat{\boldsymbol{x}}^{(j_1,j_2)}(n+1)=\boldsymbol{A}_3^{m_k}\left(p_{j_1}^{\mathrm{f}}(n+1),p_{j_2},p_{j_2+1}^{\mathrm{b}}(n+1)\right)\hat{\boldsymbol{x}}^{(j_1,j_2)}(n),\quad (j_1,j_2)\in \boldsymbol{VL}_{3M}$$

$$k=\sum_{j=j_1}^{j_1+2} j\cdot 1_{\boldsymbol{MC}}(j)-(j_1-1)$$

式中，$\boldsymbol{A}_2(p_i^{\mathrm{f}}(n+1),p_{i+1}^{\mathrm{b}}(n+1),N_i)$ 表示没有机器控制的双机伯努利生产线的一步转移概率矩阵；$\boldsymbol{A}_3^{m_k}$ 是根据所提方法得到的三机线转移矩阵。

**步骤 5**：原始系统在时间间隙 $n+1$ 的性能指标可以基于所构造的双机-三机生产线近似评估。特别地，有

$$\widehat{PR}(n+1)=p_M^{\mathrm{f}}(n+1),\widehat{CR}(n+1)=p_1^{\mathrm{b}}(n+1)$$

$$\widehat{BL}_i(n+1)=\begin{cases} p_i\hat{\boldsymbol{x}}_{N_i}^i(n)\left(1-p_{i+1}^{\mathrm{b}}(n+1)\right), & i\in \boldsymbol{VL}_{2M}\\ p_i\dfrac{\boldsymbol{V}_{4,1}^{3,m_k}\left(p_i^{\mathrm{f}}(n+1),p_{i+1},p_{i+2}^{\mathrm{b}}(n+1)\right)\hat{\boldsymbol{x}}^{(i,i+1)}(n)}{p_i^{\mathrm{f}}(n+1)}, & (i,i+1)\in \boldsymbol{VL}_{3M}\\ \boldsymbol{V}_{4,2}^{3,m_k}\left(p_{i-1}^{\mathrm{f}}(n+1),p_i,p_{i+1}^{\mathrm{b}}(n+1)\right)\hat{\boldsymbol{x}}^{(i-1,i)}(n), & (i-1,i)\in \boldsymbol{VL}_{3M}\end{cases}$$

$$\widehat{ST}_i(n+1)=\begin{cases} p_i\hat{\boldsymbol{x}}_0^{i-1}(n), & i-1\in \boldsymbol{VL}_{2M}\\ \boldsymbol{V}_{5,2}^{3,m_k}\left(p_{i-1}^{\mathrm{f}}(n+1),p_i,p_{i+1}^{\mathrm{b}}(n+1)\right)\hat{\boldsymbol{x}}^{(i-1,i)}(n), & (i-1,i)\in \boldsymbol{VL}_{3M}\\ p_i\dfrac{\boldsymbol{V}_{5,3}^{3,m_k}\left(p_{i-2}^{\mathrm{f}}(n+1),p_{i-1},p_i^{\mathrm{b}}(n+1)\right)\hat{\boldsymbol{x}}^{(i-2,i-1)}(n)}{p_i^{\mathrm{b}}(n+1)}, & (i-2,i-1)\in \boldsymbol{VL}_{3M}\end{cases}$$

$$\widehat{WIP}_i(n+1)=\begin{cases} \sum_{k=0}^{N_i}k\hat{\boldsymbol{x}}_k^i(n), & i\in \boldsymbol{VL}_{2M}\\ \boldsymbol{V}_{3,1}^{3,m_k}\left(p_i^{\mathrm{f}}(n+1),p_{i+1},p_{i+2}^{\mathrm{b}}(n+1)\right)\hat{\boldsymbol{x}}^{(i,i+1)}(n), & (i,i+1)\in \boldsymbol{VL}_{3M}\\ \boldsymbol{V}_{3,2}^{3,m_k}\left(p_{i-1}^{\mathrm{f}}(n+1),p_i,p_{i+1}^{\mathrm{b}}(n+1)\right)\hat{\boldsymbol{x}}^{(i-1,i)}(n), & (i-1,i)\in \boldsymbol{VL}_{3M}\end{cases}$$

然后，使 $n=n+1$，再返回步骤 2。

## 8.3.2　近似算法精度验证

为了研究上述性能近似方法的准确性，进行了数值实验。研究了总共 150000 条伯努利生产线，其参数随机和等概率（即均匀）从以下集合中选择：

$$\begin{cases} M \in \{4,5,6,7,8,9,10\},\ N_i \in \{4,5,6,7,8,9\},\ p_i \in (0.7,1) \\ t_{wu} \in \{1,2,3\}, t_{cd} \in \{1,2,3\} \end{cases} \tag{8-14}$$

对于这样构造的每条线，首先计算控制规则 1 允许的受控机器的最大数量：

$$\Theta(M) = \left\lfloor \frac{M-1}{2} \right\rfloor \tag{8-15}$$

然后，随机等概率地从 $\{1,2,\cdots,\Theta(M)\}$ 中选择受控机器的实际数量 $|\boldsymbol{MC}|$。在 $|\boldsymbol{MC}|$ 和控制规则 1 下，从所有可行情况中随机等概率地选择受控机器的位置。控制策略的参数也基于缓冲容量随机且等概率地生成。基于所研究的每条线的平均近似误差来评估性能度量近似的精度：

$$\delta_{PR}(n) = \frac{\left|\widehat{PR}(n) - PR_{\text{sim}}(n)\right|}{PR_{\text{ss}}} \times 100\%$$

$$\delta_{CR}(n) = \frac{\left|\widehat{CR}(n) - CR_{\text{sim}}(n)\right|}{CR_{\text{ss}}} \times 100\%$$

$$\delta_{WIP}(n) = \frac{\sum_{i=1}^{M-1} \frac{\left|\widehat{WIP}_i(n) - WIP_i^{\text{sim}}(n)\right|}{N_i}}{M-1} \times 100\%$$

$$\delta_{POW}(n) = \frac{\sum_{i=1}^{M} \left|\widehat{POW}_i(n) - POW_i^{\text{sim}}(n)\right|}{\sum_{i=1}^{M} POW_i^{\text{ss}}} \times 100\%$$

$$\delta_{BL}(n) = \frac{\sum_{i=1}^{M-1} \left|\widehat{BL}_i(n) - BL_i^{\text{sim}}(n)\right|}{M-1}$$

$$\delta_{ST}(n) = \frac{\sum_{i=2}^{M} \left|\widehat{ST}_i(n) - ST_i^{\text{sim}}(n)\right|}{M-1}$$

其中，符号 $\frown$ 表示基于所提出的程序计算的近似值，上标或下标 sim 表示模拟结果，上标或下标 ss 表示性能度量的稳态值。

结果如图 8-5 所示，实线表示 150000 条不同线之间的误差中值，虚线表示第一和第三个四分位数。结果表明，$PR(n)$、$CR(n)$、$WIP(n)$ 和 $POW(n)$ 的近似误差通常在 2%以内。此外，$BL(n)$ 和 $ST(n)$ 的平均近似误差也很小。考虑到在工厂现场很少知道机器和缓冲器的参数，精度超过 5%～10%，得出的结论是，所提出的方法可以作为一种有效的工具，以高精度估计伯努利系统的暂态性能。

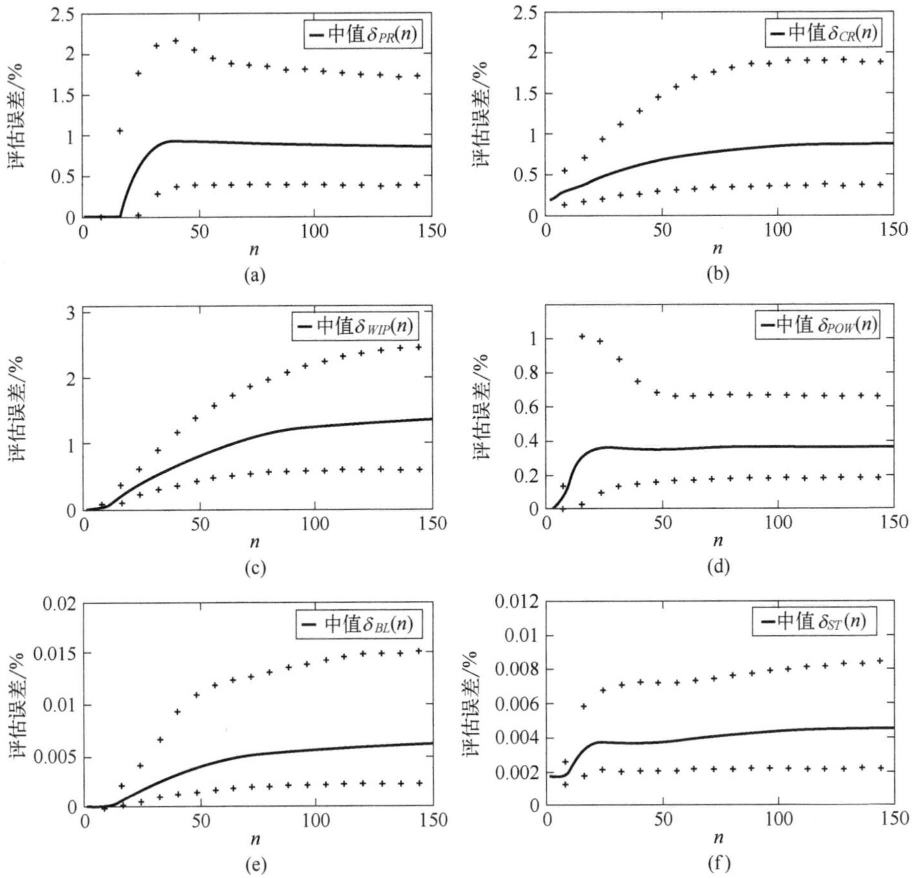


图 8-5　近似性能指标的评估误差

作为一个示例，考虑一个十机线（图 8-6），系统的参数如下：

$$M=10,\ \boldsymbol{MC}=\{1,5,10\},\ t_{wu}=1,\ t_{cd}=1$$

$$\boldsymbol{N}=\begin{bmatrix}4 & 4 & 5 & 6 & 5 & 6 & 4 & 6 & 4\end{bmatrix}$$

$$\boldsymbol{p}=[0.82\quad 0.79\quad 0.75\quad 0.84\quad 0.87\quad 0.92\quad 0.86\quad 0.95\quad 0.88\quad 0.91]$$

$$\boldsymbol{H}_{\text{on}}^{m_1}=\{\boldsymbol{h}|\,h_1\leqslant 1,h_2\leqslant 1\},\boldsymbol{H}_{\text{off}}^{m_1}=\{\boldsymbol{h}|h_1\geqslant 3,h_2\geqslant 3\}$$

$$\boldsymbol{H}_{\text{on}}^{m_5}=\{\boldsymbol{h}|\,h_4\geqslant 5,h_5\leqslant 1\},\boldsymbol{H}_{\text{off}}^{m_5}=\{\boldsymbol{h}|\,h_4\leqslant 1\}\cup\{\boldsymbol{h}|\,h_5\geqslant 5\}$$

$$\boldsymbol{H}_{\text{on}}^{m_{10}}=\{\boldsymbol{h}|\,h_8\geqslant 4,h_9\geqslant 3\},\boldsymbol{H}_{\text{off}}^{m_{10}}=\{\boldsymbol{h}|\,h_8\leqslant 1,h_9\leqslant 1\}$$

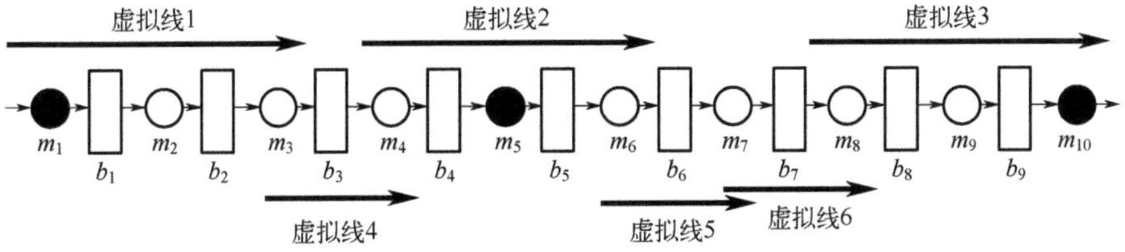


图 8-6　基于控制机器的虚拟线构造

对于该系统，虚拟（三台机器）线 1、2 和 3 围绕三台受控机器 $m_1, m_5$ 和 $m_{10}$（由图中的黑色圆圈表示）构建。然后，对于其余 $M-1-2|\boldsymbol{MC}|=10-1-2\times3=3$ 个未使用的缓冲区，构建虚拟（双机）生产线 4、5 和 6。显然，在这个例子中，$\boldsymbol{VL}_{2M}=\{3,6,7\}$，$\boldsymbol{VL}_{3M}=\{(1,2),(4,5),(8,9)\}$。图中给出了通过仿真和计算程序获得的系统性能指标。

具体来说，图 8-7 中右边的一列是通过计算过程获得的结果，最左边的一列提供了模拟的结果，计算时间大致相同（在具有 3.4GHz 英特尔酷睿 i7 和 8GB 内存的计算机上大约为 10s）。图的中间列给出了计算时间为 100 倍的仿真结果。可以看出，本书开发的计算程序能够以高精度和高准确度以及相对较小的计算工作量逼近系统性能指标。

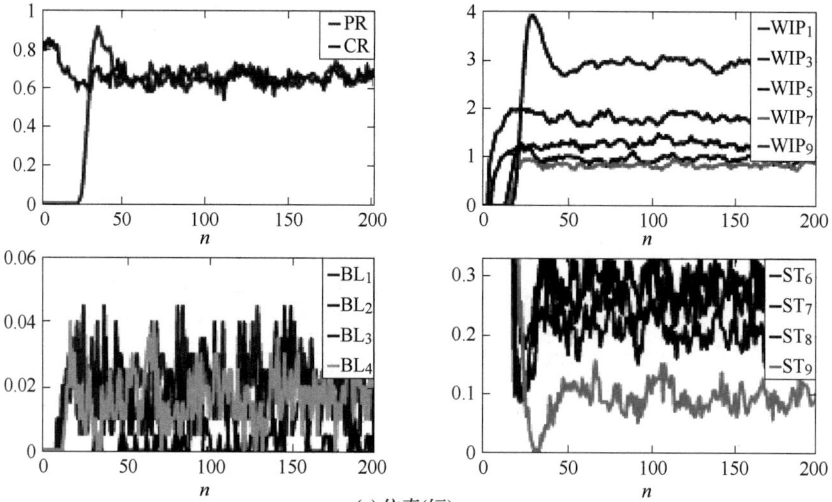


(a) 仿真(短)

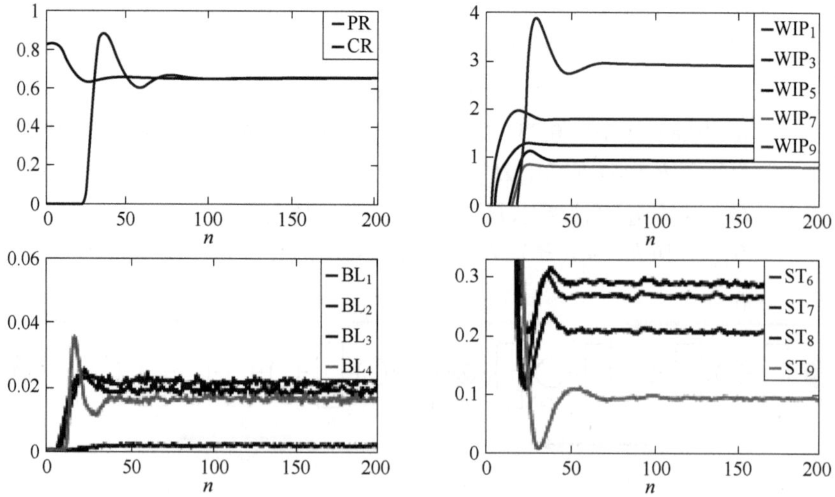


(b) 仿真(长)

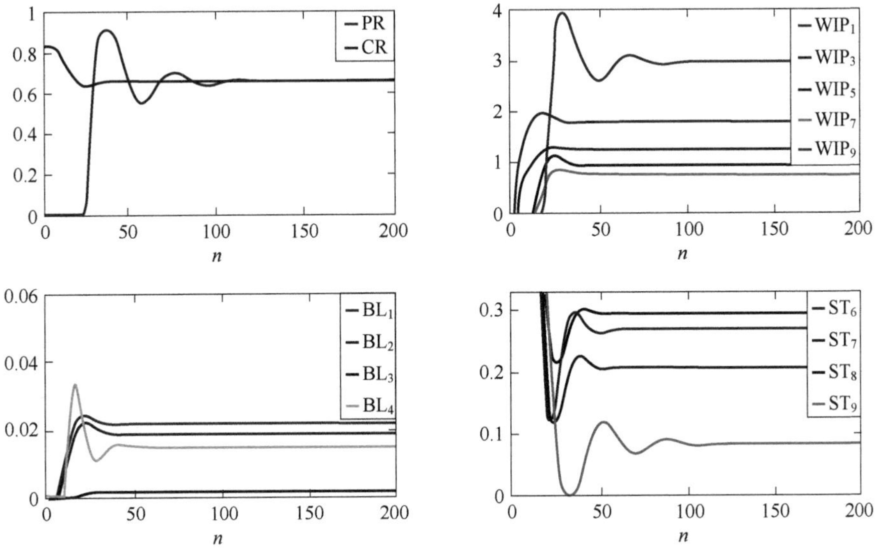


(c) 计算

图 8-7　基于仿真和计算的性能指标结果对比（见书后彩插）

# 第 9 章

# 面向专用缓冲区柔性生产线的暂态分析

## 9.1 系统模型

在柔性生产线的运行过程中，系统中可能会同时存在多种类型的工件。因此，为了避免不同种工件之间的潜在化学反应或相互影响，减轻生产过程中不同种工件同时加工可能导致的混乱，满足各类型工件不同的储存条件，专用缓冲区广泛地应用于柔性生产线中。在使用专用缓冲区的柔性生产线中，机器可以根据所需的工件种类，从其上游相应的专用缓冲区中提取工件，并在加工完成后将其放入相对应的下游专用缓冲区中。例如，在加工汽车车门的柔性生产线中，各种不同颜色的车门在其专用缓冲区中等待进行进一步的加工；在电子器件柔性生产线中，使用内部温度和湿度不同的专用缓冲区来满足不同工件的储存要求；在集成电路生产线中，专用的缓冲区用来避免不同种产品之间潜在的化学反应。相较于具有公共缓冲区的串行生产线，具有专用缓冲区的生产线目前得到的关注较少。事实上，相关的研究成果只在近几年的少数文献中才可以被找到。

### 9.1.1 模型假设

本章研究具有伯努利机器和专用缓冲区的串行柔性生产线，如图 9-1 所示，其中，圆形表示机器，矩形表示缓冲区，梯形表示待加工的不同种类工件，箭头表示工件流动的方向。系统由如下假设所定义：

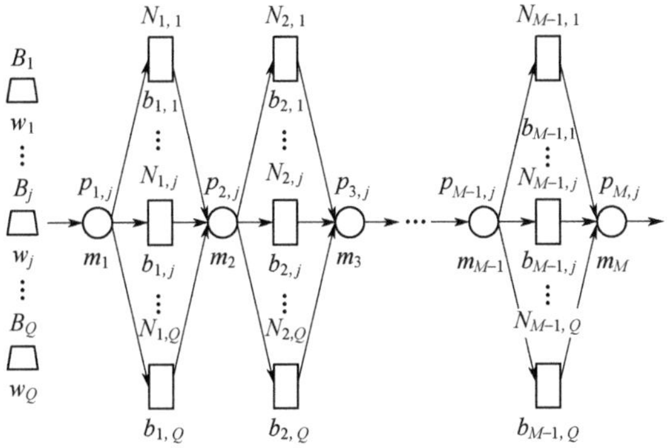


图 9-1　专用缓冲区的串行柔性生产线

① 生产系统由 $M$ 台机器[由 $m_i(i=1,2,\cdots,M)$ 表示]，$Q\times(M-1)$ 个缓冲区[由 $b_{i,j}(i=1,2,\cdots,M-1;j=1,2,\cdots,Q)$ 表示]，$Q$ 种待生产的工件[由 $w_j(j=1,2,\cdots,Q)$ 表示]组成。工件 $w_j$ 的数量为 $B_j$。所有的机器按 $j$ 的增序处理工件，即先处理工件 $w_1$，最后处理工件 $w_Q$。

② 每台机器有 2 个过程状态，即运行和调试。机器只有在运行过程状态下才可能工作。机器初始为运行过程状态，进行工件 $w_1$ 的加工。当工件 $w_j(j=1,\cdots,Q-1)$ 由机器 $m_i(i=1,2,\cdots,M)$ 加工完成时，这台机器切换至加工工件 $w_{j+1}$ 的调试过程状态，以进行设备调试。对于机器 $m_i$ 加工工件 $w_j(j=2,3,\cdots,Q)$，调试过程状态的持续时间假设为 $t_{\text{set},i,j}$ 个机器加工周期。在调试过程状态结束后，这台机器再一次切换回运行过程状态。当工件 $w_Q$ 加工完成后，生产结束。需要注意，对于调试过程状态，$j$ 的最小取值为 2，这是由于机器最初的调试可以被忽略，对分析无影响。

③ 所有机器具有同一且固定的周期时间 $\tau$。以一个周期时间 $\tau$ 为一段，将时间轴分段。所有的机器服从伯努利可靠性模型：如果机器 $m_i(i=1,2,\cdots,M)$ 正加工工件 $w_j(j=1,2,\cdots,Q)$，既不阻塞也不饥饿，那么它在一个加工周期生产一个工件的概率为 $p_{i,j}[p_{i,j}\in(0,1)]$，没能生产一个工件的概率为 $1-p_{i,j}$ 称 $p_{i,j}$ 为机器 $m_i$ 生产工件 $w_j$ 的效率。缓冲区 $b_{i,j}(i=1,2,\cdots,M-1)$ 由其容量 $N_{i,j}$ $[N_{i,j}\in(0,\infty)]$ 表征。缓冲区 $b_{i,j}$ 只能装载工件 $w_j$。所有缓冲区初始为空。

④ 在一个加工周期内，如果机器 $m_i(i=2,3,\cdots,M)$ 工作，正加工工件 $w_j(j=1,2,\cdots,Q)$，缓冲区 $b_{i-1,j}$ 为空，那么此机器饥饿。在一个加工周期内，如果机器 $m_i(i=1,2,\cdots,M-1)$ 工作，正加工工件 $w_j$，缓冲区 $b_{i,j}$ 为满，机器 $m_{i+1,j}$ 没能从其上游缓冲区中提取工件（由于机器故障），那么此机器阻塞。机器 $m_M$ 不会阻塞。

### 9.1.2 性能指标

针对上述模型，我们关注的暂态性能指标包括：

① 生产率 $PR_j(n)$：在加工周期 $n$ 里，机器 $m_M$ 加工工件 $w_j(j=1,2,\cdots,Q)$ 数量的数学期望。

② 消耗率 $CR_j(n)$：在加工周期 $n$ 里，机器 $m_1$ 消耗工件 $w_j(j=1,2,\cdots,Q)$ 数量的数学期望。

③ 在制品库存水平 $WIP_{i,j}(n)$：在加工周期 $n$ 开始时，缓冲区 $b_{i,j}(i=1,2,\cdots,M-1;$ $j=1,2,\cdots,Q)$ 中工件数量的数学期望。

④ 机器饥饿率 $ST_{i,j}(n)$：在加工周期 $n$ 里，机器 $m_i(i=2,3,\cdots,M)$ 加工工件 $w_j(j=1,2,\cdots,Q)$ 时饥饿的概率。

⑤ 机器阻塞率 $BL_{i,j}(n)$：在加工周期 $n$ 里，机器 $m_i(i=1,2,\cdots,M-1)$ 加工工件 $w_j(j=1,2,\cdots,Q)$ 时阻塞的概率。

⑥ 完成时间 $CT_{i,j}$：机器 $m_i(i=1,2,\cdots,M)$ 完成所有 $B_j(j=1,2,\cdots,Q)$ 个工件 $w_j$ 所消耗的加工周期数的数学期望。

## 9.2 双机生产线

在本章所述的假设前提下，系统模型具备马尔可夫性，即系统在 $n+1$ 时刻的状态只与 $n$ 时刻的状态有关。因此，该随机过程可以使用马尔可夫链来进行分析。然而，在使用马尔可夫链建模时，状态爆炸的问题很难避免。例如，考虑一个由 10 台机器组成的系统，该系统缓冲区的容量均为 5，待生产工件的种类数量为 5，所有种类工件的数量均为 20，每台机器的调试时间均为 4。那么，用来表征这样一个生产系统的马尔可夫链状态数为：$(5+1)^{8\times(10-1)}\times(4+1)^{8\times10}\times(20+1)^{8\times10}$。显然，直接使用马尔可夫分析方法来精确地分析这样的系统是不可能的。因此，本节提出一种近似算法来对该生产系统进行暂态分析。

### 9.2.1 过程建模

对该系统过程建模的复杂性主要来源于如下三方面：多种类型工件，固定的工件数量，缓冲区与机器之间的耦合。为了降低分析的复杂性，引入 $Q$ 个生产单一品种工件的双机生产线（辅助生产线 1）、$Q$ 个生产无限量工件的双机生产线（辅助生产线 2）、$2Q$ 个生产单一品种工件的单机生产线（辅助生产线 3）来近似地分析此生产系统，如图 9-2 所示。

**（1）构建辅助生产线 1**

首先，将原始的双机生产线拆分为$Q$条生产单一品种工件的双机生产线，记为辅助生产线 1，如图 9-2（b）所示。分解的思路可以总结为：在一个加工周期，每台机器只能处理一个种类的工件。同样，每个缓冲区也只能负载一个种类的工件。因此，可以将原始生产线分解为$Q$个专用于生产单一品种工件的生产线。换句话说，我们为每种工件的生产引入一个双机生产线。辅助生产线 1 中的缓冲区与原始生产线一致，不同点在于机器的参数。用机器$m'_{1,j}$和机器$m'_{2,j}(j=1,2,\cdots,Q)$表示辅助生产线 1 中的两组机器。同时，用$p'_{1,j}(n)$和$p'_{2,j}(n)$表示这些机器的效率。用$f_{i,j}(n)\left[f_{i,j}(n)\in\{0,1,\cdots,B_j\},i=1,2\right]$表示在加工周期$n$开始时，由原始生产线中的机器$m_i$生产工件$w_j$的数量。$p'_{1,j}(n)$和$p'_{2,j}(n)$根据如下公式计算：

$$p'_{1,j}(n)=\begin{cases}p_{i,j}, & j=1\\ p_{i,j}P\left[f_{i,j-1}(n-t_{\text{set},i,j})=B_{j-1}\right], & j>1\text{且}n\geqslant t_{\text{set},i,j}\\ 0, & j>1\text{且}n<t_{\text{set},i,j}\end{cases} \tag{9-1}$$

其中，$P\left[f_{i,j}(n)=B_j\right]$可以根据之前章节的相关公式计算。

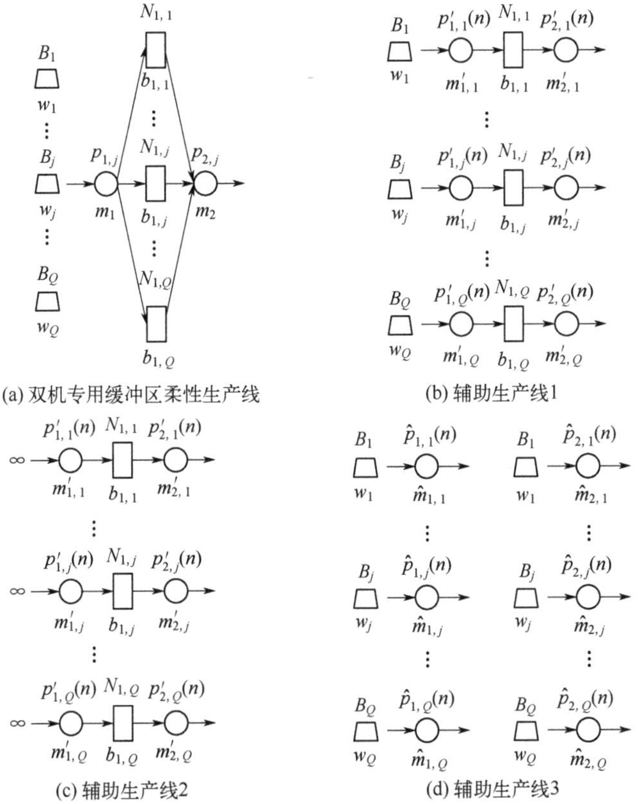

图 9-2 双机专用缓冲区柔性生产线及其辅助生产线

**（2）构建辅助生产线 2**

如图 9-2（c）所示，辅助生产线 2 中的机器和缓冲区与辅助生产线 1 中的相同，不同点在于辅助生产线 2 被设定为生产无限量的工件。设 $h_{1,j}(n)(j=1,2,\cdots,Q)$ 表示在加工周期 $n$ 开始时，缓冲区 $b_{1,j}$ 中工件的数量。$h_{1,j}(n)$ 的非零转移概率可以表示为

$$
\begin{aligned}
&P\left[h_{1,j}(n+1)=0 \middle| h_{1,j}(n)=0\right]=1-p'_{1,j}(n) \\
&P\left[h_{1,j}(n+1)=1 \middle| h_{1,j}(n)=0\right]=p'_{1,j}(n) \\
&P\left[h_{1,j}(n+1)=k-1 \middle| h_{1,j}(n)=k\right]=p'_{2,j}(n)\left[1-p'_{1,j}(n)\right],\quad k=1,2,\cdots,N_{1,j} \\
&P\left[h_{1,j}(n+1)=k \middle| h_{1,j}(n)=k\right]=1-p'_{1,j}(n)-p'_{2,j}(n)+2p'_{1,j}(n)\bullet p'_{2,j}(n), \\
&\quad k=1,2,\cdots,N_{1,j} \\
&P\left[h_{1,j}(n+1)=k+1 \middle| h_{1,j}(n)=k\right]=p'_{1,j}(n)\left[1-p'_{2,j}(n)\right],\quad k=1,2,\cdots,N_{1,j} \\
&P\left[h_{1,j}(n+1)=N_{1,j} \middle| h_{1,j}(n)=N_{1,j}\right]=p'_{1,j}(n)p'_{2,j}(n)+1-p'_{2,j}(n)
\end{aligned}
\tag{9-2}
$$

用 $x_{h,d}^{(1,j)}(n)(j=1,2,\cdots,Q)$ 表示在加工周期 $n$ 开始时，辅助生产线 2 中的缓冲区 $b_{1,j}$ 有 $d$ 个工件的概率，并令 $\boldsymbol{X}_h^{(1,j)}(n)=\left[x_{h,0}^{(1,j)}(n) \quad x_{h,1}^{(1,j)}(n) \quad \cdots \quad x_{h,N_{1,j}}^{(1,j)}(n)\right]^{\mathrm{T}}$。显然，$\sum_{d=0}^{N_{1,j}} x_{h,d}^{(1,j)}(n)=1$。$\boldsymbol{X}_h^{(1,j)}(n)$ 的演化可以表示为

$$
\begin{cases}
\boldsymbol{X}_h^{(1,j)}(n+1)=\boldsymbol{A}_{1,j}(n)\bullet\boldsymbol{X}_h^{(1,j)}(n) \\
x_{h,d}^{(1,j)}(0)=\begin{cases}1, & d=0 \\ 0, & \text{其他}\end{cases}
\end{cases}
\tag{9-3}
$$

式中，$\boldsymbol{A}_{1,j}(n)$ 为马尔可夫链的转移矩阵。

$$
\boldsymbol{A}_{1,j}(n)=\begin{bmatrix}
1-c_1 & c_2(1-c_1) & 0 & \cdots & 0 \\
c_1 & 1-c_1-c_2+2c_1c_2 & c_2(1-c_1) & \cdots & 0 \\
0 & c_1(1-c_2) & \ddots & \ddots & \vdots \\
\vdots & \vdots & \ddots & 1-c_1-c_2+2c_1c_2 & c_2(1-c_1) \\
0 & 0 & \cdots & c_1(1-c_2) & c_1c_2+1-c_2
\end{bmatrix}
\tag{9-4}
$$

**（3）构建辅助生产线 3**

如图 9-2（d）所示，辅助生产线 3 由 $2Q$ 条单机生产线组成。设机器 $\hat{m}_{i,j}$ $(i=1,2;j=1,2,\cdots,Q)$ 表示这 $2Q$ 条单机生产线中的机器，$\hat{p}_{i,j}(n)$ 表示每台机器的效率。在一个加工周期里，当且仅当辅助生产线 2 中的机器 $m'_{1,j}$ 工作且没有阻塞时，辅助生产线 3 中的机器 $\hat{m}_{1,j}$ 才能生产出 1 个工件。同样，在一个加工周期里，当且仅当辅助生产线 2 中的机器 $m'_{2,j}$ 工作且没有饥饿时，辅助生产线 3 中的机器 $\hat{m}_{2,j}$

才能生产出 1 个工件。因此，辅助生产线 3 中的机器 $\hat{m}_{i,j}$ 的效率可以表示为

$$\begin{aligned}&\hat{p}_{1,j}(n)=p'_{1,j}(n)\left\{1-x_{h,N_{1,j}}^{(1,j)}(n)\left[1-p'_{2,j}(n)\right]\right\}\\&\hat{p}_{2,j}(n)=p'_{2,j}(n)\left[1-x_{h,0}^{(1,j)}(n)\right]\end{aligned}\tag{9-5}$$

显然，在这种情况下，一个加工周期里，当且仅当辅助生产线 1 中的机器 $m'_{1,j}$ 工作且辅助生产线 2 中的机器 $m'_{1,j}$ 没有阻塞时，辅助生产线 3 中的机器 $\hat{m}_{1,j}$ 才能工作。同样，在一个加工周期里，当且仅当辅助生产线 1 中的机器 $m_{2,j}$ 工作且辅助生产线 2 中的机器 $m_{2,j}$ 没有饥饿时，辅助生产线 3 中的机器 $\hat{m}_{2,j}$ 才能工作。设 $\hat{f}_{i,j}(n)$，$\hat{f}_{i,j}(n)\in\{0,1,\cdots,B_j\}$ 表示在加工周期 $n$ 开始时，辅助生产线 3 中的机器 $\hat{m}_{i,j}$ 生产工件的数量。$\hat{f}_{i,j}(n)$ 的非零转移概率可以表示为

$$\begin{aligned}&P\left[\hat{f}_{i,j}(n+1)=k+1|\,\hat{f}_{i,j}(n)=k\right]=\hat{p}_{i,j}(n),\quad k=0,1,\cdots,B_j-1\\&P\left[\hat{f}_{i,j}(n+1)=k|\,\hat{f}_{i,j}(n)=k\right]=1-\hat{p}_{i,j}(n),\quad k=0,1,\cdots,B_j-1\\&P\left[\hat{f}_{i,j}(n+1)=B_j|\,\hat{f}_{i,j}(n)=B_j\right]=1\end{aligned}\tag{9-6}$$

设 $x_{f,k}^{(i,j)}(n)(i=1,2;j=1,2,\cdots,Q$；$k=1,2,\cdots,B_j)$ 表示在加工周期 $n$ 开始时，辅助生产线 3 中的机器 $\hat{m}_{i,j}$ 完成 $k$ 个工件生产的概率。令 $\boldsymbol{X}_f^{(i,j)}(n)=\left[x_{f,0}^{(i,j)}(n)\quad x_{f,1}^{(i,j)}(n)\quad\ldots\quad x_{f,B_j}^{(i,j)}(n)\right]^{\mathrm{T}}$，$\sum\limits_{k=0}^{B_j}x_{f,k}^{(i,j)}(n)=1$。$\boldsymbol{X}_f^{(i,j)}(n)$ 的演化可以通过如下公式得到：

$$\boldsymbol{X}_f^{(i,j)}(n+1)=\boldsymbol{A}_f^{(i,j)}(n)\bullet\boldsymbol{X}_f^{(i,j)}(n)\tag{9-7}$$

式中，$\boldsymbol{A}_f^{(i,j)}(n)$ 为马尔可夫链的转移概率矩阵，如式（9-8）所示。

$$\boldsymbol{A}_f^{(i,j)}(n)=\begin{bmatrix}1-\hat{p}_{i,j}(n)&&&&\\\hat{p}_{i,j}(n)&1-\hat{p}_{i,j}(n)&&&\\&\hat{p}_{i,j}(n)&\ddots&&\\&&\ddots&1-\hat{p}_{i,j}(n)&\\&&&\hat{p}_{i,j}(n)&1\end{bmatrix}\tag{9-8}$$

可以近似地认为辅助生产线 1 中的 $f_{i,j}(n)$ 等于辅助生产线 3 中的 $\hat{f}_{i,j}(n)$。因此，当计算辅助生产线 1 的机器参数时，可以认为 $P\left[f_{i,j}(n)=B_j\right]=P\left[\hat{f}_{i,j}(n)=B_j\right]$。

## 9.2.2 暂态分析

基于上述分析，我们提出如下分析系统暂态性能的方法。$PR_j(n)(j=1,2,\cdots,Q)$ 可以根据辅助生产线 3 中机器 $\hat{m}_{2,j}$ 的生产率来评估。类似地，$CR_j(n)$ 可以通过辅

助生产线 3 中机器 $\hat{m}_{1,j}$ 的生产率来评估。计算公式如下所示：

$$\begin{aligned} PR_j(n) &= \left[\hat{p}_{2,j}(n)\cdot \boldsymbol{G}_B \quad 0\right]\cdot \boldsymbol{X}_f^{(2,j)}(n) \\ CR_j(n) &= \left[\hat{p}_{1,j}(n)\cdot \boldsymbol{G}_B \quad 0\right]\cdot \boldsymbol{X}_f^{(1,j)}(n) \end{aligned} \tag{9-9}$$

式中，$\boldsymbol{G}_k$ 表示 $1\times k$ 的全 1 矩阵。

将辅助生产线 2 和辅助生产线 3 同时考虑，以计算 $WIP_j(n)$、$ST_j(n)$ 和 $BL_j(n)$。这些性能可以由它们在辅助生产线 2 中相对应的性能指标和辅助生产线 3 中生产完成的效果得以计算。计算公式如下所示：

$$\begin{aligned} WIP_{1,j}(n) &= \left[0 \quad 1 \quad \dots \quad N_{1,j}\right]\cdot \boldsymbol{X}_h^{(1,j)}(n)\cdot\left[1-x_{f,B_j}^{(2,j)}(n)\right] \\ ST_{2,j}(n) &= \left[p'_{2,j}(n) \quad 0\boldsymbol{G}_{N_{1,j}}\right]\cdot \boldsymbol{X}_h^{(1,j)}(n)\cdot\left[1-x_{f,B_j}^{(1,j)}(n)\right] \\ BL_{1,j}(n) &= \left[0\boldsymbol{G}_{N_{1,j}} \quad p'_{1,j}(n)\cdot\left[1-p'_{2,j}(n)\right]\right]\cdot \boldsymbol{X}_h^{(1,j)}(n)\cdot\left[1-x_{f,B_j}^{(1,j)}(n)\right] \end{aligned} \tag{9-10}$$

$CT_{i,j}$ 可以通过辅助生产线 3 中单机生产线的完成时间计算：

$$CT_{i,j} = \sum_{n=1}^{\infty}\hat{p}_{i,j}(n)x_{f,B_j-1}^{(i,j)}(n) \tag{9-11}$$

例如，考虑一个生产三品种产品的双机生产线，如图 9-3 所示。其中，梯形上的数字表示该种类工件的数量，圆形上的数字表示机器生产不同种类工件的效率，矩形上的数字表示缓冲区容量。此外，本例中的机器调试时间如下所示：

$$t_{\text{set},1,2}=2,\quad t_{\text{set},1,3}=3,\quad t_{\text{set},2,2}=6,\quad t_{\text{set},2,3}=3$$

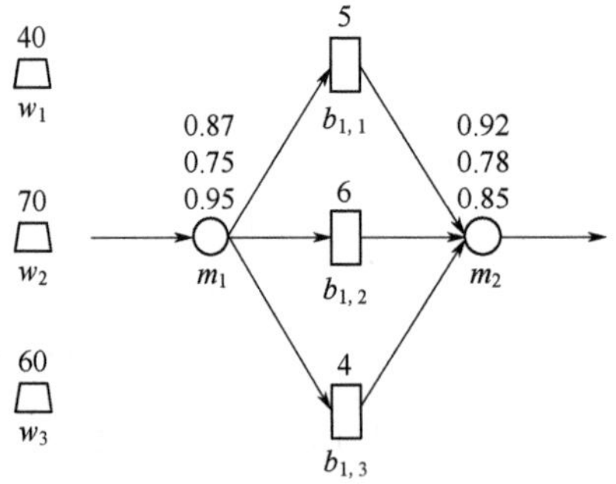


图 9-3　双机专用缓冲区柔性生产线实例

我们利用所提出的方法对该系统进行暂态分析。此外，为了提供一个比较基准，我们也使用蒙特卡洛模拟（10000 次迭代）对系统进行暂态分析。分析的结果如图 9-4 和表 9-1 所示。

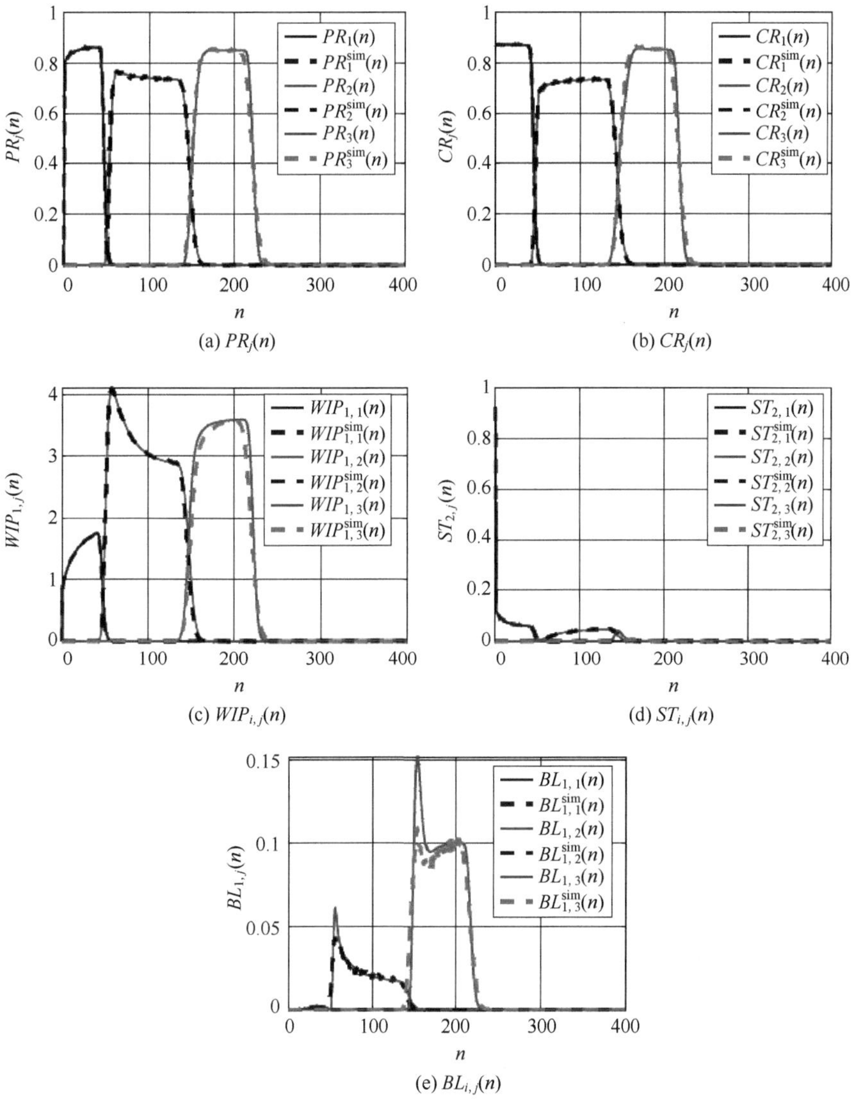


图 9-4　双机专用缓冲区柔性生产线实例的暂态分析结果（见书后彩插）

**表 9-1　双机专用缓冲区柔性生产线实例的完成时间分析结果**

| $i$ | 仿真方法 | | | 所提出方法 | | |
|---|---|---|---|---|---|---|
| | $j=1$ | $j=2$ | $j=3$ | $j=1$ | $j=2$ | $j=3$ |
| 1 | 46.02 | 144.05 | 217.45 | 46.03 | 144.32 | 218.18 |
| 2 | 48.06 | 147.95 | 221.69 | 48.10 | 148.22 | 222.42 |

# 9.3 多机生产线

## 9.3.1 过程建模

与双机生产线相类似，本节构建一系列辅助生产线以评估复杂多机生产系统的暂态性能。首先，将原始生产线拆分为 $Q$ 条专用于单一品种工件加工的生产线，如图 9-5（a）所示，记为辅助生产线 4。它与原始生产线的唯一不同是机器效率不同。设 $p'_{i,j}(n)(i=1,2,\cdots,M;j=1,2,\cdots,Q)$ 表示辅助生产线 4 中机器的效率，可以根据式（9-1）计算。然后，为了进一步近似，构建辅助生产线 5 和辅助生产线 6，如图 9-5（b）和图 9-5（c）所示。辅助生产线 5 与辅助生产线 4 参数相同，区别在于辅助生产线 5 生产无限批量的工件。而辅助生产线 6 包含 $QM$ 个单机生产线，每台机器的效率由 $\hat{p}_{i,j}(n)$ 表示。最后，构建辅助生产线 7，如图 9-5（d）所示。在辅助生产线 7 中，机器 $m_{i,j}^{\mathrm{f}}$ 用于估计其所有的前向机器和缓冲区向缓冲区 $b_{i,j}$ 提供工件的能力，机器 $m_{i,j}^{\mathrm{b}}$ 用于估计其所有的后向机器和缓冲区消耗缓冲区 $b_{i,j}$ 工件的能力。

辅助生产线 7 和辅助生产线 8 的参数可以通过如下步骤进行计算：

**步骤 1：** 设 $x_{h,d}^{(i,j)}(n)(i=1,2,\cdots,M;j=1,2,\cdots,Q;d=1,2,\cdots,N_{i,j})$ 表示在加工周期 $n$ 开始时，辅助生产线 7 中的缓冲区 $b_{i,j}$ 中有 $d$ 个工件的概率。令

$$\boldsymbol{X}_h^{(i,j)}(n)=\left[x_{h,0}^{(i,j)}(n)\quad x_{h,1}^{(i,j)}(n)\quad \ldots\quad x_{h,N_{i,j}}^{(i,j)}(n)\right]^{\mathrm{T}} \tag{9-12}$$

设 $x_{f,d}^{(i,j)}(n)(d=1,2,\cdots,B_j)$ 表示在加工周期 $n$ 开始时，辅助生产线 6 中的机器 $\hat{m}_{i,j}$ 完成 $d$ 个工件生产的概率。令

$$\boldsymbol{X}_f^{(i,j)}(n)=\left[x_{f,0}^{(i,j)}(n)\quad x_{f,1}^{(i,j)}(n)\quad \ldots\quad x_{f,B_j}^{(i,j)}(n)\right]^{\mathrm{T}} \tag{9-13}$$

初始条件如下：

$$\begin{gathered}x_{h,d}^{(i,j)}(n)=\begin{cases}1, & d=0\\ 0, & \text{其他}\end{cases}\\ x_{f,d}^{(i,j)}(n)=\begin{cases}1, & d=0\\ 0, & \text{其他}\end{cases}\end{gathered} \tag{9-14}$$

**步骤 2：** 设 $n=1$ 并且 $j=1$。

**步骤 3：** 设 $p_{1,j}^{\mathrm{f}}(n)=p'_{1,j}(n)$。然后，对 $i=2,3,\cdots,M$ 按如下方式计算 $p_{i,j}^{\mathrm{f}}(n)$：

$$p_{i,j}^{\mathrm{f}}(n)=p'_{i,j}(n)\left[1-x_{h,0}^{(i-1,j)}(n)\right] \tag{9-15}$$

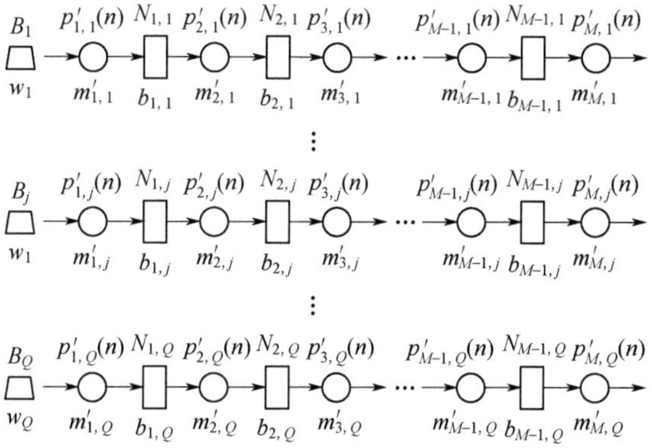


(a) 辅助生产线4

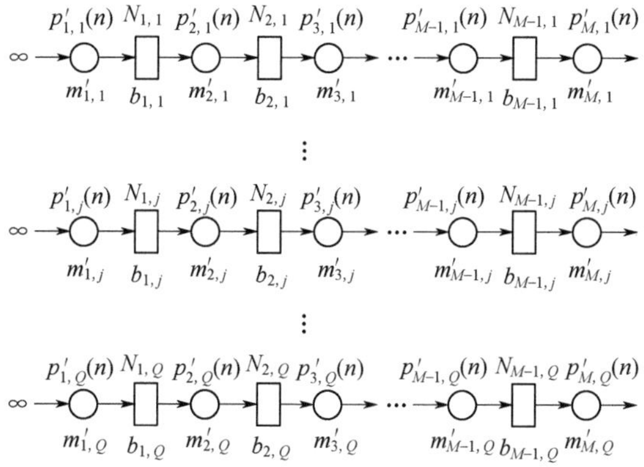


(b) 辅助生产线5

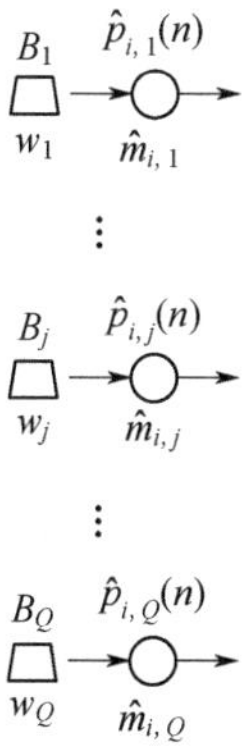


(c) 辅助生产线6

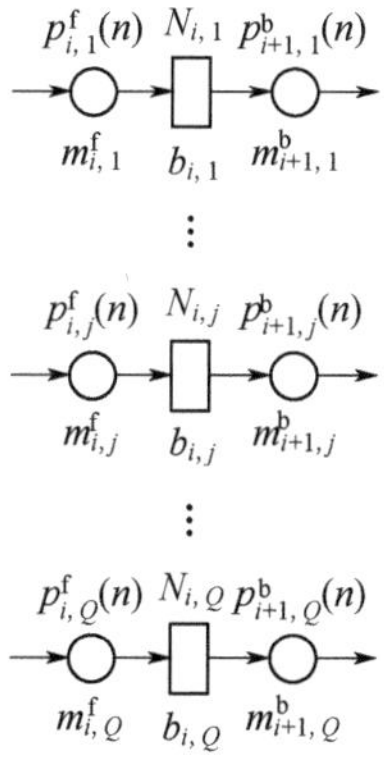


(d) 辅助生产线7

图 9-5　双机专用缓冲区柔性生产线实例的暂态分析结果

**步骤 4：** 设 $p^{\mathrm{b}}_{M,j}(n)=p'_{M,j}(n)$。然后，按照 $i=1,2\cdots,M-1$ 的降序计算 $p^{\mathrm{b}}_{i,j}(n)$，即先计算 $p^{\mathrm{b}}_{M-1,j}(n)$，最后计算 $p^{\mathrm{b}}_{1,j}(n)$。计算公式如下所示：

$$p_{1,j}^{\mathrm{b}}(n)=p_{1,j}'(n)\left\{1-\left[1-p_{i+1,j}^{\mathrm{b}}(n)\right]x_{h,N_{i,j}}^{(i,j)}(n)\right\} \tag{9-16}$$

**步骤 5：** 设 $\hat{p}_{i,j}(n)=p_{1,j}^{\mathrm{b}}(n)$。然后，对 $i=2,3,\cdots,M$ 按如下方式计算 $\hat{p}_{i,j}(n)$：

$$\hat{p}_{i,j}(n)=p_{i,j}^{\mathrm{b}}(n)\left[1-x_{h,0}^{(i-1,j)}(n)\right] \tag{9-17}$$

**步骤 6：** 对 $i=1,2,\cdots,M-1$ 按如下方式计算 $\boldsymbol{X}_h^{(i,j)}(n+1)$：

$$\boldsymbol{X}_h^{(i,j)}(n+1)=\boldsymbol{A}_h^{(i,j)}(n)\boldsymbol{X}_h^{(i,j)}(n) \tag{9-18}$$

其中，$\boldsymbol{A}_h^{(i,j)}(n)$ 是在加工周期 $n$ 里，辅助生产线 7 中的第 $j$ 条生产线中 $x_{h,d}^{(i,j)}(n)$ 的转移概率矩阵，可以通过将式（9-4）中所有 $c_1$ 替换为 $p_{i,j}^{\mathrm{f}}(n)$，$c_2$ 替换为 $p_{i+1,j}^{\mathrm{b}}(n)$，矩阵大小变为 $(N_{i,j}+1)\times(N_{i,j}+1)$ 得到。

**步骤 7：** 如果 $j=1$，进入步骤 8。否则，对 $i=1,2,\cdots,M$ 按如下方式计算 $\boldsymbol{X}_f^{(i,j)}(n+1)$：

$$\boldsymbol{X}_f^{(i,j)}(n+1)=\boldsymbol{A}_f^{(i,j)}(n)\cdot\boldsymbol{X}_f^{(i,j)}(n)$$

式中，$\boldsymbol{A}_f^{(i,j)}(n)$ 为马尔可夫链的转移概率矩阵，可以通过将式（9-8）中所有 $\hat{p}_{i,j}'(n)$ 替换为 $\hat{p}_{i,j}(n)$ 得到。

**步骤 8：** 如 $n$ 达到计算所需，进入步骤 9。否则，设 $n=n+1$，返回步骤 3。

**步骤 9：** 如果 $j<Q$，设 $n=1$ 并且 $j=j+1$，返回步骤 3。否则，计算结束。

需要说明的是，$\hat{p}_{i,j}(n)$ 用于表示机器 $m_i$ 在原始生产线中考虑饥饿和阻塞情况下的生产率。因此，$\hat{p}_{i,j}^{\mathrm{f}}(n)$ 也可以根据如下公式计算：

$$\hat{p}_{i,j}(n)=p_{i,j}^{\mathrm{f}}(n)\left\{1-\left[1-p_{i+1,j}^{\mathrm{b}}(n)\right]x_{h,N_{i,j}}^{(i,j)}(n)\right\},\quad i=1,2,\cdots,M-1$$

$$\hat{p}_{M,j}(n)=p_{M,j}^{\mathrm{f}}(n)$$

## 9.3.2 暂态分析

基于上述过程建模，我们推导出用于系统暂态性能的公式。推导的想法与双机生产线类似，在此不再赘述。暂态分析计算公式如下：

$$PR_j(n)=\left[\hat{p}_{M,j}(n)\boldsymbol{G}_{B_j}\quad 0\right]\cdot\boldsymbol{X}_f^{(M,j)}(n)$$

$$CR_j(n)=\left[\hat{p}_{1,j}(n)\boldsymbol{G}_{B_j}\quad 0\right]\cdot\boldsymbol{X}_f^{(1,j)}(n)$$

$$WIP_{i,j}(n)=\left[0\quad 1\quad \cdots\quad N_{i,j}\right]\cdot\boldsymbol{X}_h^{(i,j)}(n)\cdot\left[1-x_{f,B_j}^{(i+1,j)}(n)\right],\quad i=1,2,\cdots,M-1$$

$$ST_{i,j}(n)=\left[p_{i,j}'(n)\quad 0\boldsymbol{G}_{N_{i-1,j}}\right]\cdot\boldsymbol{X}_h^{(i-1,j)}(n)\cdot\left[1-x_{f,B_j}^{(i-1,j)}(n)\right],\quad i=2,3,\cdots,M$$

$$BL_{i,j}(n)=\left[0\boldsymbol{G}_{N_{i,j}}\quad p'_{i,j}(n)\left[1-p^{b}_{i+1,j}(n)\right]\cdot\boldsymbol{X}_{h}^{(i,j)}(n)\cdot\left(1-x_{f,B_j}^{(i,j)}(n)\right)\right]$$
$$CT_{i,j}=\sum_{n=1}^{\infty}n\cdot\hat{p}_{i,j}(n)\cdot x_{f,B_j-1}^{(i,j)}(n),\quad i=1,2,\cdots,M-1 \tag{9-19}$$

例如，随机生成一个五机生产线，如图 9-6 所示。其中，机器的调试时间为

$$t_{\text{set},1,2}=3, t_{\text{set},1,3}=4, t_{\text{set},2,2}=3, t_{\text{set},2,3}=2, t_{\text{set},3,2}=5$$

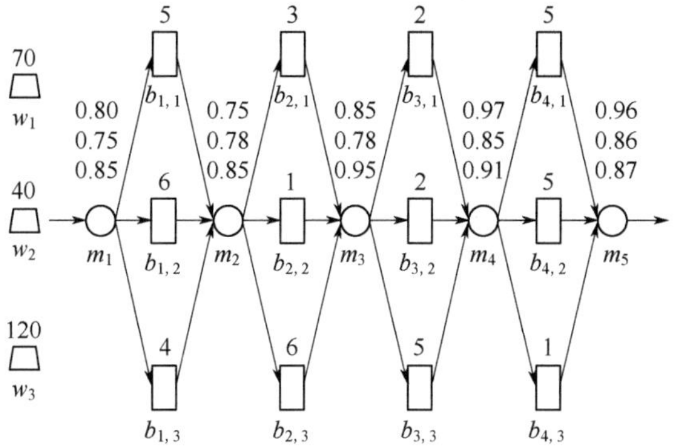


图 9-6　专用缓冲区柔性生产线实例

之后，利用所提出的方法和蒙特卡洛模拟对该五机生产线进行暂态性能分析。分析的结果如表 9-2 和图 9-7 所示。从图和表中可以发现，所提出的暂态分析方法没有随机误差并且精度较高。同时，从计算时间角度来看，使用 MATLAB 软件在一台英特尔酷睿 i5-8500 处理器和16GB 内存的计算机中运行此计算程序，使用蒙特卡洛模拟进行分析的运行时间为0.57s（100 次迭代）或18.39s（10000 次迭代），而使用本书所提出的方法进行分析，运行时间为0.70 s。因此，本书所提出的方法在计算高效性上也显示出了一定优势。

**表 9-2　专用缓冲区柔性生产线实例的完成时间分析结果**

| $i$ | 仿真（100 次迭代） | | | 仿真（10000 次迭代） | | | 计算 | | |
|---|---|---|---|---|---|---|---|---|---|
| | $j=1$ | $j=2$ | $j=3$ | $j=1$ | $j=2$ | $j=3$ | $j=1$ | $j=2$ | $j=3$ |
| 1 | 93.62 | 160.82 | 317.65 | 93.82 | 160.74 | 317.57 | 93.96 | 162.52 | 319.42 |
| 2 | 98.35 | 168.54 | 321.42 | 98.83 | 168.74 | 320.98 | 98.96 | 170.42 | 322.81 |
| 3 | 100.12 | 169.84 | 326.10 | 100.70 | 170.06 | 325.34 | 100.81 | 171.73 | 327.38 |
| 4 | 101.23 | 171.33 | 331.54 | 101.80 | 171.50 | 330.75 | 101.92 | 173.19 | 333.08 |
| 5 | 102.37 | 173.05 | 332.62 | 102.97 | 173.02 | 331.91 | 103.09 | 174.77 | 334.23 |

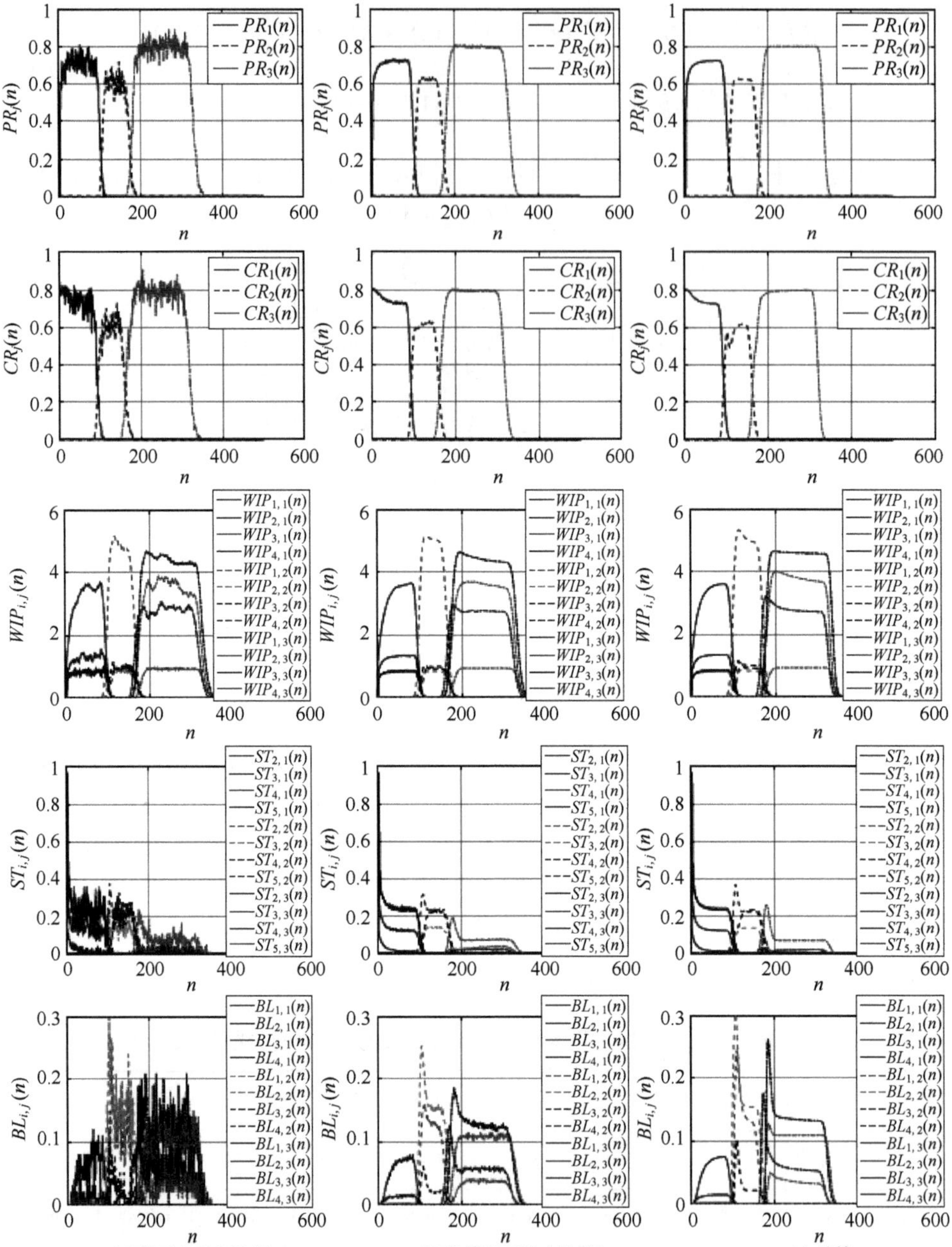


(a) 仿真(100次迭代)　　(b) 仿真(10000次迭代)　　(c) 计算

图 9-7　专用缓冲区柔性生产线实例的暂态性能分析结果

# 9.4 算法精度

为评估所提出方法的精度，使用 MATLAB 进行一些数值实验。首先，调查在

不同种类数量 $Q$ 下的精度。种类数量 $Q$ 在如下集合中选择：

$$Q \in \{2,3,5,10,20\} \tag{9-20}$$

对每一个种类数量 $Q$，生成 1000 条生产线，每条生产线的机器数 $M$ 从如下集合中等可能并随机地选择：

$$M \in \{2,3,\cdots,20\} \tag{9-21}$$

此外，每条生产线的参数从如下集合中等可能并随机地选择：

$$p_{i,j} \in (0.7,1),\quad N_{i,j} \in \{1,2,\cdots,6\},\quad B_j \in \{5,6,\cdots,150\},\quad t_{\text{set},i,j} \in \{1,2,\cdots,10\} \tag{9-22}$$

对每一条生成的生产线，使用本书所提方法分析其暂态性能。然后，为了提供比较基准，也使用蒙特卡洛模拟法对所生成的生产线进行暂态分析，蒙特卡洛模拟的迭代次数设定为 10000 次。蒙特卡洛模拟的结果带有上标“sim”。此外，设 $PR_j(\infty)$ 表示 $PR_j(n)$ 的稳态值，本书是通过 1000 次迭代的蒙特卡洛模拟得到的。

接下来，定义如下几个误差度量来量化分析的误差：

$$\begin{aligned}
\delta_{PR} &= \frac{1}{T}\sum_{j=1}^{Q}\sum_{n=t_{\text{be},j}}^{t_{\text{fin},j}} \frac{\left|PR_j(n)-PR_j^{\text{sim}}(n)\right|}{PR_j(\infty)} \times 100\% \\
\delta_{CR} &= \frac{1}{T}\sum_{j=1}^{Q}\sum_{n=t_{\text{be},j}}^{t_{\text{fin},j}} \frac{\left|CR_j(n)-CR_j^{\text{sim}}(n)\right|}{PR_j(\infty)} \times 100\% \\
\delta_{WIP} &= \frac{1}{T(M-1)}\sum_{i=1}^{M-1}\sum_{j=1}^{Q}\sum_{n=t_{\text{be},j}}^{t_{\text{fin},j}} \frac{\left|WIP_{i,j}(n)-WIP_{i,j}^{\text{sim}}(n)\right|}{N_{i,j}} \times 100\% \\
\delta_{ST} &= \frac{1}{T(M-1)}\sum_{i=2}^{M}\sum_{j=1}^{Q}\sum_{n=t_{\text{be},j}}^{t_{\text{fin},j}} \left|ST_{i,j}(n)-ST_{i,j}^{\text{sim}}(n)\right| \\
\delta_{BL} &= \frac{1}{T(M-1)}\sum_{i=1}^{M-1}\sum_{j=1}^{Q}\sum_{n=t_{\text{be},j}}^{t_{\text{fin},j}} \left|BL_{i,j}(n)-BL_{i,j}^{\text{sim}}(n)\right| \\
\delta_{CT} &= \frac{1}{QM}\sum_{i=1}^{M}\sum_{j=1}^{Q} \frac{\left|CT_{i,j}-CT_{i,j}^{\text{sim}}\right|}{CT_{i,j}^{\text{sim}}} \times 100\%
\end{aligned} \tag{9-23}$$

式中，$t_{\text{be},j}$ 的定义如下：

$$t_{\text{be},j} = \begin{cases} 0, & j=1 \\ \sum_{k=1}^{j-1} B_k + \sum_{k=2}^{j} t_{\text{set},j}, & \text{其他} \end{cases} \tag{9-24}$$

$t_{\text{fin},j}$ 为如下不等式的最小值：

$$\min\left[\sum_{n=1}^{t_{\text{fin},j}} P_{CT_{M,Q}}(n), \sum_{n=1}^{t_{\text{fin},j}} P_{CT_{M,Q}}^{\text{sim}}(n)\right] \geqslant 0.999 \tag{9-25}$$

式中，$P_{CT_{i,j}}(n)$ 是 $CT_{i,j}$ 的概率密度函数，可以通过如下公式计算：

$$P_{CT_{i,j}}(n)=\hat{p}_i(n)x_{f,B_j-1}^{(i,j)}(n) \tag{9-26}$$

$T$ 可以根据如下公式计算：

$$T=\sum_{j=1}^{Q}(t_{\mathrm{fin},j}-t_{\mathrm{be},j}+1) \tag{9-27}$$

下一步，计算上述生成的 5000 条生产线的误差度量，结果总结为箱线图，如图 9-8 所示。可以看出，$\delta_{PR}$、$\delta_{CR}$、$\delta_{WIP}$ 通常小于 6%。$\delta_{ST}$ 和 $\delta_{BL}$ 通常小于 0.01。

此外，研究在不同机器数 $M$ 下的精度。具体地，所生成的生产线的机器数 $M$ 从如下集合中选取：

$$M\in\{2,3,5,10,20\} \tag{9-28}$$

对于上述每个机器数 $M$，生成 1000 条生产线，每条生产线的种类数 $Q$ 从如下集合中随机并且等可能地选取：

$$Q\in\{2,3,\cdots,20\} \tag{9-29}$$

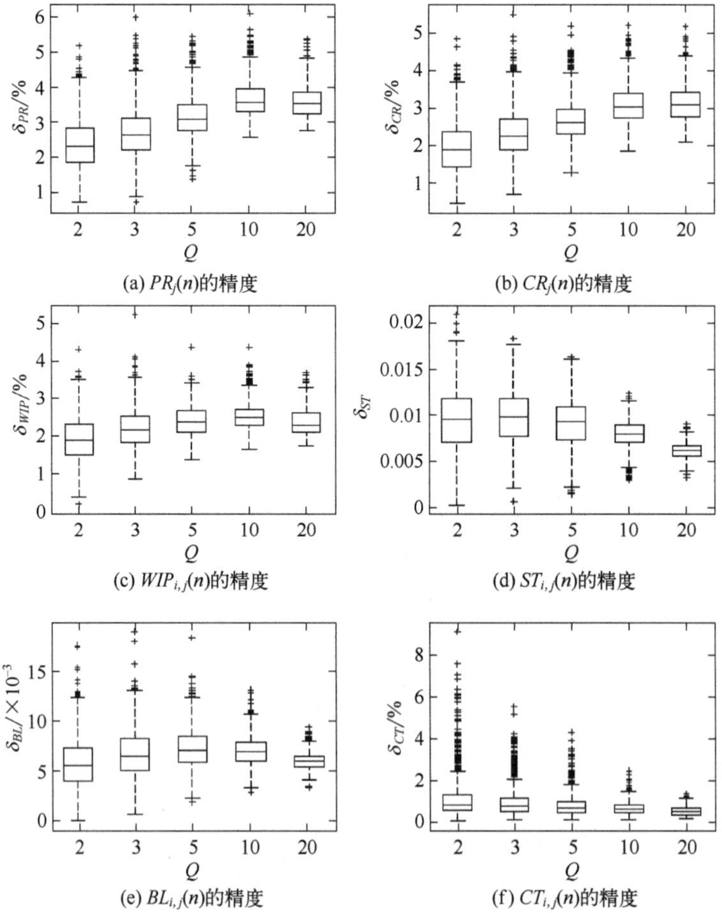


图 9-8　不同种类数量下的专用缓冲区柔性生产线暂态分析方法精度

其余参数根据式（9-22）选择。对于每条生产线，使用所提出的方法和 10000 次迭代的蒙特卡洛模拟分析其暂态性能。然后，根据式（9-23）计算误差，并将其总结为箱线图，如图 9-8 所示。$\delta_{PR}$、$\delta_{CR}$、$\delta_{WIP}$ 通常小于 4%。$\delta_{ST}$ 和 $\delta_{BL}$ 通常小于 0.015 和 0.01。此外，$\delta_{CT}$ 通常小于 2%。总计生成了 10000 条生产线，以调查算法的精度。因考虑到在实际生产中，10%以内的误差通常是可以接受的，所以本书所提出的算法可以认为是高精度的。

# 9.5 缓冲区分配

缓冲区分配问题是生产系统设计与优化研究的热点问题之一。近三十年来，生产系统缓冲区分配问题已有大量的研究成果。但是，大多数文献所提供的方法均是基于稳态的分析。因此，本章将所提出的暂态分析方法用于研究基于暂态的缓冲区分配问题。具体地，使用遗传算法研究在缓冲区总容量有限时，分配各个缓冲区的容量，以使 $CT_{M,Q}$ 最小化。

考虑一个由本章定义的生产系统，建立如下优化目标：

$$\begin{cases} \min CT_{M,Q} \\ \text{s.t.} \sum_{i=1}^{M-1}\sum_{j=1}^{Q} N_{i,j} \leqslant N_{\max} \\ N_{i,j} \in N^{*}, \quad i=1,2,\cdots,M-1; j=1,2,\cdots,Q \end{cases} \tag{9-30}$$

式中，$N_{\max}$ 代表实际资源所允许的最大总容量。

遗传算法的详细参数如下所示。

① 种群：本书对优化变量按如下方式进行十进制编码

$$\left[N_{1,1},\cdots,N_{1,Q},\cdots,N_{i,1},\cdots,N_{i,Q},N_{i+1,1},\cdots,N_{i+1,Q},\cdots,N_{M-1,1},\cdots,N_{M-1,Q}\right]$$

且种群大小 $S$ 定义如下：

$$S=\begin{cases} 50, & (M-1)Q \leqslant 5 \\ 200, & \text{其他} \end{cases} \tag{9-31}$$

此外，初始种群是从可行域中随机生成的。

② 适应度函数：设定为 $CT_{M,Q}$，可以由前面提出的方法进行计算。此外，使用等级量表将通过适应度函数计算出的原始适应度转换为一个新值，以进行选择操作。在此安排下，每个个体的适应度函数从 1 到 $S$ 编号（即适应度最佳的个体编号为 1，最差的个体编号为 $S$）。等级量表消除了原始适应度的分布对选择操作的不利影响。

③ 选择：根据缩放后的值，该算法选择下一代的父代。我们使用随机统一函数作为选择函数。

④ 精英保留：使用精英保留策略，该策略允许一定数量的个体直接保留到下一代中，以提高算法的效率。保留的精英个体数为 $0.05S$。

⑤ 变异：采用一种自适应算法执行变异操作。该算法自适应地生成多个方向，并根据约束条件选择步长。此外，变异率被设定为 $p_c = 0.8$。

⑥ 交叉：子代是根据两个父代的基因通过以下方式创建的

$$\text{Child}=\text{Parent}_1+c_1(\text{Parent}_1-\text{Parent}_2)$$

式中，Child 是由交叉操作创建的个体；$\text{Parent}_1$ 和 $\text{Parent}_2$ 是被选择进行交叉操作的个体；$c_1 \in (0,1)$，是一个随机数。

⑦ 迁移：一个子种群中的最差个体被另外一个子种群中最佳个体所取代，迁移的方向被假定为前向，即第 $n$ 代子种群迁移到第 $n+1$ 代子种群。迁移分数设定为 0.2，迁移间隔设定为 20。

⑧ 约束参数：本书使用增广拉格朗日方法获得约束参数。初始惩罚设置为 10，惩罚因子设置为 100。

⑨ 停止标准：如果适应度函数值的平均变化小于 $1\times10^{-6}$ 并且迭代次数大于 50，算法停止。

例如，考虑一个 9.3.2 节给出的实例，如图 9-6 所示。为了优化这一生产线的性能，需要重新分配其缓冲区。考虑到有限的资源，缓冲区总容量不能改变，即 $N_{\max} = 45$。此问题可以使用本章提出的方法求解。通过计算，得到重新分配后的缓冲区容量如下：

$$\begin{aligned}
&N_{1,1} = 2, \quad N_{1,2} = 3, \quad N_{1,3} = 5, \quad N_{2,1} = 4, \quad N_{2,2} = 9, \quad N_{2,3} = 3 \\
&N_{3,1} = 3, \quad N_{3,2} = 4, \quad N_{3,3} = 2, \quad N_{4,1} = 5, \quad N_{4,2} = 1, \quad N_{4,3} = 8
\end{aligned}$$

缓冲区被重新分配后，$CT_{M,Q} = 326.89$。与之前的缓冲区分配方式相比，即使在资源有限的前提下，重新分配缓冲区也能在一定程度上降低完成时间。

第 10 章

# 多品种小批量柔性生产线暂态分析

## 10.1 系统模型

多种类型工件共享同一缓冲区的串行生产线是柔性生产系统中最常见的结构之一。在汽车和许多其他柔性生产系统中，都可以在同一条生产线中使用共享的物料储运设备（如传送带、货架、叉车、移动机器人）来加工多种产品。例如，在汽车生产线中，不同颜色的车辆将按顺序依次进行所有操作（如装饰、安装底盘、安全检查）。但是上述方法均是假设系统只能处理单一品种的工件，且通常考虑原料是无限量供应的。对于处理多品种工件和考虑调试时间的柔性生产系统，据我们所知，在考虑不可靠机器和有限缓冲区的前提下，对柔性生产系统进行暂态分析的研究极其有限。因此，为了补充这一领域的研究，为相关生产过程提供指导，针对具有几何机器和有限公共缓冲区的串行柔性生产系统，本章将研究暂态性能分析、基于暂态的系统性质、面向能源高效生产的控制参数选择问题。

### 10.1.1 模型假设

本章研究双机公共缓冲区串行柔性生产线，如图 10-1 所示。图中，圆形表示机器，矩形表示缓冲区，梯形表示待加工的工件，箭头表示工件流动的方向。系统由如下假设定义：

① 生产线由 2 台机器[由 $m_i(i=1,2)$ 表示]，1 个缓冲区（由 $b_1$ 表示），$Q$ 种待

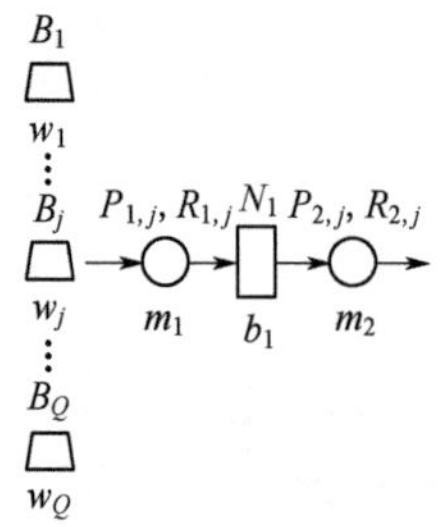


图 10-1　双机公共缓冲区串行柔性生产线

生产的工件[由 $w_j (j=1,2,\cdots,Q)$ 表示]组成。工件 $w_j$ 的数量为 $B_j$。所有机器按 $j$ 的增序处理工件，即先处理工件 $w_1$，最后处理工件 $w_Q$。

② 所有机器具有相同且固定的周期时间 $\tau$。以一个周期时间 $\tau$ 为一段，将时间轴分段。所有机器服从几何可靠性模型：设 $s_{i,j}(n) \in \{0=故障,1=工作\}\ (i=1,2; j=1,2,\cdots,Q)$ 表示机器 $m_i$ 在加工周期 $n$ 的状态。其转移概率为

$$\begin{aligned}
&P\left[s_{i,j}(n+1)=0 \mid s_{i,j}(n)=1\right]=P_{i,j}\\
&P\left[s_{i,j}(n+1)=1 \mid s_{i,j}(n)=1\right]=1-P_{i,j}\\
&P\left[s_{i,j}(n+1)=1 \mid s_{i,j}(n)=0\right]=R_{i,j}\\
&P\left[s_{i,j}(n+1)=0 \mid s_{i,j}(n)=0\right]=1-R_{i,j}
\end{aligned} \tag{10-1}$$

式中，$P_{i,j}$ 是机器 $m_i$ 生产工件 $w_j$ 的故障概率；$R_{i,j}$ 是机器 $m_i$ 生产工件 $w_j$ 的修复概率。

③ 在一个加工周期内，如果机器 $m_2$ 工作，加工工件 $w_j (j=1,2,\cdots,Q)$，缓冲区 $b_1$ 为空，那么此机器饥饿。在一个加工周期内，如果机器 $m_1$ 工作，加工工件 $w_j$，缓冲区 $b_1$ 为满，机器 $m_2$ 没能从其上游缓冲区中提取工件（由于机器故障），那么此机器阻塞。机器 $m_2$ 不会阻塞。

④ 系统有 2 个过程状态，即运行和调试。系统只有在运行过程状态下才可能加工工件。此外，当工件 $w_j (j=1,2,\cdots,Q-1)$ 由系统加工完成时，系统切换至调试过程状态，以进行设备调试。对于系统加工工件 $w_j$，调试状态的时间设定为 $t_{\mathrm{set},j}$ 个加工周期。在此调试状态结束后，系统再一次切换回运行过程状态。需注意，对于调试系统状态，$j$ 的最小取值为 2，这是由于系统最初的调试可以被忽略，对分析没有影响。

⑤ 系统有 4 个能源状态，即运行、闲置、故障、调试，其用于表征机器在一个加工周期的能源消耗。具体地，如果机器 $m_i (i=1,2)$ 处于运行过程状态且工作，既不阻塞也不饥饿，那么它处于运行能源状态；如果机器 $m_i$ 处于运行过程状态且工作，阻塞或者饥饿，那么它处于闲置能源状态；如果机器 $m_i$ 处于运行过程状态且故障，那么它处于故障能源状态；如果机器 $m_i$ 处于调试过程状态，那么它处于调试能源状态。在一个加工周期，机器 $m_i$ 加工工件 $w_j$ 时，在上述能源状态下，一个加工周期所消耗的能量分别为 $e_{1,i,j}$、$e_{2,i,j}$、$e_{3,i,j} (j=1,2,\cdots,Q)$，$e_{4,i,j} (j=2,3,\cdots,Q)$。

### 10.1.2　性能指标

基于上述模型，本章关注的性能指标包括：

① 生产率 $PR_j(n)$：在加工周期 $n$ 里，机器 $m_2$ 加工工件 $w_j(j=1,2,\cdots,Q)$ 数量的数学期望。

② 消耗率 $CR_j(n)$：在加工周期 $n$ 里，机器 $m_1$ 消耗工件 $w_j(j=1,2,\cdots,Q)$ 数量的数学期望。

③ 在制品库存水平 $WIP_j(n)$：在加工周期 $n$ 开始时，缓冲区 $b_1$ 中工件 $w_j(j=1,2,\cdots,Q)$ 数量的数学期望。

④ 机器饥饿率 $ST_j(n)$：在加工周期 $n$ 里，机器 $m_2$ 加工工件 $w_j(j=1,2,\cdots,Q)$ 时饥饿的概率。

⑤ 机器阻塞率 $BL_j(n)$：在加工周期 $n$ 里，机器 $m_1$ 加工工件 $w_j(j=1,2,\cdots,Q)$ 时阻塞的概率。

⑥ 功率 $POW_{i,j}(n)$：在加工周期 $n$ 里，机器 $m_i(i=1,2)$ 加工工件 $w_j(j=1,2,\cdots,Q)$ 能耗的数学期望。

除了上述暂态性能指标外，总能耗和完成时间也可以被计算。总能耗指的是机器 $m_i(i=1,2)$ 完成所有 $B_j(j=1,2,\cdots,Q)$ 个工件 $w_j$ 所消耗的能量，记为 $TEC_{i,j}$，可以表示为

$$TEC_{i,j}=\sum_{n=1}^{\infty}POW_{i,j}(n) \tag{10-2}$$

完成时间指的是机器 $m_i$ 完成所有 $B_j$ 个工件 $w_j$ 所消耗的加工周期数，记为 $ct_{i,j}$。它的概率密度函数可以通过如下公式计算：

$$P_{ct_{i,j}}(n)=P(ct_{i,j}=n) \tag{10-3}$$

机器 $m_i$ 生产工件 $w_j$ 的完成时间数学期望和标准差可以表示为

$$\begin{aligned}E\left(ct_{i,j}\right)&=\sum_{n=1}^{\infty}nP_{ct_{i,j}}(n)\\ \sigma\left(ct_{i,j}\right)&=\sqrt{\sum_{n=1}^{\infty}\left[n-E\left(ct_{i,j}\right)\right]^2P_{ct_{i,j}}(n)}\end{aligned} \tag{10-4}$$

## 10.2　建模与暂态分析

### 10.2.1　单机生产线

本节研究单机柔性生产线，如图 10-2（a）所示。由于几何机器可靠性模型

具有无记忆性，因此所研究的生产过程可以由马尔可夫链表征。设 $q(n)(q(n)\in\{1,2,\cdots,Q\})$ 表示在加工周期 $n$ 里，系统正在加工工件 $w_q$。设 $f_j(n)(f_j(n)\in\{0,1,\cdots,B_j\},j=1,2,\cdots,Q)$ 表示在加工周期 $n$ 开始时，系统生产工件 $w_j$ 的数量。设 $u_j(n)(u_j(n)\in\{0,1,\cdots,\beta(j)\})$ 表示在加工周期 $n$ 开始时，系统已进行用于生产工件 $w_j$ 调试状态的加工周期数。其中，$\beta(j)$ 由式（10-5）所定义。

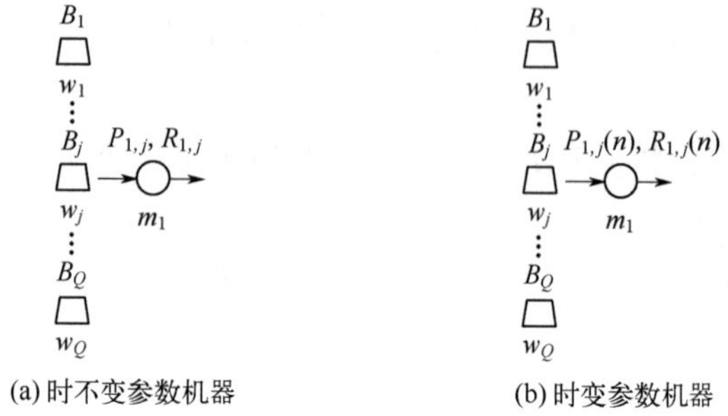


图 10-2　单机柔性生产线

$$\beta(j)=\begin{cases}0, & j=1\\ t_{\text{set},j}, & \text{其他}\end{cases} \tag{10-5}$$

那么，马尔可夫链的状态可以由一个四维数组 $[q(n),s_{1,q}(n),f_q(n),u_q(n)]$ 来表征。

状态 $(j,0,0,k)$ 和状态 $(j,1,0,k)(j=2,3,\cdots,Q$；$k=0,1,\cdots,t_{\text{set},j}-1)$ 都表示系统处于加工工件 $w_j$ 的调试过程状态。不失一般性，把这两个状态合并为状态 $(j,0,0,k)$。此外，一旦全部 $B_Q$ 个工件 $w_Q$ 生产完，生产过程就停止了，因此在生产的最后一个加工周期开始时，状态一定为 $[Q,1,B_Q-1,\beta(Q)]$。显然，此马尔可夫链的吸收态为 $[Q,0,B_Q,\beta(Q)]$。状态合并后，这一马尔可夫链的状态总数 $W_s$ 可以表示为

$$W_s=\sum_{j=1}^{Q}W_{s,j} \tag{10-6}$$

其中

$$W_{s,j}=\begin{cases}2B_j, & j=1\\ 2B_j+t_{\text{set},j}, & 1<j<Q\\ 2B_j+t_{\text{set},j}+1, & j=Q\end{cases} \tag{10-7}$$

根据本章定义的系统模型，各个状态间的非零转移概率可以根据如下公式计算：

$$\begin{aligned}&P\Big[q(n+1)=j,s_{1,q}(n+1)=0,f_q(n+1)=l,u_q(n+1)=\beta(j)|q(n)=j,s_{1,q}(n)=0,\\&\quad f_q(n)=l,u_q(n)=\beta(j)\Big]=1-R_{1,j},\ j=1,2,\cdots,Q；\ l=0,1,\cdots,B_j-1\end{aligned}$$

$$
\begin{aligned}
&P\Big[q(n+1)=j,s_{1,q}(n+1)=1,f_q(n+1)=l,u_q(n+1)=\beta(j)\,|\,q(n)=j,s_{1,q}(n)=0,\\
&\quad f_q(n)=l,u_q(n)=\beta(j)\Big]=R_{1,j},\quad j=1,2,\cdots,Q\text{；}\ l=0,1,\cdots,B_j-1\\
&P\Big[q(n+1)=j,s_{1,q}(n+1)=0,f_q(n+1)=l+1,u_q(n+1)=\beta(j)\,|\,q(n)=j,s_{1,q}(n)=1,\\
&\quad f_q(n)=l,u_q(n)=\beta(j)\Big]=P_{1,j},\quad j=1,2,\cdots,Q\text{；}\ l=0,1,\cdots,B_j-2\\
&P\Big[q(n+1)=j,s_{1,q}(n+1)=1,f_q(n+1)=l+1,u_q(n+1)=\beta(j)\,|\,q(n)=j,s_{1,q}(n)=1,\\
&\quad f_q(n)=l,u_q(n)=\beta(j)\Big]=1-P_{1,j},\quad j=1,2,\cdots,Q,l=0,1,\cdots,B_j-2\\
&P\Big[q(n+1)=j+1,s_{1,q}(n+1)=0,f_q(n+1)=0,u_q(n+1)=0\,|\,q(n)=j,\,s_{1,q}(n)=1,\\
&\quad f_q(n)=B_j-1,u_q(n)=\beta(j)\Big]=1,\quad j=1,2,\cdots,Q-1\\
&P\Big[q(n+1)=j,s_{1,q}(n+1)=0,f_q(n+1)=0,u_q(n+1)=k+1\,|\,q(n)=j,s_{1,q}(n)=0,\\
&\quad f_q(n)=0,u_q(n)=k\Big]=1,\quad j=2,3,\cdots,Q\text{；}\ k=0,1,\cdots,t_{\text{set},j}-2\\
&P\Big[q(n+1)=Q,s_{1,q}(n+1)=1,f_q(n+1)=B_Q,u_q(n+1)=\beta(Q)\,|\,q(n)=Q,s_{1,q}(n)=1,\\
&\quad f_q(n)=B_Q-1,u_q(n)=\beta(Q)\Big]=1\\
&P\Big[q(n+1)=Q,s_{1,q}(n+1)=1,f_q(n+1)=B_Q,u_q(n+1)=\beta(Q)\,|\,q(n)=Q,s_{1,q}(n)=1,\\
&\quad f_q(n)=B_Q,u_q(n)=\beta(Q)\Big]=1
\end{aligned}
\tag{10-8}
$$

此外，如果机器被设定为在调试过程状态结束时处于工作状态，式（10-9）中的转移概率也需要考虑。

$$
\begin{aligned}
&P\Big[q(n+1)=j,s_{1,q}(n+1)=1,f_q(n+1)=0,u_q(n+1)=t_{\text{set},j}|\ q(n)=j\\
&\quad s_{1,q}(n)=0,f_q(n)=0,u_q(n)=t_{\text{set},j}-1\Big]=1,\ \ j=2,3,\cdots,Q
\end{aligned}
\tag{10-9}
$$

如果机器被设定为在调试过程状态结束时处于故障状态，式（10-10）中的转移概率也需要考虑。

$$
\begin{aligned}
&P\Big[q(n+1)=j,s_{1,q}(n+1)=0,f_q(n+1)=0,u_q(n+1)=t_{\text{set},j}|\ q(n)=j\\
&\quad s_{1,q}(n)=0,f_q(n)=0,u_q(n)=t_{\text{set},j}-1\Big]=1,\ \ j=2,3,\cdots,Q
\end{aligned}
\tag{10-10}
$$

然后，可以根据下式将这一马尔可夫链的状态从 1 到 $W_s$ 编号：

$$
\alpha_s(q,s_{1,q},f_q,u_q)=\begin{cases}
B_1s_{1,1}+f_1+1, & q=1\\
\sum\limits_{j=1}^{q-1}W_{s,j}+B_qs_{1,j}+f_j+u_j+1, & q>1\text{且}\ f_q<B_q\\
2B_Q+t_{\text{set},Q}+1, & q=Q\text{且}\ f_q=B_Q
\end{cases}
\tag{10-11}
$$

在这样的安排下，如果机器初始处于故障（或工作）状态，系统的初始状态编号为 1（或 $B_1+1$）。根据式（10-8）～式（10-11）给出的状态转移概率，可以得到马尔可夫链的转移概率矩阵（由 $\boldsymbol{A}_s$ 表示）。令 $\boldsymbol{X}_s=[x_{s,1}\cdots x_{s,g}\cdots x_{s,W_s}]^{\mathrm{T}}$，其中，$x_{s,g}(n)$ 表示在加工周期 $n$ 系统处于状态 $g$ 的概率。$\boldsymbol{X}_s(n)$ 的演化可以表示为

$$\boldsymbol{X}_s(n+1)=\boldsymbol{A}_s\boldsymbol{X}_s(n) \tag{10-12}$$

根据状态的演化，可以计算系统暂态性能。对于单机生产线，由于系统中没有缓冲区，所以 $WIP_j(n)$、$ST_j(n)$、$BL_j(n)$ 不存在。其他性能指标可以通过如下公式计算：

$$\begin{aligned}PR_j(n)=CR_j(n)&=P[\text{在加工周期}n\text{，系统处于运行过程}\\&\quad\text{状态且在加工工件}w_j\text{，机器}m_1\text{工作}]\\&=P\left\{\cup\left\{x_{s,\alpha_s[j,1,c_1,\beta(j)]}(n)\right\}\right\},\ c_1<B_j\end{aligned} \tag{10-13}$$

$$\begin{aligned}POW_{1,j}(n)=&\,e_{1,1,j}P[\text{在加工周期}n\text{，系统处于运行过程状态且在加工工件}w_j\text{，}\\&\text{机器}m_1\text{工作}]+e_{3,1,j}P[\text{在加工周期}n\text{，系统处于运行过程状态且}\\&\text{在加工工件}w_j\text{，机器}m_1\text{故障}]+e_{4,1,j}P[\text{在加工周期}n\text{，系统处于}\\&\text{调试过程状态且在加工工件}w_j]\\=&\,e_{1,1,j}P\left\{\cup\left\{x_{\alpha_s[j,1,c_1,\beta(j)]}(n)\right\}\right\}+e_{3,1,j}P\left\{\cup\left\{x_{\alpha_s[j,0,c_2,\beta(j)]}(n)\right\}\right\}\\&+e_{4,1,j}P\left\{\cup\left[x_{\alpha_s(c_3,0,0,c_4)}(n)\right]\right\},\ \ c_1<B_j,c_2<B_j,c_3=j>1,c_4<\beta(j)\end{aligned} \tag{10-14}$$

另外，$P_{ct_{1,j}}(n)$ 可以表示为

$$P_{ct_{1,j}}(n)=x_{s,W'_{s,j}}(n) \tag{10-15}$$

其中

$$W'_{s,j}=\begin{cases}\sum\limits_{r=1}^{j}W_{s,r}, & j<Q\\ W_s-1, & \text{其他}\end{cases} \tag{10-16}$$

$TEC_{i,j}$、$E\left(ct_{i,j}\right)$ 和 $\sigma\left(ct_{i,j}\right)$ 均可以由之前给出的相关公式计算得到。

例如，考虑一个单机公共缓冲区柔性生产线处理三种类型的工件，其中 $B_1=40$，$B_2=70$，$B_3=150$。机器处理这三种工件的故障概率设定为 $P_{1,1}=0.04$，$P_{1,2}=0.03$，$P_{1,3}=0.06$。修复概率设定为 $R_{1,1}=0.16$，$R_{1,2}=0.18$，$R_{1,3}=0.11$。生产不同种类工件之间的调试时间假定为 $t_{\mathrm{set},2}=3$ 和 $t_{\mathrm{set},3}=5$。在实际生产环境中，运行能源状态的能耗与故障能源状态相比会大很多。因此，在此例中，三个能源状态的能耗如下所示：

$$e_{1,1,1}=7,\quad e_{1,1,2}=9,\quad e_{1,1,3}=8,\quad e_{3,1,1}=0.5,\quad e_{3,1,2}=0.6,\quad e_{3,1,3}=0.7,\quad e_{4,1,2}=5,\quad e_{4,1,3}=3$$

本例中，假设机器初始为故障状态。使用本节所提出的算法来计算这一生产线的暂态性能。$PR_j(n)$ 和 $POW_{1,j}(n)$ 的计算结果如图 10-3 所示。$TEC_{1,j}$ 和 $E\left(ct_{1,j}\right)$ 的计算结果如表 10-1 所示。从图中可以看出，大部分生产过程处于暂态，这是由于柔性生产小批量的特点导致的。由于机器初始故障，缓冲区初始为空，因此对于每一种类工件的生产，生产率和功率都是从 0 开始的。且随着每一种类工件生产的结束，生产率和功率再次降回至 0。

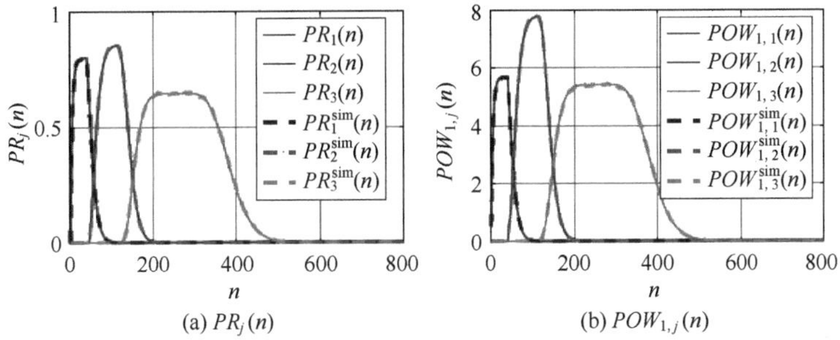


图 10-3 单机柔性生产线实例的暂态分析结果

**表 10-1 单机柔性生产线实例的功率和完成时间分析结果**

| 参数 | $j=1$ | $j=2$ | $j=3$ |
| --- | --- | --- | --- |
| $TEC_{1,j}$ | 288.00 | 655.23 | 1278.25 |
| $E\left(ct_{1,j}\right)$ | 56.00 | 146.06 | 391.37 |
| $\sigma\left(ct_{1,j}\right)$ | 11.94 | 16.80 | 41.29 |

此外，如图 10-2（b）所示，如果机器具有时变的故障概率 $P_{i,j}(n)$ 和时变的修复概率 $R_{i,j}(n)$ 时，上述方法依然适用。在此情况下，马尔可夫链的转移概率也将改为时变的，即 $R_{1,j}$ 和 $P_{1,j}$ 被 $R_{1,j}(n)$ 和 $P_{1,j}(n)$ 所取代。与此同时，转移概率矩阵也变为时变的，由 $\boldsymbol{A}_s(n)$ 表示。

## 10.2.2 双机生产线

如图 10-1 所示，考虑一个由本章定义的双机公共缓冲区串行柔性生产线。除了在分析单机生产线时所定义的状态变量外，还需定义 $h(n)$，它表示在加工周期 $n$ 开始时缓冲区 $b_1$ 中的工件数量。这一系统的全部状态可以由数组 $[q(n),h(n),f_q(n),s_{1,q}(n),s_{2,q}(n),u_q(n)]$ 来表征。显然，状态 $[Q,0,B_Q,0,0,\beta(Q)]$ 是马尔可夫链的吸收态。在这种表示下，状态 $(j,0,0,0,0,k),(j,0,0,0,1,k),(j,0,0,1,0,k)$ 和 $(j,0,0,1,1,k)(j=2,3,\cdots,Q;k=0,1,\cdots,t_{\text{set},j}-1)$ 都表示系统已经耗费 $k$ 个加工周期来进行用于生产工件 $w_j$ 的调试过程状态。不失一般性，这四个状态可以合并为状态

$(j,0,0,0,0,k)$。在状态合并之后，这一系统的状态总数为

$$W_d=\sum_{j=1}^{Q}W_{d,j} \tag{10-17}$$

式中，$W_{d,j}$ 表示这一系统生产工件 $w_j$ 状态的数量，可以根据如下公式计算：

$$W_{d,j}=\begin{cases}\sum_{r=0}^{B_j-N_1}4(N_1+1)+\sum_{r=B_j-N_1+1}^{B_j-1}4(B_j-r+1), & B_j>N_1\text{且 } j=1\\ \sum_{r=0}^{B_j-N_1}4(N_1+1)+\sum_{r=B_j-N_1+1}^{B_j-1}4(B_j-r+1)+t_{\text{set},j}, & B_j>N_1\text{且}1<j<Q\\ \sum_{r=0}^{B_j-N_1}4(N_1+1)+\sum_{r=B_j-N_1+1}^{B_j-1}4(B_j-r+1)+t_{\text{set},j}+1, & B_j>N_1\text{且 } j=Q\\ \sum_{r=0}^{B_j-1}4(B_j-r+1), & B_j\leqslant N_1\text{且 } j=1\\ \sum_{r=0}^{B_j-1}4(B_j-r+1)+t_{\text{set},j}, & B_j\leqslant N_1\text{且}1<j<Q\\ \sum_{r=0}^{B_j-1}4(B_j-r+1)+t_{\text{set},j}+1, & B_j\leqslant N_1\text{且 } j=Q\end{cases} \tag{10-18}$$

为了获得马尔可夫链的转移概率矩阵，为每一个状态分配一个唯一的序号 $\alpha_d\in\{1,2,\cdots,W_d\}$。$\alpha_d$ 可以根据下式计算：

$$\alpha_d(q,h,f_q,s_{1,q},s_{2,q},u_q)=\begin{cases}W_d'(q)+\sum_{r=0}^{f_q-1}4(N_1+1)+(N_1+1)\left(s_{1,q}2^{s_{1,q}}+s_{2,q}\right)+h+u_q+1,\\ \quad f_q\leqslant B_q-N_1\text{ 且 }B_q>N_1\\ W_d'(q)+\sum_{r=0}^{B_q-N_1}4(N_1+1)+\sum_{r=B_q-N_1+1}^{f_q-1}4\left(B_q-r+1\right)+\left(B_q-f_q+1\right)\\ \quad\left(s_{1,q}2^{s_{1,q}}+s_{2,q}\right)+h+u_q+1,\ B_q-N_1<f_q<B_q\text{且}B_q>N_1\\ W_d'(q)+\sum_{r=0}^{B_q-N_1}4(N_1+1)+\sum_{r=B_q-N_1+1}^{B_{q1}-1}4\left(B_q-r+1\right)+u_q+1,\\ \quad q=Q,f_q=B_q\text{且}B_q>N_1\\ W_d'(q)+\sum_{r=0}^{f_q-1}4\left(B_q-r+1\right)+\left(B_q-f_q+1\right)\left(s_{1,q}2^{s_{1,q}}+s_{2,q}\right)+\\ \quad h+u_q+1,\ f_q<B_q\text{且}B_q\leqslant N_1\\ W_d'(q)+\sum_{r=0}^{B_q-1}4\left(B_q-r+1\right)+u_q+1,\\ \quad q=Q,f_q=B_q\text{且}B_q\leqslant N_1\end{cases} \tag{10-19}$$

其中，

$$W_d'(j)=\begin{cases}0, & j=0\\ \sum_{r=1}^{j-1}W_{d,r}, & \text{其他}\end{cases} \tag{10-20}$$

对马尔可夫链的每一个状态，根据之前给出的假设，我们可以识别一个加工周期后该状态可能转移到的状态及其转移的概率。据此，可以获得马尔可夫链的转移概率。进而，可以得到马尔可夫链的转移概率矩阵，设为 $\boldsymbol{A}_d$。设 $x_{d,g}(n)$ 表示在加工周期 $n$，系统处于状态 $g$ 的概率。令 $\boldsymbol{X}_d(n)=\left[x_{d,1}(n)\cdots x_{d,g}(n)\cdots x_{d,W_d}(n)\right]^{\mathrm{T}}$。那么，$\boldsymbol{X}_d(n)$ 的演化可以表示为

$$\boldsymbol{X}_d(n+1)=\boldsymbol{A}_d\boldsymbol{X}_d(n) \tag{10-21}$$

它的初始条件为

$$x_{d,g}(0)=1, x_{d,l}(0)=0, \quad \forall l\neq g \tag{10-22}$$

其中

$$g=\begin{cases}1, & s_{1,1}(0)=0\text{且}s_{2,1}(0)=0\\ \min(N_1,B_1)+2, & s_{1,1}(0)=0\text{且}s_{2,1}(0)=1\\ 2\min(N_1,B_1)+3, & s_{1,1}(0)=1\text{且}s_{2,1}(0)=0\\ 3\min(N_1,B_1)+4, & s_{1,1}(0)=1\text{且}s_{2,1}(0)=1\end{cases} \tag{10-23}$$

对于双机生产线，可以得到如下的暂态性能分析公式：

$$\begin{aligned}PR_j(n)&=P[\text{在加工周期}n\text{里，系统处于运行过程状态且在处理工件}w_j\text{，}\\&\quad\text{机器}m_2\text{工作，缓冲区}b_1\text{非空}]\\&=P\left\{\cup\left\{x_{\alpha_d[j,c_1,c_2,c_3,1,\beta(j)]}(n)\right\}\right\},\ c_1>0,c_2<B_j,c_3\in\{0,1\}\end{aligned} \tag{10-24}$$

$$\begin{aligned}CR_j(n)&=P[\text{在加工周期}n\text{里，系统处于运行过程状态且在处理工件}w_j\text{，}\\&\quad\text{机器}m_1\text{工作且未阻塞}]\\&=P\left\{\cup\left\{x_{\alpha_\alpha[jc_1,c_2,1,0,\beta(j)]}(n)\right\}\right\}+P\left\{\cup\left\{x_{\alpha_d[j,c_3,c_4,1,1,\beta(j)]}(n)\right\}\right\},\\&\quad c_1<N_1,c_1+c_2<B_j,c_3+c_4<B_j\end{aligned} \tag{10-25}$$

$$\begin{aligned}WIP_j(n)&=\sum_{l=0}^{N_1}lP[\text{在加工周期}n\text{里，系统处于运行过程状态，}\\&\quad\text{缓冲区}b_1\text{中有}l\text{个工件}w_j]\\&=\sum_{l=0}^{N_1}lP\left\{\cup\left\{x_{\alpha_d[j,c_1,c_2,c_3,c_4,\beta(j)]}(n)\right\}\right\},\ c_1=l,c_2<B_j,c_3,c_4\in\{0,1\}\end{aligned} \tag{10-26}$$

$$
\begin{aligned}
ST_j(n) = & P[\text{在加工周期}n\text{里，系统处于运行过程状态且在处理工件}w_j\text{，}\\
& \text{机器}m_2\text{工作，缓冲区}b_1\text{为空}] \\
= & P\left\{\cup\left\{x_{\alpha_d[j,0,c_1,c_2,1,\beta(j)]}(n)\right\}\right\},\quad c_1 < B_j, c_2 \in \{0,1\}
\end{aligned}
\tag{10-27}
$$

$$
\begin{aligned}
BL_j(n) = & P[\text{在加工周期}n\text{里，系统处于运行过程状态且在处理工件}w_j\text{，}\\
& \text{机器}m_1\text{工作，机器}m_2\text{故障，缓冲区}b_1\text{为满}] \\
= & P\left\{\cup\left\{x_{\alpha_\alpha[j,N_1,c_1,1,0,\beta(j)]}(n)\right\}\right\},\quad c_1 < B_j - N_1
\end{aligned}
\tag{10-28}
$$

$$
\begin{aligned}
POW_{1,j}(n) = & e_{1,1,j}P[\text{在加工周期}n\text{里，系统处于运行过程状态且在处理工件}w_j\text{，}\\
& \text{机器}m_1\text{工作且未阻塞}] + e_{2,1,j}P[\text{在加工周期}n\text{里，系统处于运行过程}\\
& \text{状态且在处理工件}w_j\text{，机器}m_1\text{工作且未阻塞}] + e_{3,1,j}P[\text{在加工周期}\\
& n\text{里，系统处于运行过程状态且在处理工件}w_j\text{，机器}m_1\text{故障}] + e_{4,1,j}\\
& P[\text{在加工周期}n\text{里，系统处于调试过程状态且在处理工件}w_j] \\
= & e_{1,1,j}\left\{P\left\{\cup\left\{x_{\alpha_d[j,c_1,c_2,1,0,\beta(j)]}(n)\right\}\right\} + P\left\{\cup\left\{x_{\alpha_d[j,c_3,c_4,1,1,\beta(j)]}(n)\right\}\right\}\right\} \\
& + e_{2,1,j}P\left\{\cup\left\{x_{\alpha_d[j,N_1,c_5,1,0,\beta(j)]}(n)\right\}\right\} + e_{3,1,j}P\left\{\cup\left\{x_{\alpha_d[j,c_6,c_7,0,c_8,\beta(j)]}(n)\right\}\right\} \\
& + e_{4,1,j}P\left\{\cup\left[x_{\alpha_d(c_9,0,0,0,0,c_{10})}(n)\right]\right\},\quad c_1 < N_1, c_1 + c_2 < B_j, c_3 + c_4 < B_j\text{，} \\
& c_5 < B_j - N_1, c_6 \leqslant N_1, c_6 + c_7 < B_j, c_8 \in \{0,1\}, c_9 = j > 1,\ c_{10} < \beta(j)
\end{aligned}
\tag{10-29}
$$

$$
\begin{aligned}
POW_{2,j}(n) = & e_{1,2,j}P[\text{在加工周期}n\text{里，系统处于运行过程状态且在处理工件}w_j\text{，}\\
& \text{机器}m_2\text{工作且未饥饿}] + e_{2,2,j}P[\text{在加工周期}n\text{里，系统处于运行}\\
& \text{过程状态且在处理工件}w_j\text{，机器}m_2\text{工作且饥饿}] + e_{3,2,j}P[\text{在加工}\\
& \text{周期}n\text{里，系统处于运行过程状态且在处理工件}w_j\text{，机器}m_1\text{故障}]\\
& + e_{4,2,j}P[\text{在加工周期}n\text{里,系统处于调试状态且在处理工件}w_j] \\
= & e_{1,2,j}P\left\{\cup\left\{x_{\alpha_d[j,c_1,c_2,c_3,1,\beta(j)]}(n)\right\}\right\} + e_{2,2,j}P\left\{\cup\left\{x_{\alpha_d[j,0,c_4,c_5,1,\beta(j)]}(n)\right\}\right\} \\
& + e_{3,2,j}P\left\{\cup\left\{x_{\alpha_d[j,c_6,c_7,\varepsilon_8,0,\beta(j)]}(n)\right\}\right\} + e_{4,2,j}P\left\{\cup\left[x_{\alpha_d(c_9,0,0,0,0,c_{10})}(n)\right]\right\}, \\
& c_1 > 0, c_2 < B_j, c_3 \in \{0,1\}, c_4 < B_j, c_5 \in \{0,1\}, c_6 \leqslant N_1, c_7 < B_j, c_8 \in \{0,1\}, \\
& c_9 = j > 1, c_{10} < \beta(j)
\end{aligned}
\tag{10-30}
$$

$$P_{ct_{1,j}}(n)=P[\text{在加工周期}n\text{里，系统已加工}B_j-1\text{个工件}w_j\text{，机器}m_1\text{工作且未阻塞}]$$
$$=P\left\{\cup\left\{x_{\alpha_d[j,c_1,c_2,1,1,\beta(j)]}(n)\right\}\right\}+P\left\{\cup\left\{x_{\alpha_d[j,c_3,c_4,1,0,\beta(j)]}(n)\right\}\right\},$$
$$c_1+c_2=B_j-1, c_1\leqslant N_1, c_3+c_4=B_j-1, c_3<N_1$$

（10-31）

$$P_{ct_{2,j}}(n)=P[\text{在加工周期}n\text{里，系统已加工}B_j-1\text{个工件}w_j\text{，机器}m_2\text{工作且未饥饿}]$$
$$=P\left\{\cup\left\{x_{\alpha_d[j,1,B_j-1,c_1,1,\beta(j)]}(n)\right\}\right\},\quad c_1\in\{0,1\}$$

（10-32）

$TEC_{i,j}(i=1,2;j=1,2,\cdots,Q)$、$E\left(ct_{i,j}\right)$、$\sigma\left(ct_{i,j}\right)$均可根据本章给出的相关公式进行计算。

根据上述定义且参数为随机生成的双机公共缓冲区柔性生产线如图10-4所示。梯形上的数字表示每一品种工件的数量，圆形上的数字表示机器生产每一品种工件的故障概率和修复概率，矩形上的数字表示缓冲区容量。此外，$t_{\text{set},2}=2, t_{\text{set},3}=3$，不同能源状态下的能源消耗如表10-2所示。假设这两台机器每一批次生产的初始状态均为故障。然后，使用本章所提方法和蒙特卡洛模拟法对系统暂态性能进行评估。计算的结果如图10-5、表10-3～表10-5所示。由于每一品种工件的生产，这两台机器初始故障且缓冲区初始为空，所以$PR_j(n)$、$CR_j(n)$、$WIP_j(n)$和$ST_j(n)(j=1,2,3)$都从0开始上升。此外，还可以看出，$PR_j(n)$和$CR_j(n)$大部分都处于暂态过程，这是由于柔性生产小批量的特点，这也使得稳态分析变得精度低。值得注意的是，仿真方法通常包含随机误差，而计算方法则不包含。

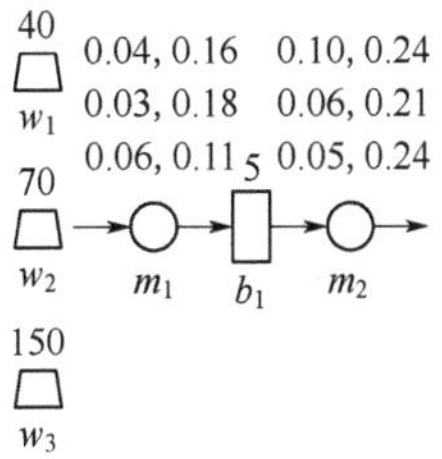


图10-4　双机公共缓冲区柔性生产线实例

**表10-2　双机公共缓冲区柔性生产线实例的能耗**

| $i$ | $e_{1,i,j}$ | | | $e_{2,i,j}$ | | |
|---|---|---|---|---|---|---|
| | $j$=1 | $j$=2 | $j$=3 | $j$=1 | $j$=2 | $j$=3 |
| 1 | 7 | 9 | 8 | 5 | 4 | 7 |
| 2 | 10 | 9 | 7 | 9 | 5 | 6 |

| $i$ | $e_{3,i,j}$ | | | $e_{4,i,j}$ | | |
|---|---|---|---|---|---|---|
| | $j$=1 | $j$=2 | $j$=3 | $j$=1 | $j$=2 | $j$=3 |
| 1 | 5 | 3 | 4 | — | 5 | 3 |
| 2 | 7 | 5 | 4 | — | 4 | 7 |

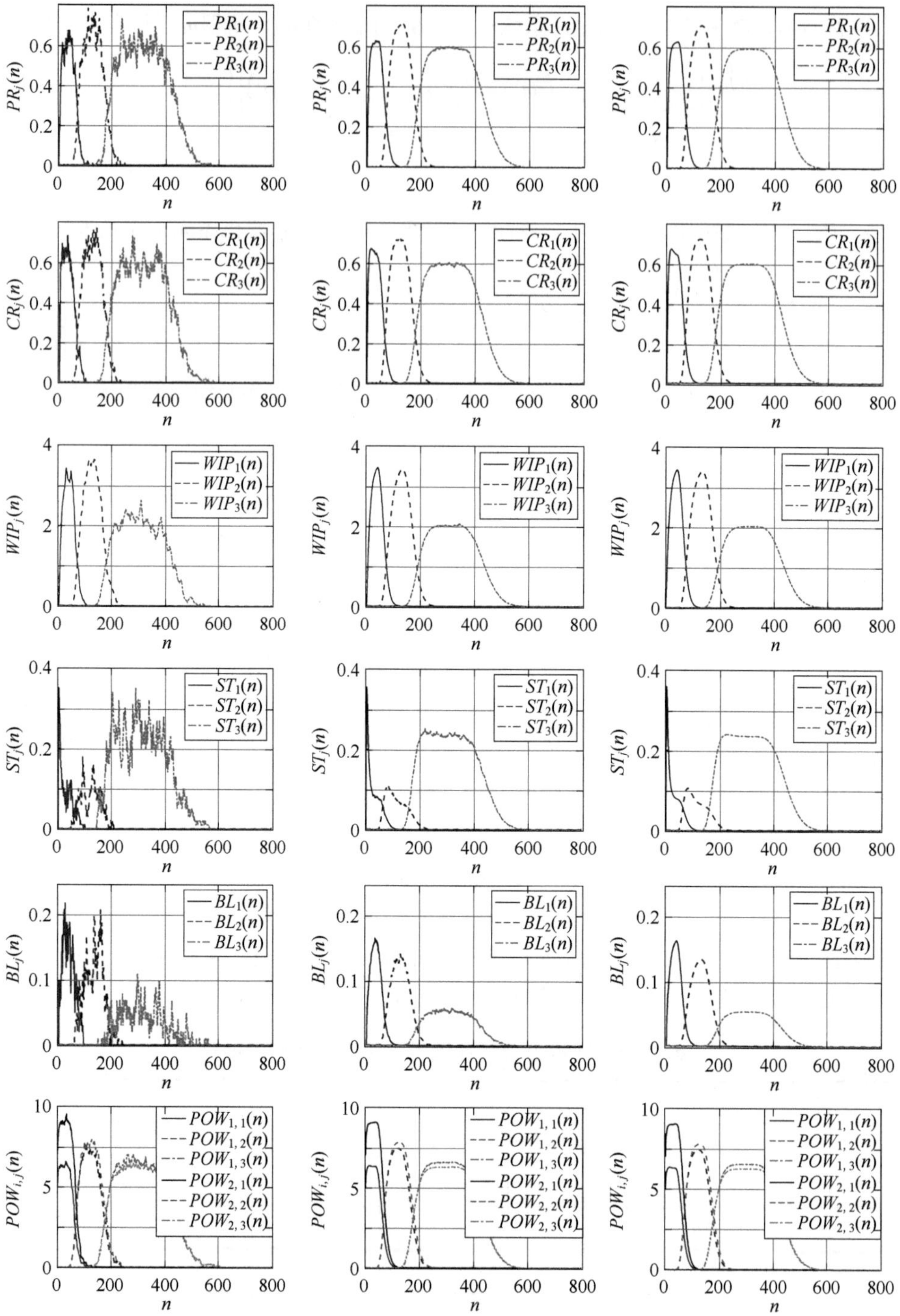


(a) 仿真(100次迭代)　　(b) 仿真(10000次迭代)　　(c) 计算

图 10-5　双机公共缓冲区柔性生产线实例的暂态分析结果

表 10-3　双机公共缓冲区柔性生产线实例的完成时间期望分析结果

| $i$ | 仿真 | | | 计算 | | |
|---|---|---|---|---|---|---|
| | $j$=1 | $j$=2 | $j$=3 | $j$=1 | $j$=2 | $j$=3 |
| 1 | 65.88 | 174.80 | 442.67 | 65.81 | 174.82 | 443.33 |
| 2 | 71.40 | 179.69 | 446.06 | 71.34 | 179.71 | 446.73 |

表 10-4　双机公共缓冲区柔性生产线实例的完成时间方差分析结果

| $i$ | 仿真 | | | 计算 | | |
|---|---|---|---|---|---|---|
| | $j$=1 | $j$=2 | $j$=3 | $j$=1 | $j$=2 | $j$=3 |
| 1 | 14.79 | 22.16 | 45.26 | 14.81 | 22.15 | 45.32 |
| 2 | 15.11 | 22.37 | 45.20 | 15.11 | 22.36 | 45.27 |

表 10-5　双机公共缓冲区柔性生产线实例的功率分析结果

| $i$ | 仿真 | | | 计算 | | |
|---|---|---|---|---|---|---|
| | $j$=1 | $j$=2 | $j$=3 | $j$=1 | $j$=2 | $j$=3 |
| 1 | 414.1 | 747.5 | 1692.4 | 414.1 | 746.8 | 1690.8 |
| 2 | 643.1 | 820.6 | 1659.9 | 643.2 | 819.8 | 1657.5 |

# 10.3　暂态系统性质

本节利用上述结果研究公共缓冲区双机柔性生产线的系统性质。尽管生产系统的性质已被广泛研究，但大部分结果均是基于稳态的结果，基于暂态的行为性质还没有得到深入的研究。需要说明的是，由于严格的分析证明几乎是不可能的，因此本节中的系统行为特性是通过数学观察来证实的。使用术语“几乎总是”来描述这些性质。

## 10.3.1　单调性

随机生成 1000000 条双机公共缓冲区柔性生产线，参数从如下集合中随机等概率地选取：

$$Q \in \{2,3,\cdots,5\},\quad N_1 \in \{1,2,\cdots,20\},\quad B_j \in \{20,21,\cdots,120\},$$
$$P_{i,j} \in (0.05,0.5),\quad R_{i,j} \in (0.05,0.5),\quad t_{\text{set},j} \in \{1,2,\cdots,10\}$$

使用本章所提出的暂态分析方法，计算所生成生产系统完成时间的数学期望。同时，单调地改变系统的参数，再次计算完成时间的数学期望。通过分析与对比，得到如下数值观察：

**数值观察 1：** 考虑一个由本章定义的双机生产系统，$E(ct_{i,j})$ ($i=1,2$；$j=1,2,\cdots,Q$) 几乎总是

- 随着 $P_{i,j}$ 的增长，单调递增；
- 随着 $R_{i,j}$ 和 $N_1$ 的增长，单调递减。

单调性意味着增加机器的工作时间，扩大缓冲区容量，以及减少机器的故障时间通常会导致每台机器对每一品种工件生产的完成时间减少。因此，在实践中，相关从业人员可以设法降低 $P_{i,j}$，提高 $R_{i,j}$ 和增加 $N_{1,j}$，以减少完成时间。值得注意的是，单调性不包括机器 $m_i$ 处理工件 $w_j$ 的效率（即 $\gamma_{i,j}$）与 $E\left(ct_{i,j}\right)$ 之间的单调关系。这是由于 $\gamma_{i,j}$ 是由 $P_{i,j}$ 和 $R_{i,j}$ 共同决定。这就意味着，改变 $\gamma_{i,j}$ 可能也同时改变了 $P_{i,j}$ 和 $R_{i,j}$。因此，尽管固定了 $\gamma_{i,j}$，系统的暂态性能也可能完全不同。将在后面讨论这一问题。

## 10.3.2 可逆性

考虑一个双机串行柔性生产线和它的倒置生产线，如图 10-1 和图 10-6 所示。按照本章介绍的方法生产 1000000 条生产线，并生成其倒置生产线。对这些原始生产线和倒置生产线，计算了它们完成时间的数学期望。然后，通过分析与对比，得出如下观察。

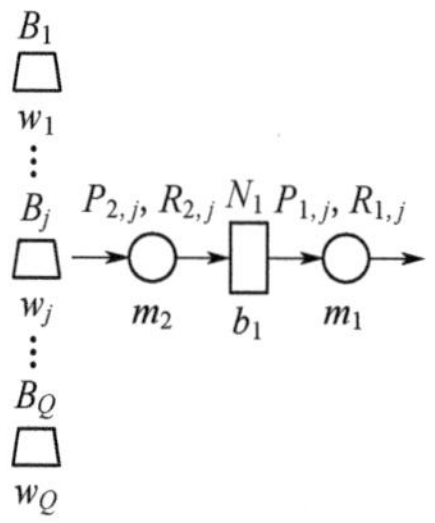


图 10-6 双机公共缓冲区柔性生产线（倒置）

**数值观察 2：** 考虑从一个由本章定义的双机柔性生产线（带有上标 $L$）及其倒置生产线（带有上标 $L_r$），几乎总是

$$E\left(ct_{2,j}^{L}\right) \approx E\left(ct_{2,j}^{L_r}\right),\ j=1,2,\cdots,Q$$

可逆性表明，在原始生产线和倒置生产线中，处理相同的工件所花费的平均时间相同。事实上，我们发现，生产线的顺序对第二台机器的完成时间有微小的影响。通常在实践中，双机生产线中效率更高的机器放在系统的上游会更好，因为这样可以减少第一台机器的完成时间，从而使第一台机器有更多时间为后续生产做准备。

## 10.3.3 工作和故障时间

考虑一个双机串行柔性生产线。在同样的机器效率下，两台机器的故障和修复概率均由系数 $k(k>0)$ 来修改，如表 10-6 所示。显然，即使修改后机器的平均工作时间和故障时间增加或减少，但机器的效率却和修改前相同。使用本章介绍的方法生成了 1000000 条生产线来研究相关系统性质。对于所生成

的每条生产线，随机且均匀地选择 $k$，并且计算了机器参数修改前和修改后完成时间的数学期望。然后，通过分析与对比，没有例外地，我们发现如下观察。

**表 10-6　机器 $m_i$ 的参数（修改前和修改后）**

| 参数 | 修改前 | 修改后 |
|---|---|---|
| 故障概率 | $P_{i,j}$ | $kP_{i,j}$ |
| 修概率 | $R_{i,j}$ | $kR_{i,j}$ |
| 平均工作时间 | $1/P_{i,j}$ | $1/\left(kP_{i,j}\right)$ |
| 平均故障时间 | $1/R_{i,j}$ | $1/\left(kR_{i,j}\right)$ |
| 效率 | $\dfrac{R_{i,j}}{P_{i,j}+R_{i,j}}$ | $\dfrac{R_{R_{i,j}}}{P_{i,j}+R_{i,j}}$ |

**数值观察 3：** 考虑一个由本章定义的双机柔性生产线。设 $E\left(ct_{2,j}^{L}\right)(j=1,2,\cdots,Q)$ 和 $E\left(ct_{2,j}^{L_k}\right)$ 表示机器处理工件 $w_j$ 参数修改前和参数修改后完成时间的数学期望。它们之间，几乎总是

- $E\left(ct_{2,j}^{L}\right)>E\left(ct_{2,j}^{L_k}\right)$，$k>1$；
- $E\left(ct_{2,j}^{L}\right)\leqslant E\left(ct_{2,j}^{L_k}\right)$，$k\leqslant 1$。

这一数值观察表明，当机器的效率一定时，机器具有较少工作和故障时间会导致机器 $m_2$ 的完成时间降低。而且，该数学观察与稳态中的结论相一致，即在效率一定时，较短的工作时间和故障时间会导致较高的稳态生产率。这种现象的发生主要是由于机器的故障时间变长后，需要更大的缓冲区来避免机器的饥饿或阻塞。

综上所述，在实践中，可以通过将平均工作时间和平均故障时间等比例降低的方式来缩短工件生产的完成时间。

但是，应注意的是，由于较长的工作时间和故障时间的机器缺陷可以通过较大的缓冲区来弥补。因此，为了消除缓冲区容量对分析的影响，我们继续进行如下讨论。考虑两条双机柔性生产线，分别由 $L_1$ 和 $L_2$ 来表示。设 $P_{i,j}^{L_k}(i=1,2;j=1,2,\cdots,Q;k=1,2)$ 和 $R_{i,j}^{L_k}$ 表示这两条生产线的机器参数。由 $N_1^{L_k}$ 表示这两条生产线的缓冲区容量。假设生产线 $L_1$ 和 $L_2$ 的参数满足

$$\frac{P_{i,j}^{L_1}}{P_{i,j}^{L_2}}=\frac{R_{k,l}^{L_1}}{R_{k,l}^{L_2}}=\frac{N_1^{L_2}}{N_1^{L_1}}=g,\ \forall i,k\in\{1,2\};\ \ \forall j,l\in\{1,\cdots,Q\} \tag{10-33}$$

在上述条件下，两条生产线在处理相同工件时，具有相同的稳态生产率。根据本章介绍的方法，生成了 1000000 条生产线，由生产线 $L_1$ 来表示。然后对于每条生产线 $L_1$，随机且均匀地在 $(0,1)$ 之间选择 $g$，并根据式（10-33）修改生产线 $L_1$ 的参数，修改后的生产线由生产线 $L_2$ 来表示。然后，利用所提出的方法计算了这些生产线的完成时间，通过分析与对比，我们发现如下观察。

**数值观察 4：** 考虑一个由本章定义的双机柔性生产线，记为生产线 $L_1$。然后，根据式（10-33）对生产线 $L_1$ 的参数进行修改，修改后的生产线记为生产线 $L_2$。几乎总是

- $E\left(ct_{2,j}^{L_1}\right) < E\left(ct_{2,j}^{L_2}\right)$，$g > 1$；
- $E\left(ct_{2,j}^{L_1}\right) \geqslant E\left(ct_{2,j}^{L_2}\right)$，$g \leqslant 1$。

这一条行为性质意味着，即使柔性生产线的缓冲区较小，但如果机器具有较短的工作和故障时间，生产线的完成时间也会缩短。的确，如果机器具有更短的工作和故障时间且具有更小的缓冲区大小，那么缓冲区初始空的系统就能更快地进入稳态。因此，在实践中，如果相关从业人员想要减少生产完成时间，那么相比较于增加缓冲区容量，他们可以更多地聚焦于减少机器的平均工作和故障时间上。

# 10.4 基于暂态的能源高效生产控制

本节将所提出的暂态分析方法用于能源高效生产控制问题的研究中。由于昂贵的能源成本以及能源使用所导致的环境恶化，对于现代制造系统中，节能变得越来越重要。但是，目前的生产系统中，很大一部分能源用于与产品制造无关的功能中。不仅如此，大多数制造系统都没有相关的模块或功能来进行能源管理。这在很大程度上是由于能源高效控制的相关算法研究不够深入。因此，本节研究一种开关生产控制策略，它被认为是实现能源高效生产最经济的方法之一。开关生产控制策略的基本想法是：将处于空闲或接近空闲的机器关闭，然后，当机器再一次繁忙或接近繁忙时打开。在实际使用这一策略时，控制参数的选择成为一个重要却复杂的问题。因此，本节主要聚焦于控制参数的选择问题。

## 10.4.1 控制策略描述

一个由本章定义的生产系统，考虑生产控制后，还需要考虑一些附加的假设：

① 除了本章之前介绍的过程状态及其所对应的能源状态外，睡眠过程状态和睡眠能源状态也被引入。机器 $m_i(i=1,2)$ 在处理工件 $w_j$ 过程中，睡眠过程状态下

的能耗由 $e_{5,i,j}$ 来表征。显然，在生产期间，系统必须处于运行、调试、睡眠这三个过程状态之一。

② 本节考虑一台机器可以被控制的情形。令 $h_{on}$ 和 $h_{off}$ 表示被控机执行“打开”和“关闭”的缓冲区工件数值。具体而言，如果在加工周期 $n$，系统处于睡眠过程状态并且 $h(n)\leqslant h_{on}$（或 $h(n)\geqslant h_{on}$），被控机 $m_1$（或 $m_2$）被执行“打开”操作。类似地，如果在加工周期 $n$，系统处于运行过程状态并且 $h(n)\geqslant h_{off}$（或 $h(n)\leqslant h_{off}$），被控机 $m_1$（或 $m_2$）被执行“关闭”操作。

③ 考虑一个目前处于运行过程状态下的系统。在一个加工周期开始时，如果“关闭”操作被执行，那么系统将切换至睡眠过程状态。然后，如果该被控机由一个“打开”操作唤醒，那么系统将被切换至运行过程状态，且机器初始为工作状态。机器 $m_i(i=1,2)$ 处理工件 $w_j$ 时的“打开”和“关闭”操作所消耗能耗由 $e_{6,i,j}$ 和 $e_{7,i,j}$ 来表征。

注意，执行开关控制的目标是减少机器的空闲时间来实现节能运行。显然，对于机器 $m_1$（或 $m_2$），其空闲的原因可能是生产过程中的阻塞（或饥饿）。直观地，我们可以根据缓冲区中的工件数量来将机器打开或关闭。这样的生产控制策略可以在一定程度上减少饥饿和阻塞。相关的阈值策略广泛应用于生产控制中。

同时，本节中开关控制规则是根据系统的实时信息来确定的。具体来说，假设机器的开关由缓冲区中工件的数量来决定。

## 10.4.2　能耗性能指标评估及优化

本节中，实时生产控制的目标是实现能源高效生产，即完成所需的生产任务，同时将能耗降至最低。为了实现这一目标，我们分析了在生产控制下系统的能耗性能。

假设机器 $m_1$ 被控制。当机器 $m_2$ 被控制时，分析是类似的，因此不在此赘述。根据所提出的方法，系统在生产控制下的状态可以由如下数组来表示：

$$\left[q(n),h(n),f_q(n),s_{1,q}(n),s_{2,q}(n),u_q(n),v(n)\right] \tag{10-34}$$

其中

$$v(n)=\begin{cases}0, & \text{机器}m_1\text{处于非睡眠过程状态}\\1, & \text{机器}m_1\text{处于睡眠过程状态}\end{cases} \tag{10-35}$$

因此，该系统在生产控制下的状态数可以表示为 $W_c=2W_d$。然后，为了给每个状态分配一个唯一的编号，定义一个从所有的状态到整数 $\{1,2,\cdots,W_c\}$ 之间的映射 $\alpha_c(\bullet)$：

$$
\begin{aligned}
&\alpha_c\left[q(n),h(n),f_q(n),s_{1,q}(n),s_{2,q}(n),u_q(n),v(n)\right] \\
&=\alpha_d\left[q(n),h(n),f_q(n),s_{1,q}(n),s_{2,q}(n),u_q(n)\right]+v(n)W_d
\end{aligned}
\tag{10-36}
$$

令 $\boldsymbol{X}_c(n)=\left[x_{c,1}(n)\cdots x_{c,g}(n)\cdots x_{c,W_c}(n)\right]^{\mathrm{T}}$。其中，$x_{c,g}(n)$表示在加工周期 $n$，系统处于状态 $g$ 的概率。显然，$\boldsymbol{X}_c(n)$的演化可以通过如下公式计算

$$
\boldsymbol{X}_c(n+1)=\boldsymbol{A}_c\boldsymbol{X}_c(n) \tag{10-37}
$$

式中，$\boldsymbol{A}_c$表示马尔可夫链的转移概率矩阵。

然后，设 $POW_{c,i,j}(n)$表示在加工周期 $n$，机器 $m_i(i=1,2)$ 在生产控制下，处理工件 $w_j(j=1,2,\cdots,Q)$ 时的能源消耗，可以通过如下公式计算：

$$
\begin{aligned}
POW_{c,1,j}(n)=\;&e_{1,1,j}P[\text{在加工周期}n\text{，系统处于运行过程状态且处理工件}w_j\text{，机器}m_1\text{工作且未阻塞}]+e_{2,1,j}P[\text{在加工周期}n\text{，系统处于运行过程状态且在处理工件}w_j\text{，机器}m_1\text{阻塞}] \\
&+e_{3,1,j}P[\text{在加工周期}n\text{，系统处于运行过程状态且在处理工件}w_j\text{，机器}m_1\text{故障}]+e_{4,1,j}P[\text{在加工周期}n\text{，系统处于调试过程状态且在处理工件}w_j] \\
&+e_{5,1,j}P[\text{在加工周期}n\text{，系统正处理工件}w_j\text{，机器}m_1\text{处于睡眠过程状态}]+e_{6,1,j}P[\text{在加工周期}n\text{，系统正处理工件}w_j\text{，且这一加工周期开始时，机器}m_1\text{正进行“打开”操作}] \\
&+e_{7,1,j}P[\text{在加工周期}n\text{，系统正处理工件}w_j\text{，且这一加工周期开始时，机器}m_1\text{正进行“关闭”操作}] \\
=\;&e_{1,1,j}\left\{P\left\{\cup\left\{x_{\alpha_c[j,c_1,c_2,1,1,0,\beta(j),0]}(n)\right\}\right\}+P\left\{\cup\left\{x_{\alpha_c[j,cc_3,c_4,1,1,\beta(j),0]}(n)\right\}\right\}\right\} \\
&+e_{2,1,j}P\left\{\cup\left\{x_{\alpha_c[j,N_1,c_5,1,0,\beta(j),0]}(n)\right\}\right\}+e_{3,1,j}P\left\{\cup\left\{x_{\alpha_c[j,cc_6,c_7,0,c_8,\beta(j),0]}(n)\right\}\right\} \\
&+e_{4,1,j}P\left\{\cup\left[x_{\alpha_c(c_9,0,0,0,0,0,c_{10},0)}(n)\right]\right\}+e_{5,1,j}P\left\{\cup\left\{x_{\alpha_c[j,c_{11},c_{12},c_{13},c_{14},\beta(j),1]}(n)\right\}\right\} \\
&+e_{6,1,j}P\left\{\cup\left\{x_{\alpha_c[j,c_{15},c_{16},c_{17},c_{18},\beta(j),1]}(n)\right\}\right\}+e_{7,1,j}P\left\{\cup\left\{x_{\alpha_c[j,c_{10},c_{20},c_{21},c_{22},\beta(j),0]}(n)\right\}\right\}, \\
&c_1<N_1,c_1+c_2<B_j,c_3+c_4<B_j,c_5<B_j-N_1,c_6\leqslant N_1,c_6+c_7<B_j,c_8\in\{0,1\}, \\
&c_9=j>1,c_{10}<\beta(j),c_{11}\leqslant N_1,c_{11}+c_{12}<B_j,c_{13}\in\{0,1\},c_{14}\in\{0,1\},\ c_{15}\leqslant h_{\mathrm{on}}^{m_1}, \\
&c_{15}+c_{16}<B_j,c_{17}\in\{0,1\},c_{18}\in\{0,1\},\ c_{19}\geqslant h_{\mathrm{off}}^{m_1},c_{19}+c_{20}<B_j,c_{21}\in\{0,1\},c_{22}\in\{0,1\}
\end{aligned}
\tag{10-38}
$$

$$
\begin{aligned}
POW_{c,2,j}(n)=\;&e_{1,2,j}P[\text{在加工周期}n\text{，系统处于运行过程状态且处理工件}w_j\text{，机器}m_2\text{工作且未饥饿}]+e_{2,2,j}P[\text{在加工周期}n\text{，系统处于运行过程状态且在处理工件}w_j\text{，机器}m_2\text{饥饿}] \\
&+e_{3,2,j}P[\text{在加工周期}n\text{，系统处于运行过程状}
\end{aligned}
$$

态且在处理工件$w_j$，机器$m_2$故障$]+e_{4,2,j}P[$在加工周期$n$，系统处于调试过程状态且在处理工件$w_j]$

$$
\begin{aligned}
&=e_{1,2,j}P\left\{\cup\left\{x_{\alpha_c\left[j,c_1,c_2,c_3,1,\beta(j),0\right]}(n)\right\}\right\}+e_{2,2,j}P\left\{\cup\left\{x_{\alpha_c\left[j,0,c_4,c_5,1,\beta(j),0\right]}(n)\right\}\right\} \\
&\quad+e_{3,2,j}P\left\{\cup\left\{x_{\alpha_c\left[j,c_6,c_7,c_8,0,\beta(j),0\right]}(n)\right\}\right\}+e_{4,2,j}P\left\{\cup\left[x_{\alpha_c\left(c_9,0,0,0,0,c_{10},0\right)}(n)\right]\right\}, \\
&\quad c_1>0,c_2<B_j,c_3\in\{0,1\},c_4<B_j,c_5\in\{0,1\},c_6\leqslant N_1,c_7<B_j,c_8\in\{0,1\}, \\
&\quad c_9=j>1,c_{10}<\beta(j)
\end{aligned}
\tag{10-39}
$$

因此，系统在生产控制下的能耗（由$TEC_{c,i,j}$来表示）可以根据式（10-38）、式（10-39）来计算。此外，系统的总能耗（由$SEC$来表示）指的是生产线完成所有$Q$个品种工件生产所消耗的能源，可以根据如下公式计算：

$$
SEC=\sum_{i=1}^{M}\sum_{j=1}^{Q}TEC_{c,i,j} \tag{10-40}
$$

我们将问题表示为如下优化问题：

$$
\begin{aligned}
&\min_{\delta\left(h_{\text{on}}^{m_1},h_{\text{off}}^{m_1}\right)} SEC \\
&\text{s.t.}\ 0\leqslant h_{\text{on}}^{m_1}<h_{\text{off}}^{m_1}\leqslant N_1
\end{aligned}
\tag{10-41}
$$

式中，$\delta\left(h_{\text{on}}^{m_1},h_{\text{off}}^{m_1}\right)$表示控制策略。

为了解决这一优化问题，需要找到合适的控制参数，即$h_{\text{on}}^{m_1}$和$h_{\text{off}}^{m_1}$。由于这一优化问题的可行域是有限的，因此可以计算对全部可行域计算目标函数，以找到最优的控制参数。

例如，考虑本章中给出的双机柔性生产线，如图 10-4 所示。本节假设机器$m_1$被控制。在开关生产控制下，附加的参数如下：

$$
\begin{aligned}
&e_{5,1,1}=0.05,\quad e_{5,1,2}=0.15,\quad e_{5,1,3}=0.1,\quad e_{6,1,1}=15,\quad e_{6,1,2}=13, \\
&e_{6,1,3}=12,\quad e_{7,1,1}=10,\quad e_{7,1,2}=12,\quad e_{7,1,3}=8
\end{aligned}
$$

计算了系统在所有可行控制参数下的$SEC$，如表 10-7 所示。需注意的是，系统未使用生产控制策略时，$SEC=5972.23$。显然，在本例中，增加开关控制策略后，对所有可行的控制参数，系统的总能耗均有所降低。换句话说，在本例中，使用生产控制策略可以达到节能的目的。此外，从表中可以看出，$h_{\text{on}}^{m_1}=3$且$h_{\text{off}}^{m_1}=5$是最优的控制参数。计算得到在最优控制参数下的系统能耗如图 10-7 所示。通过对比，可以发现，使用最优控制参数的生产控制也改善了能耗的暂态性能。需要说明的是，在应用上述生产控制策略后，两台机器的完成时间不可避免地略有增加。

**表 10-7　生产控制下双机公共缓冲区柔性生产线实例的系统能耗分析结果**

| $h_{on}$ | $h_{off}=1$ | $h_{off}=2$ | $h_{off}=3$ | $h_{off}=4$ | $h_{off}=5$ |
|---|---|---|---|---|---|
| 0 | 9541.70 | 6324.59 | 6178.61 | 6075.38 | 6051.84 |
| 1 | — | 6217.60 | 6099.45 | 6014.71 | 6001.60 |
| 2 | — | — | 6024.62 | 5956.54 | 5954.68 |
| 3 | — | — | — | 5955.01 | 5953.35 |
| 4 | — | — | — | — | 5963.35 |

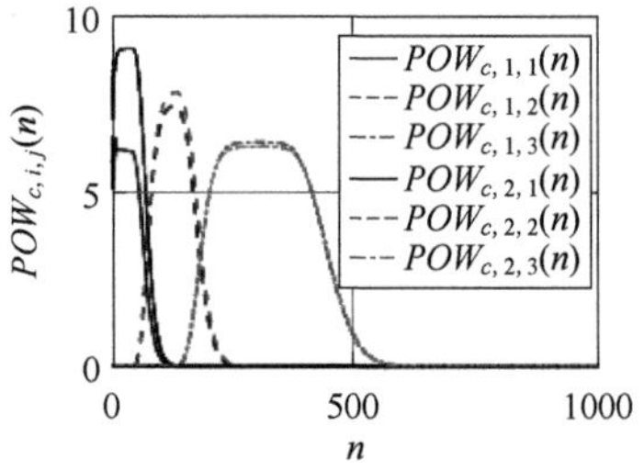


图 10-7　生产控制下双机公共缓冲区柔性生产线实例的系统能耗分析结果

# 参 考 文 献


[1] 国家制造强国建设战略咨询委员会. 中国制造 2025 蓝皮书[M]. 北京：电子工业出版社，2017.

[2] 谭建荣，刘振宇，等. 智能制造-关键技术与企业应用[M]. 北京：机械工业出版社，2017.

[3] 奥拓・布劳克曼. 智能制造-未来工业模式和业态的颠覆与重构[M]. 张潇，郁汲，译. 北京：机械工业出版社，2018.

[4] 汤和. 汽车总装工艺及生产管理[M]. 侯亮，王少杰，潘勇军，译. 北京：机械工业出版社，2020.

[5] 李京山，谢米扬・密尔科夫. 生产系统工程[M]. 张亮，译. 北京：北京理工大学出版社，2012.

[6] Jia Z Y. Transient Performance Evaluation，Bottleneck Analysis and Control of Production Systems[D]. University of Connecticut，2017.

[7] 陈京川. 不可靠机器柔性生产线随机建模与暂态分析[D]. 北京：北京理工大学，2021.

[8] 黄龙珠. 分布式柔性生产系统性能预测与任务调度[D]. 北京：北京理工大学，2022.

[9] 倪泽军. 返工系统小批量生产过程数学建模和瞬态性能分析[D]. 北京：北京理工大学，2023.

[10] 马驰野. 存在随机加工质量问题生产线的建模分析与维护决策研究[D]. 北京：北京理工大学，2023.

[11] Viswanadham N，Narahari Y. Performance Modeling of Automated Manufacturing Systems[M]. Englewood Cliff：Prentice Hall，1992.

[12] Buzacott J A，Shanthikumar J G. Stochastic Models of Manufacturing Systems[M]. Englewood Cliff：Prentice Hall，1993.

[13] Papadopoulos H T，Heavy C，Browne J. Queueing Theory in Manufacturing Systems Analysis and Design[M]. London：Chapman & Hill，1993.

[14] Askin R G，Standridge C R. Modeling and Analysis of Manufacturing Systems[M]. Wiley，1993.

[15] Gershwin S B. Manufacturing Systems Engineering[M]. Englewood Cliff：Prentice Hall，1994.

[16] Altiok T. Performance Analysis of Manufacturing Systems[M]. New York：Springer-Verlag，1997.

[17] Curry G L，Feldman R M. Manufacturing Systems Modeling and Analysis[M]. Springer，2009.

[18] Li J，Meerkov S M. Production Systems Engineering[M]. Springer，2009.

[19] Li J，Blumenfeld D E，Huang N，et al. Throughput Analysis of Production Systems：Recent Advances and Future Topics[J]. International Journal of Production Research，2009，47（14）：3823-3851.

[20] Zhang L，Wang C，Arinez J，et al. Transient Analysis of Bernoulli Serial Lines：Performance Evaluation and System-Theoretic Properties[J]. IIE Transactions，2013，45（5）：528-543.

[21] Shaaban S，Hudson S. Transient Behaviour of Unbalanced Lines[J]. Flexible Services and Manufacturing Journal，2012，24（4）：575-602.

[22] Yang F，Liu J. Simulation-Based Transfer Function Modeling for Transient Analysis of General Queueing Systems[J]. European Journal of Operational Research，2012，223（1）：150-166.

[23] Chen G，Zhang L，Arinez J，et al. Energy-Efficient Production Systems Through Schedule-Based

Operations[J]. IEEE Transactions on Automation Science and Engineering，2013，10（1）：27-37.

[24] Ching S，Meerkov S M，Zhang L. Assembly Systems With Non-Exponential Machines：Throughput and Bottlenecks[J]. Nonlinear Analysis，2008，69（3）：911-917.

[25] Chen G，Wang C，Zhang L，et al. Transient Performance Analysis of Serial Production Lines With Geometric Machines[J]. IEEE Transactions on Automatic Control，2016，61（4）：877-891.

[26] Alexander D R，Premachandra I，Kimura T. Transient and Asymptotic Behavior of Synchronization Processes in Assembly-like Queues[J]. Annals of Operations Research，2010，181（1）：641-659.

[27] Biller S，Li J，Marin S P，et al. Bottlenecks in Bernoulli Serial Lines With Rework[J]. IEEE Transactions on Automation Science and Engineering，2010，7（2）：208-217.

[28] Jia Z，Zhang L，Arinez J，et al. Finite Production Run-Based Serial Lines With Bernoulli Machines：Performance Analysis，Bottleneck，and Case Study[J]. IEEE Transactions on Automation Science and Engineering，2016，13（1）：134-148.

[29] Arinez J，Biller S，Marin S，et al. Quantity/Quality Improvement in An Automotive Paint Shop：A Case Study[J]. IEEE Transactions on Automation Science and Engineering，2010，7（4）：755-761.

[30] Jia Z，Zhang L，Arinez J，et al. Performance Analysis of Assembly Systems With Bernoulli Machines and Finite Buffers During Transients[J]. IEEE Transactions on Automation Science and Engineering，2016，13（2）：1018-1032.

[31] Mashaei M，Lennartson B. Energy Reduction in A Pallet-constrained Flow Shop Through On-Off Control of Idle Machines[J]. IEEE Transactions on Automation Science and Engineering，2013，10（1）：45-56.

[32] Frigerio N，Matta A. Energy-Efficient Control Strategies for Machine Tools With Stochastic Arrivals[J]. IEEE Transactions on Automation Science and Engineering，2015，12（1）：50-61.

[33] Wang Z，Jia Z，Tian X，et al. Dynamic Performance Prediction in Batch-Based Assembly System with Bernoulli Machines and Changeovers[J]. Complex System Modeling and Simulation，2022，2（3）：224-237.

[34] Chen J，Jia Z，Wang X. Dynamic Performance Prediction in Flexible Production Lines With Two Geometric Machines[J]. International Journal of Production Research，2022，60（13）：4006-4024.

[35] Chen J，Jia Z，Huang L. Multi-Type Products and Dedicated Buffers-Based Flexible Production Process Analysis of Serial Bernoulli Lines[J]. Computers & Industrial Engineering，2021，154：107167.

[36] Jia Z，Dai Y，Chen J. Closed Bernoulli Lines With Finite Buffers：Real-Time Performance Analysis，Completion Time Bottleneck，and Carrier Control[J]. International Journal of Control，2021，94（7）：1994-2007.

[37] Jia Z，Huang L，Chen J. Order-Reduced Dynamic Decoupling Approach for Performance Evaluation of Multitype and Small-Batch-Based Serial Lines With Adjustments and Resets[J]. IEEE Systems Journal，2021，15（3）：3902-3912.

[38] Jia Z，Chen J，Dai Y. Decomposition and Aggregation-based Real Time Analysis of Assembly Systems with

Geometric Machines and Small Batch-based Production Tasks[J]. IEEE Transactions on Automation Science and Engineering，2021，18（3）：988-999.

[39] 贾之阳，陈京川，戴亚平. 基于几何可靠性机器模型的装配系统实时性能分析[J]. 自动化学报，2020，46（12）：2583-2592.

[40] Jia Z，Zhao K，Zhang Y，et al. Real-Time Performance Analysis of Assembly Systems with Bernoulli Machines and Finite Production Runs[J]. International Journal of Production Research，2019，57（18）：5749-5766.

[41] Jia Z，Zhang L. Serial Production Lines with Geometric Machines and Finite Production Runs：Performance Analysis and System-Theoretic Properties[J]. International Journal of Production Research，2019，57（8）：2247-2262.

[42] Jia Z，Zhang L，Arinez J，et al. Performance Analysis for Serial Production Lines with Bernoulli Machines and Real-Time WIP-Based Machine Switch-On/Off Control[J]. International Journal of Production Research，2016，54（21）：6285-6301.

[43] Feng Y，Zhong X，Li J，et al. Analysis of Closed Loop Production Lines With Bernoulli Reliability Machines：Theory and Application[J]. IISE Transactions，2018，50（3）：143-160.

[44] Park K，Li J. Improving Productivity of A Multiproduct Machining Line at A Motorcycle Manufacturing Plant[J]. International Journal of Production Research，2019，57（2）：470-487.

[45] Ma H，Lee H K，Shi Z，et al. Workforce Allocation in Motorcycle Transmission Assembly Lines：A Case Study on Modeling，Analysis，and Improvement[J]. IEEE Robotics and Automation Letters，2020，5（3）：4164-4171.

[46] Liberopoulos G. Performance Evaluation of A Production Line Operated Under An Echelon Buffer Policy [J]. IISE Transactions，2018，50（3）：161-177.

[47] Park K，Li J，Feng S C. Scheduling Policies in Flexible Bernoulli Lines With Dedicated Finite Buffers[J]. Journal of Manufacturing Systems，2018，48：33-48.

[48] Zhao C，Li J，Huang N，et al. Flexible Serial Lines With Setups：Analysis，Improvement，and Application[J]. IEEE Robotics and Automation Letters，2017，2（1）：120-127.

[49] Su W，Xie X，Li J，et al. Reducing Energy Consumption in Serial Production Lines With Bernoulli Reliability Machines[J]. International Journal of Production Research，2017，55（24）：7356-7379.

[50] Wang J Q，Yan F Y，Cui P H，et al. Bernoulli Serial Lines With Batching Machines：Performance Analysis and System Theoretic Properties[J]. IISE Transactions，2019，51（7）：729-743.

[51] Tolio T A，Ratti A. Performance Evaluation of Two Machine lines With Generalized Thresholds[J]. International Journal of Production Research，2018，56（12）：926-949.

[52] Yan C B，Zhao Q. Analytical Approach to Estimate Efficiency of Series Machines in Production Lines[J]. IEEE Transactions on Automation Science and Engineering，2018，15（3）：1027-1040.

[53] Demir L, Tunali S, Eliiyi D T. The State of The Art on Buffer Allocation Problem: A Comprehensive Survey[J]. Journal of Intelligent Manufacturing, 2014, 25（3）: 371-392.

[54] Weiss S, Schwarz J A, Stolletz R. The Buffer Allocation Problem in Production Lines: Formulations, Solution Methods, and Instances[J]. IISE Transactions, 2019, 51（5）: 456-485.

[55] Lee J H, Zhao C, Li J, et al. Analysis, Design, and Control of Bernoulli Production Lines With Waiting Time Constraints[J]. Journal of Manufacturing Systems, 2018, 46: 208-220.

[56] Yan C B. Analysis and Optimization of Energy Consumption in Two-Machine Bernoulli Lines With General Bounds on Machine Efficiency[J]. IEEE Transactions on Automation Science and Engineering, 2021, 18（1）: 151-163.

[57] Zhao C, Kang N, Li J, et al. Production Control to Reduce Starvation in A Partially Flexible Production Inventory System[J]. IEEE Transactions on Automatic Control, 2018, 63（2）: 477-491.

[58] Yan C B, Monch L, Meerkov S M. Characteristic Curves and Cycle Time Control of Reentrant Lines[J]. IEEE Transactions on Semiconductor Manufacturing, 2019, 32（2）: 140-153.

[59] Papadopoulos C T, Li J, O'Kelly M E. A Classification and Review of Timed Markov Models of Manufacturing Systems[J]. Computers & Industrial Engineering, 2019, 128: 219-244.

[60] Lu Y, Xu X, Wang L. Smart Manufacturing Process and System Automation-A Critical Review of the Standards and Envisioned Scenarios[J]. Journal of Manufacturing Systems, 2020, 56: 312-325.

[61] Xu X, Lu Y, Vogel-Heuser B, et al. Industry 4.0 and Industry 5.0—Inception, Conception and Perception[J]. Journal of Manufacturing Systems, 2021, 61: 530-535.

[62] Gershwin S B. The Future of Manufacturing Systems Engineering[J]. International Journal of Production Research, 2018, 56（12）: 224-237.

[63] Yang L, Ye Z S, Lee C G, et al. A Two-Phase Preventive Maintenance Policy Considering Imperfect Repair and Postponed Replacement[J]. European Journal of Operational Research, 2019, 274（3）: 966-977.

[64] Magnanini M C, Tolio T. Switching- and Hedging-Point Policy for Preventive Maintenance With Degrading Machines: Application to A Two-Machine Line[J]. Flexible Services and Manufacturing Journal, 2020, 32（2）: 241-271.

[65] RiveraGómez H, Gharbi A, Kenné J P, et al. Joint Production, Inspection and Maintenance Control Policies for Deteriorating System Under Quality Constraint[J]. Journal of Manufacturing Systems, 2021, 60: 585-607.

[66] Tasias K A. Integrated Quality, Maintenance and Production Model for Multivariate Processes: A Bayesian Approach[J]. Journal of Manufacturing Systems, 2022, 63: 35-51.

[67] Wang L, Zhu S, Evans S, et al. Automobile Recycling for Remanufacturing in China: A Systematic Review on Recycling Legislations, Models and Methods[J]. Sustainable Production and Consumption, 2023, 36: 369-385.

[68] Eun Y，Liu K，Meerkov S M. Production Systems With Cycle Overrun：Modelling，Analysis，Improvability and Bottlenecks[J]. International Journal of Production Research，2022，60（2）：534-548.

[69] Wang M，Huang H，Li J. Transients in Flexible Manufacturing Systems With Setups and Batch Operations：Modeling，Analysis，and Design[J]. IISE Transactions，2021，53（5）：523-540.

[70] Hao Z，Yeh W C，Tan S Y. One-Batch Preempt Deterioration-Effect Multi-State Multi-Rework Network Reliability Problem and Algorithms[J]. Reliability Engineering & System Safety，2021，215：107883.

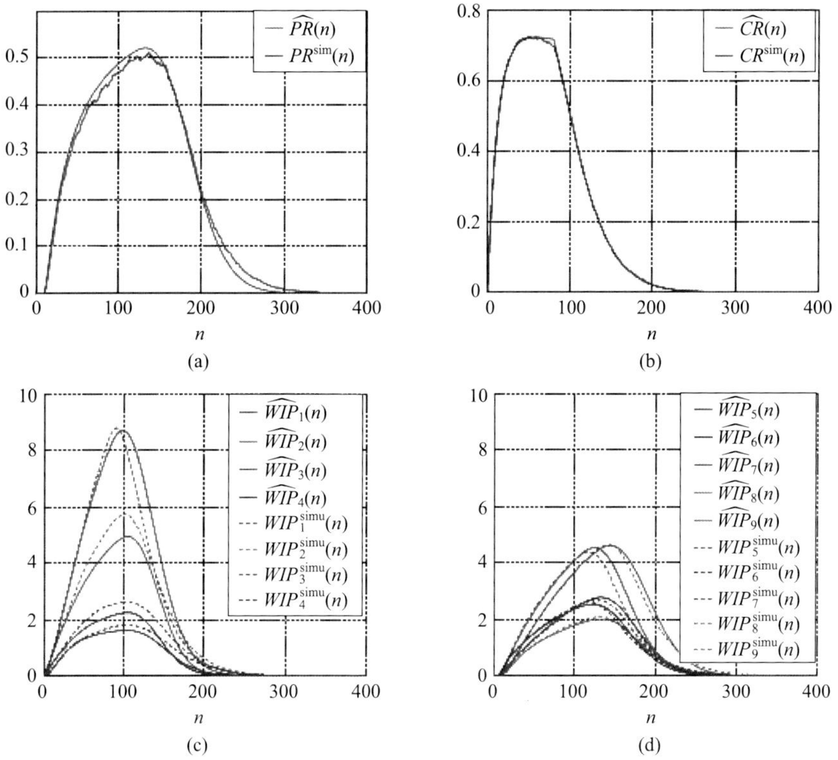


图 3-21　10 台几何机器串行线在有限量生产（$B$=80）下的实时性能分析

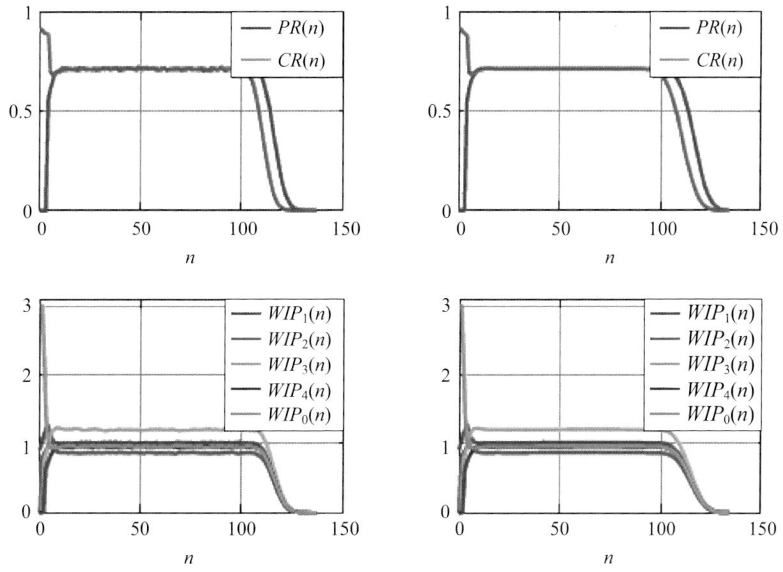


图 5-10

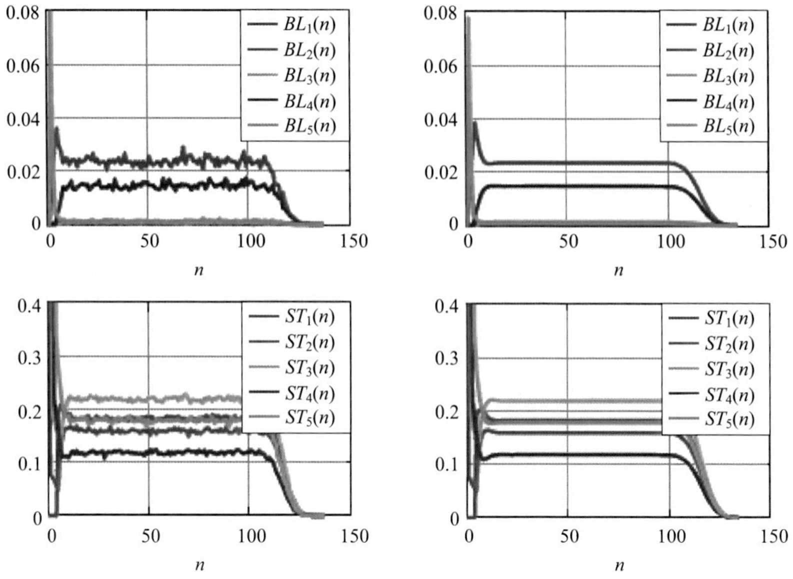


(a) 仿真分析　　　　(b) 近似分析

图 5-10　五机闭环生产线的实时性能分析结果

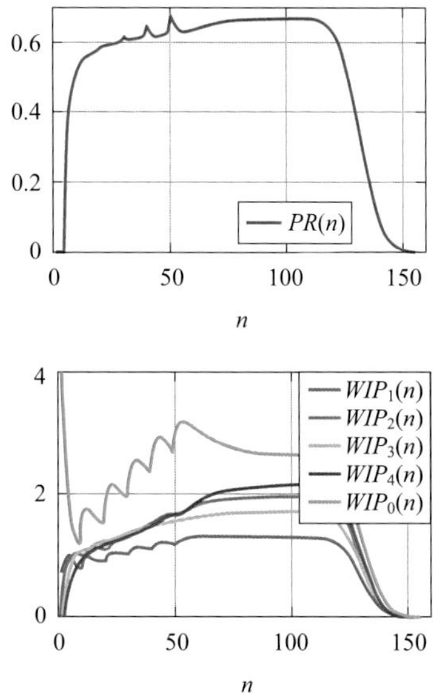


图 5-13　带有承载装置控制的实时生产率和在制品库存

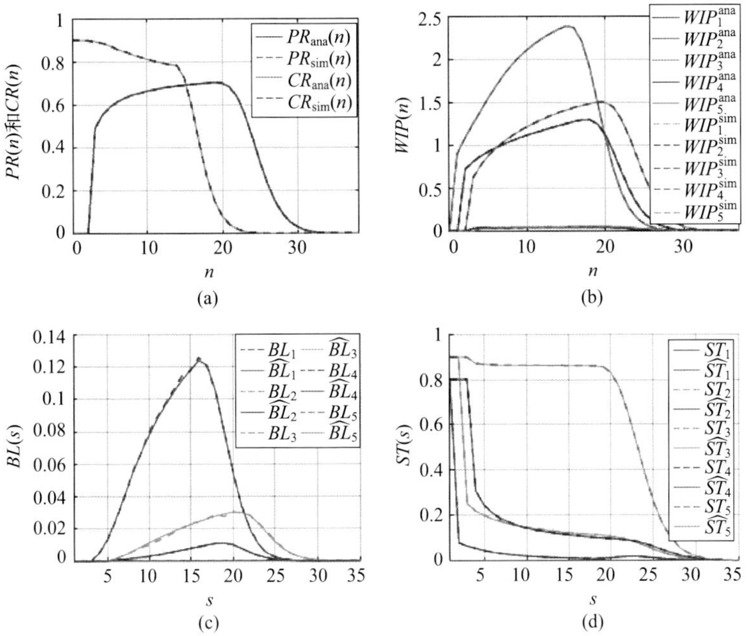


图 6-9　系统暂态性能对比结果

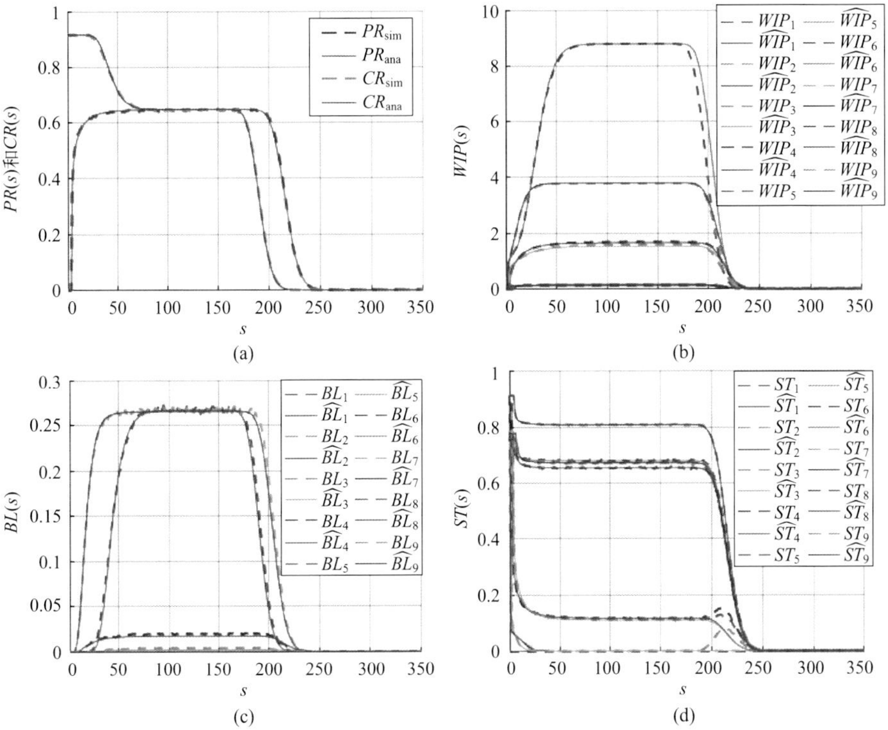


图 6-17　九机返工线暂态性能指标

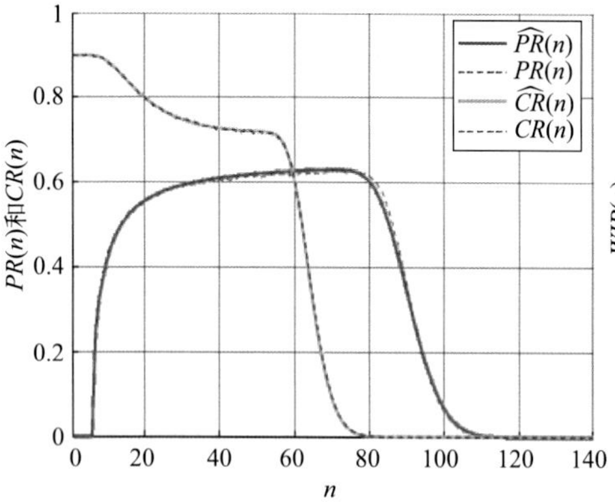


(a) 暂态生产率和消耗率

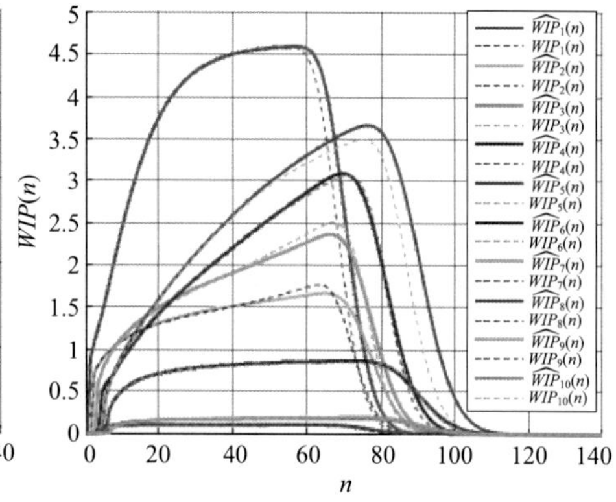


(b) 暂态缓冲区占有量

图 6-28　双返工生产系统案例性能

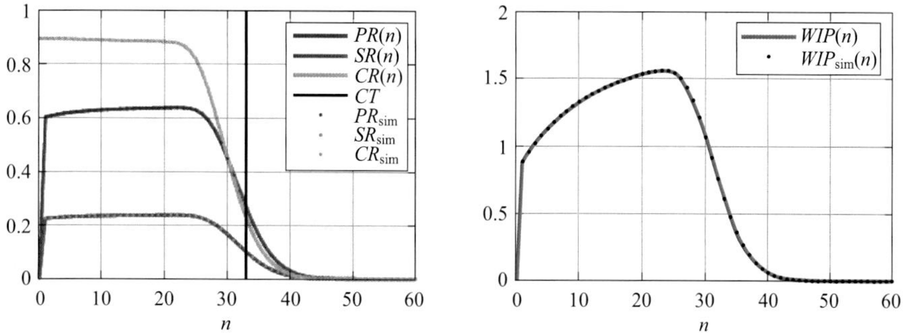


图 7-3　案例 1 的实时性能指标

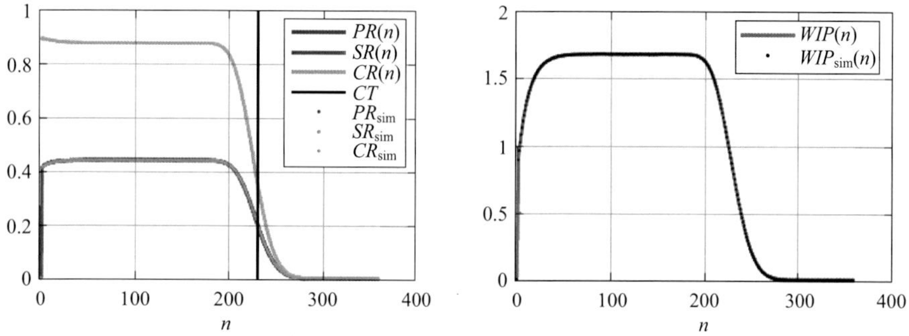


图 7-4　案例 2 的实时性能指标

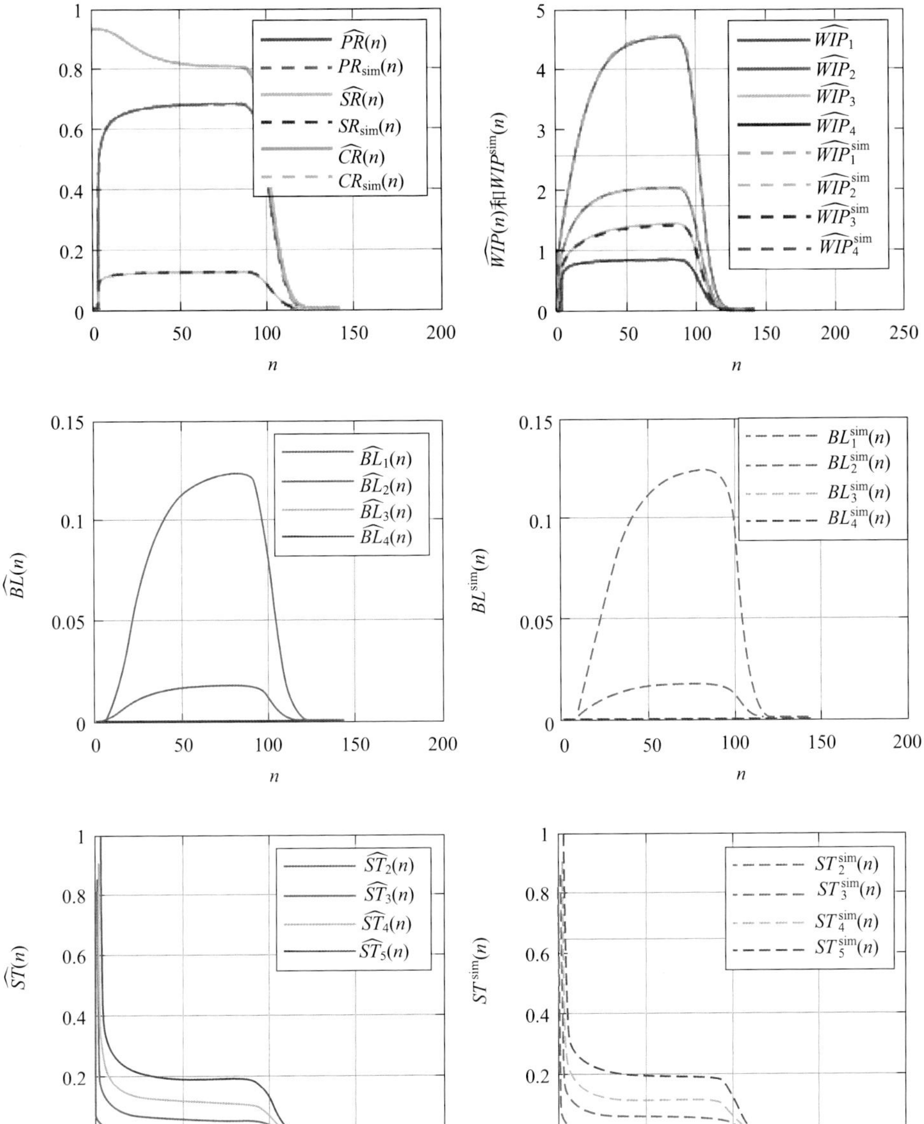


图 7-11　五机串行系统的实时性能指标预测结果

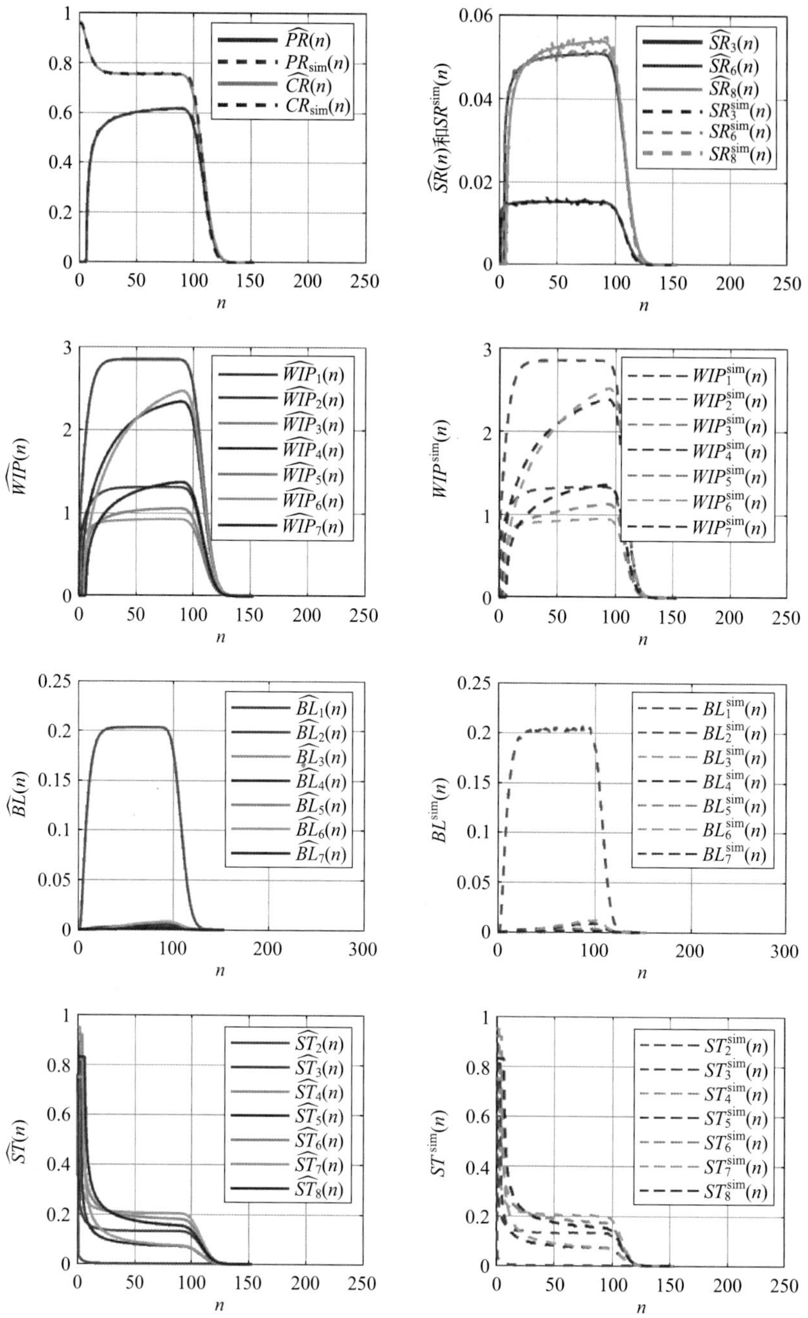


图 7-14　八机系统的实时性能验证

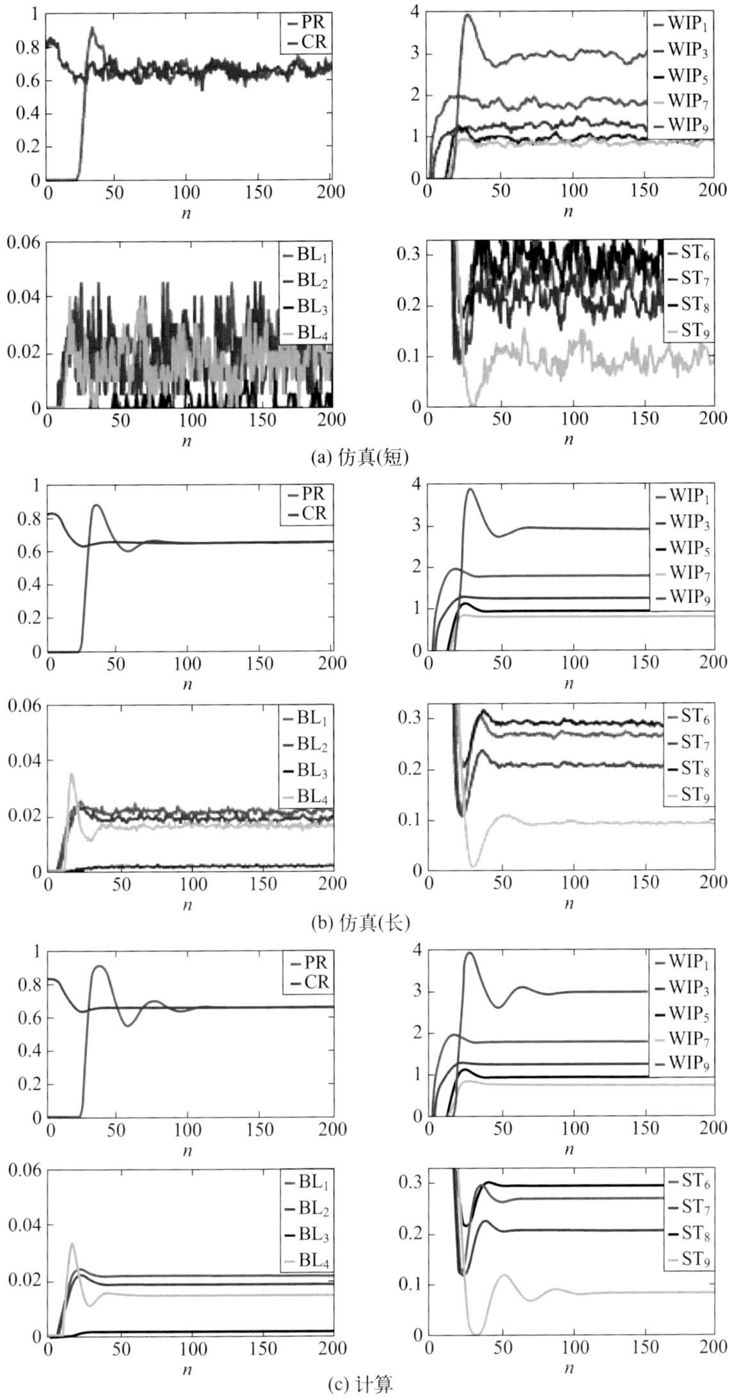


图 8-7　基于仿真和计算的性能指标结果对比

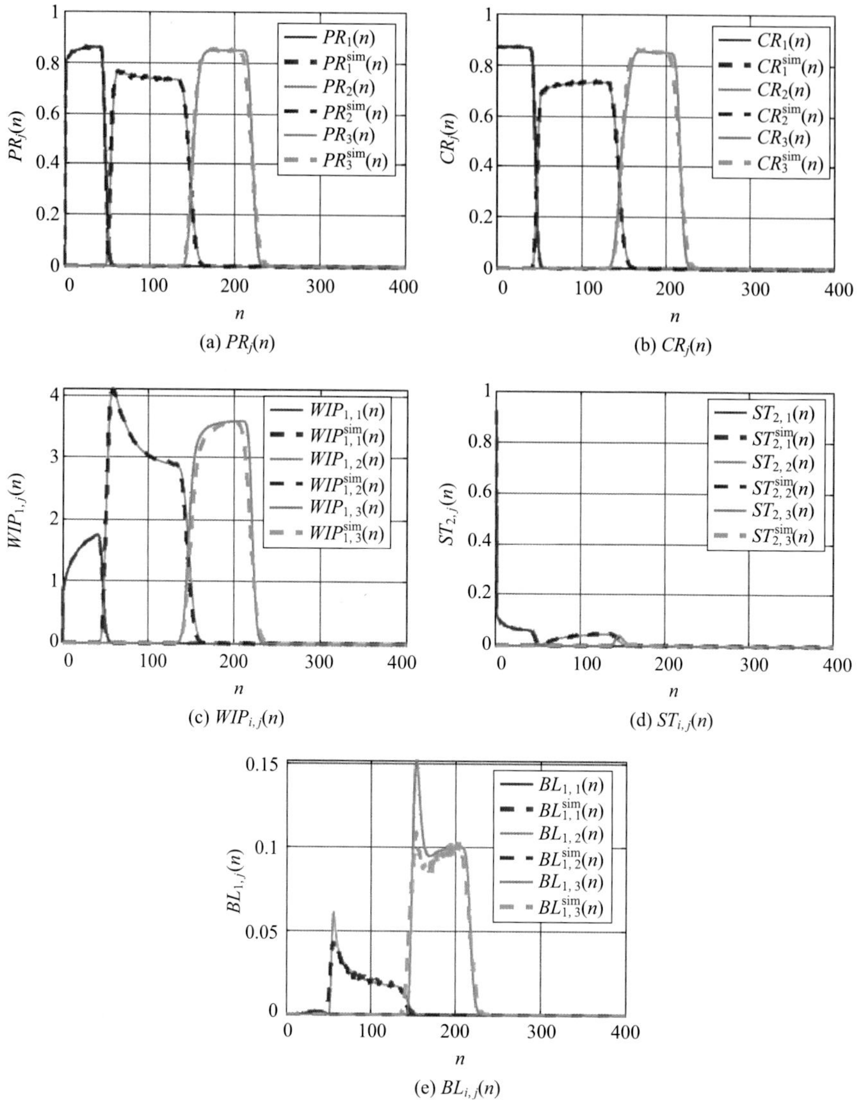


图 9-4　双机专用缓冲区柔性生产线实例的暂态分析结果